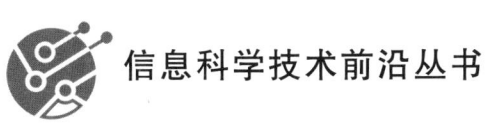

信息科学技术前沿丛书

不平衡分类方法及其应用

高 欣 著

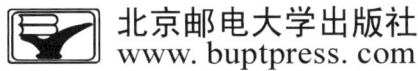

北京邮电大学出版社
www.buptpress.com

内 容 简 介

人工智能领域的分类任务面临数据类别不平衡、特征交叠、样本分布模式多样等挑战。二元不平衡分类问题作为不平衡分类问题的一种典型情况,近年来受到研究人员的广泛关注。本书聚焦这一问题,通过实际的算法案例梳理了不平衡分类领域的重难点,并提出了对应的解决思路与方法。所提方法不仅能提升智能电表等设备的故障分类准确率,还能为情感分类、疾病诊断等具有相似数据分布特点的应用场景提供可行方案,具有重要的理论意义和实际应用价值。本书共 11 章,每章独立解析一类典型问题并给出针对性策略,同时验证了所提方法的有效性。

本书适合人工智能、机器学习、数据分析等领域的研究者、从业者及高校师生参考学习。

图书在版编目(CIP)数据

不平衡分类方法及其应用 / 高欣著. -- 北京 : 北京邮电大学出版社,2025. -- ISBN 978-7-5635-7631-9

Ⅰ. TP183

中国国家版本馆 CIP 数据核字第 2025H270F4 号

策划编辑:陶 恒　　责任编辑:蒋慧敏　　责任校对:张会良　　封面设计:七星博纳	
出版发行:北京邮电大学出版社	
社　　　址:北京市海淀区西土城路 10 号	
邮政编码:100876	
发 行 部:电话:010-62282185　　传真:010-62283578	
E-mail:publish@bupt.edu.cn	
经　　　销:各地新华书店	
印　　　刷:保定市中画美凯印刷有限公司	
开　　　本:787 mm×1 092 mm　1/16	
印　　　张:15	
字　　　数:383 千字	
版　　　次:2025 年 8 月第 1 版	
印　　　次:2025 年 8 月第 1 次印刷	

ISBN 978-7-5635-7631-9　　　　　　　　　　　　　　　　　　　　　　　定 价:98.00 元

・如有印装质量问题,请与北京邮电大学出版社发行部联系・

前　言

　　分类问题是当前人工智能领域的研究热点。作为机器学习和数据分析的核心任务之一，它已深度渗透到工业生产、金融风控、医疗诊断等多个领域。基于先进的人工智能算法对分类问题展开研究，通过计算机强大的算力，对复杂数据的分布规律进行拟合，进而构建具有优秀泛化能力的分类模型，可以有效地提升分类结果的准确率和整体工作效率。

　　近年来，针对原始数据中各类别数据不平衡现象的分类方法，受到了国内外研究者的广泛关注。当数据集存在不平衡现象时，意味着数据集中各类别样本的数量存在显著差异。在机器学习领域，传统方法为了在有限条件下获取最优结果，往往更倾向于将待测样本归类为样本数量更多的类别，从而忽略了少数类样本。然而，在上述提到的应用领域及实际生产生活中，少数类样本往往更为重要。因此，如何在样本不平衡条件下得到更准确的分类结果，成了该领域亟待解决的难题。

　　随着科学技术的不断发展以及各领域设备的不断迭代，研究者获取到的数据的复杂程度正成倍上涨，这在样本不平衡的基础上带来了更为复杂的问题。例如：更多的特征维度以及样本特征间的关联关系使不同类样本间出现程度不一的特征交叠现象，这严重阻碍了机器学习模型对数据特征的准确提取；特征维度的不断增加使得原始样本在高维特征空间中呈现多分布模式，传统模型难以对其进行全面覆盖；原始数据中部分类别的样本出现频次过少，会导致模型难以分辨该类别样本，严重影响整体分类的准确率；等等。结合上述具体问题对不平衡分类问题进行有效处理，是当前各领域研究者关注的热点问题。本书围绕当前不平衡分类领域的热点问题展开，深入分析了问题表象背后的根源与逻辑，并有针对性地提出了相应的解决方案，还验证了所提方法的有效性。

　　本书共有 11 章，主要内容安排如下。第 1 章提出了一种基于多目标进化算法的样本分布优化方法，以交叠区样本的分类准确率为优化目标，优化新生成样本的分布，确保新生成样本可以帮助分类模型构建更精准的决策边界。第 2 章提出了一种基于类别差异约束流模型空间映射的不平衡分类方法，利用流模型精准的空间映射能力将样本映射到潜空间，在保证映射后样本类别可分性的同时，在潜空间降低数据分布的复杂度，从而提升模型的分类精度。第 3 章提出了一种基于样本迁移和交叠区边界增强的样本生成方法，将生成对抗网络与迁移学习相结合，对交叠区各类别特征的分布规律进行学习并迁移，生成符合少数类分布特征的交叠区少数类样本，辅助分类器更好地学习各类别间的分类边界。第 4 章提出了一种基于隐编码重构和特征斥力的全局高可靠样本生成方法，将 GAN 与 VAE 相结合，通过控制生成样本与输入样本的互信息最大化，实现对特定样本的高可靠性相似样本生成，从而达到全局数据平衡的目的。第 5 章提出了一种数据分区混合采样驱动模型动态选择的不平衡分类方法，针对数据不平衡问题，设计了数据分区混合采样策略及边界少数类加权过采样方法，并在此基础上提出了一种模型动态选择策略，根据测试实例的不平衡程度自适应地选择三种不同的集成学习模型，提高了分类模型的整体预测性能。第 6 章提出了一种基于共性信息自适应判别的跨类别样本迁移方法，解决了迁移知识难以选择的问题，并结合差异信息对待测样本进行辅助判别，进一步提高模型对交叠区样本的分类准确度。第 7 章提出了一种基于对比学习思想的不平衡分类方法，通过构造近邻样本对重新定义不平衡分类问题，在平衡样本的同时实现样本集的大量扩充与结果集成，有效地提升模型的分类精度。第 8 章提出了一种目标-近邻样本对的构造方法，将原先的分类任务重新定义为目标样本与对照样本组之间的多标签匹配任务，充分挖掘不同类别间的特征差异，有效提升了分类精度。第 9 章提出了基于多近邻相似性差异比较的不平衡分类方法，引入对比学习思想，将传统分类问题中的标签预测任务转化为样本及其多近邻间相似性差异的对比任务，既有效利用了样本邻域内的隐藏信息，也为数据的针对性扩充提供了可能。第 10 章提出了一种基于元学习和边界增强策略的不平衡分类方法，根据元任务中多个查询集的分类损失来增强元分类器适应新任务时的分类性能，提升算法的普适性。第 11 章提出了基于一对多框架的差分分区采样集成方法，以解决样本不平衡的多分类问题。

  本书的内容主要来自作者近几年的最新研究成果，部分结论为首次公开发表。本书在撰写和出版过程中，得到了许多朋友、同事和学生的帮助与支持，借此机会一并表示感谢。本书的出版得到了国家电网公司总部科技项目"低压台区多元异构设备拓扑关系识别与故障精准分析技术研究与应用"（5400-202355230A-1-1-ZN）的资助，在此表示感谢。

  由于作者水平有限，书中难免存在疏漏和不妥之处，恳请读者批评指正。

目　　录

第1章　基于生成样本分布优化的不平衡分类方法 ································· 1
  1.1　引言 ·· 1
  1.2　基于多目标进化算法的样本分布优化方法研究 ······························ 1
    1.2.1　少数类样本过采样 ·· 2
    1.2.2　基于多目标进化算法的样本分布优化 ·· 4
  1.3　实验与评估 ·· 8
    1.3.1　参数设置 ·· 8
    1.3.2　公开数据集的结果与分析 ··· 9
    1.3.3　智能电表故障数据集的结果与分析 ·· 14
  本章小结 ·· 16

第2章　基于样本空间映射的不平衡分类方法 ·· 17
  2.1　引言 ··· 17
  2.2　相关理论基础 ··· 17
  2.3　基于类别差异约束流模型空间映射的不平衡分类方法 ················· 19
  2.4　实验与评估 ·· 25
    2.4.1　实验设置 ·· 25
    2.4.2　人工数据集的结果与分析 ··· 26
    2.4.3　公开数据集的结果与分析 ··· 32
    2.4.4　智能电表故障数据集的结果与分析 ·· 40
  本章小结 ·· 42

第3章　面向多类样本特征交叠情况下的不平衡分类方法 ······················ 43
  3.1　引言 ··· 43
  3.2　基于样本迁移和交叠区边界增强的样本生成方法 ························ 43
    3.2.1　跨类别样本生成框架 ·· 44
    3.2.2　交叠区样本生成技术 ·· 47
  3.3　实验与评估 ·· 48
    3.3.1　参数设置 ·· 48
    3.3.2　公开数据集的结果与分析 ··· 49
    3.3.3　智能电表故障数据集的结果与分析 ·· 54

本章小结 ··· 56

第4章 面向数据多模态分布条件下的不平衡分类方法 ······················ 57

4.1 引言 ··· 57
4.2 相关理论基础 ··· 57
4.2.1 VAE 和 GAN ··· 58
4.2.2 VAE/GAN 和 InfoGAN ··· 59
4.3 样本级数据生成方法 ·· 59
4.4 特征斥力与特征构造 ·· 63
4.4.1 特征斥力 ·· 64
4.4.2 特征构造 ·· 65
4.5 实验与评估 ·· 65
4.5.1 参数设置 ·· 65
4.5.2 公开数据集的结果与分析 ·· 67
4.5.3 智能电表故障数据集的结果与分析 ···································· 74
本章小结 ··· 77

第5章 数据分区混合采样驱动模型动态选择的不平衡分类方法 ······· 78

5.1 引言 ··· 78
5.2 区域划分和边界少数类加权过采样方法 ·· 78
5.3 数据分区混合采样和模型动态选择 ··· 81
5.4 DPHS-MDS 方法的整体描述 ·· 82
5.5 实验与评估 ·· 84
5.5.1 参数设置 ·· 84
5.5.2 公开数据集的结果与分析 ·· 85
5.5.3 智能电网调度控制系统中业务数据的结果与分析 ············ 99
本章小结 ··· 100

第6章 基于共性信息自适应判别的不平衡分类方法 ·························· 101

6.1 引言 ··· 101
6.2 基于共性信息自适应判别的跨类别样本迁移方法 ······················ 101
6.2.1 方法提出动机 ·· 102
6.2.2 跨类别样本迁移过程 ·· 103
6.2.3 基于迁移任务的联合判别方法 ·· 106
6.3 实验与评估 ·· 107
6.3.1 实验设置 ·· 107
6.3.2 公开数据集的结果与分析 ·· 109
6.3.3 智能电表故障数据集的结果与分析 ···································· 124
本章小结 ··· 127

第 7 章 基于对比学习思想的不平衡分类方法 … 128

7.1 引言 … 128
7.2 近邻样本对构造方法 … 129
7.3 集成对比故障分类框架 … 131
7.4 实验与评估 … 134
    7.4.1 参数设置 … 134
    7.4.2 公开数据集的结果与分析 … 135
    7.4.3 智能电表故障数据集的结果与分析 … 141
本章小结 … 144

第 8 章 构造目标-近邻样本对进行多标签置信度比较的不平衡分类方法 … 145

8.1 引言 … 145
8.2 目标-近邻样本对的构造方法及数据扩充方法 … 146
8.3 基于多标签置信度比较的不平衡分类方法 … 148
8.4 实验与评估 … 151
    8.4.1 参数设置 … 152
    8.4.2 公开数据集的结果与分析 … 153
    8.4.3 智能电表故障数据集的结果与分析 … 162
本章小结 … 165

第 9 章 基于多近邻相似性差异比较的不平衡分类方法 … 166

9.1 引言 … 166
9.2 基于多近邻相似性差异的对比分类模型 … 168
9.3 针对样本分布的数据扩充方法 … 169
9.4 基于生成对抗思想的对比任务可靠性保障机制 … 171
9.5 实验与评估 … 172
    9.5.1 参数设置 … 174
    9.5.2 公开数据集的结果与分析 … 176
本章小结 … 186

第 10 章 基于元学习和边界增强策略的不平衡分类方法 … 187

10.1 引言 … 187
10.2 预备知识——元学习 … 187
10.3 方法 … 188
    10.3.1 元学习不平衡分类框架 … 189
    10.3.2 基于贝叶斯不平衡影响指数的边界增强策略 … 190
10.4 实验与评估 … 192
    10.4.1 数据集和评价指标 … 192

  10.4.2 参数设置 195
  10.4.3 公开数据集的结果与分析 196
  10.4.4 智能电表故障数据集的结果与分析 210
 本章小结 211

第 11 章 基于一对多框架的不平衡分类方法 212
 11.1 引言 212
 11.2 基于一对多框架的差分分区采样集成方法 212
 11.3 实验与评估 215
  11.3.1 公开数据集的结果与分析 215
  11.3.2 智能电表故障数据集的结果与分析 221
 本章小结 222

参考文献 223

附录 231

第1章
基于生成样本分布优化的不平衡分类方法

1.1 引言

本章主要研究基于生成样本分布优化的智能电表故障分类方法。智能电表故障类型多样,且不同故障类型样本的数量高度不平衡,分类模型直接学习不平衡数据集会导致决策结果偏向多数类。同时,不同故障类型样本在高维特征空间中的分布存在交叠,这更加大了智能电表故障分类的难度。传统的样本采样方法包括欠采样、过采样、混合采样等方法。其中,过采样方法不会丢失多数类样本信息,是更常用的一类方法。然而,大多数过采样方法在平衡数据集时会产生噪声并加剧交叠,导致分类难度增加。生成类方法通过学习样本的全局分布特点平衡样本集,但无法保证生成样本的真实性。因此,很多方法考虑交叠区样本的分布,在不增加类间交叠的情况下生成少数类样本,进而通过扩大少数类样本的分布区域解决类间交叠问题。这些方法通过特定的样本生成方法实现样本平衡,但缺少一种监督机制确保新生成的样本可以有效地帮助分类模型构建更精准的决策边界。因此,本章提出一种基于多目标进化算法的样本分布优化方法。该方法以交叠区样本的分类准确率为优化目标,优化新生成样本的分布,确保新生成样本可以帮助分类模型构建更精准的决策边界。将优化后的新生成样本补充至原始数据集中,基于平衡数据构建分类器,实现对智能电表故障类别的准确分类。

1.2 基于多目标进化算法的样本分布优化方法研究

一般来说,多数类样本和少数类样本数量的不同会影响分类器的性能。而对于样本分布存在交叠的数据集,分类任务会更加困难。很多方法考虑类间交叠问题,通过采样类方法或生成类方法在交叠区生成少数类样本,但不能确保新生成样本可以有效地帮助分类模型构建精准的决策边界。因此,本章提出一种基于多目标进化算法的样本分布优化方法(sample distribution optimization method based on multi-objective evolutionary algorithm,MOSO)。该方法主要包括少数类样本过采样和基于多目标进化算法的样本分布优化两部分,其流程如图 1-1 所示。

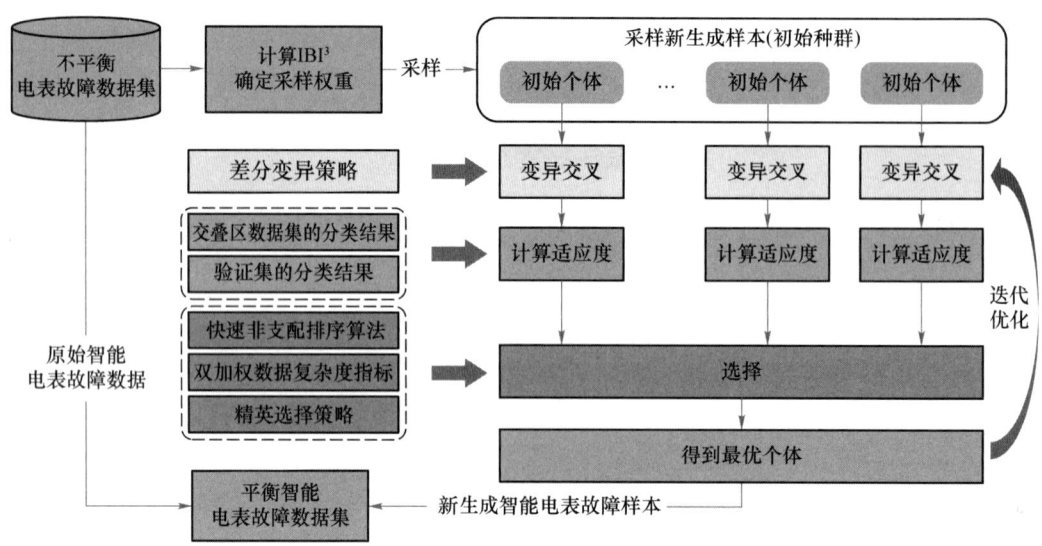

图 1-1 基于多目标进化算法的样本分布优化方法流程图

1.2.1 少数类样本过采样

数据集的整体分类准确率主要受交叠区样本分类精度的影响。如图 1-2 所示,直接学习不平衡数据集可能导致少数类样本 x_1 和 x_2 被错误分类。在平衡数据集后,决策边界向多数类样本偏移,x_1 被正确分类的概率更大。因此,应该在通过数据平衡手段处理后更容易被正确分类的少数类样本附近,生成相对更多的新样本。本章使用贝叶斯失衡影响指数(Individual Bayes Imbalance Impact Index,IBI³)[1]描述在平衡数据集前后样本被正确分类的概率变化大小,并使用 IBI³ 作为采样概率得到 SMOTE 中的基准样本。

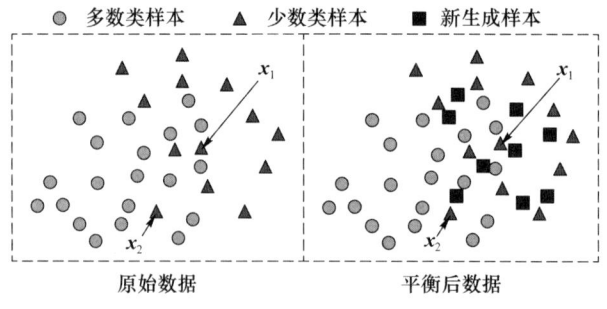

图 1-2 样本分布示意图

IBI³ 利用贝叶斯定理衡量样本在不平衡数据集和平衡数据集中理论分类误差的差异,可以指示样本在平衡数据集后被正确分类的概率变化大小[1]。样本的 IBI³ 值越大,平衡数据集后该样本更容易被正确分类。根据贝叶斯定理,给定样本 x 的预测类别 y 为类别 c 的后验概率为

$$p(y=c|\boldsymbol{x}) = \frac{p(\boldsymbol{x}|y=c)p(y=c)}{p(\boldsymbol{x})} \tag{1-1}$$

对于一个二分类问题,分类模型的决策函数可以表示为

$$f(\boldsymbol{x}) = \begin{cases} +1, & f_p(\boldsymbol{x}) > f_n(\boldsymbol{x}) \\ -1, & f_p(\boldsymbol{x}) \leqslant f_n(\boldsymbol{x}) \end{cases} \tag{1-2}$$

其中,$f_p(\boldsymbol{x}) = N_p \cdot p(\boldsymbol{x}|y=+1)$,$f_n(\boldsymbol{x}) = N_n \cdot p(\boldsymbol{x}|y=-1)$,$N_p$ 和 N_n 分别为少数类样本的数量和多数类样本的数量,$f_p(\boldsymbol{x})$ 和 $f_n(\boldsymbol{x})$ 为后验得分,后验得分与后验概率成正比。

当数据集各类别样本数量不平衡时,模型受不同类别出现频率的影响会将少数类样本误分类为多数类样本。在样本数量不平衡时,牺牲少数类样本的分类准确率有利于最小化分类模型总误差,但在实际应用中,少数类样本的分类准确率往往更重要,整体分类准确率高不意味着方法具有良好的性能。因此,不受先验概率影响的分类模型决策函数为

$$f'(\boldsymbol{x}) = \begin{cases} +1, & f'_p(\boldsymbol{x}) > f_n(\boldsymbol{x}) \\ -1, & f'_p(\boldsymbol{x}) \leqslant f_n(\boldsymbol{x}) \end{cases} \tag{1-3}$$

其中,$f'_p(\boldsymbol{x}) = N_n p(\boldsymbol{x}|y=+1)$。

不平衡对数据集的影响由 $f_p(\boldsymbol{x})$ 和 $f'_p(\boldsymbol{x})$ 的差异反映,由于决策超平面由 $f_p(\boldsymbol{x})$ 和 $f_n(\boldsymbol{x})$ 共同决定,通过比较不平衡情况与平衡情况下的归一化后验概率之差,可以得到样本 $\boldsymbol{x}$ 的 IBI³ 值,即

$$\text{IBI}^3(\boldsymbol{x}) = p(+1|\boldsymbol{x}, f') - p(+1|\boldsymbol{x}, f) = \frac{f'_p(\boldsymbol{x})}{f'_p(\boldsymbol{x}) + f_n(\boldsymbol{x})} - \frac{f_p(\boldsymbol{x})}{f_p(\boldsymbol{x}) + f_n(\boldsymbol{x})} \tag{1-4}$$

本章使用 K 最近邻(K-Nearest Neighbor,KNN)[2] 近似计算模型的后验概率。对于每个少数类样本 $\boldsymbol{x}$,根据欧氏距离的计算公式计算 K 最近邻样本 KNN($\boldsymbol{x}$) 并得到 k 个最近邻样本中的多数类样本数量 m。因此,$\boldsymbol{x}$ 被分类为多数类样本的概率是 $f_n(\boldsymbol{x}) = m/k$,$\boldsymbol{x}$ 被分类为少数类样本的概率是 $f_p(\boldsymbol{x}) = (k-m)/k$。假设数据不平衡比为 $r = N_n/N_p$,可以得到 $f'_p(\boldsymbol{x}) = r(k-m)/k$。为防止 $\boldsymbol{x}$ 的 k 个最近邻样本均为多数类样本,在计算过程中自适应得到 k 的取值,使 $\boldsymbol{x}$ 的最近邻样本至少有 1 个为少数类样本。

使用上述的 IBI³ 作为少数类样本的采样概率,对选定样本采用 SMOTE 实现样本平衡。对于少数类样本 $\boldsymbol{x}_i$,计算其 K 最近邻样本 KNN($\boldsymbol{x}_i$),随机选择 $\boldsymbol{x}_j \in \text{KNN}(\boldsymbol{x}_i)$,并在 $\boldsymbol{x}_i$ 和 $\boldsymbol{x}_j$ 连线上随机线性插值生成少数类样本。具体算法流程如算法 1-1 所示。

算法 1-1:少数类样本过采样

输入:原始数据集 $D = \{\boldsymbol{x}_i \in X, y_i \in Y\}$,多数类样本数量 N_n,少数类样本数量 N_p,最近邻样本数量 k

输出:采样生成样本集 GENset

1:计算数据集不平衡比 $r = N_n/N_p$

2:计算待生成样本数量 $N = N_n - N_p$

3:得到少数类数据集 $D_{\min}$

4:for $\boldsymbol{x}_i$ in $D_{\min}$ do

5:    获得 $\boldsymbol{x}_i$ 的 K 最近邻样本 KNN($\boldsymbol{x}_i$)并计算 KNN($\boldsymbol{x}_i$)中多数类样本数量 m

6:    if $m = 0$ then

7:        $m \leftarrow$ 计算 $\boldsymbol{x}_i$ 与距其最近的多数类样本间的样本数量

8:        $k = m + 1$

9:    end if

10:   $f_p(\boldsymbol{x}_i) = (k-m)/k$

11:   $f_n(\boldsymbol{x}_i) = m/k$

12:   $f'_p(\boldsymbol{x}_i) = r(k-m)/k$

13: 根据式(1-4)计算$IBI^3(x_i)$
14: end for
15: count=0
16: while count<N then
17: 以 IBI^3 为采样权重得到少数类样本 x_i
18: 获得$KNN(x_i)$并随机选择$x_j \in KNN(x_i)$
19: $x_{count}=x_i+rand()*(x_i-x_j)$
20: count=count+1
21: GENset=GENset$\cup \{x_{count}\}$
22: end while
23: return GENset

1.2.2 基于多目标进化算法的样本分布优化

很多方法通过样本生成方法在交叠区生成少数类样本实现数据集的平衡,但不能确保新生成样本可以有效地帮助分类模型构建更精准的决策边界。因此,MOSO 使用多目标进化算法更新生成样本位置,并以交叠区样本分类准确率为优化目标,优化生成样本分布。该方法原理示意图如图 1-3 所示。差分进化算法(differential evolution,DE)[3] 是一种针对连续变量的进化算法,具有实现简单、优化效率高等优势。该算法通常设定一个预定的终止条件,当不满足该终止条件时继续执行搜索过程;当满足该终止条件时则停止搜索。MOSO 由四个步骤组成,即初始化、变异、交叉、选择。在个体选择阶段,由于存在多个优化目标,本章改进经典多目标优化算法非支配排序遗传算法(non-dominated sorting genetic algorithm II, NSGA-II)[4],在提高交叠区样本分类准确率的同时,尽量避免样本过拟合。下面将对上述初始化、变异、交叉、选择四个步骤进行逐一说明。

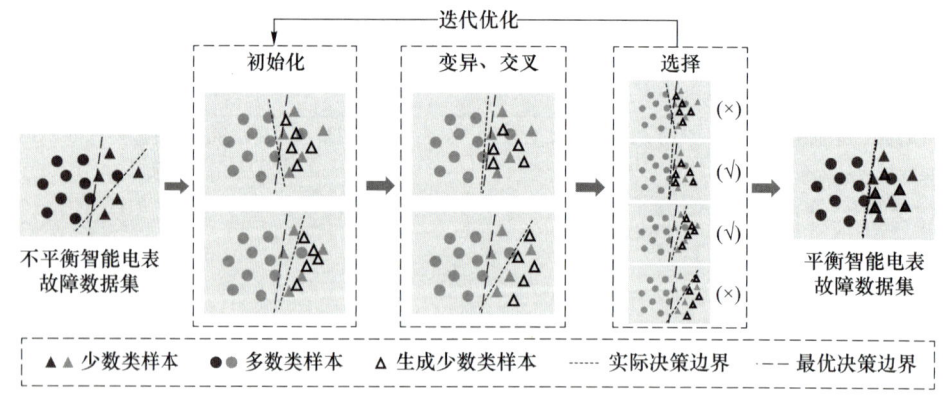

图 1-3 样本分布示意图

1. 初始化

MOSO 的初始化种群包括 N_{pop} 个个体,个体 $T_{i,g}$ 中的向量由 1.2.1 节中过采样方法得到,重复采样 N_{pop} 次得到原始种群 $T_g=(T_{1,g},T_{2,g},\cdots,T_{N_{pop},g})$。$T_{i,g}$ 表示第 g 次优化后的个

体,$g\in\{1,2,\cdots,G_{\max}\}$,$G_{\max}$为最大优化迭代次数。个体 $T_{i,g}$ 可以表示为

$$T_{i,g}=(T_{i,g}^1,T_{i,g}^2,\cdots,T_{i,g}^{N_t}) \tag{1-5}$$

其中:$i\in\{1,2,\cdots,N_{\text{pop}}\}$表示种群中的个体编号;$T_{i,g}^N$表示构成个体 $T_{i,g}$ 中的向量,即新生成的少数类样本;N_t 表示过采样生成的样本数量,即个体 $T_{i,g}$ 包含的样本数量。

2. 变异

在变异阶段,MOSO 基于每个原始个体 $T_{i,g}$ 得到变异个体 $V_{i,g}$,具体为针对 $T_{i,g}$ 中的每个原始向量 $T_{i,g}^j$ 生成变异向量 $V_{i,g}^j$。在常用的变异策略中,通过充分考虑变异方式的普遍性和鲁棒性,本章选择 DE/Rand/1 生成变异向量 $V_{i,g}^j$ [5],具体生成方式为

$$V_{i,g}^j=T_{i,g}^{t_1}+F_i\times(T_{i,g}^{t_2}-T_{i,g}^{t_3}) \tag{1-6}$$

其中,F_i 为原始向量和差分向量的比例,$T_{i,g}^{t_1}$、$T_{i,g}^{t_2}$ 和 $T_{i,g}^{t_3}$ 为随机原始向量。

可以得到变异个体 $V_{i,g}$ 为

$$V_{i,g}=(V_{i,g}^1,V_{i,g}^2,\cdots,V_{i,g}^{N_t}) \tag{1-7}$$

对种群的每个个体重复上述操作,得到变异种群 $V_g=(V_{1,g},V_{2,g},\cdots,V_{N_{\text{pop}},g})$。

3. 交叉

对于原始个体 $T_{i,g}$ 和变异个体 $V_{i,g}$,根据原始向量 $T_{i,g}^j$ 和变异向量 $V_{i,g}^j$ 得到交叉向量 $U_{i,g}^j$,具体为

$$U_{i,k,g}^j=\begin{cases}V_{i,k,g}^j, & \text{rand}()\leqslant\text{CR}\quad\text{或}\quad k=\text{rk}\\ T_{i,k,g}^j, & \text{rand}()>\text{CR}\quad\text{或}\quad k\neq\text{rk}\end{cases} \tag{1-8}$$

其中,$U_{i,k,g}^j$ 为交叉向量的第 k 维特征,rk 为随机选择的维度序号,CR 为交叉率,$V_{i,k,g}^j$ 为变异向量的第 k 维特征,$T_{i,k,g}^j$ 为原始向量的第 k 维特征。

在得到交叉向量后,检查 $U_{i,g}^j$ 的各维度取值是否超出少数类样本集 $x_{\min}$ 中的数值分布范围,限制取值范围后的交叉向量 $U_{i,g}^j$ 为

$$U_{i,k,g}^j=\begin{cases}\max(x_{\min}^k), & U_{i,k,g}^j\geqslant\max(x_{\min}^k)\\ \min(x_{\min}^k), & U_{i,k,g}^j\leqslant\min(x_{\min}^k)\end{cases} \tag{1-9}$$

其中,$x_{\min}^k$ 为少数类样本的第 k 维特征。

对种群的每个个体重复上述操作,得到交叉种群 $U_g=(U_{1,g},U_{2,g},\cdots,U_{N_{\text{pop}},g})$。

4. 选择

合并原始种群 T_g 和交叉种群 U_g 得到种群 R_g,计算 R_g 中个体 $R_{i,g}$ 的种群适应度并选择保留最优个体。为了评价个体的种群适应度,MOSO 的优化目标分别为:交叠区数据集的分类准确率和验证集的分类准确率。使用交叠区数据集的分类准确率作为优化目标会导致新生成样本过度拟合原始数据集,因此验证集可缓解新生成样本的过拟合程度。优化目标具体如下。

(1) 最大化分类模型在交叠区数据集上的分类准确率,记为 fitness1。

合并个体 $R_{i,g}$ 和原始数据集 D 得到 D',利用 D' 训练 KNN 分类器作为优化分类器,得到其在交叠区数据集 OLset 上的分类准确率为

$$\text{fitness1} = \sqrt{\overline{TP_{rate} \cdot TN_{rate}}} \tag{1-10}$$

其中,TP_{rate} 为少数类样本的召回率,TN_{rate} 为多数类样本的召回率。

交叠区数据集 OLset 的构造方式具体如下。

假设原始数据集 D 包括多数类样本 D_{maj} 和少数类样本 D_{min}。对于多数类样本 x_i,如果其 K 最近邻样本中存在少数类样本,则将该样本划入交叠区。即

$$S_{maj} = \{x_i \mid x_i \in D_{maj}, \exists KNN(x_i) \in D_{min}\} \tag{1-11}$$

同样地,对于少数类样本 x_i,如果其 K 最近邻样本中存在多数类样本,则将该样本划入交叠区。即

$$S_{min} = \{x_i \mid x_i \in D_{min}, \exists KNN(x_i) \in D_{maj}\} \tag{1-12}$$

可以得到交叠区数据集为

$$OLset = S_{min} \cup S_{maj} \tag{1-13}$$

(2) 最大化分类模型在验证集上的分类准确率,记为 fitness2。

合并个体 $R_{i,g}$ 和原始数据集 D 得到 D',利用 D' 训练 KNN 分类器作为优化分类器,得到其在验证集 Val 上的分类准确率为

$$\text{fitness2} = \sqrt{\overline{TP_{rate} \cdot TN_{rate}}} \tag{1-14}$$

验证集 Val 的构造方式具体如下。

验证集 Val 由多数类验证集 Majval 和少数类验证集 Minval 构成,Majval 和 Minval 的样本数量分别为 N_{val}。对于样本 x_i,根据欧氏距离的计算公式计算其最近邻同类别样本 x_i'。为了使验证集样本与真实分布尽量一致且存在样本多样性,使用如下方法生成验证集样本:

$$x_{new} = \begin{cases} x_i - (x_i - x_i') \cdot \text{rand}() \cdot r, & \text{rand}() > 0.5 \\ x_i + (x_i - x_i') \cdot \text{rand}() \cdot r, & \text{其他} \end{cases} \tag{1-15}$$

其中,r 为生成样本的幅值范围,rand() 为 0 到 1 的随机数。

对于上述多目标优化问题,其核心解决思路是协调各优化目标之间的关系,从而找出使各个目标函数都尽可能达到较大值的最优解集。针对不平衡分类问题,本章改进原始 NSGA-II 中的拥挤度和拥挤度比较算子,使用双加权数据复杂度指标(dual weighted complexity measure,DWCM)[6] 评价个体适应度。当个体的非支配排序等级相同时,保留数据复杂度低的个体,以降低数据过拟合的概率。下面将分别介绍快速非支配排序算法、双加权数据复杂度指标和精英选择策略。

(1) 快速非支配排序算法

计算个体 $R_{i,g}$ 的 fitness1 和 fitness2(适应度),通过快速非支配排序算法对 R_g 中的个体进行分层。对于所有的 $j=1,2,\cdots,2N_{pop}$ 且 $i \neq j$,比较个体 $R_{i,g}$ 和个体 $R_{j,g}$ 的支配关系与非支配关系。如果不存在个体 $R_{j,g}$ 优于 $R_{i,g}$,则 $R_{i,g}$ 为非支配个体且处于第一级非支配层 Z_1。随后,在去除 Z_1 的个体中,重复上述步骤,依次类推找到第二级非支配层 Z_2、第三级非支配层 Z_3 等,直至所有个体被分层。

(2) 双加权数据复杂度指标

本部分使用双加权数据复杂度替换 NSGA-II 中的拥挤度。拥挤度度量优化算法中不同适应度函数的值,而在不平衡分类问题中,通常更关注与分类结果直接相关的个体质量。通过引入双加权数据复杂度,可以得到数据复杂度更低的个体,降低合并数据集后发生过拟

合的风险。

本部分使用双加权数据复杂度替换 NSGA-II 中的拥挤度。由于拥挤度度量与分类任务不直接相关,算法可能在优化过程中保留数据复杂度高的个体,提升数据集合并后产生过拟合的风险。数据复杂度指标(complexity measure,CM)[6]考虑每个少数类样本的 K 最近邻样本,如果 K 最近邻样本中大多数样本为多数类样本,则此样本为困难样本。CM 值代表困难样本占少数类样本的比例。为了更好地评价样本的局部分布,DWCM 使用距离加权 KNN 扩展 CM。每个少数类样本 $\boldsymbol{x}_i$ 与其近邻样本 $\boldsymbol{x}_j$ 都存在一个由距离定义的权重 w_{ij},计算方式为

$$w_{ij} = \begin{cases} \dfrac{d(\boldsymbol{x}_i,\text{NN}_k(\boldsymbol{x}_i))-d(\boldsymbol{x}_i,\text{NN}_j(\boldsymbol{x}_i))}{d(\boldsymbol{x}_i,\text{NN}_k(\boldsymbol{x}_i))-d(\boldsymbol{x}_i,\text{NN}_1(\boldsymbol{x}_i))} \times \dfrac{d(\boldsymbol{x}_i,\text{NN}_k(\boldsymbol{x}_i))+d(\boldsymbol{x}_i,\text{NN}_1(\boldsymbol{x}_i))}{d(\boldsymbol{x}_i,\text{NN}_k(\boldsymbol{x}_i))+d(\boldsymbol{x}_i,\text{NN}_j(\boldsymbol{x}_i))}, & d(\boldsymbol{x}_i,\text{NN}_k(\boldsymbol{x}_i)) \neq d(\boldsymbol{x}_i,\text{NN}_1(\boldsymbol{x}_i)) \\ 1, & d(\boldsymbol{x}_i,\text{NN}_k(\boldsymbol{x}_i)) = d(\boldsymbol{x}_i,\text{NN}_1(\boldsymbol{x}_i)) \end{cases}$$

其中,$\text{NN}_j(\boldsymbol{x}_i)$ 表示 $\boldsymbol{x}_i$ 的第 j 个近邻样本,$d()$ 表示欧氏距离的计算公式。

可以得到数据集的双加权数据复杂度为

$$\text{DWCM}(D',k) = \frac{1}{N_{\min}} \sum_{i=1}^{N_{\min}} I\left(\frac{\sum_{j=1}^{k} w_{ij} I(\text{NN}_j(\boldsymbol{x}_i) \neq 1)}{\sum_{j=1}^{k} w_{ij}} > 0.5 \right) \tag{1-16}$$

其中,$N_{\min}$ 为数据集中少数类样本数量,k 为 DWCM 考虑的近邻样本数量。

(3)精英选择策略

根据 $\boldsymbol{R}_g$ 中个体的非支配层级和双加权数据复杂度选择得到新一代父代种群。具体步骤如下:首先,将 Z_1 放入新父代种群;其次,依次比较 Z_2、Z_3 等,直到新父代种群中的个体数量大于 N_{pop}。对 Z_i 个体进行双加权数据复杂度比较,选择双加权数据复杂度较小的个体,直至种群个体数量为 N_{pop}。MOSO 的具体流程如算法 1-2 所示。

算法 1-2:基于多目标进化算法的样本分布优化

输入:原始数据集 $D=\{\boldsymbol{x}_i \in X, y_i \in Y\}$,多数类样本数量 N_n,少数类样本数量 N_p,最近邻样本数量 k,种群数量 N_{pop},最大迭代次数 $G_{\max}$,验证集 Val 样本数量 $2N_{\text{val}}$

输出:平衡数据集 BALset

1: # 初始化种群 $\boldsymbol{T}_g$
2: for $i=1$ to N_{pop} do
3:    $T_{i,0} \leftarrow$ 算法 1-1(D, N_n, N_p, k)
4: end for
5: # 构造验证集 Val
6: for $i=1$ to N_{val} do
7:    随机选择多数类样本 $\boldsymbol{x}_i$,并根据欧氏距离的计算公式计算其最近邻多数类样本 $\boldsymbol{x}'_i$
8:    根据式(1-15)获得新生成样本 $\boldsymbol{x}_{\text{new}}$
9:    Majval = Majval $\cup$ $\boldsymbol{x}_{\text{new}}$
10: end for
11: for $i=1$ to N_{val} do
12:    随机选择少数类样本 $\boldsymbol{x}_i$,并根据欧氏距离的计算公式计算其最近邻少数类样本 $\boldsymbol{x}'_i$
13:    根据式(1-15)获得新生成样本 $\boldsymbol{x}_{\text{new}}$
14:    Minval = Minval $\cup$ $\boldsymbol{x}_{\text{new}}$

```
15: end for
16: Val=Majval∪Minval
17: ♯获得交叠区数据集 OLset
18: for $x_i$ in D do
19:     获得 $x_i$ 的 $k$ 个最近邻样本 KNN($x_i$)
20:     if y(KNN($x_i$))≠$y_i$ do (如果存在 $x_j$∈KNN($x_i$)与 $x_i$ 类别不同)
21:         OLset=OLset∪{$x_i$}
22:     end if
23: end for
24: ♯优化样本分布
25: while $g$<$G_{max}$ then
26:     根据式(1-6)得到变异种群 $V_g$
27:     根据式(1-8)和式(1-9)得到交叉种群 $U_g$
28:     合并 $T_g$ 和 $U_g$ 得到 $R_g$
29:     计算 $R_g$ 中个体的适应度 fitness1 和 fitness2
30:     利用快速非支配排序算法得到非支配层级
31:     根据式(1-16)和式(1-17)计算 $R_g$ 中个体的 DWCM
32:     根据精英选择策略保留新一代原始种群 $T_{g+1}$
33:     $g$=$g$+1
34: end while
```

利用 MOSO 迭代优化生成样本集。在训练完成后,对种群 $T_{G_{max}}$ 中的个体计算种群适应度 fitness1 和 fitness2。利用快速非支配排序算法得到第一级非支配层。在第一级非支配层的个体中,选择与 fitness1 目标适应度最高的个体作为优化后的生成少数类样本 D_{best}。结合原始样本集 D 和优化后的生成少数类样本 D_{best} 得到分类模型的训练样本,最终训练分类模型完成分类任务。

1.3　实验与评估

本节通过对比实验评估 MOSO 的性能。1.3.1 节对该方法的参数设置进行了系统说明。1.3.2 节在公开数据集上,对该方法与其他方法进行了对比实验,并对实验结果进行统计学检验,以评估 MOSO 的显著性。1.3.3 节在智能电表故障数据集上,对该方法与其他方法进行了对比实验。

1.3.1　参数设置

根据文献[1]的 IBI³ 参数选择建议和相关实验结果,本章将用于计算少数类样本过采样概率 IBI³ 的 K 近邻数量设为 5。根据文献[7]的相关原理分析及实验结果,本章将用于计算双加权数据复杂度的 K 近邻数量设为 5。根据文献[6]的相关参数设置,本章将用于定义交叠区样本集的 K 近邻数量设为 5。验证集的样本集大小 N_{val} 与原始数据集的样本集大小相关,为原始数据集样本数量的 1/2。根据文献[6]的相关参数设置,多目标进化算法的种群大小为20，最大优化次数为20，交叉算子取值为0.6，变异算子的取值由式(1-17)确定：

$$F=\begin{cases}8, & \text{rand}(2)<0.03 \\ 20, & 0.03\leqslant\text{rand}(2)<0.07 \\ 1, & 0.07\leqslant\text{rand}(2)\text{ 和 rand}(1)<0.1 \\ 0.3, & \text{其他}\end{cases} \quad (1-17)$$

其中，rand(1)和rand(2)为0到1的随机数。

1.3.2 公开数据集的结果与分析

1. 数据集与评价指标

本节选择各类具有实际背景的公开数据集，使用的数据集尽量包含各种数据的分布特点，以模拟智能电表故障可能存在的数据分布，进而充分验证MOSO的有效性。为了证明MOSO的有效性，使用35个权威机器学习数据库KEEL(https://sci2s.ugr.es/keel)和UCI(https://archive.ics.uci.edu)中的不平衡数据集进行对比实验。数据集的选择标准为：①样本数量、特征维度、不平衡比等属性有较大的分布范围；②这些属性在不同范围中均匀分布。表1-1为实验所用数据集的主要特征介绍。

表1-1　实验所用数据集的主要特征介绍

数据集	样本数量	特征维度	少数类样本数量	多数类样本数量	不平衡比
messidor_features	1 151	19	540	611	1.13
wisconsin	683	9	239	444	1.86
pima	768	8	268	500	1.87
biodeg	1 055	42	356	699	1.96
vehicle1	846	18	217	629	2.90
vehicle3	846	18	212	634	2.99
vehicle0	846	18	199	647	3.25
ecoli1	336	7	77	259	3.36
Cardiotocography	2 126	21	471	1 655	3.51
spambase	3 421	57	636	2 785	4.38
new-thyroid1	215	5	35	180	5.14
new-thyroid2	215	5	35	180	5.14
ecoli2	336	7	52	284	5.46
segment0	2 308	19	329	1 979	6.02
yeast3	1 484	8	163	1 321	8.10
ecoli3	336	7	35	301	8.60
yeast-2_vs_4	514	8	51	463	9.08
ecoli-0-6-7_vs_2-5	222	7	22	200	9.09
yeast-0-5-6-7-9_vs_4	528	8	51	477	9.35
vowel0	988	13	90	898	9.98
glass2	214	9	17	197	11.59

续 表

数据集	样本数量	特征维度	少数类样本数量	多数类样本数量	不平衡比
mHealth	733	23	56	677	12.09
ecoli-0-1-4-7_vs_5-6	332	6	25	307	12.28
yeast-1_vs_7	459	7	30	429	14.30
ecoli4	336	7	20	316	15.80
abalone9-18	731	8	42	689	16.40
Wilt	4 839	5	261	4 578	17.54
MEU-Mobile KSD	1 071	72	51	1 020	20.00
MUSK	2 873	166	106	2 767	26.10
yeast4	1 484	8	51	1 433	28.10
ecoli-0-1-2-7_vs_1-6	281	7	7	274	39.14
yeast6	1 484	8	35	1 449	41.40
abalone-20_vs_8-9-10	1 916	10	26	1 890	72.69
Shuttle	1 013	11	13	1 000	76.92
PenDigits	9 868	17	20	9 848	492.40

对于不平衡二分类任务,根据样本实际类别和预测类别的组合,可以将样本划分为真正类(true positive,TP)样本、假负类(false negative,FN)样本、假正类(false positive,FP)样本、真负类(true negative,TN)样本。其中,少数类样本被认为是正类样本,多数类样本被认为是负类样本。性能评估混淆矩阵见表1-2。

表 1-2 性能评估混淆矩阵

类别	实际为少数类样本	实际为多数类样本
预测为少数类样本	TP	FP
预测为多数类样本	FN	TN

F1-measure 综合考虑少数类样本的准确率 $precision_{min}$ 和少数类样本的召回率 $recall_{min}$,可以表示为

$$\text{F1-measure} = \frac{2 \cdot recall_{min} \cdot precision_{min}}{recall_{min} \cdot precision_{min}} \tag{1-18}$$

其中,$precision_{min} = TP/(TP+FP)$,$recall_{min} = TP/(TP+FN)$。

G-mean 为少数类样本的召回率 $recall_{min}$ 和多数类样本的召回率 $recall_{maj}$ 的几何平均值,可以表示为

$$\text{G-mean} = \sqrt{recall_{min} \cdot recall_{maj}} \tag{1-19}$$

其中,$recall_{maj} = TN/(TN+FP)$。

对于每个数据集,采用五折交叉验证评估分类性能。具体做法:80%的样本用于训练,20%的样本用于测试。为了降低实验结果的随机性,将10次五折交叉验证的平均结果作为最终分类结果。此外,由于对比实验选用的数据集有限且算法在各数据集上的性能表现存在差异,为充分评估MOSO与其他方法的性能是否具有显著差异,采用Friedman检验[8]和

Nemenyi 后检验[9]比较 MOSO 和其他方法。Friedman 检验用于比较所有方法是否存在显著差异[8]。在此基础上,Nemenyi 后检验用于比较 MOSO 和其他方法是否存在显著差异[9]。

2. 实验结果分析

MOSO 是一种数据层面方法。它基于多目标进化算法优化生成样本的分布,在平衡数据集后与分类器结合得到分类结果。因此,本节选择数据层面方法进行对比实验。对比方法包括采样类方法(SMOTE[10]、Borderline-SMOTE[11]、RCSMOTE[12]、LDAS[13]、DEBOHID[14]、SMOTE-NaN-DE[15])和生成类方法(CWGAN-GP[16]和 ADA-INCVAE[17])。其中,SMOTE、Borderline-SMOTE 的实现来自机器学习库 Scikit-Learn[18],在计算 K 最近邻样本时,网格搜索的超参数范围为{2,3,5,7}。其他方法均严格按文献中的模型结构和伪代码进行实现,并根据文献中所建议的超参数进行调整。不同的方法分别与 4 种分类器结合得到最终分类结果。分类器的实现基于 Python 中的机器学习库 Scikit-Learn[18]。本章使用的分类器包括:Logistic 回归(Logistic Regression,LR)[19]、RBF 核的支持向量机(Support Vector Machine,SVM)[20]、K 最近邻(K-Nearest Neighbor,KNN)[2]和随机森林(Random Forest,RF)[21]。MOSO 与其他方法的对比结果见表 1-3,其中加粗数据为最佳实验结果。详细的实验结果见附录 A 部分的表 A-1~表 A-8。

表 1-3 在公开数据集上,MOSO 方法与其他方法在 F1-measure 和 G-mean 指标上的实验结果对比

	分类器	评价指标	SMOTE	Borderline-SMOTE	RCSMOTE	LDAS	DEBOHID	SMOTE-NaN-DE	CWGAN-GP	ADA-INCVAE	MOSO
均值	SVM	F1-measure	0.699 4	0.706 0	0.664 5	0.539 5	0.697 0	0.697 7	0.602 2	0.605 8	**0.707 1**
		G-mean	0.871 9	0.846 5	0.785 3	0.573 1	**0.876 0**	0.866 9	0.686 0	0.664 5	0.873 8
	LR	F1-measure	0.604 9	0.577 9	0.571 5	0.317 4	0.598 8	0.603 1	0.369 3	0.427 1	**0.611 5**
		G-mean	0.855 9	0.804 4	0.784 0	0.358 0	0.856 7	0.853 1	0.448 1	0.643 5	**0.856 9**
	KNN	F1-measure	0.656 6	**0.679 9**	0.646 4	0.606 5	0.651 9	0.667 0	0.636 0	0.602 5	0.666 6
		G-mean	0.852 7	0.819 3	0.789 1	0.657 8	0.833 8	0.846 5	0.694 5	0.698 4	**0.855 3**
	RF	F1-measure	0.729 0	0.703 7	0.706 8	0.647 6	0.727 0	0.721 8	0.679 4	0.676 9	**0.732 5**
		G-mean	**0.825 6**	0.779 5	0.782 3	0.696 3	0.813 6	0.814 9	0.732 6	0.725 9	0.823 1
平均排名	SVM	F1-measure	4.28	4.34	4.49	6.99	4.46	4.32	6.66	5.94	**3.53**
		G-mean	3.75	4.34	4.87	7.82	3.22	3.68	7.4	7.01	**2.91**
	LR	F1-measure	3.5	3.97	4.09	7.97	3.91	3.71	7.76	6.94	**3.15**
		G-mean	3.21	4.5	4.47	8.71	3.21	3.5	7.78	6.51	**3.12**
	KNN	F1-measure	5.26	**3.97**	4.57	6.18	5.54	4.16	5.01	5.97	4.32
		G-mean	3.62	4.32	4.69	8.35	3.49	3.43	7.1	7.12	**2.88**
	RF	F1-measure	3.88	5.13	5.15	7.66	3.6	4.56	5.82	5.75	**3.44**
		G-mean	**3.03**	5.07	5	8.34	3.19	4.18	6.47	6.46	3.26

分析上述结果可知,MOSO 在 F1-measure 和 G-mean 指标上的分类结果均较好。在 35 个数据集上,当使用 SVM 作为分类器时,MOSO 在 F1-measure 指标上排名第一的数据

集有 9 个，MOSO 在 G-mean 指标上排名第一的数据集有 10 个；当使用 LR 作为分类器时，MOSO 在 F1-measure 指标上排名第一的数据集有 5 个，MOSO 在 G-mean 指标上排名第一的数据集有 9 个；当使用 KNN 作为分类器时，MOSO 在 F1-measure 指标上排名第一的数据集有 5 个，MOSO 在 G-mean 指标上排名第一的数据集有 10 个；当使用 RF 作为分类器时，MOSO 在 F1-measure 指标上排名第一的数据集有 8 个，在 G-mean 指标上排名第一的数据集有 9 个。

MOSO 在优化过程中以交叠区样本和验证集样本的 G-mean 指标结果作为优化目标，因此当使用同一个分类器时，MOSO 在 G-mean 指标上的结果往往优于 MOSO 在 F1-measure 指标上的结果。然而，以交叠区样本和验证集样本的 G-mean 指标结果作为优化目标，会使 MOSO 过度关注少数类样本的召回率，在一定程度上产生过拟合，导致 F1-measure 指标结果偏低。由于 MOSO 在训练时使用 KNN 作为计算个体适应度的分类器，因此当使用 KNN 作为分类器时，MOSO 在 G-mean 指标上取得的实验结果明显优于其他方法在 G-mean 指标上取得的实验结果。对于存在类间交叠的数据集（如"glass2""Wilt""PenDigits"等），MOSO 取得了较好的结果。MOSO 在这些数据集上，分类结果较好意味着该方法可以有效地处理存在严重类间交叠的数据集的不平衡分类问题。当数据集样本数量较小时（如"ecoli4""ecoli-0-1-2-7_vs_1-6""ecoli1"等），MOSO 可能取得相对较差的结果。由于 MOSO 在训练过程中的优化目标与样本数量直接相关，当样本数量较少时，当前样本分布不能完全体现该类别样本的分布，导致 MOSO 在优化过程中不能获得精准的决策边界。

3. 统计学检验结果分析

由于对比实验选用的数据集有限且不同方法在各数据集上的分类性能存在差异，为进一步评估 MOSO 的性能优势，采用 Friedman 检验和 Nemenyi 后检验对实验结果进行验证。首先，采用 Friedman 检验比较所有方法的平均排名，并计算显著水平为 0.05 时的 P 值，以判断所有方法是否有相同性能。附录 A 部分的表 A-1～表 A-8 中，在 4 个分类器的两个指标上，所有方法均有显著差异。其次，采用 Nemenyi 后检验对 MOSO 与其他方法进行验证。当以 MOSO 为参照对象时，检验结果见表 1-4。可以发现，MOSO 在大部分情况下显著优于其他方法。统计学检验结果说明，MOSO 能够有效地提升采样样本辅助分类器学习更精准决策边界的能力，有效地提高不平衡样本的分类准确率。表 1-5 详细比较了 Nemenyi 后检验的实验结果。

表 1-4 以 MOSO 为参照对象时，MOSO 与其他方法的 Nemenyi 后检验结果分析

评价指标	分类器	无显著差异		显著优于	
		个数	方法名	个数	方法名
F1-measure	SVM	4	SMOTE-NaN-DE、DEBOHID、Borderline-SMOTE、SMOTE	4	其他方法
	LR	4	SMOTE-NaN-DE、DEBOHID、Borderline-SMOTE、SMOTE	4	其他方法
	KNN	4	CWGAN-GP、SMOTE-NaN-DE、RCSMOTE、Borderline-SMOTE	4	其他方法
	RF	2	DEBOHID、SMOTE	6	其他方法

|第 1 章| 基于生成样本分布优化的不平衡分类方法

续 表

评价指标	分类器	无显著差异		显著优于	
		个数	方法名	个数	方法名
G-mean	SVM	3	SMOTE-NaN-DE、DEBOHID、SMOTE	5	其他方法
	LR	3	SMOTE-NaN-DE、DEBOHID、SMOTE	5	其他方法
	KNN	3	SMOTE-NaN-DE、DEBOHID、SMOTE	5	其他方法
	RF	2	DEBOHID、SMOTE	6	其他方法

表 1-5 MOSO 与其他方法比较的 Nemenyi 后检验结果

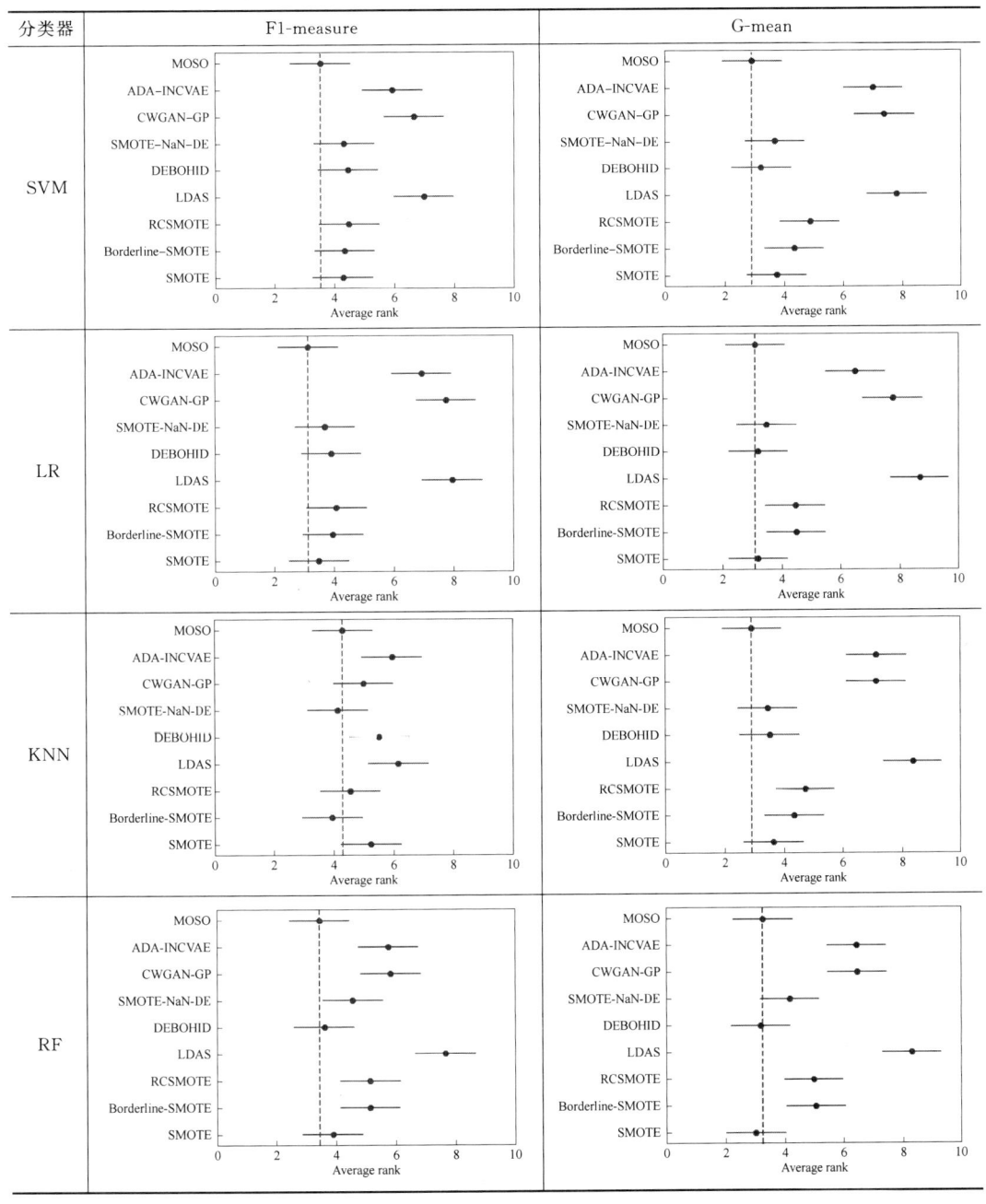

1.3.3 智能电表故障数据集的结果与分析

本章使用的智能电表故障数据集由国家电网公司某科研单位提供。该数据集采集自25个省份的智能电表故障实例。其包含13种特征维度(1.故障类型、2.计量资产标识、3.安装时间、4.检定时间、5.故障识别日期、6.省份、7.供电单位编号、8.供电单位名称、9.设备类别、10.设备规格、11.通讯方式、12.到货批次号、13.供应商)。智能电表故障类型共分为11类,包括外观故障、计量性能故障、存储单元故障、处理单元故障、显示单元故障、控制单元故障、电源单元故障、通信单元故障、时钟单元故障、其他故障、软件故障。数据集各特征的数据类型见表1-6。

表1-6 数据集各特征的数据类型

数据类型	特征编号
类别型	1、6、7、8、9、10、11、13
数值型	2、3、4、5、12

为提高电表数据集质量,采取以下处理措施:①对类别型变量进行特征编码;②从与时间相关的电表特征中提取月份,作为新特征;③对安装日期和故障日期求差(以月为单位)得到工作时长,作为新特征;④删除冗余特征"供电单位名称"及无关特征"检定时间"。采用随机森林模型对剩余电表特征与新构造电表特征进行相关性分析。在随机森林模型的构建过程中,通过计算各特征变量的重要性,选择出相关度高、数目较少且能充分预测结果的特征。经处理后,得到工作时长、到货批次号、供电单位编号、电能表类别、故障识别月份、安装月份、省份、设备规格和通讯方式等9种特征维度。

为便于神经网络模型的训练和提高分类精度,需要对输入特征数据进行归一化处理。对智能电表故障数据集的9种特征维度进行归一化处理,将数据归一化在[0,1]之间。对于智能电表故障数据集中每一个值,其计算公式为

$$x' = \frac{x - x_{\min}}{x_{\max} - x_{\min}} \tag{1-20}$$

其中,x'是归一化处理后的数据,$x_{\max}$和$x_{\min}$分别是在当前特征维度下输入数据中的最大值和最小值。

经过上述数据预处理,共得到15 876条智能电表故障数据。在对智能电表故障类型进行编号后,各故障类型及其样本数量见表1-7。其中,各故障类型的样本数量高度不平衡,最大不平衡比达到39.13。

表1-7 智能电表故障数据集的故障类型分布

编号	样本数量	故障类型
类别1	1 333	外观故障
类别2	608	计量性能故障
类别3	978	存储单元故障
类别4	2 334	处理单元故障

续表

故障编号	样本数量	故障类型
类别 5	239	显示单元故障
类别 6	115	控制单元故障
类别 7	2 692	电源单元故障
类别 8	1 263	通信单元故障
类别 9	4 501	时钟单元故障
类别 10	325	其他故障
类别 11	1 498	软件故障

经过上述数据预处理,得到的智能电表故障数据集包含工作时长、到货批次号、供电单位编号、电能表类别、故障识别月份、安装月份、省份、设备规格、通讯方式等 9 种特征维度。

MOSO 与其他方法均采用"一对多"分类框架,将不平衡多分类问题转化为多个不平衡二分类问题,以避免同时构建多类别决策边界存在的困难。具体为:①将一类样本作为少数类样本,其余类样本作为多数类样本,训练多个分类器;②对于测试样本,使用每个分类器获得其属于每个类别的概率,将得到最大分类概率的类别作为测试样本的预测类别。

从智能电表故障数据集中随机抽取 80% 的样本作为训练集,20% 的样本作为测试集。为综合评估 MOSO 的性能,采用与 1.3.2 节相同的设置,即 MOSO 与 6 种采样类方法和 2 种生成类方法进行对比。使用 LR、SVM 和 RF 作为分类器,比较上述不同方法的实验结果。

在评价指标方面,以 F1-measure 和 G-mean 作为评价指标。在此基础上,采用公开数据集所用评价指标的多分类版本,对电表故障多分类实验结果进行评价。采用 macro-F1 综合评价模型在各类别上的 F1-measure 结果,具体为计算各类别 F1-measure 的算术平均值;采用 G-mean 综合评价模型在各类别上的召回率结果,具体为计算各类别召回率的几何平均值。

对 MOSO 与采样类方法(SMOTE[10]、Borderline-SMOTE[11]、RCSMOTE[12]、LDAS[13]、DEBOHID[14]、SMOTE-NaN-DE[15])和生成类方法(CWGAN-GP[16] 和 ADA-INCVAE[17])进行对比实验。当使用不同分类器时,所有方法的 macro-F1 和 G-mean 结果见表 1-8。各类别的 F1-measure 和召回率结果以及综合各类别的 macro-F1 和 G-mean 结果见附录 A 部分的表 A-9~表 A-14。

表 1-8 在智能电表故障数据集上,MOSO 与其他方法在 macro-F1 和 G-mean 指标上的实验结果对比

分类器	评价指标	SMOTE	Borderline-SMOTE	RCSMOTE	LDAS	DEBOHID	SMOTE-NaN-DE	CWGAN-GP	ADA-INCVAE	MOSO
LR	macro-F1	0.186 7	0.196 5	0.204 0	0.201 9	0.232 0	0.232 9	0.214 9	0.087 2	**0.237 2**
LR	G-mean	0.210 8	0.211 9	0.274 7	0.217 8	0.297 2	0.296 2	0.230 6	0.153 4	**0.303 0**
SVM	macro-F1	0.315 9	0.333 9	0.400 7	0.354 9	0.385 4	0.380 2	0.349 0	0.249 8	**0.409 9**
SVM	G-mean	0.311 2	0.334 2	0.417 5	0.342 2	0.482 8	0.478 1	0.354 5	0.251 1	**0.492 3**
RF	macro-F1	0.659 0	0.657 0	0.659 0	0.651 9	0.658 1	0.482 7	0.349 0	0.605 1	**0.660 7**
RF	G-mean	0.642 3	0.636 4	0.645 7	0.647 2	0.647 5	0.490 5	**0.680 2**	0.556 3	0.653 3

由表1-8以及附录A部分的表A-9～表A-14可知,MOSO与6种采样类方法和2种生成类方法相比,具有显著优势。当使用LR和SVM作为分类器时,MOSO在F1-measure和召回率指标上排名第一的类别数量最多。对于macro-F1指标,MOSO在LR、SVM和RF上相较于排名第二的方法分别提升1.85％、2.30％和2.58％。对于G-mean指标,MOSO在LR和SVM上相较于排名第二的方法分别提升1.95％和1.97％。CWGAN-GP在RF上的G-mean指标排名第一,可以发现CWGAN-GP在类别5和类别6上取得了较高的召回率。该方法可能产生模式崩溃,导致少数类样本生成在某一集中区域,从而造成模型偏向少数类样本的某一种分布模式,因此该方法在G-mean上取得了较好的结果,但该方法在macro-F1上的性能与其他方法差距较大。由上述实验结果可知,MOSO以交叠区样本的分类准确率为优化目标,通过优化生成样本的分布可以提升智能电表故障数据集的分类准确率,从而提升运维人员的维修效率,保证电网稳定运行。

本 章 小 结

本章提出一种基于多目标进化算法的样本分布优化方法(MOSO)。MOSO将不同类别的样本再平衡问题转化为生成样本分布优化问题,以交叠区数据集和验证集上的分类性能构造优化目标函数,建立新生成样本的样本分布优化模型,确保新生成样本可以有效地辅助分类模型构建更为精准的决策边界,在有效地提升分类性能的同时缓解过拟合问题。此外,在优化过程中,采用差分变异策略得到新生成样本,扩大生成样本的可能分布范围,增大生成样本的多样性。同时,引入数据复杂度度量改进原始NSGA-II中的拥挤度,保留数据复杂度更低的样本集,尽量避免生成样本加剧交叠。在公开数据集和智能电表故障数据集上,将MOSO与6种采样类方法和2种生成类方法进行对比,实验结果表明:MOSO在各分类器上均有显著优势。MOSO可以有效提升分类模型构建决策边界的能力,未来可进一步研究优化方法的优化目标选择以及优化过程中子代样本的生成方式,提升优化方法的性能与效率,最终提升不平衡分类问题的预测精度。

第 2 章
基于样本空间映射的不平衡分类方法

2.1 引　　言

本章主要研究基于样本空间映射的智能电表故障样本分类方法。对于不平衡分类问题，大多数方法通过样本再平衡或修改传统分类算法，在样本原始特征空间中对数据进行分类。针对智能电表故障分类问题，同一智能电表故障分布可能呈现多个模式，不同类别电表故障分布可能存在交叠，导致分类模型难以学习到准确的决策边界。针对上述问题，一类有效的方法是对样本进行空间映射，将样本映射到一个分类难度更低的潜空间。现有基于空间映射的方法通常将样本映射到低维空间，但易造成样本的信息损失，导致映射不准确。同时，这些方法通常没有在潜空间添加约束，不能确保将样本映射到类别可分性更高的潜空间。因此，本章提出一种基于类别差异约束流模型空间映射的不平衡分类方法，利用流模型精准的空间映射能力将样本映射到潜空间，在数学理论层面保证映射的准确性和映射后分布的一致性。在映射的同时，对流模型潜空间分布添加约束（全局约束和局部约束）。全局约束将同一类别的不同子簇映射到潜空间的同一区域；局部约束增大了不同类别样本的可分离性。对各类别样本分布高度交叠、类别边界复杂的电表故障数据，使用拟合样本分布更精准的流模型进行空间映射并在潜空间添加约束，实现在潜空间降低数据分布的复杂度，从而提升智能电表故障预测的精度。

2.2 相关理论基础

标准化流通过可逆变换将简单概率分布转化为复杂概率分布，可以在数学理论上保证映射的可逆性和精准性[22-23]。利用可逆变换和变量变换公式，可以根据潜空间的简单分布得到原始空间的复杂分布表示。标准化流由一系列可逆映射 $f_\theta = f_1 \circ f_2 \circ f_3 \circ \cdots \circ f_K$ 构成，将原始样本分布 $x \sim p_X(x)$ 映射到潜空间的简单样本分布 $z \sim p_Z(z)$[24]，如图 2-1 所示。根

据变量变换公式,原始样本分布可以表示为

$$p_X(\boldsymbol{x}) = p_Z(f_\theta(\boldsymbol{x})) \cdot \left| \det\left(\frac{\partial f_\theta(\boldsymbol{x})}{\partial \boldsymbol{x}}\right) \right| \tag{2-1}$$

其中,$\partial f_\theta(\boldsymbol{x})/\partial \boldsymbol{x}$ 为计算 $f_\theta(\boldsymbol{x})$ 的雅可比矩阵,det 为计算矩阵行列式。

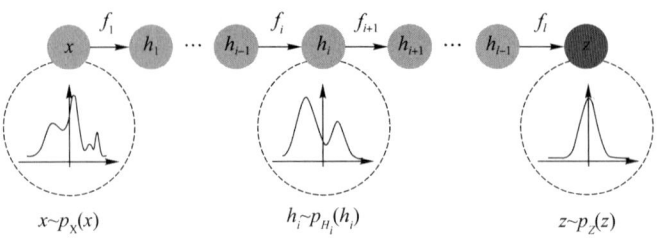

图 2-1 标准化流原理图

使用最大似然算法训练流模型,可以得到式(2-1)的对数似然:

$$\log_{10}(p_X(\boldsymbol{x})) = \log_{10}(p_Z(f_\theta(\boldsymbol{x}))) + \log_{10}\left(\left|\det\left(\frac{\partial f_\theta(\boldsymbol{x})}{\partial \boldsymbol{x}}\right)\right|\right) \tag{2-2}$$

流模型是一类基于标准化流思想的生成模型。标准化流要求特征变换可逆,且可逆变换的雅可比矩阵行列式易于计算,不同的流模型针对上述要求提出了不同的解决方案。本章采用的流模型由三个部分构成,即样本标准化层、可逆变换层和仿射耦合层[25]。样本标准化层、可逆变换层和仿射耦合层构成一次仿射变换,流模型由 K 次仿射变换串行连接而成,其结构如图 2-2 所示。

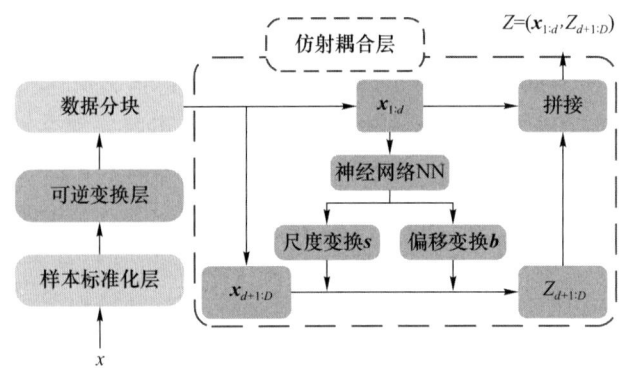

图 2-2 流模型结构图

假设输入样本为 $X = \{x_1, x_2, \cdots, x_m\}$,输入样本的特征维度为 n,每个模块的输入、输出分别为 u 和 v,下面将分别介绍流模型三个组成部分。

1. 样本标准化层

为保证流模型的训练稳定性,Glow[25]引入样本标准化层,在样本的每个特征维度上,采用可学习的尺度变换 s 和偏移变换 b,样本标准化层的变换公式可以表示为

$$v = s \odot u + b, \tag{2-3}$$

其中,$\odot$ 表示向量对应元素相乘。样本标准化层的损失可以表示为

$$L_{\text{Actnorm}} = -\sum_{i=1}^{n} \log_{10}|s_i| \tag{2-4}$$

其中，s_i 表示向量的第 i 个元素。

2. 可逆变换层

仿射耦合层将样本的特征维度分为两部分。一部分直接进行复制，另一部分进行仿射变换。为了使每个特征维度都能充分影响其他特征维度，在样本进入仿射耦合层前对样本特征维度进行某种排列变换。Glow 引入 1×1 可逆变换替代之前模型中的随机打乱操作。经过可逆变换后的样本可以表示为

$$v = Wu \tag{2-5}$$

其中，W 表示随机初始化 $n\times n$ 矩阵。

可逆变换层的损失可以表示为

$$L_{\text{Permutation}} = -\log_{10}|\det(W)| \tag{2-6}$$

3. 仿射耦合层（affine coupling）

RealNVP[26] 首先提出仿射耦合层，解决了式(2-1)中计算雅可比矩阵行列式存在的困难，保证了模型的可逆性。具体来说，模型将雅可比矩阵构造为三角矩阵，雅可比矩阵行列式为对角线元素的乘积。仿射耦合层将原始样本分为 $u_{1:d}$ 和 $u_{d+1:n}$ 两个部分。其中，$1:d$ 表示样本第 1 维特征到第 d 维特征，$d+1:n$ 表示样本第 $d+1$ 维特征到第 n 维特征。在通过仿射耦合层后，保持 $u_{1:d}$ 不变，对 $u_{d+1:n}$ 进行仿射变换。仿射变换的尺度变换 s 和偏移变换 b 由神经网络 NN 进行非线性变换得到，具体可以表示为

$$s, b = \text{NN}(u_{1:d}) \tag{2-7}$$

经仿射变换后的 $u_{d+1:n}$ 可以表示为

$$v_{d+1:n} = s \odot u_{d+1:n} + b \tag{2-8}$$

因此，可逆变换的雅可比矩阵可以表示为

$$\frac{\partial z}{\partial x} = \begin{bmatrix} I_d & 0 \\ \frac{\partial v_{d+1:D}}{\partial u_{1:d}} & \frac{\partial v_{d+1:D}}{\partial u_{d+1:D}} \end{bmatrix} - \begin{bmatrix} I_d & 0 \\ \frac{\partial v_{d+1:D}}{\partial u_{1:d}} & \text{diag}(s) \end{bmatrix} \tag{2-9}$$

其中，I_d 表示维度为 $d\times d$ 的单位矩阵，$\text{diag}(s)$ 表示对角线元素为 s 的对角矩阵。

仿射耦合层的损失可以表示为

$$L_{\text{Affine}} = -\sum_{i=1}^{n-d} \log_{10}|s_i| \tag{2-10}$$

2.3 基于类别差异约束流模型空间映射的不平衡分类方法

对于不平衡分类问题，现有方法大多直接在原始空间中对样本进行分类。由于类别决策边界复杂且类间交叠严重，分类器性能受限于原始空间中复杂的样本分布。因此，将原始样本映射到样本分布更简单、分类难度更低的潜空间，可以有效缓解上述问题。现有基于样

本空间映射的方法不能保证潜空间分布的真实性，也没有充分考虑样本分布的特点。针对样本分布存在类间交叠和类内不平衡的问题，本章提出了一种基于类别差异约束流模型空间映射的不平衡分类方法（an imbalanced binary classification method via space mapping using normalizing flows with class discrepancy constraints，CDC-Glow）。CDC-Glow 的流程图如图 2-3 所示。

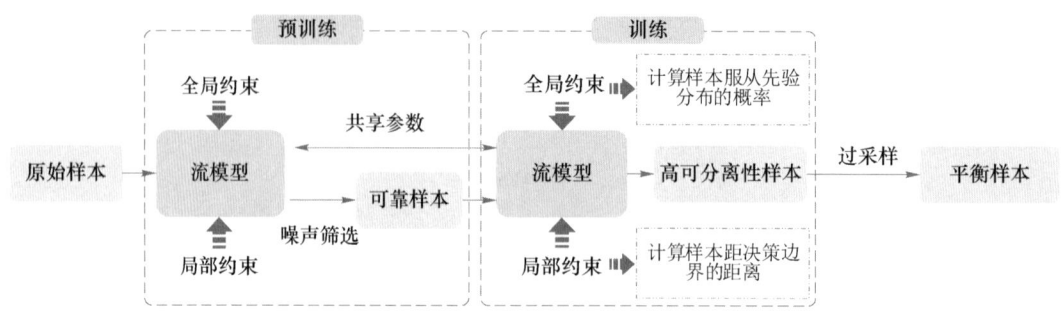

图 2-3　CDC-Glow 的流程图

首先，在模型预训练阶段，利用 CDC-Glow 对噪声样本进行过滤和删除。其次，在预训练的 CDC-Glow 上继续训练，实现对样本的精确映射。通过设计类别差异约束，将同类别的不同子簇样本映射到潜空间的相同区域，将不同类别的样本映射到潜空间的不同区域，并最大化不同类别样本的分布间隔。最后，在潜空间中对少数类样本进行过采样实现样本平衡，并将平衡后的潜空间样本集直接用于训练分类器。该方法的原理图如图 2-4 所示。

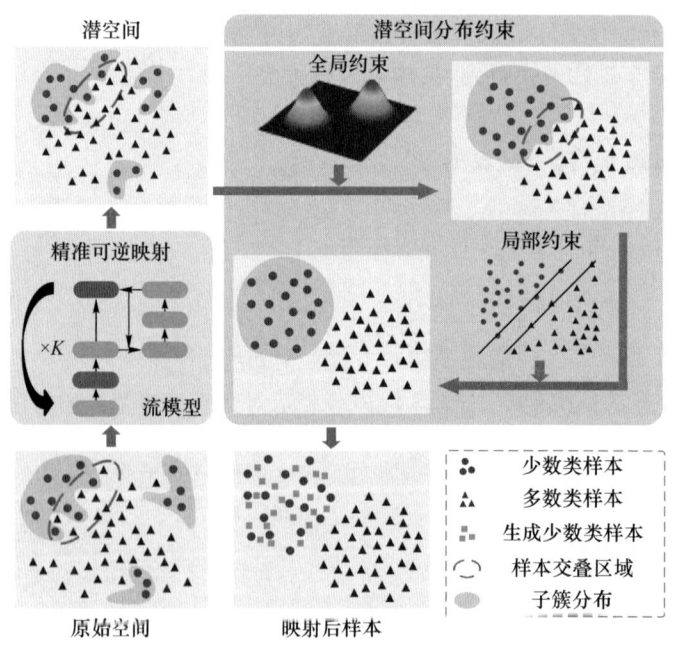

图 2-4　CDC-Glow 方法的原理图

假设输入数据为 $D=(X,Y)=\{(\pmb{x}_i,y_i)\}_{i=1}^n$。$\pmb{x}_i \in R^d$ 表示输入向量为 d 维向量，$y_i \in \{1,-1\}$ 表示样本类别标签。$X=X_{\min} \bigcup X_{\mathrm{maj}}$，其中 $X_{\min}$ 和 X_{maj} 分别表示原始空间中的少数类样本和多数类样本。$Z=Z_{\min} \bigcup Z_{\mathrm{maj}}$，其中 $Z_{\min}$ 和 Z_{maj} 分别表示潜空间中的少数类样本和多数类样本。

1. 噪声删除

当使用流模型将原始样本映射到潜空间时,一些潜在的噪声样本可能会影响模型训练,因此需在模型预训练阶段识别并删除潜在的噪声样本。一方面,噪声样本不符合其对应类别的样本分布。当计算潜在噪声样本服从对应分布的概率时,得到的概率值将偏离大多数的正常值,偏离正常值的损失值将会影响模型训练,导致模型不稳定。另一方面,删除这些潜在的噪声样本可以降低在过采样阶段中产生额外噪声样本的概率。为了实现上述目标,在模型预训练阶段计算每个样本与其对应潜空间先验分布的最大似然。引入一个离散潜变量 y 作为类标签,然后以 y_i 为条件计算样本服从高斯分布的概率,具体如下:

$$\text{prob}_i = -\log_{10}(p_Z(f_\theta(\boldsymbol{x}_i)|y=y_i)) = -\log_{10}(N(f_\theta(\boldsymbol{x}_i)|\mu_y, \Sigma_y)) \tag{2-11}$$

其中,f_θ 表示流模型,$p_Z(z)$ 表示潜空间先验分布,μ_y 和 Σ_y 分别表示类别 y 对应的潜空间正态分布的均值和协方差矩阵。

样本对应的概率值越大,该样本为噪声的概率越大。不同类别样本被映射到潜空间的不同区域,分别计算少数类样本和多数类样本的概率值。在得到样本的概率值后,使用四分位数[27]分别得到每个类别的噪声样本。计算得到少数类样本的第一四分位数 $Q_{1,\min}$ 和第三四分位数 $Q_{3,\min}$,以及多数类样本的第一四分位数 $Q_{1,\text{maj}}$ 和第三四分位数 $Q_{3,\text{maj}}$。基于上述概率值和四分位数可以分别得到多数类噪声样本 $X_{\text{noisy,maj}}$ 和少数类噪声样本 $X_{\text{noisy,min}}$,即

$$X_{\text{noisy,maj}} = \{\boldsymbol{x}_i \in X_{\text{maj}} \mid \text{prob}\_n_i > Q_{3,\text{maj}} + k(Q_{3,\text{maj}} - Q_{1,\text{maj}})\} \tag{2-12}$$

$$X_{\text{noisy,min}} = \{\boldsymbol{x}_i \in X_{\min} \mid \text{prob}\_n_i > Q_{3,\min} + k(Q_{3,\min} - Q_{1,\min})\} \tag{2-13}$$

其中,k 为控制删除噪声比例的超参数。

2. 类别差异约束

在流模型确保精确映射的基础上,CDC-Glow 通过引入类别差异约束,可以缩小同类别样本的分布间隔,并扩大不同类别样本的分布间隔。类别差异约束包括全局约束和局部约束两类,可以将原始样本映射到分类难度更低的潜空间,进而在潜空间中对样本进行分类。

1) 全局约束

当样本分布存在多个子簇时,样本数量较少、分布较稀疏的子簇更容易被错误分类。即使对这些子簇进行更频繁的采样,复杂的类别边界依然会增加分类难度。因此,CDC-Glow 引入高斯混合模型(gaussian mixture model,GMM)[28]作为潜空间先验分布,有效缓解了上述问题。对于同类别样本,不同子簇的样本具有相似特征,通过将这些样本映射到潜空间的相同区域,有效避免分类器对样本数量较少、分布较稀疏的子簇学习不足的问题。对于不同类别样本,样本被映射到潜空间的不同区域。当不同类别样本的潜空间先验分布间隔过远时,很难确定不同类别样本分布之间的决策边界;当不同类别样本的潜空间先验分布间隔过于近时,类别间依然会存在严重交叠。因此,在选定合适的先验分布参数下,映射后的样本可以在一定程度上缓解类内不平衡,并增加不同类别样本的可分性。具体地,由两个多元高斯分布构成的,以标签 y 为条件的潜空间分布可以表示为

$$p_Z(z) = p_{Z_{\text{maj}}}(z) + p_{Z_{\min}}(z) = N(z|\mu_{\min}, \Sigma_{\min}) + N(z|\mu_{\text{maj}}, \Sigma_{\text{maj}}) \tag{2-14}$$

其中,$\mu_{\min}$ 和 $\Sigma_{\min}$ 分别表示少数类样本的潜空间先验分布的均值和协方差矩阵,μ_{maj} 和 Σ_{maj} 分别表示多数类样本的潜空间先验分布的均值和协方差矩阵。

结合式(2-4)、式(2-6)、式(2-10)和式(2-14),可以得到增加全局约束后的流模型损失函数为

$$L_{\text{flow}} = -\log_{10}(p_Z(f_\theta(\boldsymbol{x}))) + L_{\text{Actnorm}} + L_{\text{Permutation}} + L_{\text{Affine}} \tag{2-15}$$

2) 局部约束

全局约束确保同类别样本分布在潜空间的同一区域,不同类别样本映射到潜空间的不同区域。然而,当CDC-Glow应用于实际数据集时,很难获得具有明确类别边界的潜空间。由于交叠区的不同类别样本具有相似的特征,所以不同类别样本的分布可能仍然存在交叠。此外,如图2-5所示,在多元高斯分布下,A 和 A' 服从分布的概率值相同,而 A' 更容易被错误分类。在相同的概率值下,样本距离模型决策边界越远,错误分类的可能性越小。因此,本节提出一种名为局部交叠约束器(local overlap regulator,LOR)的线性分类器来约束交叠区的局部样本分布。应用LOR可以增加多数类样本和少数类样本之间的距离,提高类别可分离性,并简化样本分布边界。

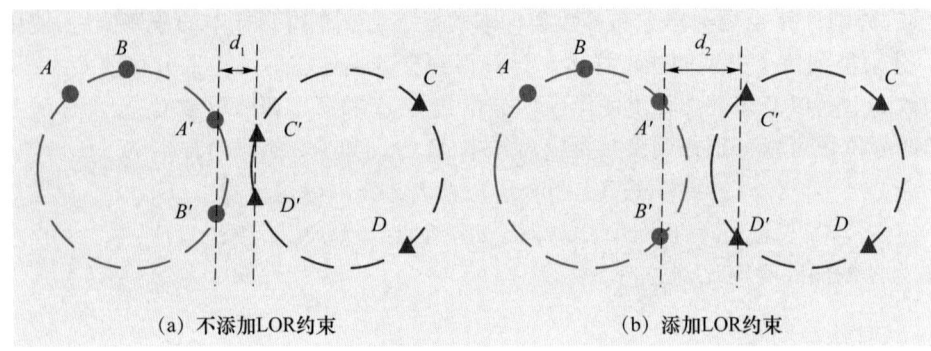

图 2-5 未添加 LOR 约束和添加 LOR 约束的示意图

最小二乘支持向量机(least squares support vector machines,LSSVM)[29]是最常用的支持向量机模型之一。LSSVM修改了原始支持向量机的目标函数并简化了计算,通过寻找最能区分多数类样本和少数类样本的超平面 $\omega^T x_i + b$ 实现分类,其中 ω 和 b 为超平面的参数。可以得到LSSVM的目标函数为

$$\frac{1}{2}\|\omega\|^2 + \frac{\beta}{2}\sum_{(x_i,y_i)\in D}(1 - y_i(\omega^T x_i + b))^2 \tag{2-16}$$

其中,β 为 LSSVM 的超参数。

为了计算LSSVM的目标函数,使用一个全连接层实现LOR,使 ω 和 b 为可训练权值。将该全连接层输出作为模型损失更新LOR,同时作为流模型损失函数的一部分训练流模型。可以得到LOR的目标函数为

$$L_{\text{Lc}} = \frac{1}{2}\|\omega\|^2 + \frac{\beta}{2}\sum_{(x,y)\in D}(1 - y_i(\omega^T f_\theta(x_i) + b))^2 \tag{2-17}$$

结合式(2-15)和式(2-17),可以得到增加局部约束后流模型的优化目标为

$$L = L_{\text{flow}} + \alpha L_{\text{Lc}} \tag{2-18}$$

其中,α 为控制各部分损失大小的超参数。

超参数 α 的计算式表示为

$$\alpha = 10^{\lfloor L_{\text{flow}}/L_{\text{Lc}} \rfloor} \tag{2-19}$$

其中，$\lfloor\ \rfloor$表示计算数据的数量级。

算法2-1具体描述了CDC-Glow的训练过程。

算法2-1：CDC-Glow的训练过程

输入：训练数据集$D=(X,Y)$，X为数据特征集合，Y为数据类别标签集合，训练次数numepoch，每个batch数据数量numbatch，提前停止学习次数t，批处理数据数量大小batchsize，潜空间分布$p_Z(z)$，流模型model，流模型参数θ，流模型学习率lr_{model}，局部约束线性分类器参数φ，线性分类器$model_{local}$，线性分类器学习率lr_{local}，最小学习率min_lr，局部约束权重α，流模型学习率衰减α_lr

输出：潜空间数据Z，流模型model，局部约束线性分类器$model_{local}$

1: for epoch=1 to numepoch：
2:   $L^{epoch} \leftarrow 0$
3:   $D_b \leftarrow$抽样得到样本数量为batchsize的数据集
4:   for batch=1 to numbatch：
5:     $Z_b = model(D_b)$
6:     $L_{model} = L_{flow} + \alpha L_{Lc}$
7:     $L^{epoch} \leftarrow L^{epoch} + L_{model}$
8:     $\theta \leftarrow \theta - lr_{model} * \frac{\partial L}{\partial \theta}, \varphi \leftarrow \varphi - lr_{local} * \frac{\partial L_{Lc}}{\partial \varphi}$
9:   end for
10:   if epoch>n and $L^{epoch} > L^{epoch-t}$：
11:     减小模型学习率 $model_{lr} = model_{lr} * \alpha\_lr$
12:     if $model_{lr} <$ min_lr：
13:       break
14:   end if
15: end for
16: 得到映射后潜空间数据集$Z=model(D), D_Z=(Z,Y)$
17: return D_Z, model, $model_{local}$

为了更直观地展示全局约束和局部约束的有效性，应用t-SNE[30]将样本映射到二维空间观察样本分布。以数据集"abalone9-18"为例，本节分别验证了三种流模型：具有全局约束的流模型；具有局部约束的流模型；具有全局约束和局部约束的流模型。结果如图2-6所示。

彩图2-6

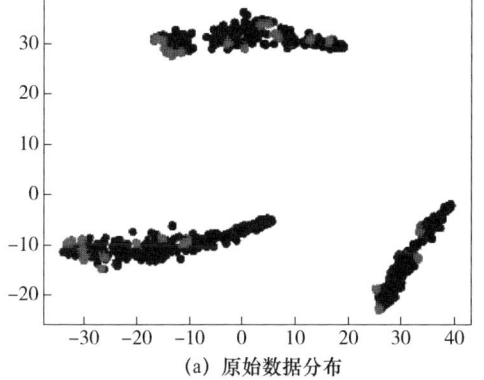

(a) 原始数据分布

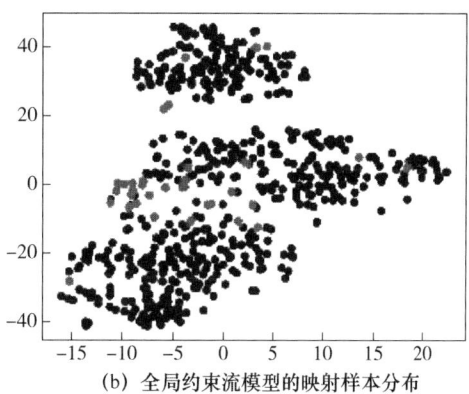

(b) 全局约束流模型的映射样本分布

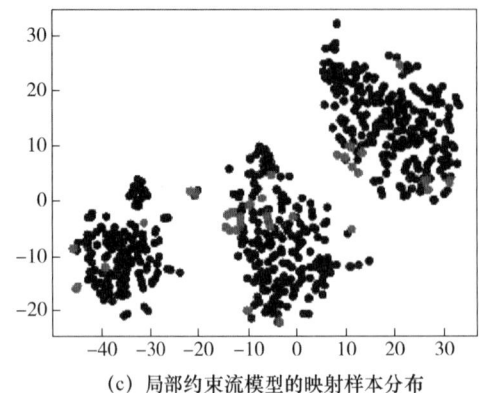
(c) 局部约束流模型的映射样本分布

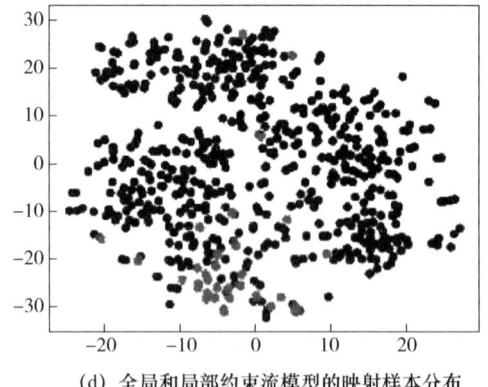
(d) 全局和局部约束流模型的映射样本分布

图 2-6　样本分布

3. 少数类样本过采样

使用训练完成的 CDC-Glow 将样本映射到潜空间后，利用 SMOTE[10] 对潜空间样本 $Z=Z_{\min}\bigcup Z_{\mathrm{maj}}$ 进行过采样以实现样本平衡。对于少数类样本 $z_i \in Z_{\min}$，根据欧氏距离的计算公式计算其近邻样本 $\{z_{i,1}, z_{i,2}, \cdots, z_{i,k}\}$，随机选择 $z_{i,j}$ 得到新生成数据，并将新生成的样本扩充至映射数据集：

$$z_{\mathrm{new}} = z_i + a(z_{i,j} - z_i) \tag{2-20}$$

其中，a 为 0 到 1 的随机数。

CDC-Glow 的整体训练流程如算法 2-2 所示。

算法 2-2：CDC-Glow 的整体训练流程

输入：训练数据集 $D=(X,Y)$，X 为数据特征集合，Y 为数据类别标签集合，预训练次数 numepoch1，训练次数 numepoch2，每个 batch 数据数量 numbatch，提前停止学习次数 t，批处理数据数量大小 batchsize，潜空间分布 $p_Z(z)$，流模型 model，流模型参数 θ，局部约束线性分类器参数 φ，局部约束权重 α，流模型学习率 $\mathrm{lr}_{\mathrm{model}}$，线性分类器 $\mathrm{model}_{\mathrm{local}}$，线性分类器学习率 $\mathrm{lr}_{\mathrm{local}}$，最小学习率 min_lr，流模型学习率衰减 α_lr，控制删除噪声比例权重 k

输出：平衡数据集 D_{balanced}

1：# 噪声删除
2：D_Z, model, $\mathrm{model}_{\mathrm{local}} \leftarrow$ 算法 2-1(D, numepoch1, batchsize, numbatch, $p_Z(z)$, model, θ, $\mathrm{lr}_{\mathrm{model}}$, $\mathrm{model}_{\mathrm{local}}$, φ, $\mathrm{lr}_{\mathrm{local}}$, α_lr, min_lr, α)
3：计算 D_Z 中样本服从对应类别潜空间分布 $p_Z(z)$ 的概率 prob
4：$Q_{1,\min}, Q_{1,\mathrm{maj}} \leftarrow$ 根据 prob 计算少数类样本和多数类样本的第一四分位数
5：$Q_{3,\min}, Q_{3,\mathrm{maj}} \leftarrow$ 根据 prob 计算少数类样本和多数类样本的第三四分位数
6：$D_{\mathrm{majdrop}} \leftarrow \mathrm{prob}_{i,\mathrm{maj}} > Q_{3,\mathrm{maj}} + k*(Q_{3,\mathrm{maj}} - Q_{1,\mathrm{maj}})$
7：$D_{\mathrm{mindrop}} \leftarrow \mathrm{prob}_{i,\min} > Q_{3,\min} + k*(Q_{3,\min} - Q_{1,\min})$
8：$D_{\mathrm{denoise}} \leftarrow D_Z - D_{\mathrm{majdrop}} \bigcup D_{\mathrm{mindrop}}$
9：# 样本空间映射
10：D_Z, model, $\mathrm{model}_{\mathrm{local}} \leftarrow$ 算法 2-1(D_{denoise}, numbatch2, batchsize, numbatch, $p_Z(z)$, model, θ, $\mathrm{lr}_{\mathrm{model}}$, $\mathrm{model}_{\mathrm{local}}$, φ, $\mathrm{lr}_{\mathrm{local}}$, α_lr, min_lr, α)
11：# 少数类样本过采样
12：$D_{\min}, D_{\mathrm{maj}}$，从 D_Z 中分别得到少数类样本和多数类样本数据

13： for z_i in $D_{\min}$ do：
14：　$Z_{i,j} = \{z_{i,1}, z_{i,2}, \cdots, z_{i,n}\}$，根据欧氏距离的计算公式计算 x_i 在 $D_{\min}$ 中的 k 近邻
15： end for
16： num＝0,Num 表示待生成样本数量
17： while num≤Num do：
18：　$z_i, z_{i,j}$，从 $D_{\min}$ 中随机选择样本和其随机一个近邻
19：　$z_{\text{new,num}} = z_i + a * (z_{i,j} - z_i)$，$a$ 为 0 到 1 随机数
20：　num＝num＋1
21： $D_{\text{balanced}} \leftarrow D_z \bigcup \{z_{\text{new},n}\}$
22： return D_{balanced}

2.4　实验与评估

本部分将从以下几个方面评估 CDC-Glow 的分类性能。2.3.1 节，将介绍本节所用对比方法及其参数设置，并介绍 CDC-Glow 的模型结构与参数设置；2.3.2 节，将在人工数据集上验证 CDC-Glow 解决类内不平衡和类间交叠问题的有效性，并进行可视化展示；2.3.3 节，将在公开数据集上使用 CDC-Glow 和其他方法进行对比实验，以评估 CDC-Glow 的性能，并对应用 CDC-Glow 前后的数据集复杂度进行定量描述，以评估 CDC-Glow 降低分类难度的有效性；2.3.4 节，将在智能电表故障数据集上使用 CDC-Glow 与其他方法进行对比实验，以验证 CDC-Glow 的有效性。

2.4.1　实验设置

CDC-Glow 的参数设置主要包括两个部分：①CDC-Glow 的模型结构；②CDC-Glow 的其他相关参数。模型结构如图 2-7 所示。其中：ReLU 是神经网络激活函数；Linear 是全连接层构建函数；Dropout 是随机失活函数；数据分块层将单个样本从特征维度上划分为两个部分；K 表示串行连接的模型数量,设为 4；多数类潜空间分布设为均值向量为 2、协方差矩阵为单位矩阵的 n 维正态分布；少数类潜空间分布设为均值向量为 -2、协方差矩阵为单位矩阵的 n 维正态分布；n 为数据集特征维度；控制删除噪声比例的超参数 k 为 10；d 和 $n-d$ 表示在进行仿射变换前数据被分块为特征数量为 d 和 $n-d$ 的两个部分。

为了验证 CDC-Glow 的有效性，选取了部分经典方法作为对比方法。采用 3 种具有不同特征的分类器(LR[19]、SVM[20] 和 RF[21])进行分类性能评估。其中,分类器的实现基于 Python 中 Scikit-Learn[18] 的默认参数。

SMOTE[10]、Distance-SMOTE(D-SMOTE)[31]、G-SMOTE[32]、SMOUT-OUT[17]、Safe-Level-SMOTE（SLSMOTE）[34]、Borderline-SMOTE（B-SMOTE）[11] 和 K-means SMOTE[35] 的实现来自一篇综述文献[36]，使用网格搜索得到方法在每个数据集上的最优结果。上述方法在计算 K 最近邻时,搜索的超参数范围为{2, 3, 5, 7}。对于 K-means SMOTE，n_neighbors 和 n_clusters 的网格搜索范围为{3, 5, 7}和{2, 5, 10, 20, 50}。对于 RBO[37] 和 SMOTE-NaN-DE[15]，根据文献中伪代码复现模型,且参数选择范围与文献一

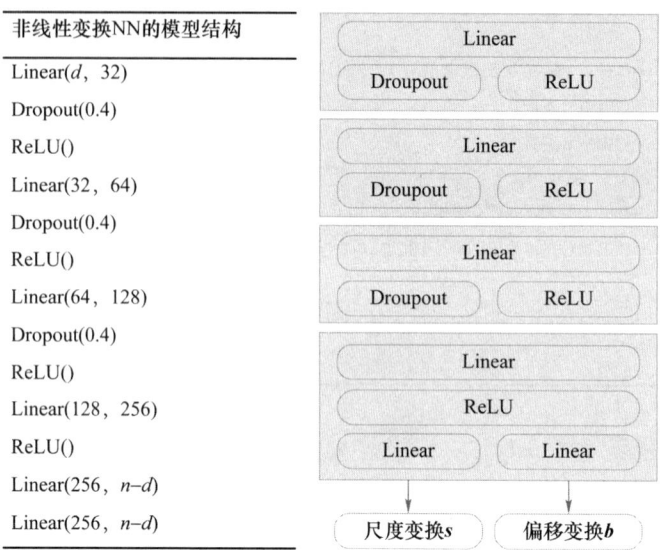

图 2-7 仿射耦合层模型结构

致。由于 CDC-Glow 为基于空间映射的方法,因此,选择基于映射的方法作为对比方法。SOMO[38]的实现来自综述文献[36],n_grids 和 sigmas 的参数选择范围为$\{5,10,20\}$和$\{0.1,0.2,0.5\}$。DeepSMOTE[39]、LMLE[40]、Laplacian-SMOTE[41]、LoRAS-UMAP[42]和 MMRAE[43]的复现依照文献中的参数设置。此外,我们还对比了生成类方法 CWGAN-GP[16]、VAE/GAN[44]和 VAE[45]。VAE 和 VAE/GAN 的模型设置与 CWGAN-GP 中对应模型结构一致。

2.4.2 人工数据集的结果与分析

本章提出一种基于类别差异约束流模型空间映射的不平衡分类方法。为了直观地验证该方法在解决类内不平衡和类间交叠问题上的有效性,本节使用六个二维人工不平衡数据集对该方法的性能进行评估,主要包括:①介绍人工数据集与评价指标;②对实验结果进行分析,并对应用不同方法后的样本分布进行可视化。

1. 数据集与评价指标

为了直观地验证 CDC-Glow 在解决类内不平衡和类交叠问题上的有效性,本节使用六个二维人工不平衡数据集进行对比实验。D1 和 D2 两个数据集在之前的研究中使用过[7],其余四个数据集 D3、D4、D5 和 D6 由高斯分布采样生成。数据集 D3 由三个高斯分布采样生成,其均值分别为 $\mu_1=[-0.5,2]$,$\mu_2=[3,4]$,$\mu_3=[2,2]$,其协方差矩阵分别为 $\Sigma_1=\text{diag}(0.4,0.4)$,$\Sigma_2=\text{diag}(0.1,0.1)$,$\Sigma_3=\text{diag}(0.6,0.6)$,对应的采样数量为 100,50 和 300。数据集 D4 由四个高斯分析采样生成,其均值分别为 $\mu_1=[0,2]$,$\mu_2=[2,4]$,$\mu_3=[2.5,0.5]$,$\mu_4=[2,2]$,其协方差矩阵分别为 $\Sigma_1=\text{diag}(0.4,0.4)$,$\Sigma_2=\text{diag}(0.2,0.2)$,$\Sigma_3=\text{diag}(0.1,0.1)$,$\Sigma_4=\text{diag}(0.6,0.6)$,对应的采样数量为 80,10,60 和 300。数据集 D5 由三个高斯分布采样生成,其均值分别为 $\mu_1=[-0.5,1]$,$\mu_2=[2.5,1]$,$\mu_3=[1,2]$,其协方差矩阵分别为 $\Sigma_1=\text{diag}(0.6,0.6)$,$\Sigma_2=\text{diag}(0.2,$

彩图 2-8

0.2),$\Sigma_3=$diag(0.4,0.4),对应的采样数量为250、50和300。数据集D6由两个高斯分布采样生成,其均值分别为($\mu_1=$[1,1],$\mu_2=$[0,0],其协方差矩阵分别为$\Sigma_1=$diag(0.2,0.2),$\Sigma_2=$diag(0.4,0.4),对应的采样数量为100和300。标准化后的人工数据集的样本分布如图2-8所示。

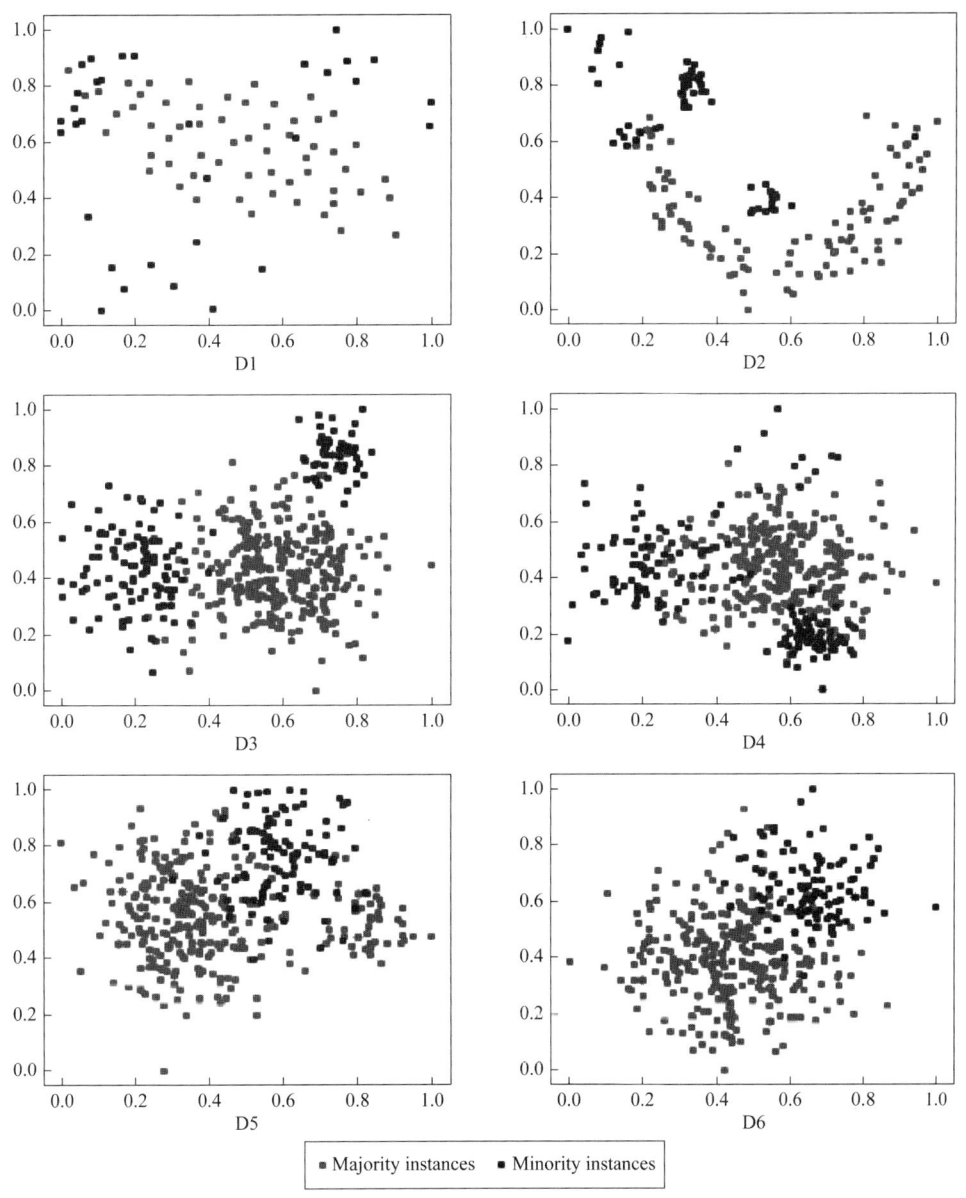

图2-8 标准化后的人工数据集样本分布

对于不平衡二分类任务,根据样本的实际类别和预测类别的组合,可以将样本分为真正类样本、假负类样本、假正类样本、真负类样本。其中,少数类样本被认为是正类样本,多数类样本被认为是负类样本。本章采用的评价指标与1.3.2节的一致,选用F1-measure和G-mean作为模型性能的评价指标。对于每个数据集,使用10次五折交叉验证得到最终分类结果,以减小实验结果的随机性。

2. 实验结果分析

为验证 CDC-Glow 在解决类间交叠和类内不平衡问题上的有效性,将其应用于人工数据集,映射后的样本分布如图 2-9 所示。这些数据集模拟了类间交叠和类内不平衡的各种组合。

彩图 2-9

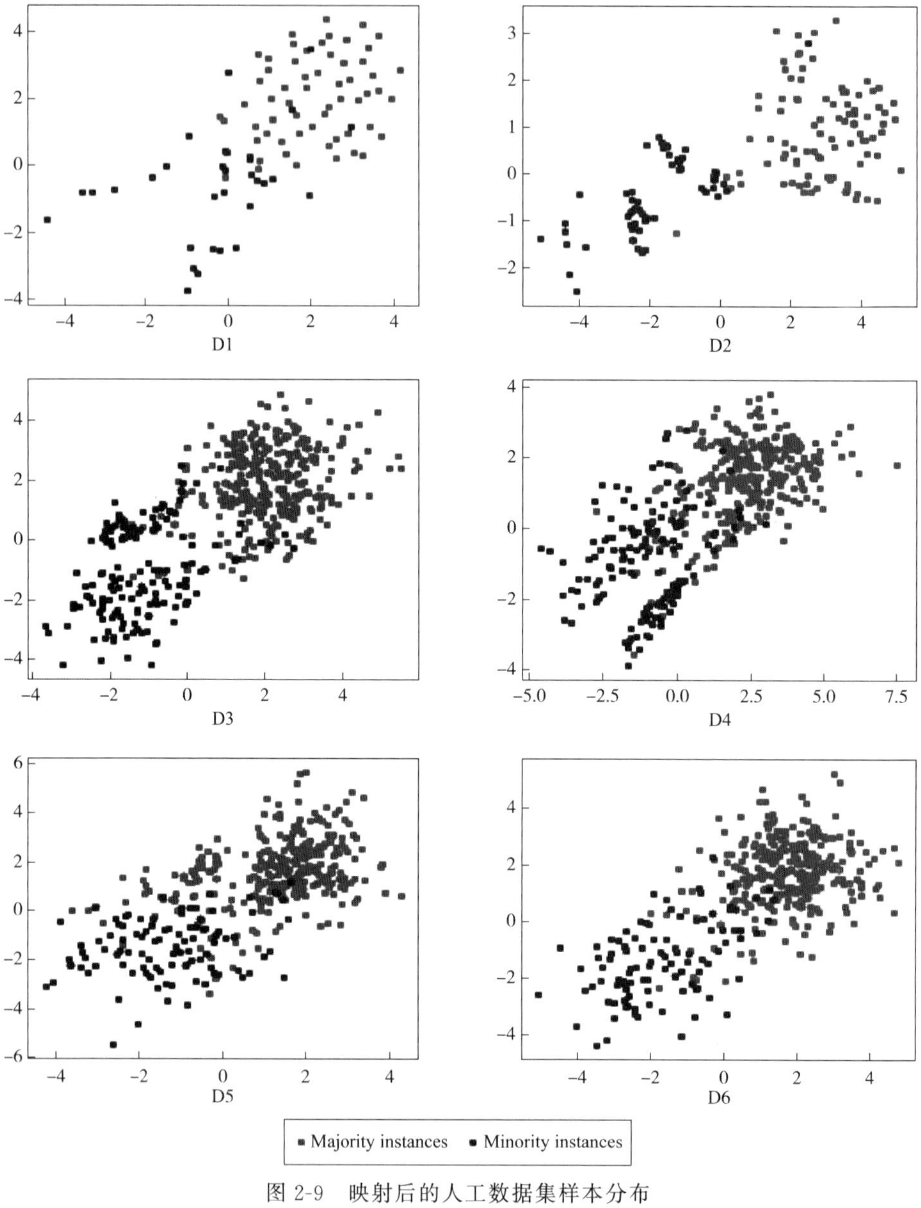

■ Majority instances ■ Minority instances

图 2-9 映射后的人工数据集样本分布

为了直观地展示 CDC-Clow 的优势,将每种方法应用在数据集后的样本分布进行了比较。数据集 D4 具有典型的样本分布情况。其包含三个少数类子簇且多数类样本和少数类样本分布存在交叠,因此,本节以数据集 D4 为例,探究 CDC-Glow 的有效性。不同方法应用在数据集 D4 后的样本分布如图 2-10 所示。

彩图 2-10

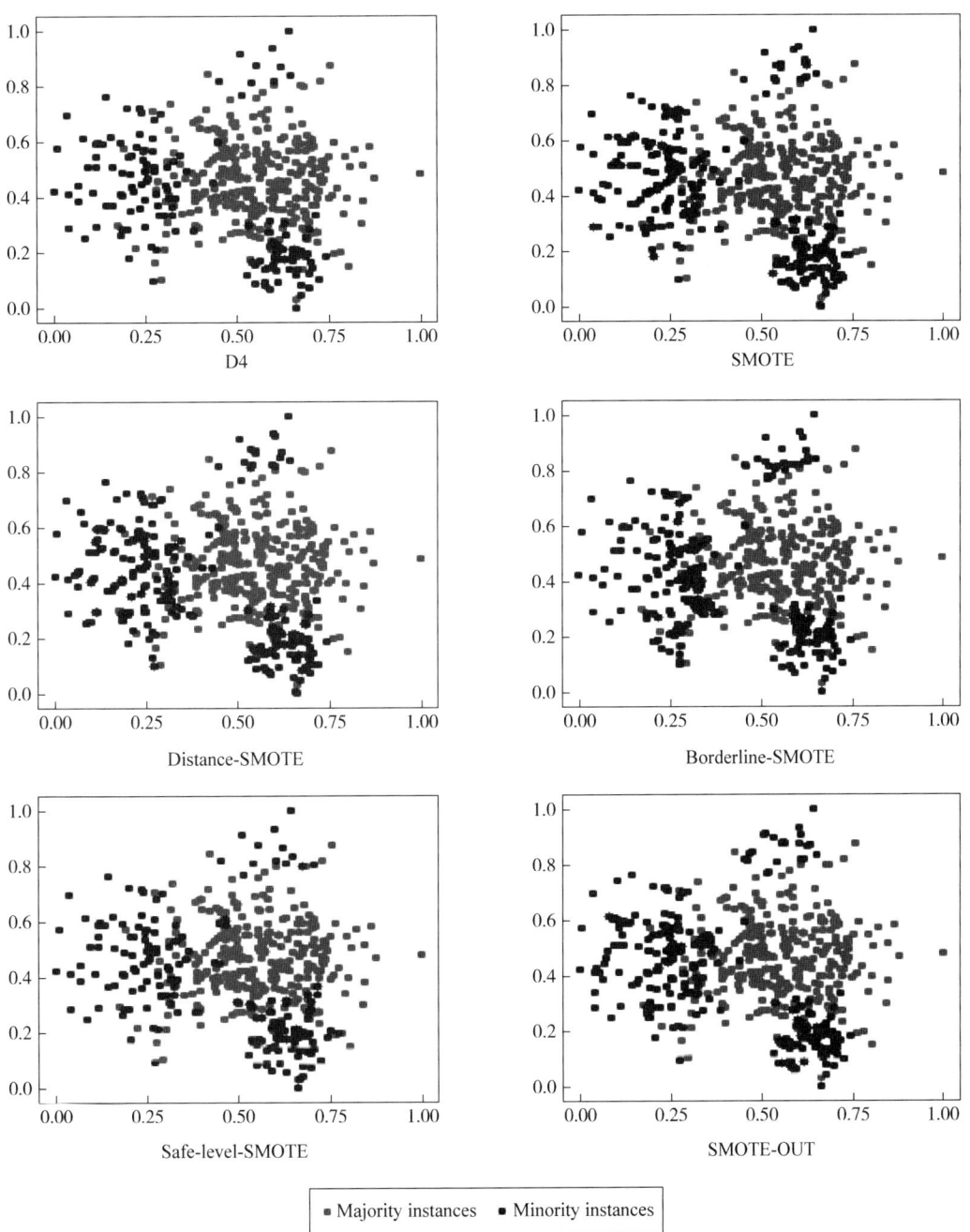

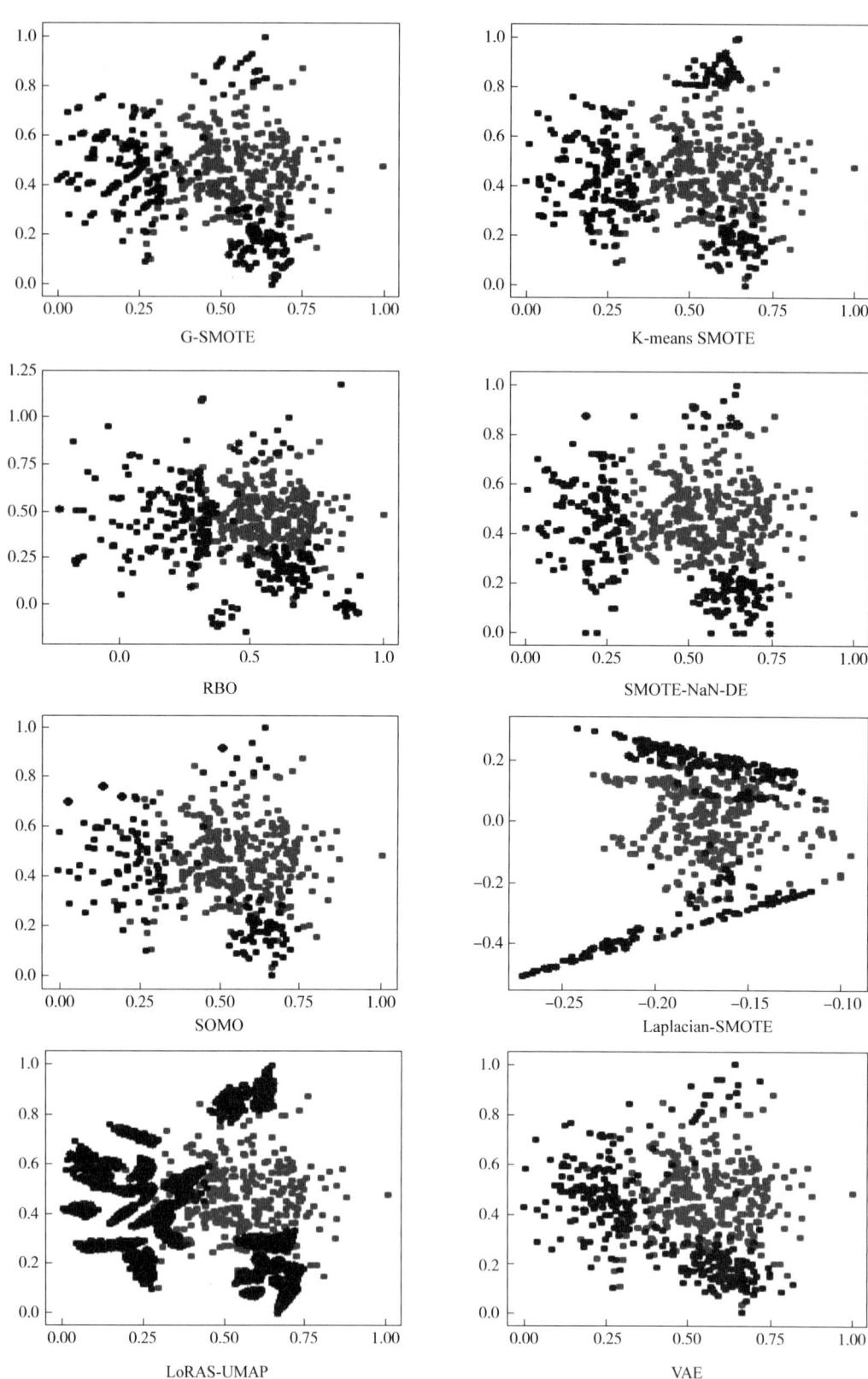

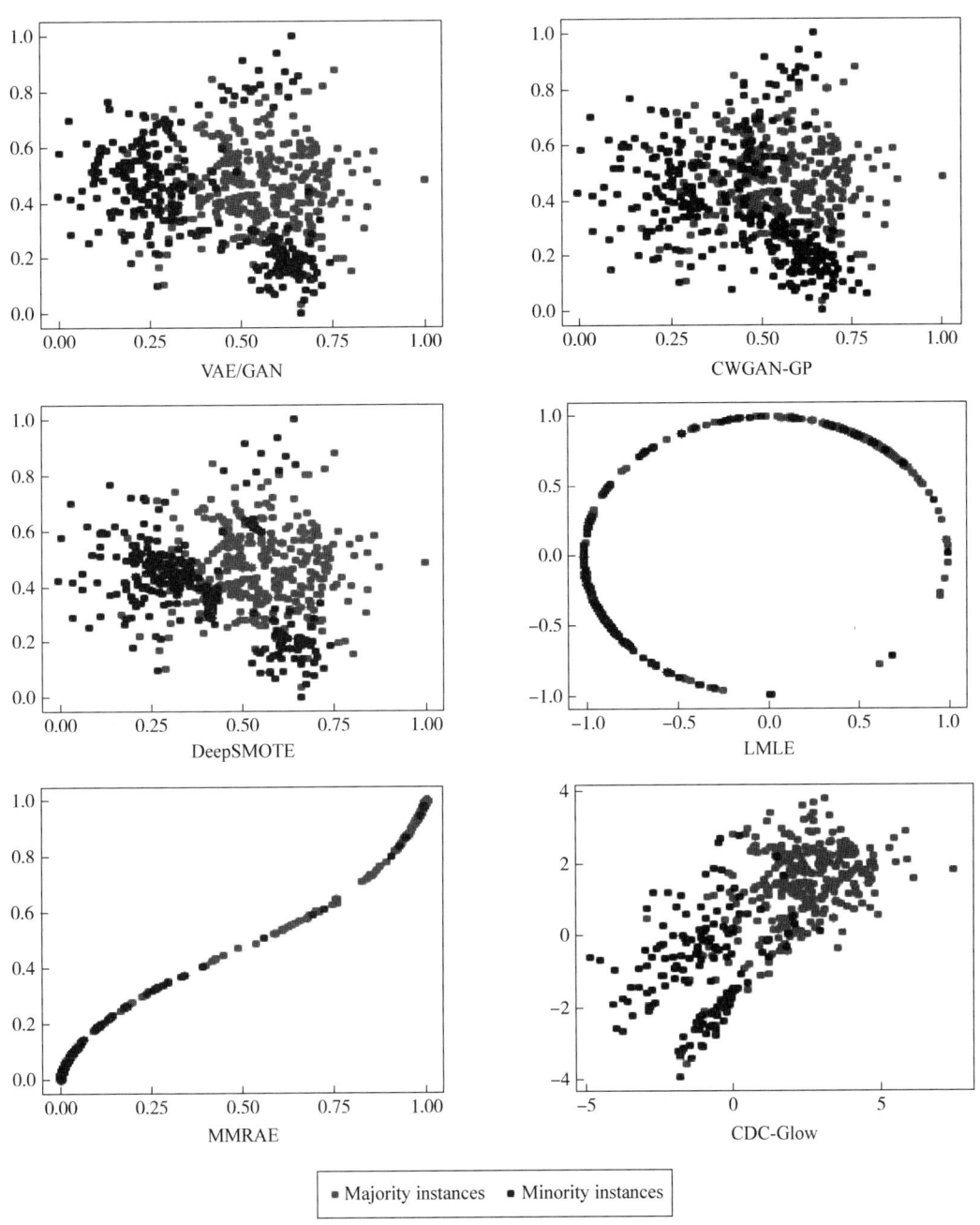

图 2-10 应用不同方法后的数据分布

基于 SMOTE 的方法在生成新样本时通常会增加交叠。除 K-means SMOTE 外,多数方法不能解决类内不平衡问题。Borderline-SMOTE 倾向于在交叠区域生成样本,而 Safe-level-SMOTE 和 SMOTE-OUT 则倾向于在少数类的密集区域生成样本。在二维空间中,G-SMOTE 将特征划分为线性特征和非线性特征。当数据集为二维数据集时,G-SMOTE 生成的样本会分布在同一方向的线段上。K-means SMOTE 考虑了类内不平衡,但会导致复杂的分布边界。RBO 生成的样本可能集中在相似的区域,仍然会增加交叠。SMOTE-

NaN-DE 通过优化交叠区样本获得交叠程度较低的数据，然而改变原始样本分布可能会导致分类器结果的偏差和不准确。SOMO 在具有相同流形的二维空间生成样本后映射回原空间，但由于原始样本空间是二维的，所以 SOMO 不实现数据映射，只在原始空间中生成样本。因此，SOMO 倾向于在只有一个样本的子集群中生成数据，导致生成许多重复的实例。生成类方法可能会增加生成样本的多样性，但同时也会引入噪声，加剧交叠。此外，基于 VAE 的方法容易发生后验崩塌，导致生成的数据坍缩成一个点。基于映射的方法（如 Laplacian-SMOTE、LMLE 和 MMRAE），可以通过在目标函数上增加约束条件来获得线性可分的潜在空间。然而，这些方法可能导致信息丢失，在非线性分类器中没有明显的优势。

为了更好地评价这些方法的性能，我们在人工数据集上进行了对比实验。分别使用 LR、SVM 和 RF 作为分类器，使用 F1-measure 和 G-mean 作为评价指标，结果见附录 B 的表 B-1～表 B-3。CDC-Glow 在 SVM 和 RF 的 F1-measure 和 G-mean 上平均排名第一，在 LR 的 F1-measure 和 G-mean 上平均排名第二。当使用 LR 作为分类器时，Laplacian-SMOTE、MMRAE 和 CDC-Glow 平均排名前三。可以得出结论，基于映射的方法得到的潜空间比线性分类器有明显的优势。然而，当使用 SVM 和 RF 作为分类器时，Laplacian-SMOTE 和 MMRAE 的结果并不显著优于其他方法。从图 2-10 可以发现，不精确的映射或嵌入可能会导致信息丢失，从而导致性能下降。对于 CDC-Glow，当使用 SVM 作为分类器时，SVM 的核函数将样本映射到一个潜空间，这可能会削弱 CDC-Glow 的映射效果。

2.4.3 公开数据集的结果与分析

为了证明 CDC-Glow 的有效性，本节在公开数据集上对 CDC-Glow 的性能进行评估与分析，主要包括：①介绍数据集与评价指标；②选用采样类方法和生成类方法进行对比实验，并使用 Friedman 检验对实验结果进行统计学检验；③进行数据复杂度实验，定量验证应用 CDC-Glow 前后的数据集复杂度变化；④对实验结果进行 Nemenyi 后检验，并分析实验结果。

1. 数据集与评价指标

本节从权威机器学习数据库 KEEL 和 UCI 中选择 35 个不平衡数据集，将其作为对比实验的基准数据集。数据集的选择标准与 1.3.2 节的一致。表 2-1 为所用数据集的主要特征介绍。

表 2-1 实验所用数据集的主要特征

数据集	样本数量	特征维度	少数类样本数量	多数类样本数量	不平衡比
messidor_features	1 151	19	540	611	1.13
wisconsin	683	9	239	444	1.86
pima	768	8	268	500	1.87
biodeg	1 055	42	356	699	1.96

续 表

数据集	样本数量	特征维度	少数类样本数量	多数类样本数量	不平衡比
vehicle1	846	18	217	629	2.90
vehicle3	846	18	212	634	2.99
vehicle0	846	18	199	647	3.25
ecoli1	336	7	77	259	3.36
Cardiotocography	2 126	21	471	1 655	3.51
spambase	3 421	57	636	2 785	4.38
new-thyroid1	215	5	35	180	5.14
new-thyroid2	215	5	35	180	5.14
ecoli2	336	7	52	284	5.46
segment0	2 308	19	329	1 979	6.02
yeast3	1 484	8	163	1 321	8.10
ecoli3	336	7	35	301	8.60
yeast-2_vs_4	514	8	51	463	9.08
ecoli-0-6-7_vs_2-5	222	7	22	200	9.09
yeast-0-5-6-7-9_vs_4	528	8	51	477	9.35
vowel0	988	13	90	898	9.98
glass2	214	9	17	197	11.59
mHealth	733	23	56	677	12.09
ecoli-0-1-4-7_vs_5-6	332	6	25	307	12.28
yeast-1_vs_7	459	7	30	429	14.30
ecoli4	336	7	20	316	15.80
abalone9-18	731	8	42	689	16.40
Wilt	4 839	5	261	4 578	17.54
MEU-Mobile KSD	1 071	72	51	1 020	20.00
MUSK	2 873	166	106	2 767	26.10
yeast4	1 484	8	51	1 433	28.10
ecoli-0-1-2-7_vs_2-6	281	7	7	274	39.14
yeast6	1 484	8	35	1 449	41.40
abalone-20_vs_8-9-10	1 916	10	26	1 890	72.69
Shuttle	1 013	11	13	1 000	76.92
PenDigits	9 868	17	20	9 848	492.40

本章使用的评价指标与 1.3.2 节的一致，即 F1-measure 和 G-mean 作为评价指标。对于每个数据集，使用 10 次五折交叉验证得到最终分类结果，以减小实验结果的随机性。在得到实验结果后，采用 Friedman 检验和 Nemenyi 后检验比较 CDC-Glow 和其他方法，其详细介绍见 1.3.2 节。

2. 实验结果分析

分别使用 LR、SVM 和 RF 作为分类器，以 F1-measure 和 G-mean 作为评价指标，对比不同方法的分类性能，实验结果见表 2-2，具体的实验结果见附录 B 的表 B-4～表 B-9，每个数据集的最佳结果以粗体突出显示。在 35 个数据集上，当使用 LR 作为分类器时，CDC-Glow 在 F1-measure 指标上排名第一的数量有 12 个，CDC-Glow 在 G-mean 指标上排名第一的数量有 15 个。在 35 个数据集上，当使用 SVM 作为分类器时，CDC-Glow 在 F1-measure 指标上排名第一的数量有 10 个，CDC-Glow 在 G-mean 指标上排名第一的数量有 10 个。在 35 个数据集上，当使用 RF 作为分类器时，CDC-Glow 在 F1-measure 指标上排名第一的数量有 10 个，CDC-Glow 在 G-mean 指标上排名第一的数量有 14 个。为了评估不同方法在多个数据集上的分类性能，我们计算了每种方法在不同评价指标上的平均排名。从表 2-2 中的平均排名可以看出，CDC-Glow 在 3 个分类器上的分类结果均优于其他方法。

当使用 LR 和 RF 作为分类器时，CDC-Glow 的平均排名显著优于其他方法，证明 CDC-Glow 可以构建一个类间交叠更少、类别边界更明确的潜空间用于分类。其他的基于样本空间映射的方法（如 Laplacian-SMOTE 和 MMRAE），在 LR 分类器上获得了优于其他分类器的结果，这表明将样本映射到线性可分性更高的潜空间，可以有效地提升样本在线性分类器上的性能。但 Laplacian-SMOTE 和 MMRAE 不能保证映射精度，容易导致过拟合和信息损失，因此其在其他分类器上得到的结果相对较差。

当使用 SVM 作为分类器时，CDC-Glow 的优势没有在 LR 和 RF 分类器上显著。当使用 G-mean 作为评价指标时，有 5 种方法的性能与 CDC-Glow 的性能差异不显著；当使用 F1-measure 作为评价指标时，有 6 种方法的性能与 CDC-Glow 的性能差异不显著。SVM 通过将样本映射到高维空间，并搜索能够分离不同类别的最优超平面对样本进行分类。本章 CDC-Glow 与 SVM 思想类似，即通过样本空间映射寻找分类难度更低的潜空间。然而，SVM 的样本映射过程可能会破坏 CDC-Glow 获得的类别可分性更高的潜空间，导致分类性能的提升不显著。因此，基于 SMOTE 的方法得到了相近的结果，这表明 SVM 的样本映射过程可能削弱了采样策略的作用。

从附录 B 的表 B-4～表 B-9 可以看出，当数据集的不平衡比较高时，CDC-Glow 的性能不会受到影响。从表中可以看出，该方法在不平衡比较高的数据集（"messidor_features""spambase""glass2""Wilt""abone -20_vs_8-9-10"和"PenDigits"等）上的性能与在其他数据集上的性能一致。

第2章 基于样本空间映射的不平衡分类方法

表2-2 在公开数据集上，CDC-Glow与其他方法在F1-measure和G-mean指标上的实验结果对比

	分类器	评价指标	SMOTE	D-SMOTE	B-SMOTE	SLS MOTE	SMOTE-OUT	G-SMOTE	K-means SMOTE	RBO	CDC-Glow	SMOTE-NaN-DE	SOMO	Laplacian-SMOTE	LoRAS-UMAP	VAE	VAE/GAN	LMLE	CWGAN-GP	CDC-Glow
均值	SVM	F1-measure	0.6093	0.6148	0.6011	3.4684	0.6124	0.6057	0.5908	0.5967	**0.7229**	0.6062	0.5603	0.6170	0.5414	0.4454	0.5873	0.4536	0.5436	**0.7229**
		G-mean	0.8611	0.8537	0.8225	0.5462	0.8599	0.8622	0.7349	0.8526	**0.8890**	0.8580	0.6786	0.8302	0.7845	0.5995	0.8310	0.7639	0.7012	**0.8890**
	LR	F1-measure	0.7225	0.7334	0.7423	0.6801	0.7295	0.7214	0.6891	0.6939	0.7419	0.7198	0.6485	0.6463	0.7042	0.4969	0.6168	0.4601	0.6041	0.7419
		G-mean	0.8726	0.8706	0.8493	0.7663	0.8721	**0.8737**	0.7563	0.8681	0.8721	0.8670	0.6935	0.8118	0.8543	0.6377	0.8415	0.8361	0.7353	0.8721
	RF	F1-measure	0.7305	0.7301	0.7175	0.6925	0.7372	0.7211	0.7082	0.6969	**0.7564**	0.7221	0.6998	0.6823	0.7020	0.6901	0.6986	0.5779	0.6946	**0.7564**
		G-mean	0.8190	0.8052	0.7849	0.7619	0.8229	0.8015	0.7620	0.7931	**0.8464**	0.8158	0.7500	0.7690	0.7655	0.7554	0.7674	0.7538	0.7048	**0.8464**
平均排名	SVM	F1-measure	7.93	8.12	7.69	14.06	7.62	8.15	7.81	9.99	4.22	9.19	11.25	8.00	14.15	15.62	9.91	15.59	13.53	4.22
		G-mean	6.69	7.35	7.57	16.93	6.44	6.44	10.84	7.07	4.43	7.87	14.59	9.29	12.29	16.50	9.18	13.53	15.82	4.43
	LR	F1-measure	8.09	6.43	7.16	9.85	6.38	7.44	7.54	10.65	5.50	8.49	10.68	10.21	10.68	17.15	12.82	16.71	15.26	5.50
		G-mean	6.43	6.68	8.69	12.15	6.68	6.31	11.06	6.09	6.01	8.41	15.09	10.76	8.54	17.62	9.76	10.03	16.35	6.01
	RF	F1-measure	7.91	7.35	8.44	11.62	6.71	8.49	7.85	11.88	5.63	9.72	10.29	10.50	12.09	12.35	9.03	16.51	12.12	5.63
		G-mean	7.53	8.34	9.76	11.29	6.15	8.38	9.94	8.56	3.81	8.54	12.68	10.21	11.79	13.59	8.68	12.90	16.79	3.81

从实验结果可以看出，CDC-Glow 的性能与数据集的不平衡比无明显相关关系。因此可以得出结论：分类性能与样本分布相关，而与数据集的不平衡比无明显相关关系。实验结果表明，CDC-Glow 在样本分布存在多个子簇的数据集上具有较好的性能。本章使用一种基于密度的聚类算法（DBSCAN）[46]来验证数据集是否存在多个子簇。对于 DBSCAN 的参数设置，本章将半径设置为 0.7、最小子集群数设置为 5。因此，可以得到一些样本分布存在多个子簇的数据集，如"messidor_features""Cardiotocography""abalone-20_vs_8-9-10""MUSK""PenDigits""MEU-Mobile KSD""vowel0""abalone9-18"等，具体见表 2-3。由于引入了全局约束，CDC-Glow 的性能优于其他方法的性能。CDC-Glow 将具有相同标签的样本映射到潜空间的同一分布，而不是平衡每个子簇的样本数量。用于解决类内不平衡的 K-means SMOTE 方法在上述部分数据集中并没有取得很好的结果。由于 K-means SMOTE 只对少数类样本进行过采样，多数类样本的不平衡子簇仍然会影响分类结果。此外，CDC-Glow 不涉及 DBSCAN 确定子簇大小和采样权值的过程，避免了新超参数的引入和聚类结果的不准确。

表 2-3 使用 DBSCAN 聚类后部分数据集结果

数据集	少数类样本子簇个数	多数类样本子簇个数
messidor_features	4	4
Cardiotocography	6	2
abalone-20_vs_8-9-10	2	3
MUSK	>1	30
PenDigits	1	4
MEU-Mobile KSD	>1	2
vowel0	5	4
abalone9-18	2	3

与样本分布存在多个子簇相比，类间交叠现象更为常见。从结果中可以发现，在大多数情况下，用于解决类间交叠的方法比其他方法表现出更好的性能。类间交叠越严重意味着分类难度更高，即体现在分类评价指标结果更差。对于类间交叠严重的数据集（如"glass2""Wilt""PenDigits"等），这些数据集的分类结果的显著提升意味着 CDC-Glow 可以有效地减少类间交叠。然而，对于少数类样本较少的数据集（如"ecoli-0-1-2-7_vs_2-6""ecoli4""yeast-2_vs_4"等），CDC-Glow 的性能提升并不明显。由于潜空间分布为多元正态分布，当少数类样本数量极少时，原始样本不能完全代表潜空间样本分布，从而导致类别边界不清晰。当数据集严重不平衡时，流模型的训练由多数类训练损失主导，可能导致训练不稳定和少数类样本映射结果不准确。

3. 数据复杂度实验结果分析

本节使用 3 种数据复杂度指标来定量评价数据集的类间交叠和类内不平衡程度。文献[6]对不同的数据复杂度评价指标进行实验分析，数据复杂度评价指标可以分为三类，即基于特征交叠度、基于邻域信息和基于线性分类器。根据实验结果，本节从三类指标中分别选择最优评价指标作为数据复杂度评价指标，分别为：F1（Maximum Fisher's discriminant ratio）、

N3(Leave-one-out error rate of the NN)和 L3(Nonlinearity of the linear class)。

F1 通过计算每个特征的 Fisher 判别比,并输出所有特征计算结果的最大值。N3 使用由目标样本外的剩余数据构造的 KNN 分类器,对目标样本进行分类,其结果以错误分类样本数量与数据集样本总数的比值表示。L3 通过构造插值测试集,使用线性分类器得到的错误分类样本数量与数据集样本总数的比值,表示数据集的线性可分性。

将 CDC-Glow 应用于人工数据集后发现:当使用 F1 评价数据复杂度时,35 个数据集中有 20 个数据集的数据复杂度得到有效降低;当使用 N3 评价数据复杂度时,35 个数据集中有 26 个数据集的数据复杂度得到有效降低;当使用 L3 评价数据复杂度时,35 个数据集中有 31 个数据集的数据复杂度得到有效降低。实验结果见表 2-4,数据复杂度有效降低的数据集使用粗体显示。从结果可以看出,CDC-Glow 可以有效地降低数据复杂度,提高数据集的线性可分性。

表 2-4 使用 CDC-Glow 前后的数据复杂度变化

数据集	原始数据			潜空间数据		
	F1	N3	L3	F1	N3	L3
messidor_features	0.869 4	0.371 9	0.250 0	**0.743 2**	**0.260 8**	**0.172 8**
wisconsin	0.050 0	0.024 9	0.035 1	0.166 4	0.033 7	**0.005 8**
pima	0.582 3	0.259 1	0.489 6	0.688 1	**0.237 0**	**0.140 6**
biodeg	0.708 0	0.141 2	0.164 8	**0.513 5**	**0.112 9**	**0.078 4**
vehicle1	0.828 6	0.244 7	0.175 4	**0.604 4**	**0.124 4**	**0.061 6**
vehicle3	0.839 8	0.227 0	0.250 6	**0.502 8**	**0.096 0**	**0.045 0**
vehicle0	0.559 5	0.054 4	0.292 5	**0.330 3**	**0.011 9**	**0.002 4**
ecoli1	0.361 4	0.080 4	0.154 8	**0.305 0**	**0.072 9**	**0.024 4**
Cardiotocography	0.355 3	0.073 4	0.099 6	0.422 9	**0.070 1**	**0.034 8**
spambase	0.022 0	0.078 1	0.042 1	0.351 2	**0.046 7**	**0.024 2**
new-thyroid1	0.078 8	0.027 9	0.018 5	0.222 5	0.043 3	**0.000 0**
new-thyroid2	0.078 8	0.027 9	0.018 5	0.184 8	0.037 4	**0.000 0**
ecoli2	0.337 8	0.038 7	0.041 7	**0.284 1**	0.044 8	**0.035 7**
segment0	0.494 2	0.005 6	0.054 6	**0.181 4**	**0.003 9**	**0.000 0**
yeast3	0.321 8	0.052 6	0.099 7	0.436 4	0.053 5	**0.032 0**
ecoli3	0.508 8	0.074 4	0.077 4	**0.397 4**	**0.061 0**	**0.030 5**
yeast-2_vs_4	0.284 2	0.037 0	0.042 6	0.306 0	**0.035 6**	**0.035 6**
ecoli-0-6-7_vs_2-5	0.837 4	0.040 5	0.099 1	**0.417 0**	**0.031 7**	**0.009 1**
yeast-0-5-6-7-9_vs_4	0.434 9	0.085 2	0.098 5	0.577 8	0.102 7	**0.050 4**
vowel0	0.341 3	0.003 0	0.010 1	**0.267 5**	**0.000 0**	**0.000 0**
glass2	0.833 4	0.084 1	0.075 5	**0.829 1**	**0.065 4**	0.075 5
mHealth	0.521 7	0.008 2	0.046 4	**0.262 2**	**0.000 0**	**0.000 0**
ecoli-0-1-4-7_vs_5-6	0.191 9	0.021 1	0.018 1	0.288 0	0.021 1	**0.012 0**

续表

数据集	原始数据			潜空间数据		
	F1	N3	L3	F1	N3	L3
yeast-1_vs_7	0.6238	0.0566	0.0655	**0.5774**	**0.0505**	0.0661
ecoli4	0.2627	0.0208	0.1429	**0.2324**	**0.0121**	**0.0120**
abalone9-18	0.4266	0.0561	0.0575	**0.2862**	**0.0399**	**0.0303**
Wilt	0.8608	0.0455	0.0537	**0.3447**	**0.0114**	**0.0029**
MEU-Mobile KSD	0.2785	0.0093	0.0093	0.3505	**0.0066**	**0.0000**
MUSK	0.7276	0.0181	0.0097	**0.3652**	**0.0021**	**0.0000**
yeast4	0.3899	0.0350	0.0350	0.4798	**0.0298**	0.0347
ecoli-0-1-2-7_vs_2-6	0.0419	0.0142	0.0000	0.0847	**0.0107**	0.0000
yeast6	0.3666	0.0189	0.0243	0.4768	**0.0196**	0.0252
abalone-20_vs_8-9-10	0.3666	0.0189	0.0243	**0.2767**	**0.0094**	**0.0115**
Shuttle	0.0291	0.0118	0.0099	0.1490	**0.0010**	**0.0000**
PenDigits	0.4342	0.0004	0.0010	**0.2352**	0.0008	**0.0006**

F1 只选择一个属性来度量数据复杂度,因此 F1 测得的数据复杂度经样本空间映射后可能会增加。特别是原始数据复杂度较低的数据集("wisconsin""spambase""new-thyroid1""new-thyroid2""Shuttle"等),应用 CDC-Glow 后数据复杂度更容易增加。然而,在训练分类器时往往使用数据的所有特征,单一特征的交叠程度不能完全反映分类性能。

N3 关注数据集的局部数据复杂度。数据复杂度增加的数据集(如"wisconsin""new-thyroid1""new-thyroid2"等)往往分布相对简单,且存在较少交叠。虽然使用 CDC-Glow 进行样本空间映射可以提高数据集的线性可分性,但是 N3 使用 K 近邻描述交叠程度,不受数据集的线性可分性的影响。同时,对于少数类样本较少的数据集,由于训练不稳定,数据复杂度也可能会增加。

L3 描述数据集的线性可分性。由于 CDC-Glow 中的局部约束旨在增强数据集的线性可分性,因此 CDC-Glow 在 L3 度量下取得了最好的结果。对于大多数经过映射后数据复杂度降为 0 的数据集(如"new-thyroid1""new-thyroid2""segment0""mHealth"和"Shuttle"),CDC-Glow 都获得了较好的实验结果。但当少数类样本数量过少或维度过高时,样本能充分代表该类别的样本分布特点,导致 CDC-Glow 在"MEU-Mobile KSD""MUSK"和"ecoli0-1-2-7_vs_2-6"等数据集上获得了相对较差的结果。

综合考虑上述三个指标,本节对数据复杂度和分类结果的相关性进行分析。不同的数据复杂度指标侧重于评估不同的数据分布特点,综合考虑三个指标可以得到更全面、准确的结论。可以发现,3 个指标都得到改进的数据集通常会有更好的分类结果。其他方法可能会增加类间交叠来提高分类难度,CDC-Glow 减少类间交叠和生成样本加剧交叠的可能性。特别是对于数据复杂度较高的数据集(如"messidor_features""vehicle1""vehicle3""glass2""yeast-1_vs_7""abalone9-18""Wilt"和"MUSK"),CDC-Glow 更容易获得较好的分类结果。在模型预训练阶段,我们删除了潜在噪声样本,这可能出现数据复杂性降低但分类结果没有显著改善的情况。

4. 统计学检验结果分析

为了评价 CDC-Glow 和其他方法是否表现出相同性能，采用 Friedman 检验来验证 CDC-Glow 与其他方法的统计显著性。结果见附录 B 部分的表 B-4～表 B-9，3 个分类器上所有评价指标的 P 均远小于 0.05，说明所有方法的表现均有显著差异。然后，使用 Nemenyi 后检验验证 CDC-Glow 与其他方法是否有显著差异，结果见表 2-5。可以发现，CDC-Glow 优于其他方法的分类性能。在最好的情况下，CDC-Glow 的性能明显优于所有其他方法（仅当分类器为 SVM 时，CDC-Glow 的优势不显著）。表 2-6 详细比较了 Nemenyi 后检验的实验结果。

表 2-5 CDC-Glow 与其他方法对比的 Nemenyi 后检验结果

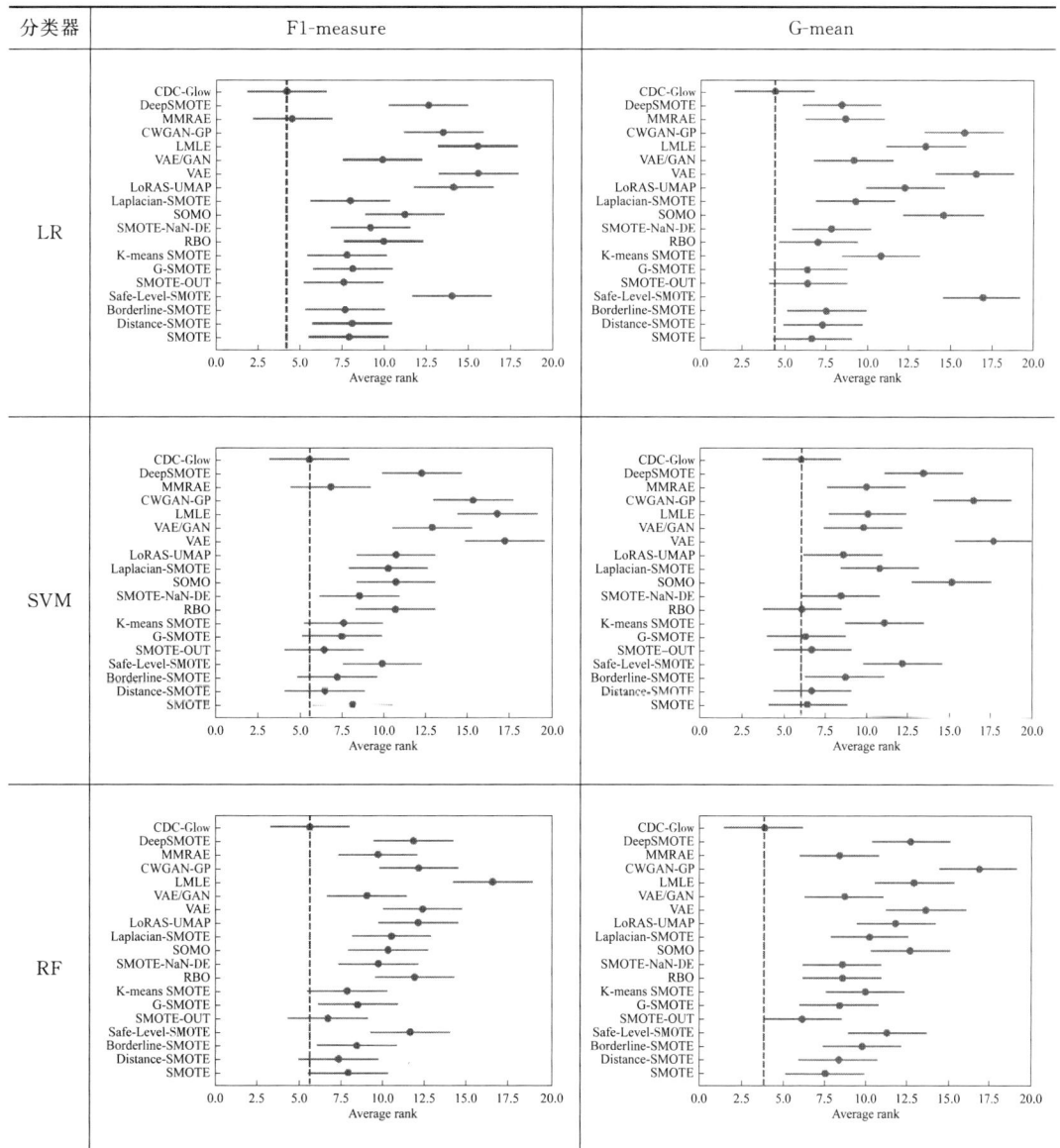

表 2-6 CDC-Glow 与其他方法对比的 Nemenyi 后检验结果分析

评价指标	分类器	无显著差别		显著优于	
		个数	方法名	个数	方法名
F1-measure	LR	1	MMRAE	17	其他方法
	SVM	6	K-means SMOTE, G-SMOTE, SMOTE-OUT, Borderline-SMOTE, MMRAE, Distance-SMOTE	12	其他方法
	RF	2	SMOTE-OUT, Distance-SMOTE	16	其他方法
G-mean	LR	2	G-SMOTE, SMOTE-OUT	16	其他方法
	SVM	5	RBO, Distance-SMOTE, SMOTE, G-SMOTE, SMOTE-OUT	13	其他方法
	RF	0	无	18	其他方法

2.4.4 智能电表故障数据集的结果与分析

本章使用的智能电表故障数据集为涉及 25 个省份、包含 11 种故障类型的智能电表故障数据,其详细介绍见 1.3.3 节。

CDC-Glow 与其他方法均采用"一对多"的分类框架,将不平衡多分类问题转化为多个不平衡二分类问题,以避免同时构建多类别决策边界存在的困难。从智能电表故障数据集中随机抽取 80% 的样本作为训练集,其余样本作为测试集。使用 LR 和 SVM 作为分类器对比不同方法的实验结果。在评价指标方面,使用 macro-F1、G-mean 等评价指标综合评价实验结果。具体的实验设置和评价指标介绍见 1.3.3 节。

CDC-Glow 与采样类方法(SMOTE[10]、Distance-SMOTE[31]、G-SMOTE[32]、Safe-Level-SMOTE[34]、SMOUT-OUT[33]、Borderline-SMOTE[11]、K-means SMOTE[35]、RBO[37]、SMOTE-NaN-DE[15]、SOMO[38]、Laplacian-SMOTE[41]、LoRAS-UMAP[42])和生成类方法(CWGAN-GP[16]、VAE/GAN[44]、DeepSMOTE[39] 和 VAE[45])进行对比实验。当使用不同的分类器时,所有方法的 macro-F1 和 G-mean 实验结果见表 2-7。各类别的 F1-measure 和召回率结果以及综合各类别的 macro-F1 和 G-mean 实验结果见附录 B 部分的表 B-10~表 B-15。

由附录 B 部分的表 B-10~表 B-15 可知,CDC-Glow 与 12 种采样类方法和 4 种生成类方法相比具有显著优势。在 11 个类别中,当使用 LR 作为分类器时,CDC-Glow 在 F1-measure 和召回率指标上排名第一的类别数量最多,效果稳定且显著。对于 macro-F1 指标,CDC-Glow 在 LR、SVM 和 RF 上相较于排名第二的方法分别提升 11.52%、5.19% 和 0.91%。对于 G-mean 指标,CDC-Glow 在 LR 和 SVM 上相较于排名第二的方法分别提升 7.26% 和 1.46%。由于 RF 在训练过程中随机选择训练样本和训练样本特征,所有方法在 RF 上的性能表现相较于在 LR 和 SVM 上的性能表现更接近。由上述实验结果可知,CDC-Glow 通过样本空间映射构建了样本线性可分性更高的潜空间,简化了样本分布并降低了分类难度,从而提升了智能电表故障数据的分类准确率,进而有效提高了运维人员的维修效率和降低了电网维护成本。

表 2-7 在智能电表故障数据集上，CDC-Glow 与其他方法在 macro-F1 和 G-mean 指标上的实验结果对比

分类器	评价指标	SMOTE	D-SMOTE	B-SMOTE	SLSMOTE	SMOTE-OUT	G-SMOTE	K-means SMOTE	RBO	SMOTE-NaN-DE	SOMO	Laplacian-SMOTE	LoRAS-UMAP	VAE	VAE/GAN	LMLE	CWGAN-GP	CDC-Glow
LR	macro-F1	0.1867	0.2373	0.1965	0.2157	0.1873	0.2308	0.1847	0.2257	0.2329	0.1402	0.2683	0.1851	0.1124	0.2537	0.2149	0.2265	**0.2992**
LR	G-mean	0.2108	0.3033	0.2119	0.2291	0.2111	0.3006	0.2075	0.2865	0.2962	0.1610	0.3443	0.2143	0.1407	0.3122	0.2306	0.2626	**0.3693**
SVM	macro-F1	0.3159	0.4079	0.3339	0.3566	0.3298	0.3759	0.3201	0.3888	0.3802	0.3370	0.3099	0.3881	0.2358	0.3773	0.3490	0.3685	**0.4090**
SVM	G-mean	0.3112	0.4683	0.3342	0.3554	0.3248	0.4695	0.3137	0.4776	0.4781	0.3258	0.4058	0.4015	0.2418	0.4408	0.3545	0.3638	**0.4851**
RF	macro-F1	0.6590	0.6425	0.6570	0.6578	0.6564	0.6510	0.6565	0.6576	0.5539	0.6539	0.4827	0.6564	0.6335	0.6461	0.3490	0.6499	**0.6650**
RF	G-mean	0.6423	0.6347	0.6364	0.6395	0.6383	0.6410	0.6399	0.6504	0.5703	0.6518	0.4905	0.6465	0.6440	0.5486	**0.6802**	0.6470	0.6571

本 章 小 结

本章提出一种基于类别差异约束流模型空间映射的不平衡分类方法(CDC-Glow)。CDC-Glow 利用精准映射将样本从原始空间映射到潜空间,并引入类别差异约束,以解决类间交叠和类内不平衡问题。CDC-Glow 引入全局约束将同一类别的不同子簇映射到潜空间同一区域,不同类别样本映射到潜空间不同区域,以解决类内不平衡问题;同时,引入局部约束增大不同类别样本的分布间隔,使类别边界更清晰,以解决类间交叠问题。为了证明该方法的有效性,将该方法与 16 种方法(包括采样类方法和生成类方法)在公开数据集和智能电表故障数据集上进行对比实验。实验结果表明,在 3 种典型分类器上,该方法具有显著优势。未来可进一步加强对于交叠区数据的精准映射研究,从而进一步提升不平衡分类问题的预测精度。此外,如何确保小样本的精准映射是另一个具有挑战性和值得研究的问题。

第3章
面向多类样本特征交叠情况下的不平衡分类方法

3.1 引言

本章主要研究样本特征交叠情况下的数据再平衡与分类问题,样本特征交叠是分类问题共同面临的一大难点,对于不平衡分类问题,样本特征交叠会带来更加致命的影响。针对智能电表故障分类问题而言,各故障类别的不平衡样本会导致模型难以学习到真实的类别分布,表现为直接将特征交叠区的少数类故障误判为多数类故障。为解决该问题,现有方法常采用数据平衡、结构风险最小化等思想,但数据平衡类算法是在全局上对少数类样本进行平衡,未对交叠区域的少数类样本引入特殊的"注意力",提升有限;考虑结构风险的方法理论上可以找到一个合理的分类边界,但是其结果在很大程度上依赖于支持向量的质量,没有从根本上解决该问题。本章将生成对抗网络与迁移学习相结合,对特征交叠区各类别特征分布规律进行学习并迁移,生成符合少数类分布特征的交叠区少数类样本,辅助分类器更好地学习各类别的分类边界,从而提升智能电表故障预测的精度。

3.2 基于样本迁移和交叠区边界增强的样本生成方法

如图3-1所示,单纯的类别不平衡实质上并不会带来分类器的决策偏移问题,样本的不平衡分类问题往往伴随多类数据特征的相互交叠,从而导致交叠区样本决策向多数类偏移。

然而,现有的数据层面方法大多聚焦于样本数目的均衡,针对类别交叠区样本的平衡处理研究有限,难以基于交叠区的少量样本有效学习少数类样本在普遍意义下的分布特征,导致类别间的决策边界难以学习。为了使分类器更好地学习类别交叠区样本间的分布差异,本章提出一种基于样本迁移的类别交叠区故障样本生成方法(sample generation in overlapping areas based on sample migration, SMSG)。在3.2.1节将介绍本章提出的基于生成对抗思想的跨类别样本生成框架;在3.2.2节将基于所提框架,提出一种交叠区样本生成技术,以实现不同类别样本在特征空间中的分布均衡。

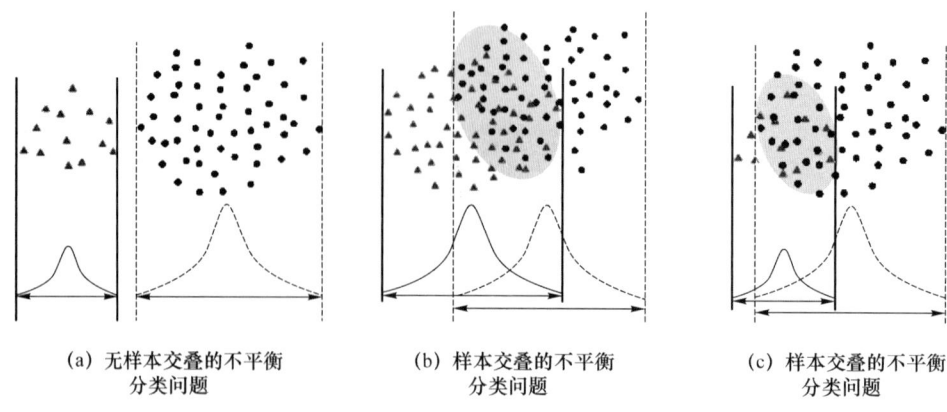

(a) 无样本交叠的不平衡分类问题　　(b) 样本交叠的不平衡分类问题　　(c) 样本交叠的不平衡分类问题

图 3-1　几种不平衡分类问题的分布示意图

3.2.1　跨类别样本生成框架

样本特征交叠区的类别难以划分是影响分类器精度的根本因素。而不同类别样本特征相互交叠的本质在于它们之间存在一些共性，这些共性的存在是分类困难的关键原因。在存在共性的同时，不同类别样本之间必然也存在差异，差异的存在是样本可以分类的基础。基于以上分析，可以认为分类问题的本质上是学习数据的共性和差异的问题。

本节基于不同类别样本间存在共性的事实，提出一种跨类别样本生成框架，如图 3-2 所示。该框架期望通过隐编码对不同类别样本间的共性进行表示，而其差异由不同的编码器、解码器进行解析。该框架以变分自编码器为基础，通过隐编码先验约束与跨域一致性约束实现了不同类别样本间的相互转换，同时，生成对抗机制的引入为可靠的样本迁移提供基础。跨类别样本生成框架主要由两对 VAE 和与之相对应的判别器组成。两对 VAE 分别用于少数类样本和多数类样本的重构与生成，为了使两类样本共享隐编码空间，在隐编码先验约束一致的条件下，提出了跨域一致性约束和相应的判别网络，从而使任意样本的隐编码可用不同的解码器解码为相应类别的新样本，从而实现样本类别的迁移。

当想要生成样本时，直接学习样本 x 的分布 $p(x)$ 是困难的，VAE 引入隐观测变量 z 后，通过变分推断，将 $\max_p p(x), x \in X$ 的问题转化为最大化其下界的问题。VAE 由编码器 Enc 和解码器 Dec 两部分组成，对于给定样本 x，经编码器对其编码后得到隐编码各维的均值 μ 和方差 σ，经采样后得到隐编码 z，解码器对隐编码解码后返回样本空间，其过程如下：

$$z \sim \text{Enc}(x) = q(z|x)$$
$$\tilde{x} \sim \text{Dec}(z) = p(x|z)$$
(3-1)

VAE 模型优化目标的计算如下：

$$\min L_{\text{VAE}} = \min(\alpha_1 L_{\text{prior}} + \alpha_2 L_{\text{likelihood}})$$
$$L_{\text{prior}} = D_{\text{KL}}(q(z|x) \| p(z))$$
$$L_{\text{likelihood}} = -E_{q(z|x)}[\log_{10} p(x|z)]$$
(3-2)

其中，α_1, α_2 为超参数。

SMSG 框架是以隐编码为桥梁进行样本迁移的。为了便于样本的相互迁移，将 SMSG

第 3 章 面向多类样本特征交叠情况下的不平衡分类方法

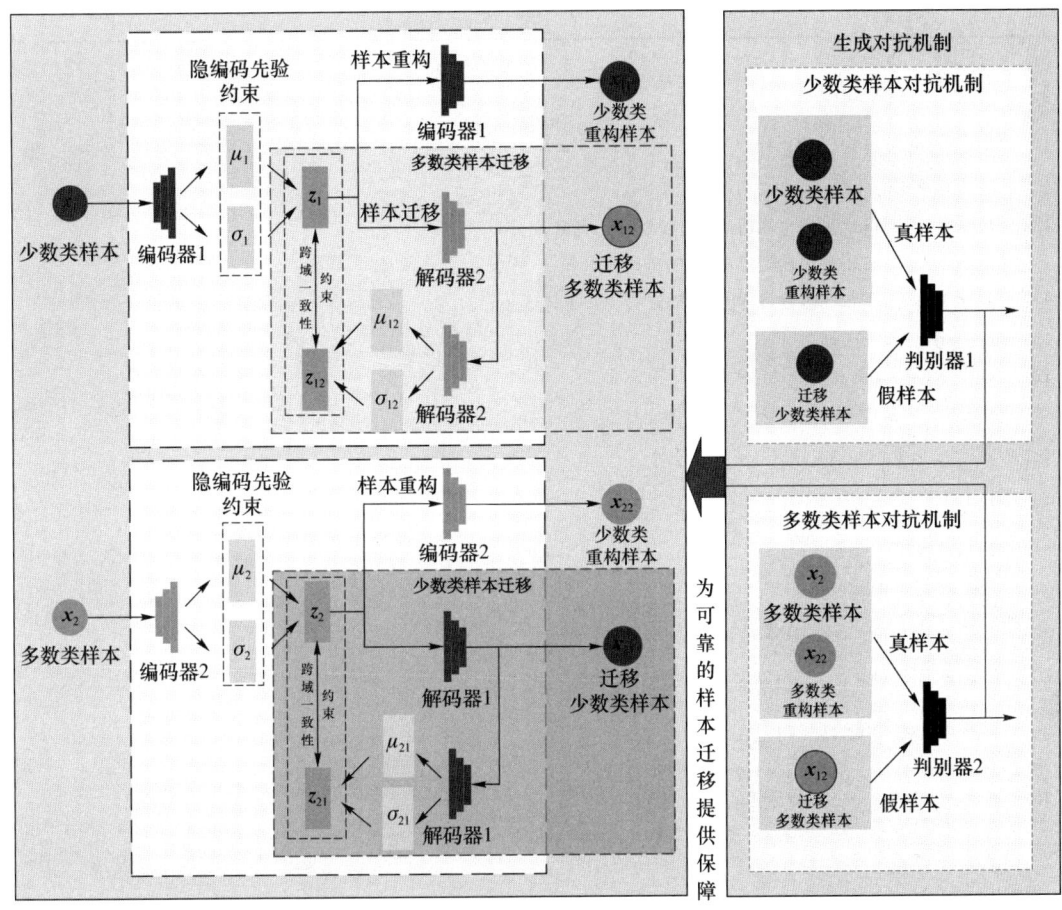

图 3-2 跨类别样本生成框架示意图

中两对 VAE 的隐编码的先验分布设置为相同的分布,即都设置为 $z \sim (0, I)$,其中 z 的每一维的先验分布均为标准正态分布。

图 3-2 中,编码器 1、解码器 1 和判别器 1 均对应于少数类样本,它们分别用 Enc_1、Dec_1 和 Dis_1 表示;编码器 2、解码器 2 和判别器 2 均对应于多数类样本,它们分别用 Enc_2、Dec_2 和 Dis_2 表示。该样本迁移模型的训练分为三个部分,这三个部分相辅相成,同步训练,其过程见算法 3-1。

算法 3-1:跨类别样本生成框架

输入:数据集 $X = [X_{\min}, X_{\max}]$,初始化模型 Enc_1、Dec_1、Dis_1、Enc_2、Dec_2 和 Dis_2

输出:全局平衡的数据集 D

1: repeat

2: 从 $X_{\min}$ 中采样多个少数类样本 x_1,从 $X_{\max}$ 中采样多个多数类样本 x_2,得到一个 batch

3: $(\mu_1, \sigma_1) \leftarrow \text{Enc}_1(x_1)$

4: $z_1 \sim N(\mu_1, \sigma_1)$ { z_1 采样自均值为 μ_1、方差为 σ_1 的正态分布 }

5: $x_{11} \leftarrow \text{Dec}_1(z_1)$ { 得到少数类样本 x_1 的重构样本 x_{11} }

6: $x_{12} \leftarrow \text{Dec}_2(z_1)$ { 得到少数类样本 x_1 的迁移多数类样本 x_{12} }

7: $(\mu_{12}, \sigma_{12}) \leftarrow \text{Enc}_2(x_{12})$

续表

8： $z_{12} \sim N(\mu_{12}, \sigma_{12})$

9： $L_{\text{likelihood}_1} \leftarrow \alpha_1 E[(\boldsymbol{x}_{11} - \boldsymbol{x}_1)^2]$

10： $L_{\text{prior}_1} \leftarrow \alpha_2 D_{\text{KL}}(\boldsymbol{z}_1 \| N(0, I))$

11： $(\mu_2, \sigma_2) \leftarrow \text{Enc}_2(x_2)$

12： $z_2 \sim N(\mu_2, \sigma_2)$ {z_2 采样自均值为 μ_2、方差为 σ_2 的正态分布}

13： $\boldsymbol{x}_{22} \leftarrow \text{Dec}_2(z_2)$ {得到多数类样本 $\boldsymbol{x}_2$ 的重构样本 $\boldsymbol{x}_{22}$}

14： $\boldsymbol{x}_{12} \leftarrow \text{Dec}_2(z_1)$ {得到多数类样本 $\boldsymbol{x}_2$ 的迁移少数类样本 $\boldsymbol{x}_{21}$}

15： $(\mu_{21}, \sigma_{21}) \leftarrow \text{Enc}_1(x_{21})$

16： $z_{21} \sim N(\mu_{21}, \sigma_{21})$

17： $L_{\text{likelihood}_2} \leftarrow \alpha_1 E[(\boldsymbol{x}_{22} - \boldsymbol{x}_2)^2]$

18： $L_{\text{prior}_2} \leftarrow \alpha_2 D_{\text{KL}}(\boldsymbol{z}_2 \| N(0, I))$

19： $L_{z\_\text{consist}} = E[(z_{12} - z_1)^2] + E[(z_{21} - z_2)^2]$

20： $L_{\text{Gen}_1} \leftarrow E[-\text{Dis}_1(\boldsymbol{x}_{21})]$

21： $L_{\text{Gen}_2} \leftarrow E[-\text{Dis}_2(\boldsymbol{x}_{12})]$

22： $L_{\text{Dis}_1} \leftarrow E[-\text{Dis}(\boldsymbol{x}_1) - \text{Dis}(\boldsymbol{x}_{11})] + E[\text{Dis}(\boldsymbol{x}_{21})]$

23： $L_{\text{Dis}_2} \leftarrow E[-\text{Dis}(\boldsymbol{x}_2) - \text{Dis}(\boldsymbol{x}_{22})] + E[\text{Dis}(\boldsymbol{x}_{12})]$

24： $\theta_{\text{Enc}_1} \xleftarrow{+} \nabla_{\theta_{\text{Enc}_1}} (L_{\text{prior}_1} + L_{\text{likelihoodl}_1} + L_{z\_\text{consist}})$

25： $\theta_{\text{Dec}_1} \xleftarrow{+} \nabla_{\theta_{\text{Dec}_1}} (L_{\text{likelihood}_1} + L_{\text{Gen}_1})$

26： $\theta_{\text{Dis}_1} \xleftarrow{+} \nabla_{\theta_{\text{Dis}_1}} (L_{\text{Dis}_1})$

27： $\theta_{\text{Enc}_2} \xleftarrow{+} \nabla_{\theta_{\text{Enc}_2}} (L_{\text{prior}_2} + L_{\text{likelihoodl}_2} + L_{z\_\text{consist}})$

28： $\theta_{\text{Dec}_2} \xleftarrow{+} \nabla_{\theta_{\text{Dec}_2}} (L_{\text{likelihood}_2} + L_{\text{Gen}_2})$

29： $\theta_{\text{Dis}_2} \xleftarrow{+} \nabla_{\theta_{\text{Dis}_2}} (L_{\text{Dis}_2})$

30： until deadline

31： 存储 X 到集合 D

32： for each $\boldsymbol{x}_2$ in X_{maj} do

33：　 获得 $\boldsymbol{x}_2$ 的迁移少数类样本 $\boldsymbol{x}_{21}$

34：　 存储 $\boldsymbol{x}_{21}$ 到集合 D

35： Return D

在样本重构过程中，少数类样本 $\boldsymbol{x}_1$ 经 Enc_1 得到其隐编码的先验分布 (μ_1, σ_1)，从该分布采样得到其隐编码 z_1，由其对应的解码器 Dec_1 解码可得到其重构样本 $\boldsymbol{x}_{11}$；多数类样本 $\boldsymbol{x}_2$ 经 Enc_2 得到其隐编码的先验分布 (μ_2, σ_2)，从该分布采样得到其隐编码 z_2，由其对应的解码器 Dec_2 解码可得到其重构样本 $\boldsymbol{x}_{22}$。隐编码作为样本迁移的桥梁，两对 VAE 编、解码器的隐编码先验约束的一致性是能够进行样本迁移的基础，即 z_1 与 z_2 均服从标准正态分布 $(0, I)$。

SMSG 框架认为样本的隐编码为不同类别样本间共性特征的高级特征表示，因此迁移样本的隐编码与原样本的隐编码应具有一致性。基于以上假设,可以通过与隐编码所属样本类别不同的解码器解码实现样本的迁移,即迁移少数类样本 x_{21} 可由 $\text{Dec}_1(z_2)$ 得到,迁移多数类样本 x_{12} 可由 $\text{Dec}_2(z_1)$ 得到。上述效果的关键在于迁移样本与原样本共享相同的隐编码,这可由隐编码的跨域一致性约束实现,具体为:通过约束使迁移得到的新样本 x_{21} 和 x_{12} 分别经 Enc_1 和 Enc_2 编码得到的隐编码与对应原样本的隐编码 z_2 和 z_1 一致。

通过以上约束,理论上 SMSG 框架已经具备跨类别样本间的相互迁移,但由于缺乏有效的监督与反馈机制,因此在上述过程中引入判别器,进一步提升跨类别样本迁移的合理性。为了鼓励解码器产生更加合理的迁移样本,SMSG 框架将原样本与重构样本视为真样本,将迁移样本视为假样本。在样本生成阶段,期望生成的迁移样本能够被判别器判别为真样本。在样本判别阶段,期望判别器能够正确地对样本的真假进行判别,通过上述对抗博弈过程,使得两对 VAE 与判别器的能力同步提升。

需要指出的是,虽然 SMSG 不需要使用迁移得到的多数类样本。但为了促进两对 VAE 共享隐编码空间,额外增加了由少数类样本迁移得到多数类样本的过程。

3.2.2 交叠区样本生成技术

基于 3.2.1 节提出的跨类别样本生成框架,已经能够实现类别间样本的可靠迁移。应用机器学习方法解决分类问题的关键在于:模型对决策边界的学习。而影响模型在不平衡分类问题中分类效果的主要因素在于:交叠区样本密度的不平衡。为了使样本在交叠区实现样本密度的平衡,基于跨类别样本生成框架,我们提出了一种交叠区样本生成技术。其效果如图 3-3 所示,箭头指示的方向表示由单个多数类样本迁移到少数类样本的方向。由示意可以发现,在应用交叠区样本生成技术后,各类别样本的分布密度均趋于均衡,类别间的决策边界也更容易学习。

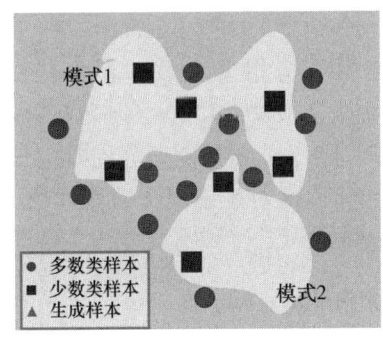
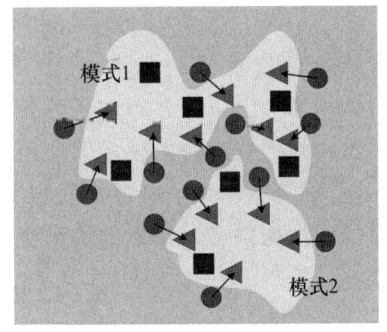

(a) 原始不平衡样本分布　　(b) 应用交叠区样本生成技术后的样本分布

图 3-3　应用交叠区样本生成技术前后的效果示意

交叠区样本生成的实现主要依赖于引入的欧式距离约束,即在迁移样本的生成阶段引入欧式距离约束,使得所有的迁移少数类样本均是通过最小欧式距离变换得到的。欧式距离约束计算见算法 3-2。同时,在算法 3-1 中计算 Dec_1 和 Dec_2 的梯度时补充相应的欧式距离约束。

算法 3-2：欧式距离约束计算

输入：少数类样本 $x_1 \in X_{\min}$，多数类样本 $x_2 \in X_{\maj}$，初始化模型 Enc_1、Dec_1、Dis_1、Enc_2、Dec_2 和 Dis_2

输出：欧式距离约束损失 L_{distance}

1：$(\mu_1, \sigma_1) \leftarrow \text{Enc}_1(x_1)$
2：$z_1 \sim N(\mu_1, \sigma_1)\{z_1$ 采样自均值为 μ_1、方差为 σ_1 的正态分布$\}$
3：$x_{11} \leftarrow \text{Dec}_1(z_1)\{$得到少数类样本 x_1 的重构样本 $x_{11}\}$
4：$x_{12} \leftarrow \text{Dec}_2(z_1)\{$得到少数类样本 x_1 的迁移多数类样本 $x_{12}\}$
5：$(\mu_2, \sigma_2) \leftarrow \text{Enc}_2(x_2)$
6：$z_2 \sim N(\mu_2, \sigma_2)\{z_2$ 采样自均值为 μ_2、方差为 σ_2 的正态分布$\}$
7：$x_{22} \leftarrow \text{Dec}_2(z_2)\{$得到多数类样本 x_2 的重构样本 $x_{22}\}$
8：$x_{12} \leftarrow \text{Dec}_2(z_1)\{$得到多数类样本 x_2 的迁移少数类样本 $x_{21}\}$
9：$L_{\text{distance}} \leftarrow E_{x_{21}}[(x_{21}-x_1)]^2 + E_{x_{12}}[(x_{12}-x_2)^2]$
10：Return L_{distance}

欧式距离约束的引入不仅有利于隐编码更好地学习不同类别样本间的共性，同时可促使 VAE 更好地学习它们间的差异，进而促进交叠区样本的生成。

3.3 实验与评估

本部分对 SMSG 的分类性能进行了系统的比较。3.3.1 节为所提方法的结构及其优化参数设置。3.3.2 节在公开数据集上，对所提方法与数据层面方法和算法层面方法进行了分类效果对比，以评估所提方法的显著性。3.3.3 节在智能电表故障数据集上，对所提方法与数据层面方法和算法层面方法进行了分类效果对比，以评估所提方法的显著性。

3.3.1 参数设置

SMSG 框架的参数主要包括两部分，即模型结构相关参数和模型优化相关参数。SMSG 框架由两对 VAE 和与之对应的判别器组成。其中，VAE 由编码器和解码器组成，解码器同时作为与判别器对应的生成器使用。两对 VAE 和判别器分别对应于多数类样本和少数类样本，由于两类样本的特征提取难度相当，因此对于不同类别样本的 VAE 和判别器采用相同的模型结构即可。模型结构配置见表 3-1。

表 3-1 模型结构配置

编码器	解码器/生成器	判别器
Dense(128)	Dense(128)	Dense($x\_dim * 16$)
LeakyRelu(0.2)	LeakyRelu(0.2)	LeakyRelu(0.2)
Reshape(batchsize,16,8)	Reshape(batchsize,8,16)	Dropout(0.5)
Conv1D(16,3,padding='same')	Conv1D(32,3,padding='same')	Dense($x\_dim * 8$)
Conv1D(32,3)	Conv1D(16,3)	LeakyRelu(0.2)

续 表

编码器	解码器/生成器	判别器
Flatten()	Dropout(0.5)	Dropout(0.5)
Dense(128)	Flatten()	Dense(1)
Dropout(0.5)	Dense(x_dim, activation='tanh')	
LeakyRelu(0.2)		
Dense(enc_dim * 2, activation='tanh')		

表 3-1 中，x_dim 为输入样本的维度，可依照实际数据集情况确定，enc_dim 为隐编码特征的维度，在所有的公开数据集与智能电表故障数据集中均设置为 64。

算法优化涉及的超参数包括算法 3-1 中 VAE 训练的相关参数 α_1 和 α_2，其值分别为 1.5 和 0.1。此外，模型训练的 batch size 设置为 16，采用 L2 正则化约束，惩罚因子为 0.1，优化器为 Adam(学习率为 2×10^{-4}，beta_1 为 0.5)，训练周期为 300。

3.3.2 公开数据集的结果与分析

本章的研究提出了一种基于样本迁移的交叠区样本生成方法。为了验证所提方法的普适性，本小节主要在公开数据集上对所提方法的性能进行评估与分析，主要包括：①实验数据集与评价指标的介绍；②选用不同特点的基准数据集，将所提方法与数据层面方法和算法层面方法进行分类效果对比，并通过 Friedman 检验[8]、Wilcoxon 符号秩检验[47]对上述结果进行统计验证；③对结果在 Nemenyi 后检验[48]上进行统计学分析。

1. 数据集与评价指标

在少数类样本数量相对少的情况下，为了评估 SMSG 从多数类样本中推理学习少数类样本分布并增强样本交叠区边界的能力，本章从 KEEL 机器学习数据库中选择 20 个数据集对其有效性进行验证。数据集的选择标准为：①样本数量、特征维度及不平衡比等属性有较大跨度；②它们在不同范围中均匀分布。表 3-2 对这些数据集的特点进行了总结。

表 3-2 数据集的特点

数据集	样本数量	特征维度	少数类样本数量	多数类样本数量	不平衡比
glass2	214	10	17	197	11.59
ecoli-0-1-4-7_vs_5-6	332	7	25	307	12.28
yeast-1_vs_7	459	8	30	429	14.30
glass4	214	10	13	201	15.46
ecoli4	336	8	20	316	15.80
page-blocks-1-3_vs_4	472	11	28	444	15.86
abalone9-18	731	11	42	689	16.40
yeast-2_vs_8	482	9	20	462	23.10
winequality-red-4	1 599	12	53	1 546	29.17

续 表

数据集	样本数量	特征维度	少数类样本数量	多数类样本数量	不平衡比
yeast-1-2-8-9_vs_7	947	9	30	917	30.57
abalone-3_vs_11	502	11	15	487	32.47
winequality-white-9_vs_4	168	12	5	163	32.60
ecoli-0-1-3-7_vs_2-6	281	8	7	274	39.14
yeast6	1 484	9	35	1 449	41.40
winequality-white-3_vs_7	900	12	20	880	44.00
winequality-red-8_vs_6-7	855	12	18	837	46.50
winequality-white-3-9_vs_5	1 482	12	25	1457	58.28
poker-8-9_vs_6	1 485	11	25	1 460	58.40
winequality-red-3_vs_5	691	12	10	681	68.10
poker-8_vs_6	1 477	11	17	1 460	85.88

不平衡的分类往往会发生分类器的决策向多数类样本偏移的问题。分类的平均准确率难以对模型的预测性能进行准确衡量。在不平衡分类任务中,少数类样本的判别准确率和召回率往往更被关注,因此将少数类样本视为正类样本,多数类样本视为负类样本,其混淆矩阵见表 3-3。

表 3-3 混淆矩阵

类别	实际为少数类样本	实际为多数类样本
预测为少数类样本	TP	FP
预测为多数类样本	FN	TN

本章所用的评价指标、评估方法和第 2 章保持一致。选用 F1-measure 和 G-mean 作为模型性能的评价指标。对于每个数据集,每种分类方法均进行 10 次五折交叉验证,并分别使用 Wilcoxon 符号秩检验[47]、Friedman 检验[8]将其与现有的采样类方法和生成类方法的实验结果进行对比。Wilcoxon 的测试阈值设置为 0.05,其详细介绍见 2.3.2 节。

2. 与采样类方法对比

SMSG 是通过多数类样本特征迁移,得到与之特征相似的少数类样本,通过这些样本的扩充使得类别交叠区的边界得到加强。为了验证 SMSG 的性能,选取目前典型的采样类方法(包括 SMOTE[10]、Borderline-SMOTE[11]、Distance-SMOTE[31]、Safe-Level-SMOTE[34]、SMOTE-OUT[33]、G-SMOTE[32]、SOMO[49]、K-means SMOTE[35])与其进行对比实验。它们的实现均来自不平衡学习库[50]。在 LR[19]、SVM[20] 和 RF[21] 三种分类器上,对上述方法平衡后的数据集进行分类效果对比。分类器的实现是基于 Python 中 Scikit-Learn[18] 的默认参数。结果见附录 C 部分的表 C-1~表 C-6,其中加粗数据为最佳实验结果。Wilcoxon 符号秩检验结果见表 3-4。

第 3 章 面向多类样本特征交叠情况下的不平衡分类方法

表 3-4 Wilcoxon 符号秩检验对所提算法与采样类方法的差异性检验结果(0.05)

分类器	方法	F1-measure				G-mean			
		R+	R−	P	Assuming	R+	R−	P	Assuming
LR	SMOTE	188	22	0.000 508 3	rejected	119	91	0.310 756 68	not rejected
	Borderline-SMOTE	168	42	0.008 590 7	rejected	203	7	1.81×10^{-5}	rejected
	Distance-SMOTE	186	24	0.000 716 2	rejected	89	121	0.727 062 23	not rejected
	Safe-Level-SMOTE	208	2	2.86E−06	rejected	210	0	9.54×10^{-7}	rejected
	SMOTE-OUT	183	27	0.001 162 5	rejected	97	113	0.621 916 77	not rejected
	G-SMOTE	195	15	0.000 130 7	rejected	110	100	0.434 743 88	not rejected
	SOMO	178	32	0.002 43	rejected	207	3	4.77×10^{-6}	rejected
	K-means SMOTE	198	12	6.68×10^{-5}	rejected	204	6	1.34×10^{-5}	rejected
SVM	SMOTE	187	23	0.000 604 6	rejected	98	112	0.459 931 83	not rejected
	Borderline-SMOTE	154	56	0.034 79	rejected	145	65	0.071 453 09	not rejected
	Distance-SMOTE	189	21	0.000 425 3	rejected	115	95	0.364 253 04	not rejected
	Safe-Level-SMOTE	181	29	0.001 576 4	rejected	206	4	6.68×10^{-6}	rejected
	SMOTE-OUT	186	24	0.000 716 2	rejected	93	117	0.380 239 25	not rejected
	G-SMOTE	188	22	0.000 508 3	rejected	88	122	0.618 603 97	not rejected
	SOMO	192	18	0.000 241 3	rejected	205	5	9.54×10^{-6}	rejected
	K-means SMOTE	197	13	8.39×10^{-5}	rejected	198	12	6.68×10^{-5}	rejected
RF	SMOTE	175	35	0.003 647 8	rejected	182	28	0.001 356 1	rejected
	Borderline-SMOTE	183	27	0.001 162 5	rejected	192	18	0.000 241 3	rejected
	Distance-SMOTE	179	31	0.002 110 5	rejected	192	18	0.000 241 3	rejected
	Safe-Level-SMOTE	203	7	1.81×10^{-5}	rejected	206	4	6.68×10^{-6}	rejected
	SMOTE-OUT	175	35	0.003 647 8	rejected	183	27	0.001 162 5	rejected
	G-SMOTE	185	25	0.000 845	rejected	195	15	0.000 130 7	rejected
	SOMO	196	14	0.000 104 9	rejected	206	4	6.68×10^{-6}	rejected
	K-means SMOTE	187	23	0.000 604 6	rejected	204	6	1.34×10^{-5}	rejected

由实验数据可知,与上述方法相比,SMSG 平衡数据后,在分类器 LR、SVM、RF 上的结果均有明显改善。在 20 个数据集上,当分类器为 LR 时,SMSG 在 F1-measure 指标上排名第一的数据集有 9 个,在 G-mean 指标上排名第一的数据集有 8 个;当分类器为 SVM 时,SMSG 在 F1-measure 指标上排名第一的数据集有 10 个,在 G-mean 指标上排名第一的数据集有 9 个;当分类器为 RF 时,SMSG 在 F1-measure 指标上排名第一的数据集有 10 个,在 G-mean 指标上排名第一的数据集有 13 个。SMSG 在各数据集上的均值和平均序值均第一,效果提升明显。表 3-4 的 Wilcoxon 符号秩检验结果与上述结论相符。在各分类器上,SMSG 与其他方法相比优势明显,特别是在 F1-measure 指标上的提升很明显,这表明 SMSG 能够有效实现样本迁移。在样本不平衡分类问题中,特别是存在数据交叠的分类问题中,SMSG 能够有效提升分类的精度和鲁棒性。

3. 与生成类方法对比

为了验证分类边界的增强效果,选择有代表性的生成类方法(包括 VAE[51]、WGAN-GP[52]、CWGAN-GP[16]、VAE/GAN[44]、InfoGAN[53])与 SMSG 进行对比实验。为了保证比较的公平性与模型特征提取能力的一致性,相关模型的结构设置与 SMSG 保持一致,见表 3-1。

为了进一步说明 SMSG 的有效性,使用生成类方法对表 3-3 中的各数据集进行平衡后再进行分类效果对比。结果见附录 C 部分的表 C-7～表 C-12,其中加粗数据为最佳实验结果。Wilcoxon 符号秩检验结果见表 3-5。

表 3-5　Wilcoxon 符号秩检验对 SMSG 与生成类方法的差异性检验结果(0.05)

分类器	方法	F1-measure				G-mean			
		R+	R−	P	Assuming	R+	R−	P	Assuming
LR	VAE	200	10	4.10×10^{-5}	rejected	199	11	5.25×10^{-5}	rejected
	WGAN-GP	145	65	0.071 453 09	not rejected	196	14	0.000 104 9	rejected
	CWGAN-GP	169	41	0.007 656 1	rejected	205	5	9.54×10^{-6}	rejected
	VAE/GAN	191	19	0.000 292 8	rejected	125	85	0.237 452 51	not rejected
	InfoGAN	146	64	0.066 363 33	not rejected	195	15	0.000 130 7	rejected
SVM	VAE	204	6	1.34×10^{-5}	rejected	203	7	1.81×10^{-5}	rejected
	WGAN-GP	184	26	0.000 992 8	rejected	202	8	2.38×10^{-5}	rejected
	CWGAN-GP	166	44	0.010 742 2	rejected	199	11	5.25×10^{-5}	rejected
	VAE/GAN	204	6	1.34×10^{-5}	rejected	125	85	0.237 452 51	not rejected
	InfoGAN	120	90	0.297 909 74	not rejected	199	11	5.25×10^{-5}	rejected
RF	VAE	185	25	0.000 845	rejected	198	12	6.68×10^{-5}	rejected
	WGAN-GP	176	34	0.003 194 8	rejected	207	3	4.77×10^{-6}	rejected
	CWGAN-GP	189.5	20.5	0.000 425 3	rejected	205	5	9.54×10^{-6}	rejected
	VAE/GAN	141	69	0.094 674 11	not rejected	135	75	0.138 677 6	not rejected
	InfoGAN	195	15	0.000 130 7	rejected	209	1	1.91×10^{-6}	rejected

由实验数据可知,SMSG 显著优于大多对比方法。对于无法得出 SMSG 具有显著优势的对比方法,Wilcoxon 符号秩检验的 R+ 仍大于 R−,这表明 SMSG 仍具有弱优势。

4. Nemenyi 后检验

为了进一步对 SMSG 的显著性进行验证,采用 Nemenyi 后检验方法对 SMSG 与对比方法进行检验,检验结果见表 3-6。当以 SMSG 为对照对象时,其检验结果见表 3-7。可以发现,SMSG 在 F1-measure 指标上显著优于所有对比方法,在 G-mean 指标上表现略差,但仍显著优于多数对比方法,与其余方法无显著差别。这说明 SMSG 能够有效促进数据交叠区的类别特征学习,提高不平衡样本的分类精度。

第 3 章 面向多类样本特征交叠情况下的不平衡分类方法

表 3-6 Nemenyi 后检验结果

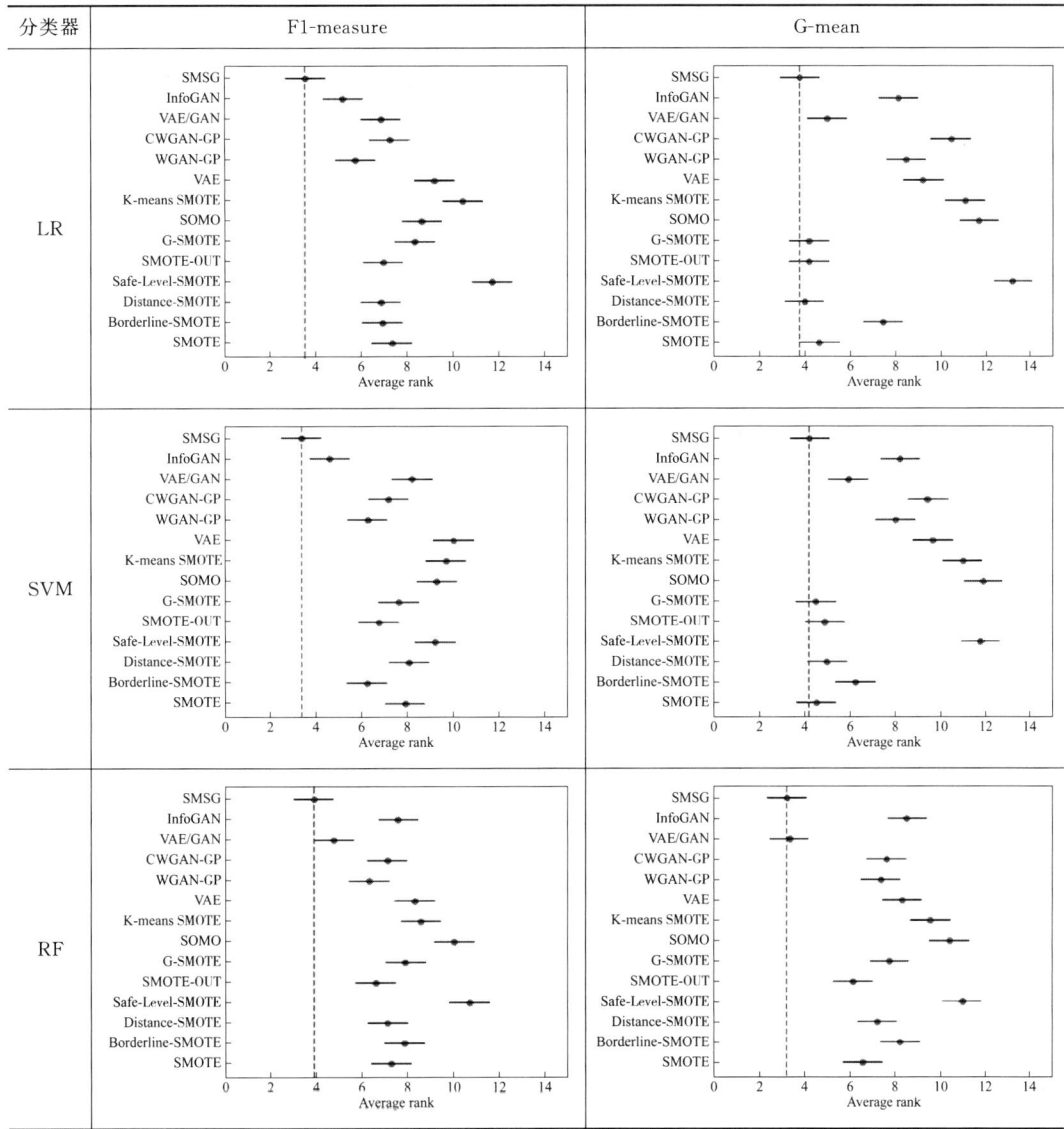

表 3-7 以 SMSG 为对照的 Nemenyi 后检验结果分析

评价指标	分类器	无明显差别		显著优于	
		个数	方法名	个数	方法名
F1-measure	LR	0	无	13	所有对比方法
	SVM	0	无	13	所有对比方法
	RF	0	无	13	所有对比方法
G-mean	LR	3	G-SMOTE、SMOTE-OUT、SMOTE	10	其他对比方法
	SVM	3	G-SMOTE、SMOTE-OUT、SMOTE	10	其他对比方法
	RF	1	VAE/GAN	12	其他对比方法

3.3.3 智能电表故障数据集的结果与分析

本章使用的智能电表故障数据集以省份为单位，共收集了 25 个省、11 种故障类型的智能电表数据，其详细介绍见 1.3.3 节。

SMSG 与所有对比方法均采用"一对多框架"，将不平衡分类问题转化为多个不平衡二分类问题，通过增加模型的复杂度来降低问题的求解难度。具体为：分别将多个类别中的每一类作为正类，其余类为负类训练多个二分类器，对于待测样本，可以通过多个二分类器获得它属于各类别的概率，取最大概率的类别为预测类别。其具体的实验方式与评价指标与 1.3.3 节一致。

SMSG 与采样类方法（包括 SMOTE[10]、Borderline-SMOTE[11]、Distance-SMOTE[31]、Safe-Level-SMOTE[34]、SMOTE-OUT[33]、G-SMOTE[32]、SOMO[49]、K-means SMOTE[35]）对比的结果见表 3-8、表 3-9。

表 3-8 在智能电表各故障类别数据集上，SMSG 与采样类方法
在 F1-measure 及 macro-F1 指标上的实验结果对比

故障类别	SMOTE	Borderline-SMOTE	Distance-SMOTE	Safe-Level-SMOTE	SMOTE-OUT	G-SMOTE	SOMO	K-means SMOTE	SMSG
类别 1	0.6435	0.6429	0.6355	0.6160	0.6538	0.6372	0.6312	0.6400	**0.6554**
类别 2	0.6667	0.6696	**0.6981**	0.6787	0.6667	0.6812	0.6944	0.6520	0.6234
类别 3	0.3119	0.3425	0.3172	0.3265	0.3401	0.3310	0.3275	0.3423	**0.4000**
类别 4	0.6538	0.6437	0.6544	0.6421	**0.6572**	0.6528	0.6437	0.6426	0.6524
类别 5	0.8916	0.8889	0.9024	0.9136	0.9114	**0.9250**	0.9136	0.8889	0.8511
类别 6	0.5581	0.5366	0.5778	0.5581	0.5116	0.5714	0.5581	0.5581	**0.7556**
类别 7	0.6345	0.6390	0.6488	0.6407	0.6418	0.6435	0.6437	0.6414	**0.6701**
类别 8	0.6255	0.6229	0.5937	0.6056	0.5898	0.6011	0.5985	0.5993	**0.6580**
类别 9	0.8155	0.8167	0.8221	0.8196	0.8201	0.8227	0.8076	0.8160	**0.8241**
类别 10	0.7500	0.7188	0.7231	0.7287	0.7176	0.7328	0.7500	0.7328	**0.8160**
类别 11	0.6977	0.7050	0.7088	0.7057	0.7107	0.7080	0.7096	0.7082	**0.7495**
macro-F1	0.6590	0.6570	0.6620	0.6578	0.6564	0.6643	0.6616	0.6565	**0.6960**

表 3-9 在智能电表各故障类别数据集上，SMSG 与采样类方法
在召回率及 G-mean 指标上的实验结果对比

故障类别	SMOTE	Borderline-SMOTE	Distance-SMOTE	Safe-Level-SMOTE	SMOTE-OUT	G-SMOTE	SOMO	K-means SMOTE	SMSG
类别 1	0.6326	0.6136	0.6174	0.6136	**0.6402**	0.6288	0.6288	0.6364	0.6350
类别 2	0.6607	0.6696	0.6607	0.6696	0.6786	**0.6964**	0.6696	0.6607	0.5950
类别 3	0.2527	0.2747	0.2527	0.2637	0.2747	0.2637	0.2582	0.2802	**0.3189**

续 表

故障类别	SMOTE	Borderline-SMOTE	Distance-SMOTE	Safe-Level-SMOTE	SMOTE-OUT	G-SMOTE	SOMO	K-means SMOTE	SMSG
类别4	**0.619 9**	0.607 7	0.613 8	0.601 6	0.613 8	0.607 7	0.607 7	0.597 6	0.593 4
类别5	**0.925 0**	0.900 0	**0.925 0**	**0.925 0**	0.900 0	**0.925 0**	**0.925 0**	0.900 0	0.909 1
类别6	0.444 4	0.407 4	0.481 5	0.444 4	0.407 4	0.444 4	0.444 4	0.444 4	**0.708 3**
类别7	0.690 8	0.706 1	0.717 6	0.706 1	0.706 1	0.706 1	0.711 8	0.694 7	**0.748 6**
类别8	0.627 8	0.624 1	0.601 5	0.609 0	0.586 5	0.597 7	0.594 0	0.601 5	**0.664 2**
类别9	0.860 7	0.862 9	0.867 2	0.862 9	0.868 3	**0.873 8**	0.854 2	0.866 2	0.865 6
类别10	0.716 4	0.686 6	0.701 5	0.701 5	0.701 5	0.716 4	0.716 4	0.716 4	**0.864 4**
类别11	0.633 8	0.647 9	0.651 4	0.637 3	0.644 4	0.640 8	0.640 8	0.640 8	**0.696 0**
G-mean	0.612 6	0.608 8	0.615 7	0.611 2	0.610 2	0.616 5	0.611 9	0.614 0	**0.668 5**

由表 3-8 和表 3-9 可知，SMSG 的 F1-measure 和召回率均具有显著的优势。在 11 个类别中 SMSG 与 8 种采样类方法相比，在 F1-measure 和召回率指标上，排名第一的类别分别有 9 个和 8 个，效果稳定且显著。SMSG 的 macro-F1 指标为 0.696 0，相较于排名第二的 G-SMOTE 方法，提升达到 4.77%。SMSG 的 G-mean 指标为 0.668 5，相较于排名第二的 G-SMOTE 方法，提升达到 8.43%。

SMSG 与 5 种生成类方法（VAE[51]、WGAN-GP[52]、CWGAN-GP[16]、VAE/GAN[44]、InfoGAN[53]）对比的结果见表 3-10、表 3-11。

表 3-10　在智能电表各故障类别数据集上，SMSG 与生成类方法
在 F1-measure 及 macro-F1 指标上的实验结果对比

故障类别	VAE	WGAN-GP	CWGAN-GP	VAE/GAN	InfoGAN	SMSG
类别1	0.650 1	0.589 2	0.653 9	0.549 7	0.652 8	**0.655 4**
类别2	0.611 1	0.466 4	**0.627 3**	0.463 0	0.597 2	0.623 4
类别3	0.393 0	0.253 4	0.371 1	0.243 0	0.364 9	**0.400 0**
类别4	0.633 8	0.479 7	0.632 6	0.481 7	0.639 2	**0.652 4**
类别5	0.896 6	0.888 9	**0.926 8**	0.817 2	0.883 7	0.851 1
类别6	0.726 1	0.285 7	**0.682 6**	0.526 3	0.744 4	0.755 6
类别7	0.642 6	0.559 8	0.650 5	0.574 3	0.656 5	**0.670 1**
类别8	0.621 2	0.508 4	0.632 4	0.492 8	0.633 3	**0.658 0**
类别9	0.713 8	0.730 3	0.807 9	0.740 0	0.812 4	**0.824 1**
类别10	0.810 8	0.699 0	0.741 1	0.712 9	**0.830 2**	0.816 0
类别11	0.717 6	0.555 3	0.717 9	0.561 2	0.714 3	**0.749 5**
macro-F1	0.674 2	0.546 9	0.676 7	0.560 2	0.684 4	**0.696 0**

表 3-11　在智能电表各故障类别数据集上，SMSG 与生成类方法在召回率及 G-mean 指标上的实验结果对比

故障类别	VAE	WGAN-GP	CWGAN-GP	VAE/GAN	InfoGAN	SMSG
类别 1	0.643 9	0.537 9	0.647 7	0.492 4	**0.651 5**	0.635 0
类别 2	0.536 6	0.422 8	0.561 0	0.406 5	0.512 2	**0.595 0**
类别 3	0.311 1	0.155 6	0.300 0	0.144 4	0.288 9	**0.318 9**
类别 4	0.589 8	0.385 7	0.593 9	0.389 8	**0.602 0**	0.593 4
类别 5	0.956 6	0.923 1	**0.974 4**	**0.974 4**	**0.974 4**	0.909 1
类别 6	0.726 1	0.173 9	0.782 6	0.434 8	**0.826 1**	0.708 3
类别 7	0.715 4	0.692 9	0.726 6	0.702 2	0.726 6	**0.748 6**
类别 8	0.615 1	0.599 2	0.611 1	0.615 1	0.627 0	**0.664 2**
类别 9	0.860 2	0.814 0	0.854 8	0.814 0	0.857 0	**0.865 6**
类别 10	0.775 9	0.620 7	0.775 9	0.620 7	0.758 6	**0.864 4**
类别 11	0.657 3	0.430 1	0.653 8	0.440 6	0.664 3	**0.696 0**
G-mean	0.648 3	0.460 5	0.654 9	0.497 2	0.652 9	**0.668 5**

由表 3-10 和表 3-11 可知，SMSG 在 F1-measure 和召回率指标上均具有显著的优势。在 11 个类别中，SMSG 与 5 种生成类方法相比，在 F1-measure 和召回率指标上，排名第一的类别数量均达到一半以上，效果稳定且显著。SMSG 的 macro-F1 指标为 0.696 0，相较于排名第二的 InfoGAN 方法，提升达到 1.69%。SMSG 的 G-mean 指标为 0.668 5，相较于排名第二的 CWGAN-GP 方法，提升达到 2.08%。

在智能电表故障数据集上，对 SMSG 与 13 种方法（包括采样类方法和生成类方法）进行了对比分析，结果说明 SMSG 能够有效生成特征交叠区的故障样本，实现全局数据的均衡，从而提升智能电表故障分类的精度与鲁棒性，进而有效降低维护电网稳定运行的成本。

本 章 小 结

本章提出一种基于样本迁移和交叠区边界增强的样本生成方法（SMSG）。通过引入隐编码先验约束与跨域一致性约束，构建了基于隐编码空间一致性的跨类别样本生成网络，为样本的迁移奠定了基础。通过引入判别器对抗的跨类别样本生成技术，实现了不同类别样本间的相互迁移。欧氏距离最小化约束的引入，使得生成的跨类别样本由原样本经最小距离变换得到，从而实现各类别样本在空间上的整体均衡，有效降低了决策边界学习的难度。在公开数据集和智能电表故障数据集上，对 SMSG 与 13 种方法（包括采样类方法、生成类方法）进行了对比实验，结果表明：SMSG 具有较显著的优势，能通过生成交叠区样本，可有效解决伴随不同类别特征交叠的不平衡分类问题，进而促进分类器对决策边界的学习。未来可进一步针对样本的分布情况细化各子区域的样本生成情况，同时针对样本迁移的特点对相关模型的结构进行针对性研究，以进一步提升不平衡分类问题的预测精度。

第4章
面向数据多模态分布条件下的不平衡分类方法

4.1 引　　言

本章主要研究全局高可靠样本生成方法,以解决智能电表各故障类别样本数目的不平衡问题。智能电表故障类型多样,且各故障类别样本之间存在高度不平衡,这使得分类器决策结果存在对多数类故障预测的偏向,不利于智能电表故障的精准预测。传统的数据平衡手段多为过采样、欠采样、混合采样等直接平衡手段,未考虑生成样本的真实性和全局样本的分布特征,在平衡样本的同时会引入噪声样本,仍有较大的改进空间。生成类方法虽然考虑了样本的整体分布情况,但是无法保证、评估生成样本是否符合原数据分布,而且评价准则不够灵活,以生成相同样本为最优,缺乏样本的多样性。近年来,将生成对抗网络应用于数据样本的生成过程以解决不平衡分类问题成为新的解决思路。该方法解决了传统生成类方法对生成样本合理性评估难的问题,但仍无法控制生成样本的特征,所以无法进行针对性的样本生成来保证样本平衡前后分布的一致性,发生模式崩溃问题,平衡前后数据分布的变化会对分类器的学习带来损失。本部分将 GAN 与 VAE 相结合,并对其结合方式、损失函数、判别器等部分进行深入研究,通过控制生成样本与输入样本互信息最大化,实现对特定样本的高可靠性相似样本生成,从而达到全局数据平衡的目的。在此基础上,构建面向平衡数据的分类器,以实现智能电表故障类别的准确分类。

4.2 相关理论基础

VAE-SLGAN 是基于引入互信息约束的 VAE/GAN 实现的,与其相关的理论包括 VAE、GAN、VAE/GAN 与 InfoGAN 四个部分。结构示意如图 4-1 所示。VAE 与 GAN 为典型的生成类方法。VAE/GAN 与 InfoGAN 是基于 GAN 的两种考虑特征分布的生成方法。

在图 4-1 中,有用于训练的真实样本 x、生成的假样本 $\tilde{x}$ 和由先验隐编码经模型得到的生成样本 $\tilde{x}_p$ 等 3 类样本。VAE 由编码器(encoder)和解码器(decoder)组成。GAN 由生成

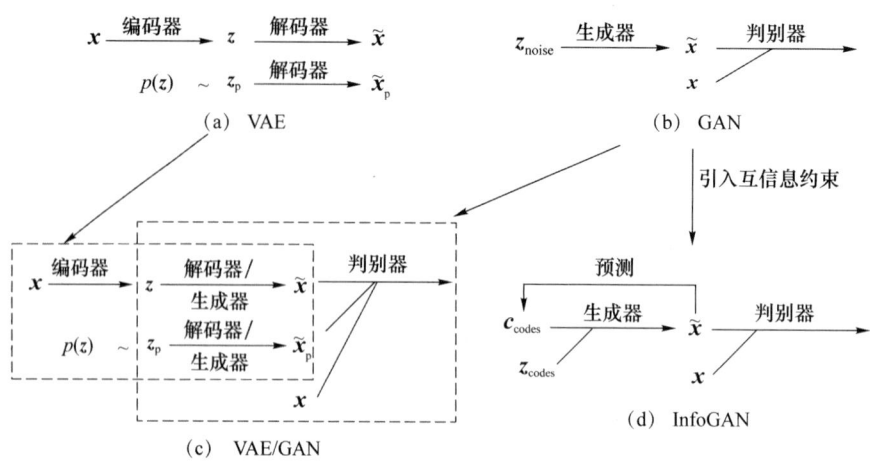

图 4-1 所提方法相关模型结构图

器(generator)和判别器(discriminator)组成。VAE/GAN 和 InfoGAN 为上述 2 种模型的延伸。在上述模型中,假样本均由一段编码生成,但由于其生成机理不同,所以这段编码有不同的定义方式。z 表示样本 x 在 VAE 模型中的隐编码,z_p 表示从它的先验分布 $p(z)$ 中采样得到的隐编码。此外,GAN 需要一段噪声向量 z_{noise} 作为输入数据来生成新样本,InfoGAN 需要一段隐编码 c_{codes} 和一段噪声编码 z_{codes} 来生成新的样本。

4.2.1 VAE 和 GAN

当想要生成样本时,直接学习样本 x 的分布空间 $p(x)$ 是困难的,VAE 通过学习隐变量分布 $q(z|x)$ 间接进行样本生成。该模型由编码器和解码器组成,如图 4-1(a)所示,对于给定样本 x,经编码器对其编码采样后得到隐编码,解码器对隐编码解码后返回样本空间,其过程如下:

$$z \sim \mathrm{Enc}(x) = q(z|x)$$
$$\tilde{x} \sim \mathrm{Dec}(z) = p(x|z)$$

(4-1)

在此过程中,控制 z 服从标准分布(通常控制 $z \sim N(0,I)$)的同时,最小化给定样本重构误差,其证明见文献[51]。从 z 中采样隐编码,经解码后得到新样本。

其优化目标为

$$\min L_{\mathrm{VAE}} = \min(\alpha_1 L_{\mathrm{prior}} + \alpha_2 L_{\mathrm{likelihood}})$$
$$L_{\mathrm{prior}} = D_{\mathrm{KL}}(q(z|x) \| p(z))$$
$$L_{\mathrm{likelihood}} = -E_{q(z|x)}[\log_{10} p(x|z)]$$

(4-2)

如图 4-1(b)所示,GAN 的核心思想是生成器和判别器进行对抗博弈,通常从 $z \sim N(0,I)$ 中采样,z 经生成器映射回样本空间得到生成样本 $\tilde{x}$,即 $\tilde{x} \sim \mathrm{Gen}(z) = p_g(x|z)$,判别器对真实样本与生成样本进行判别。当判别器无法对生成样本与真实样本进行分别时,生成样本就具有了足够的真实性,可从 z 采样经生成器映射进行样本生成。其优化目标如下:

$$\min_{\mathrm{Gen}} \max_{\mathrm{Dis}} L_{\mathrm{GAN}} = E_x[\log_{10} \mathrm{Dis}(x)] + E_{\tilde{x} \sim P_g}[\log_{10}(1 - \mathrm{Dis}(\tilde{x}))]$$

(4-3)

4.2.2 VAE/GAN 和 InfoGAN

如图 4-1(c)所示，为了更好地捕捉样本的分布特征，VAE/GAN 将 VAE 的解码器与 GAN 的生成器进行融合，使用高级的特征表示误差来代替 VAE 基于元素的重构误差。其优化目标为

$$\min_{\text{Enc}} L_{\text{prior}} = D_{\text{KL}}(q(\boldsymbol{z}|\boldsymbol{x}) \| p(\boldsymbol{z}))$$

$$\min_{\text{Enc,Dec}} L_{\text{likelihood}} = -E_{q(\boldsymbol{z}|\boldsymbol{x})}[p(\text{Dis}_l(\tilde{\boldsymbol{x}})|\boldsymbol{z})]$$

$$\min_{\text{Dec}}\max_{\text{Dis}} L_{\text{GAN}} = E_{\boldsymbol{x}}[\log_{10}\text{Dis}(\boldsymbol{x})] + E_{\tilde{\boldsymbol{x}}}[\log_{10}(1-\text{Dis}(\tilde{\boldsymbol{x}}))] + E_{\tilde{\boldsymbol{x}}_p}[\log_{10}(1-\text{Dis}(\tilde{\boldsymbol{x}}_p))]$$

(4-4)

InfoGAN 是信息论在生成对抗网络上的成功拓展，如图 4-1(d)所示，该方法将 GAN 的输入噪声分为不可解释的噪声编码 $\boldsymbol{z}$ 和可解释的潜在编码 $\boldsymbol{c}$ 两部分。最大化 $\boldsymbol{c}$ 与生成样本的互信息，实现了部分编码的解纠缠，并使其具备一定的可解释性。其优化目标为

$$\min_{\text{Gen}}\max_{\text{Dis}} L_{\text{InfoGAN}} = \min_{\text{Gen}}\max_{\text{Dis}}\{E_{\boldsymbol{x}}[\log_{10}\text{Dis}(\boldsymbol{x})] + E_{\tilde{\boldsymbol{x}}\sim\text{Gen}(\boldsymbol{z},\boldsymbol{c})}[\log_{10}(1-\text{Dis}(\text{Gen}(\boldsymbol{z},\boldsymbol{c})))]$$
$$- \lambda I(\boldsymbol{c};\text{Gen}(\boldsymbol{z},\boldsymbol{c}))\}$$

(4-5)

其中，λ 为互信息损失的权重系数，$I(\boldsymbol{c};\text{Gen}(\boldsymbol{z},\boldsymbol{c}))$ 为生成样本与其相应 $\boldsymbol{c}$ 的互信息。

在文献[53]中，由变分推断与蒙特卡洛模拟将该问题简化为

$$\min -I(\boldsymbol{c};\text{Gen}(\boldsymbol{z},\boldsymbol{c})) = \min -E_{\tilde{\boldsymbol{x}}\sim\text{Gen}(\boldsymbol{z},\boldsymbol{c})}[E_{\boldsymbol{c}'\sim P(\boldsymbol{c}|\boldsymbol{x})}[\log_{10} Q(\boldsymbol{c}'|\tilde{\boldsymbol{x}})]]$$

(4-6)

其中，Q 为隐编码 $\boldsymbol{c}$ 的后验分布，在实际情况中可由神经网络进行拟合。

4.3 样本级数据生成方法

基于数据过采样的平衡方法虽具有较好的适用性，但在数据的平衡过程中没有对样本的全局分布规律进行学习，生成样本的真实性难以保证。生成类方法主要存在模式崩溃问题，难以通过类别样本的生成保证全局样本的平衡。为了解决该问题，本章提出了样本级数据生成方法，能够生成、输入与样本主要特征相同的样本。

如图 4-2(a)所示，当少数类样本具有多种分布模态时，现有的生成方法往往只会学习到其中的部分分布规律，难以实现全模态分布的学习。引入基于样本的生成手段后，能够更加灵活地对生成样本的属性进行控制，实现定制样本的生成，能够针对具体任务与数据分布实现样本的高可靠全局平衡，如图 4-2(b)所示。

以 VAE/GAN 作为方法的主要框架，确保生成样本真实性的同时，也为基于样本的数据生成做准备。借鉴 InfoGAN 的思想，将 VAE 环节的隐编码 $\boldsymbol{z}$ 划分为重要特征隐编码 $\boldsymbol{z}_{\text{KF}}$（Key Features' Latent vector，KFL）和次要特征隐编码 $\boldsymbol{z}_{\text{SF}}$（Subordinate Features' Latent vector，SFL）两部分。正如它们的名字，KFL 与样本的某些重要属性相对应，是它们的高层特征表示，决定样本类别的关键特征。SFL 为样本的个性化属性，通常不具有一般性，它的变化不会导致样本类别的变化。于是，保持重要特征编码不变，改变次要特征编码，即可

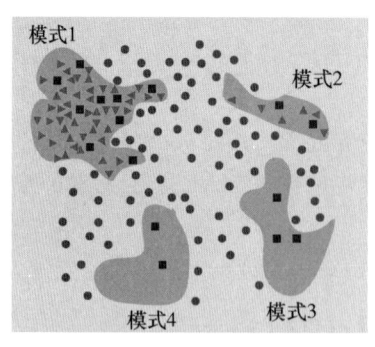

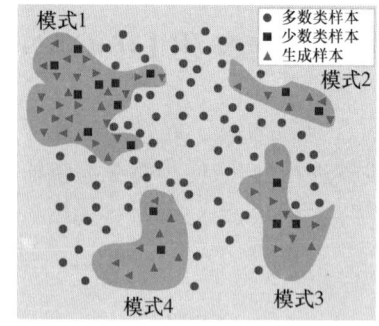

(a) 应用类别级生成平衡后的样本分布　　(b) 应用样本级生成平衡后的样本分布

图 4-2　少数类样本存在多种分布模态时，应用不同生成方法平衡后的数据分布

生成与给定样本特征相同的样本。

所提模型主要包括编码器 Enc、解码器 Dec 及判别器 Dis。设真实样本为 $X=[X_{\min},X_{\mathrm{maj}}]$，由 VAE 重构得到的重构样本为 $\widetilde{X}'=[\widetilde{X}'_{\min},\widetilde{X}'_{\mathrm{maj}}]$，$X_{\min}$ 的隐编码重构后生成的变异样本为 $\widetilde{X}''_{\min}$。VAE-SLGAN 框架如图 4-3 所示，主要包括样本级数据生成及特征增强两部分。本节主要介绍样本级数据生成部分，特征增强将在 4.4 节介绍。

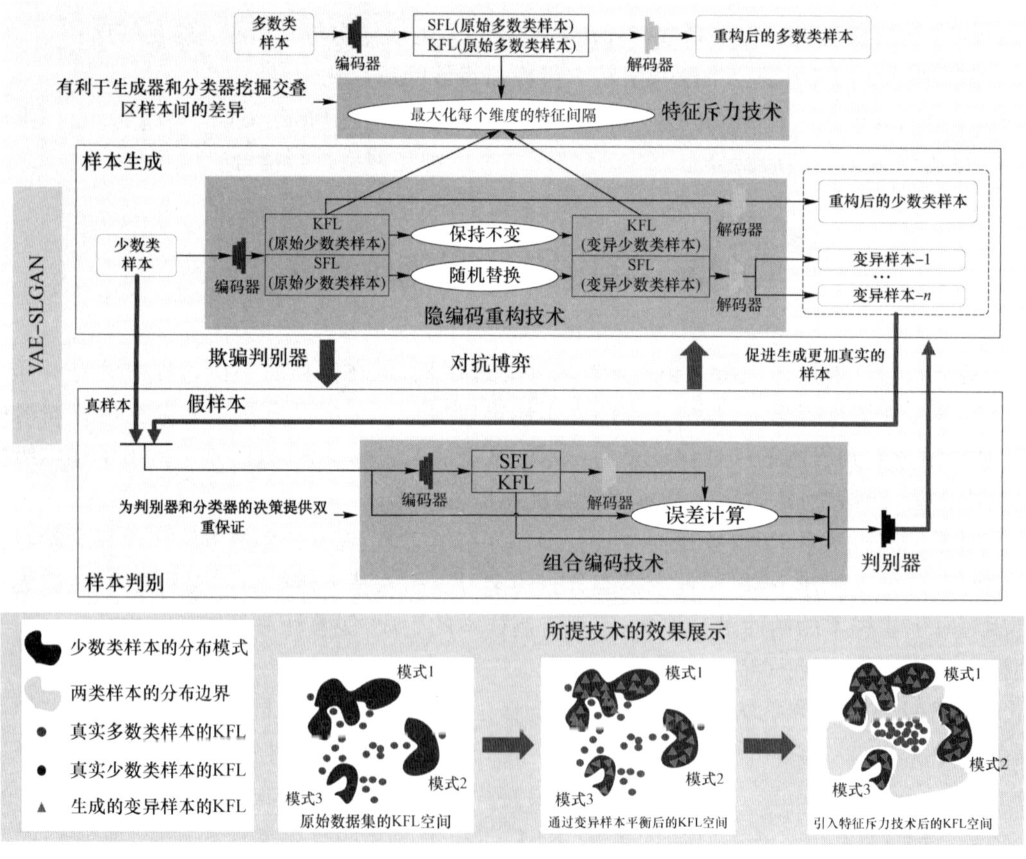

图 4-3　VAE-SLGAN 框架

数据生成模型沿用 VAE/GAN 框架,其具体步骤如下。

(1) 根据 X 分布确定给定少数类样本 $x_{\min}$ 分区、所属区域生成比率 $x_{\text{gen\_num}}$,具体步骤见算法 4-1。

(2) $x_{\min}$ 经 VAE 编解码得到重构样本 $\tilde{x}'$;对 SFL 进行 $x_{\text{gen\_num}}$ 次随机替换得到 $x_{\text{gen\_num}}$ 个变异样本 $\tilde{x}''_{\min}$。需说明的是,为了使模型更好地学习 X_{maj} 与 $X_{\min}$ 的分布差异,使 VAE 同时学习多数类样本和少数类样本的分布,但由于仅需对少数类样本进行生成,因此多数类样本不参与编码重构,也就没有针对多数类样本的变异样本及 GAN 增强的环节。

(3) 编码器对变异样本再次编码,确保给定样本与变异样本的重要特征编码具有一致性,判别器对真实样本及两类生成样本进行判别。当判别器无法对真实的少数类样本及其两类生成样本进行判别时,就得到了良好的样本级生成器。

算法 4-1:样本生成数量的计算

输入:数据集 $X=[X_{\min},X_{\text{maj}}]$,分区数目 K,各分区生成样本数量 R

输出:生成样本数量 $N_{\text{gen\_num}}$

1:rate←len(X_{maj})/len($X_{\min}$){len()是计算样本数目的函数}

2:for each $x_{\min,i}$ in $X_{\min}$ do

3:    $d_{i,1}$←Nearest_Neighbor_distance($x_{\min,i}$,$X_{\min}$,m)

     {在 $X_{\min}$ 中寻找 $x_{\min,i}$ 的 m 个最近邻样本,并计算它们的平均距离 $d_{i,1}$}

4:    $d_{i,2}$←Nearest_Neighbor_distance($x_{\min,i}$,X_{maj},m)

     {在 X_{maj} 中寻找 $x_{\min,i}$ 的 m 个最近邻样本,并计算它们的平均距离 $d_{i,2}$}

5:    $d_{\text{ratio\_}i}$←$d_{i,1}/d_{i,2}$

6:    存储($d_{\text{ratio\_}i}$,$x_{\min,i}$)在集合 D_{ratio} 中

7:end for

8:$D_1,D_2,\cdots,D_K$←降序划分 D_{ratio} 为 K 个部分

9:for each k in[1,K] do

10:    for each($d_{\text{ratio\_}i}$,$x_{\min,i}$) in D_k do

11:      $n_{\text{gen\_num},i}$←rate * $R[k-1]$

12:      if $n_{\text{gen\_num},i}<1$ then

13:        $n_{\text{gen\_num},i}$←$n_{\text{gen\_num},i}+1$

14:      end if

15:      存储 $n_{\text{gen\_num},i}$ 在集合 $N_{\text{gen\_num}}$ 中

16:    end for

17:end for

18:return $N_{\text{gen\_num}}$

为了使模型按照上述步骤工作,所提模型需包含以下优化目标。

1. VAE 编码功能的优化目标

VAE 引入隐观测变量 z 后,通过变分推断,将 $\max\limits_{p} p(x), x\in X$ 的问题转化为最大化其下界(evidence lower bound,ELBO)的问题。由式(4-2)可知,ELBO 包括两部分,即 $q(z|x)$ 与 $p(z)$ 的分布差异带来的先验损失 L_{prior} 和采样 $q(z|x)$ 得到 $p(x|z)$ 的似然损失 $L_{\text{likelihood}}$。

KL 散度能够衡量两个分布的差异程度。于是，L_{prior}可由 $q(z|x)$ 与 $p(z)$ 的 KL 散度来度量，如式(4-7)所示。z 的先验分布预先设定，其后验均值 μ 与方差 σ 可由编码器 Enc 得到。当 $z\sim N(0,I)$ 时，易得：

$$L_{\text{prior}} = -\log_{10}\sigma + \frac{\sigma^2+\mu^2}{2} - \frac{1}{2}$$

$$\begin{aligned}L_{\text{prior}} &= D_{\text{KL}}(q(z|x)\|p(z))\\ &= \int q(z|x)\log_{10}\frac{q(z|x)}{p(z)}\mathrm{d}x\end{aligned} \tag{4-7}$$

$L_{\text{likelihood}}$可由 VAE 解码得到样本的重构误差直接模拟。即

$$L_{\text{likelihood}} = -E_{\tilde{x}\sim\text{Gen}(z,c)}[E_{c'\sim P(c|x)}[\log_{10}Q(c'|\tilde{x})]] \tag{4-8}$$

VAE 模型的优化目标如下：

$$L_{\text{VAE}} = \alpha_1 L_{\text{prior}} + \alpha_2 L_{\text{likelihood}} \tag{4-9}$$

其中，α_1,α_2 为超参数。

2. KFL 推理功能的优化目标

为了使 KFL 具备可解释性，需通过 KFL 与它重构得到的生成样本的互信息最大化来保证，其优化目标为

$$\min_{\text{Enc,Dec}} L_{\text{inforence}} = -\beta_1 I_{z_{\text{KF}}\sim\text{Enc}(x_{\min})}(z_{\text{KF}};\text{Dec}(z_{\text{KF}},z_{\text{SF}}))$$

其中，β_1 为超参数，且 Q 的分布由编码器近似。

由文献[53]的附录推导可知，该优化目标可简化为式(4-10)，即由 z_{KF} 构建的 $\tilde{x}'$ 与 $\tilde{x}''$ 对 z_{KF} 进行反向预测的误差最小化，如下：

$$\begin{aligned}\min_{\text{Enc,Dec}} L_{\text{Inforence}} = \min\beta_1\{&-E_{\tilde{x}'_{\min}}[E_{z'_{\min,\text{KF}}\sim P(z'_{\min,\text{KF}}|x'_{\min})}[(z'_{\min,\text{KF}}-z_{\min,\text{KF}})^2]] - \\ & E_{\tilde{x}''_{\min}}[E_{z''_{\min,\text{KF}}\sim P(z''_{\min,\text{KF}}|x''_{\min})}[(z''_{\min,\text{KF}}-z_{\min,\text{KF}})^2]]\}\end{aligned} \tag{4-10}$$

3. 特征斥力优化目标

特征斥力的引入是为了最大化少数类样本和多数类样本的特征间隔，其具体内容见 4.4 节。

4. 生成器与判别器优化

生成器与判别器的对抗博弈，目的是使生成器的生成数据 $\tilde{X}''_{\min}$ 能够符合真实数据 $X_{\min}$ 的分布，因此判别器对 $X_{\min}$ 与 $\tilde{X}''_{\min}$ 的判别是必不可少的。为了加快 VAE 的收敛速度和提升 VAE 的编码质量，在生成器损失中引入了 $\tilde{X}'_{\min}$ 的判别损失。其优化目标如下：

$$\begin{aligned}\min_{\text{Dec}} L_{\text{Gen}} &= \min_{\text{Dec}}\{\gamma_1 E_{\tilde{x}'_{\min}\sim\tilde{x}'_{\min}}[1-\text{Dis}(\tilde{x}'_{\min})] + \gamma_2 E_{\tilde{x}''_{\min}\sim\tilde{x}''_{\min}}[1-\text{Dis}(\tilde{x}''_{\min})]\}\\ \min_{\text{Dis}} L_{\text{Dis}} &= \min_{\text{Dis}}\{\gamma_3 E_{x_{\min}\sim x_{\min}}[1-\text{Dis}(x_{\min})] + \gamma_4 E_{\tilde{x}''_{\min}\sim\tilde{x}''_{\min}}[\text{Dis}(\tilde{x}''_{\min})]\}\end{aligned} \tag{4-11}$$

样本级数据生成算法如下。

算法 4-2：样本级数据生成算法

输入：数据集 $X=[X_{\min}, X_{\maj}]$，初始化编码器 Enc，解码器 Dec，判别器 Dis
输出：全局平衡的数据集 D

1: repeat
2: 从 $X_{\min}$ 中采样多个 $x_{\min,i}$，从 $X_{\maj}$ 中采样多个 $x_{\maj,i}$ 得到一个 batch
3: $[z_{\maj,KF}, z_{\maj,SF}] \leftarrow \text{Enc}(x_{\maj,i})$
4: $[z_{\min,KF}, z_{\min,SF}] \leftarrow \text{Enc}(x_{\min,i})$
5: $L_{\text{prior}} \leftarrow \alpha_1(D_{\text{KL}}([z_{\min,KF}, z_{\min,SF}] \| N(0,I)) + D_{\text{KL}}([z_{\maj,KF}, z_{\maj,SF}] \| N(0,I)))$
6: $\tilde{x}'_{\maj,i} \leftarrow \text{Dec}([z_{\maj,KF}, z_{\maj,SF}])$
7: $\tilde{x}'_{\min,i} \leftarrow \text{Dec}([z_{\min,KF}, z_{\min,SF}])$
8: $\tilde{z}_{\min,KF} \leftarrow \text{Enc}(\tilde{x}'_{\min,i})$
9: $L_{\text{likelihood}} \leftarrow \alpha_2(E[(\tilde{x}'_{\maj,i} - x_{\maj,i})^2] + E[(\tilde{x}'_{\min,i} - x_{\min,i})^2])$
10: $Z'_{SF} \leftarrow$ 从先验 $N(0,I)$ 中采样 {采样 $n_{\text{gen\_num},i}$ 次，$n_{\text{gen\_num},i}$ 计算如算法 4-1 所示}
11: $Z_{KF} \leftarrow$ 复制 z_{KF} $n_{\text{gen\_num},i}$ 次
12: $\tilde{X}''_{\min,i} \leftarrow \text{Dec}([Z_{KF}, Z'_{SF}])$
13: $\tilde{Z}_{KF} \leftarrow \text{Enc}(\tilde{X}''_{\min,i})$
14: $L_{\text{Inforence}} \leftarrow \beta_1 \{E[(\tilde{z}_{\min,KF} - z_{\min,KF})^2] + E[(\tilde{Z}_{KF} - Z_{KF})^2]\}$
15: $L_{\text{feature\_force}} \leftarrow \text{Calculate\_Feature\_Force}(z_{\maj,KF}, z_{\min,KF})$
   ⟨$L_{\text{feature\_force}}$ 的计算过程如算法 4-3 所示⟩
16: $L_{\text{Gen}} = \gamma_1 E[-\text{Dis}(\tilde{x}'_{\min,i})] + \gamma_2 E[-\text{Dis}(\tilde{x}''_{\min,i})]$
17: $L_{\text{Dis}} = \gamma_3 E[-\text{Dis}(x_{\min})] + \gamma_4 E[\text{Dis}(\tilde{x}''_{\min,i})]$
18: $\theta_{\text{Enc}} \xleftarrow{+} \nabla_{\theta_{\text{Enc}}}(L_{\text{prior}} + L_{\text{likelihood}} + L_{\text{feature\_force}})$
19: $\theta_{\text{Dec}} \xleftarrow{+} \nabla_{\theta_{\text{Dec}}}(L_{\text{likelihood}} + L_{\text{Inforence}} + L_{\text{Gen}})$
20: $\theta_{\text{Dis}} \xleftarrow{+} \nabla_{\theta_{\text{Dis}}}(L_{\text{Dis}})$
21: until deadline
22: 存储 X 到集合 D
23: for each $x_{\min,i}$ in $X_{\min}$ do
24: 获得 $x_{\min,i}$ 的 $n_{\text{gen\_num},i}$ 个变异样本 $\tilde{X}''_{\min,i}$
25: 存储 $\tilde{X}''_{\min,i}$ 到集合 D
26: Return D

4.4 特征斥力与特征构造

在 4.3 节中，通过样本级数据生成方法实现了全局的样本平衡，但对于样本交叠区，尤其是少数类样本分布稀疏而多数类样本分布较为密集的分布区域，当样本大量生成时，生成模型的学习难度及分类器的分类难度均会加大。为了进一步对模型进行优化，本章通过引入特征斥力与构造样本特征两种手段，在一定程度上解决了交叠区样本特征提取难与分类难的问题。

4.4.1 特征斥力

在样本不平衡条件下,实现准确分类是分类领域的一大挑战,但其本质难点在于样本不平衡导致的样本交叠区边界难以划分。相似的样本经特征提取会得到相似的特征,这不利于生成器对不同类别特征的学习,容易使模型陷入局部最优。在 VAE 学习的过程中,引入特征斥力进行有监督的特征表示学习,即最大化不同类别样本的对应特征间隔值,可有效缓解隐编码特征的交叠,进而使模型最大化地挖掘不同类别样本间的差异,特征斥力引入前、后的隐编码分布如图 4-4 所示。

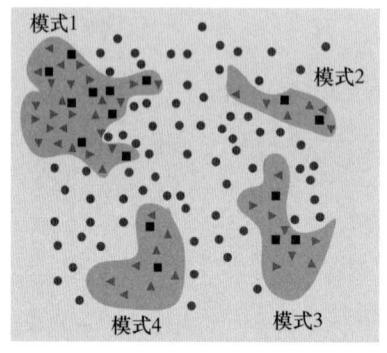 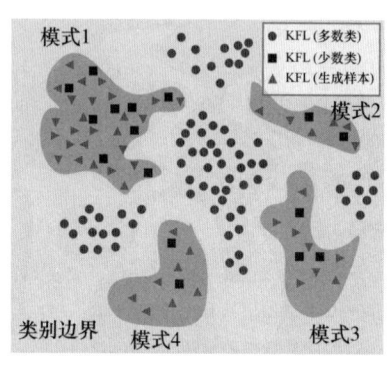

(a) 引入特征斥力前样本的KFL分布示意　　(b) 引入特征斥力后样本的KFL分布示意

图 4-4　引入特征斥力前、后样本的 KFL 分布示意

本章设定的隐编码中的重要特征编码是与样本类别相关的关键特征,所以特征斥力仅应用于 KFL 部分,且定义:KFL 第一维特征表示样本的类别信息。

此外,重构后的重要特征编码依赖于真实样本的隐编码,因此只需在真实样本特征学习时引入特征斥力指导 VAE 模型学习相应的分布特征,生成样本的特征仅需拟合真实样本特征分布即可。值得注意的是,特征斥力的引入虽然有利于 VAE 挖掘不同类样本的特征,放大其差异,但同时可能会引起特征空间的畸变,为 VAE 的编解码带来负面影响。由于降低 VAE 对多数类样本的编解码能力对少数类样本的生成影响较小,因此在实际应用中需切断少数类样本的相应的梯度传播路径,即除 KFL 第一维特征外,特征斥力仅会导致多数类样本特征的自适应调整,其算法流程如下。

算法 4-3:特征斥力计算

输入:一个 batch 中的 $Z_{maj,KF}$,$Z_{min,KF}$

输出:特征斥力 $L_{feature\_force}$

1:去除 $Z_{min,KF}$ 的梯度信息
2:for each $z_{min,KF}$ in $Z_{min,KF}$ do
3:　d_{loss} ← Nearest_Neighbor_distance($z_{min,KF}$, $Z_{maj,KF}$, n)
　　{在 $Z_{maj,KF}$ 中寻找 $z_{min,KF}$ 的 n 个最近邻,并计算其平均距离}
4:　存储 d_{loss} 在集合 d_{loss} 中
5:end for

6： $L_{\text{feature\_class}} \leftarrow E_{z_{\text{maj}},\text{KF}}(Z_{\text{maj},\text{KF}}[0]+\rho)^2 + E_{z_{\text{min}},\text{KF}}(Z_{\text{min},\text{KF}}[0]-\rho)^2$

  {ρ 是正样本标签，$-\rho$ 是负样本标签}

7： $L_{\text{feature\_force}} \leftarrow \mu_1 E_{d_{\text{loss}}}(-\log_{10}(d_{\text{loss}}+1e-6)) + \mu_2 L_{\text{feature\_class}}$

  {μ_1,μ_2 是超参数}

8： Return $L_{\text{feature\_force}}$

4.4.2 特征构造

样本隐编码中的重要特征编码是与样本类别相关的关键特征，则可用该特征直接对样本的类别进行判别。重要特征编码直接与 VAE 编解码前后的样本相关联，因此 VAE 编解码前后的一致性损失可以作为它的重要特征补充，反映重要特征编码的可靠度。重要特征编码与一致性损失的结合，为分类器的准确分类提供了双重保证，能够有效降低分类器分类的难度。其构造过程如图 4-3 所示。对于输入样本 x，其构造特征表示为 $F_{\text{feature}}=[z_{\text{KF}},e]$，$e$ 的计算如下：

$$\begin{cases} z_{\text{KF}}, z_{\text{SF}} = \text{Enc}(x) \\ \tilde{x} = \text{Dec}(z_{\text{KF}}, z_{\text{SF}}) \\ e = x - \tilde{x} \end{cases} \tag{4-12}$$

4.5 实验与评估

本节为 VAE-SLGAN 的性能评估。4.5.1 节，VAE-SLGAN 的参数设置。4.5.2 节，在公开数据集上，对 VAE-SLGAN 与采样类方法和生成类方法进行分类效果对比，以评估 VAE-SLGAN 的显著性。4.5.3 节，在智能电表故障数据集上，对 VAE-SLGAN 与采样类方法和生成类方法进行分类效果对比，以评估 VAE-SLGAN 的显著性。

4.5.1 参数设置

参数设置主要包括三个部分：①数据分区相关参数；②模型结构；③模型优化目标相关参数。

数据分区的目的是根据输入数据所处区域的分布特点，确定它需要生成样本的数量，以达到全局样本平衡。数据分区参数主要包括区域划分个数 K 和各区域生成比率 R 两部分。K 越大，则划分越精细，越容易控制各区域的样本生成比率，但同时会对训练过程造成束缚，本章的研究将分区个数设置为 4。R 的设置直接影响数据平衡后的分布特点，数据分布的不同会导致分类器分类性能的差异。分区依据是基于类别密度的，如算法 4-1 所示。为了使平衡后的样本分布符合原始数据集的特点，经实验验证，将 R 设置为 $[2.5,2,1,0.5]$，即在少数类样本分布相对密集的区域样本生成比率较大，而少数类样本分布稀疏区域样本生成比率相对较小，在 F1-measure 和 G-mean 指标上均得到较好的结果。此外，在实际应用中存在对少数类样本的召回率有较高要求的情况，如癌症检测，此时，可增大少数类样本分布相对稀疏区域的样本生成比率,从而提升少数类样本的召回率,但当少数类样本数量较少时,少数类样本的判别准确率会降低。针对数据集数据的分布特点与分类任务的需求,对 R 进行一定的调整会得到更好的平衡效果。

VAE-SLGAN 主要包括编码器 Enc、解码器 Dec 及判别器 Dis 三个部分。Enc 和 Dec 由一维卷积层和全连接层组成。Dis 复用 Enc 部分网络并以样本的重构误差信息作为特征,对输入样本的真实性进行判别。各模型结构如图 4-5 所示,其中 Feature_dim 为样本的特征维度,Z_dim 为样本的隐编码维度。KFL 与 SFL 的特征长度设置依赖于具体的样本集特点。一般而言,KFL 的设置应与样本的重要特征个数相近,SFL 的长度决定生成样本的随机性大小。本实验设置:KFL 的长度为输入样本特征维度的一半,SFL 的长度为 1。

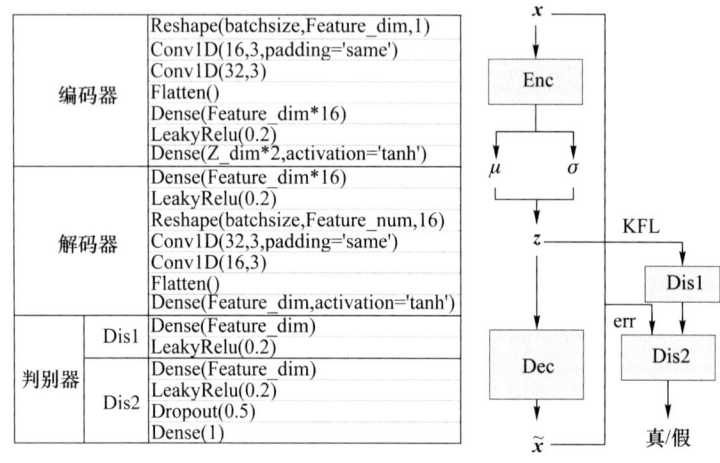

图 4-5 模型配置

模型的优化目标主要包括四个部分,各部分的权重需要进行合理配置才能够发挥模型的最佳效果,使模型按照预设进行工作,经实验对比调试,模型优化相关的超参数设置见表 4-1。

表 4-1 模型优化相关的超参数设置

优化目标	超参数设置			
VAE 优化	先验损失		似然损失	
	α_1		α_2	
	0.1		2	
推理优化	β_1			
	1			
特征斥力优化	KFL 推理	类别编码推理	样本类别标签	
	μ_1	μ_2	ρ	
	1	2	0.4	
GAN 优化	生成器		判别器	
	γ_1	γ_2	γ_3	γ_4
	0.5	0.5	1	1

4.5.2 公开数据集的结果与分析

为了验证 VAE-SLGAN 的普适性，本节主要在公开数据集上对 VAE-SLGAN 的性能进行评估与分析，主要分为：①实验数据集与评价指标的介绍；②在不同特点的数据集上，把 VAE-SLGAN 与采样类方法和生成类进行对比，并通过 Friedman 检验[8]和 Wilcoxon 符号秩检验[47]对结果进行统计验证；③对结果在 Nemenyi 后检验[48]上进行统计学分析。

1. 数据集与评价指标

本章从 KEEL 机器学习数据库中选用 36 个数据集，对 VAE-SLGAN 的有效性进行验证。数据集的选择标准为：①样本数量、特征维度及不平衡比等属性有较大的跨度②各属性在不同范围中均有分布。表 4-2 对这些数据集的特点进行了总结。

表 4-2 实验验证中所选取数据集的特点

数据集	样本数量	特征维度	少数类样本数量	多数类样本数量	不平衡比
messidor_features	1 151	19	540	611	1.13
wisconsin	683	9	239	444	1.86
pima	768	8	268	500	1.87
biodeg	1 055	41	356	699	1.96
vehicle1	846	18	217	629	2.90
vehicle3	846	18	212	634	2.99
vehicle0	846	18	199	647	3.25
ecoli1	336	7	77	259	3.36
Cardiotocography	2 126	21	471	1 655	3.51
spambase	3 421	57	636	2 785	4.38
new-thyroid1	215	5	35	180	5.14
new-thyroid2	215	5	35	180	5.14
ecoli2	336	7	52	284	5.46
segment0	2 308	19	329	1 979	6.02
yeast3	1 484	8	163	1 321	8.10
ecoli3	336	7	35	301	8.60
yeast-2_vs_4	514	8	51	463	9.08
ecoli-0-6-7_vs_3-5	222	7	22	200	9.09
yeast-0-5-6-7-9_vs_4	528	8	51	477	9.35
vowel0	988	13	90	898	9.98
glass2	214	9	17	197	11.59
mHealth	733	23	56	677	12.09
ecoli-0-1-4-7_vs_5-6	332	6	25	307	12.28

续表

数据集	样本数量	特征维度	少数类样本数量	多数类样本数量	不平衡比
yeast-1_vs_7	459	7	30	429	14.30
ecoli4	336	7	20	316	15.80
abalone9-18	731	8	42	689	16.40
Wilt	4 839	5	261	4 578	17.54
MEU-Mobile KSD	1 071	72	51	1 020	20.00
MUSK	2 873	166	106	2 767	26.10
yeast4	1 484	8	51	1 433	28.10
ecoli-0-1-3-7_vs_2-6	281	7	7	274	39.14
yeast6	1 484	8	35	1 449	41.40
abalone-20_vs_8-9-10	1 916	10	26	1 890	72.69
Shuttle	1 013	10	13	1 000	76.92
kddcup-rootkit-imap_vs_back	2 225	44	22	2 203	100.14
PenDigits	9 868	17	20	9 848	492.40

不平衡分类问题往往会发生分类器的决策向多数类样本偏移的问题，分类的平均准确率难以对模型的预测性能进行准确衡量。在不平衡分类任务中，少数类样本的判别准确率和召回率往往更被关注，因此将少数类样本视为正类样本，多数类样本视为负类样本，其混淆矩阵见表 4-3。

表 4-3 混淆矩阵

类别	实际为少数类样本	实际为多数类样本
预测为少数类样本	TP	FP
预测为多数类样本	FN	TN

F1-measure 是对少数类样本的准确率和召回率的综合评价，计算如下：

$$\text{F1-measure} = \frac{(1+\beta^2) \cdot \text{recall}_{\min} \cdot \text{precision}_{\text{maj}}}{\beta^2 \cdot \text{recall}_{\min} + \text{precision}_{\text{maj}}} \quad (4\text{-}13)$$

其中，β 为超参数，控制少数类样本召回率 $\text{recall}_{\min}$ 相对于准确率 $\text{precision}_{\min}$ 的重要程度。本章中选取 β 为 1，即两者同样重要。

G-mean 是少数类样本的召回率 $\text{recall}_{\min}$ 和多数类样本的召回率 $\text{recall}_{\text{maj}}$ 的几何平均值，能够综合反映分类器在不同类别上的分类性能，其计算如下：

$$\text{G-mean} = \sqrt{\text{recall}_{\min} \cdot \text{recall}_{\text{maj}}} \quad (4\text{-}14)$$

综上，选用 F1-measure 和 G-mean 作为模型预测性能的评价指标。

第 4 章 面向数据多模态分布条件下的不平衡分类方法

$$\begin{cases} \text{recall}_{\text{maj}} = \dfrac{\text{TN}}{\text{TN}+\text{FN}} \\ \text{recall}_{\text{min}} = \dfrac{\text{TP}}{\text{TP}+\text{FN}} \\ \text{precision}_{\text{min}} = \dfrac{\text{TP}}{\text{TP}+\text{FP}} \end{cases} \quad (4\text{-}15)$$

为了对所有方法的分类效果进行评估，选用 LR[19]、SVM[20] 和 RF[21] 三种不同特点的典型分类器对不同方法平衡后的数据集进行分类验证。对于每个数据集，每种分类方法均进行 10 次五折交叉验证，以降低实验的偶然性。

为了对所提方法与现有的采样类方法和生成类方法的平衡效果进行充分比较，分别使用 Wilcoxon 符号秩检验[47] 和 Friedman 检验[8] 对其进行评估。Wilcoxon 符号秩检验用于评估两种方法之间是否存在显著差异，测试阈值设置为 0.05。Friedman 检验用于计算各方法的 Friedman 排名，排名越小说明方法在该指标上的性能越好。

2. 与采样类方法对比

为了验证 VAE-SLGAN 能够有效提升生成样本的质量，本章选择典型的采样类方法（SMOTE[10]、Distance-SMOTE[31]、Borderline-SMOTE[11]、Safe-Level-SMOTE[34]、SMOTE-OUT[33]、G-SMOTE[32]、SOMO[49]、K-means SMOTE[35]）与其进行对比。上述各方法平衡后的数据集，在 LR[19]、SVM[20] 和 RF[21] 三种分类器上进行分类效果对比。分类器的实现基于 Python 中 Scikit-Learn[18] 的默认参数。结果使用 F1-measure、G-mean 指标进行评价，见附录 D 部分的表 D-1～表 D-6，其中加粗数据为最佳实验结果。Wilcoxon 符号秩检验结果见表 4-4。

表 4-4　Wilcoxon 符号秩检验对 VAE-SLGAN 与采样类方法的差异性检验结果（0.05）

分类器	方法	F1-measure				G-mean			
		R+	R−	P	Assuming	R+	R−	P	Assuming
LR	SMOTE	294	6	8.3447×10^{-7}	rejected	210	90	0.044 686 6	rejected
	Distance-SMOTE	277	23	3.8147×10^{-5}	rejected	217	83	0.028 213 3	rejected
	Borderline-SMOTE1	294	6	8.3447×10^{-7}	rejected	232	68	0.008 935 15	rejected
	Safe-Level-SMOTE	300	0	5.96×10^{-8}	rejected	300	0	5.96×10^{-8}	rejected
	SMOTE-OUT	296	4	4.1723×10^{-7}	rejected	223	77	0.018 324 6	rejected
	G-SMOTE	295	5	5.96×10^{-7}	rejected	212	88	0.039 364 6	rejected
	SOMO	282	18	1.51×10^{-5}	rejected	294	6	8.34×10^{-7}	rejected
	K-means SMOTE	275	25	5.3823×10^{-5}	rejected	278	22	3.19×10^{-5}	rejected
SVM	SMOTE	294	6	8.34×10^{-7}	rejected	138	162	0.637 13	not rejected
	Distance-SMOTE	276	24	4.54×10^{-5}	rejected	135	165	0.668 278	not rejected
	Borderline-SMOTE	273	27	7.4804×10^{-5}	rejected	154	146	4.61×10^{-1}	not rejected
	Safe-Level-SMOTE	257	43	7.00×10^{-4}	rejected	288	12	4.1723×10^{-6}	rejected

续 表

分类器	方法	F1-measure				G-mean			
		R+	R−	P	Assuming	R+	R−	P	Assuming
SVM	SMOTE-OUT	278	22	3.19×10^{-5}	rejected	117	183	0.827 562	not rejected
	G-SMOTE	280	20	2.21×10^{-5}	rejected	107.5	192.5	0.890 891	not rejected
	SOMO	262	38	3.71×10^{-4}	rejected	297	3	2.98×10^{-7}	rejected
	K-means SMOTE	244	56	0.002 948 82	rejected	251.5	48.5	0.001 407 33	rejected
RF	SMOTE	253	47	0.001 122 89	rejected	248	52	0.001 950 32	rejected
	Distance-SMOTE	255	45	8.90×10^{-4}	rejected	277	23	3.81×10^{-5}	rejected
	Borderline-SMOTE1	239	61	0.004 787 86	rejected	281	19	$1.829\ 9\times10^{-5}$	rejected
	Safe-Level-SMOTE	282	18	0.000 015 08	rejected	299	1	$1.192\ 1\times10^{-7}$	rejected
	SMOTE-OUT	218	82	0.026 320 4	rejected	251	49	0.001 407 33	rejected
	G-SMOTE	262	38	0.000 371 16	rejected	275	25	5.38×10^{-5}	rejected
	SOMO	264	36	0.000 283 78	rejected	299	1	1.19×10^{-7}	rejected
	K-means SMOTE	239	61	0.004 787 86	rejected	290	10	2.563×10^{-6}	rejected

由实验数据可知，与上述方法相比，VAE-SLGAN 在平衡数据后，除当使用 SVM 作为分类器时，VAE-SLGAN 在 G-mean 指标上与 SMOTE、Distance-SMOTE、Borderline-SMOTE、Safe-Level-SMOTE、G-SMOTE 等方法无明显差别外，在其余指标上均优于其他平衡方法，且对于分类困难的数据集，分类效果提升更为明显。这表明 VAE-SLGAN 能够有效学习样本分布规律，生成更为真实的样本。但是，对于分类难度较小的数据集（如 wisconsin、new-thyroid1、new-thyroid2 等），分类效果提升不明显，甚至会略低于传统采样方法。这可能是由于样本特征与类别具有较强的关联关系，根据奥卡姆剃刀原理[54]，使用简单的模型即可达到较好的分类效果，较为复杂的生成方法反而会适得其反。

3. 与生成类方法对比

VAE-SLGAN 是一种基于 VAE/GAN 的样本生成方法，通过模型提取输入样本特征，能够对生成样本的重要特征进行控制，实现生成样本在数据空间上的平衡。为验证 VAE-SLGAN 数据平衡的有效性，选择有代表性的生成类方法（VAE[51]、WGAN-GP[52]、CWGAN-GP[16]、VAE/GAN[44]、InfoGAN[53]）与 VAE-SLGAN 进行对比。为保证比较的公平性与模型特征提取能力的一致性，相关模型的结构设置与 VAE-SLGAN 保持一致，如图 4-5 所示。

为了对 VAE-SLGAN 的生成效果进行直观展示，对 VAE-SLGAN 与生成类方法的生成效果进行对比，设计了由三维混合高斯分布生成的人工不平衡数据集，如图 4-6(a)所示。多数类样本与少数类样本由 6 簇高斯散点（x、y 维的方差均为 0.05，z 维的方差为 0.02）围绕成的半径为 0.5 的圆组成。多数类样本中的每一簇均由 128 个散点组成。少数类样本每一簇的数量各不相同，分别为 128、64、32、16、8、4 个样本，将少数类样本的数量设计为逐簇递减主要是为了考察各生成方法对于不同模态样本的生成能力，少数类样本数量越少的簇，生成模型对它的学习越困难。

第 4 章 面向数据多模态分布条件下的不平衡分类方法

所有的生成方法均进行 1 000 个周期的训练。图 4-6(b)～图 4-6(g)为不同模型的生成样本平衡后的样本分布图。容易发现,VAE 生成后的样本真实性较差,WGAN-GP、CWGAN-GP 与 InfoGAN 均存在不同程度的模式崩溃。VAE-GAN 虽然没有发生严重的模式崩溃,但是使用该方法平衡后的样本分布与原始分布差异较大。使用 VAE-SLGAN 平衡样本后,没有发生明显的模式崩溃,且平衡后的样本分布与平衡前严格相同。结果表明,VAE-SLGAN 与其他方法相比,能够显著缓解训练过程中由于样本数量较少而带来的模式崩溃问题,且生成样本具有较好的真实性,从而实现生成样本的全局高可靠平衡。

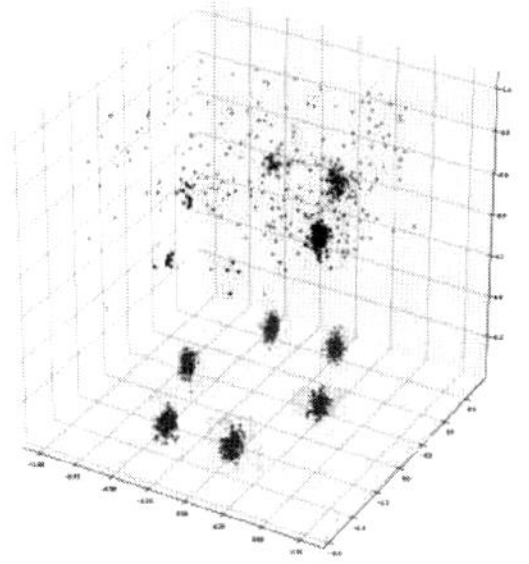

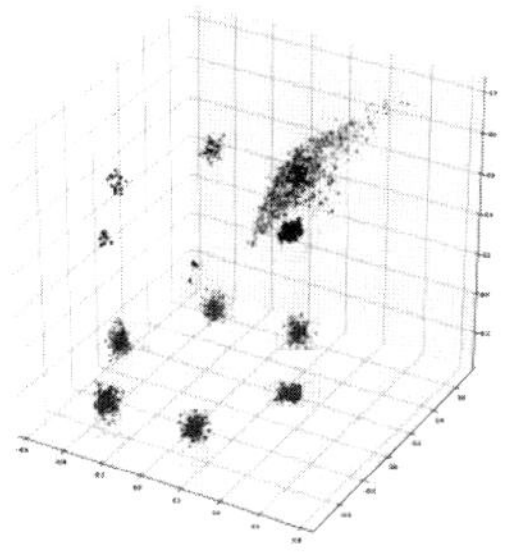

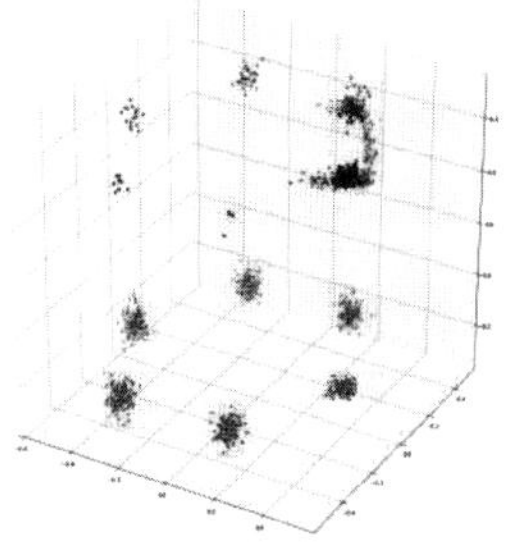

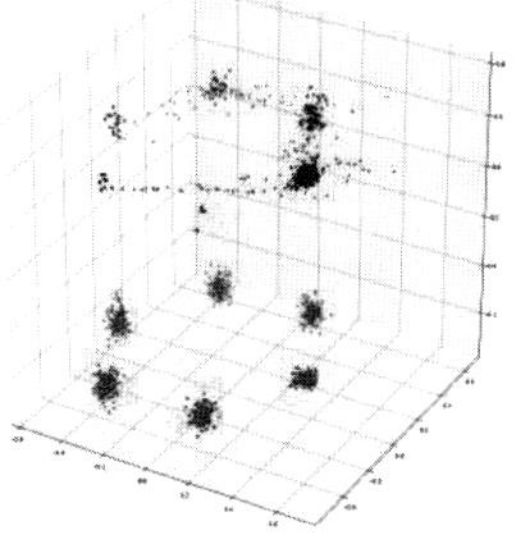

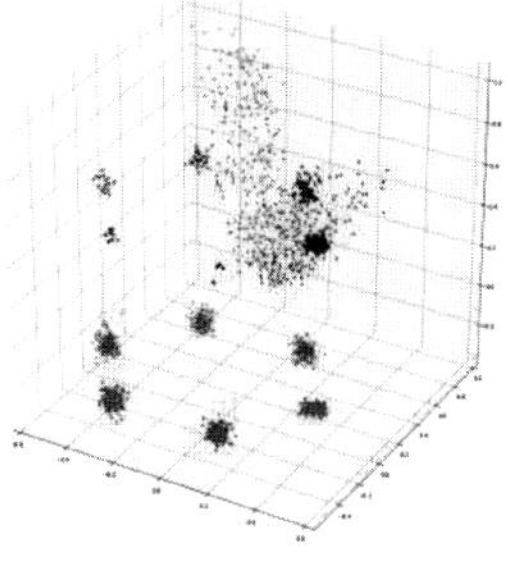

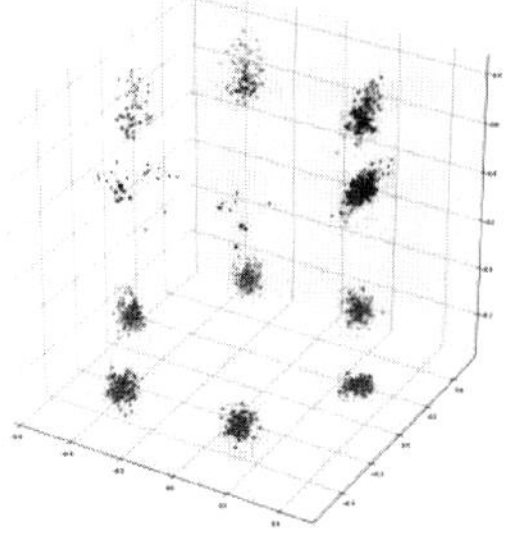

彩图 4-6

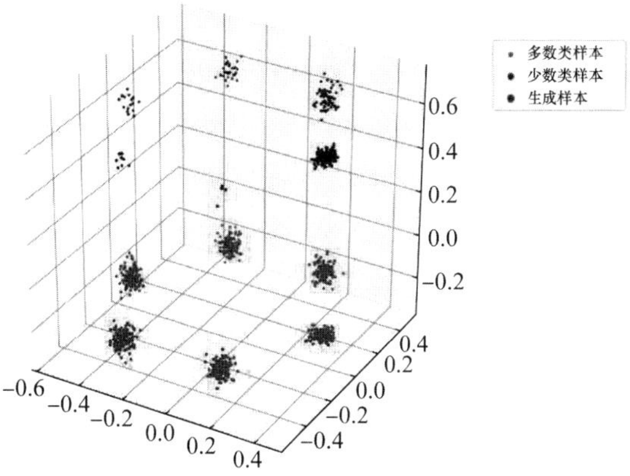

图 4-6 人工高斯数据集下的数据平衡效果对比

为了进一步说明 VAE-SLGAN 的有效性,各生成类方法对表 4-2 中各数据集进行平衡后,分别结合 Scikit-Learn 提供的 LR[19]、SVM[20]和 RF[21]三种分类器进行分类效果对比,结果由 F1-measure、G-mean 指标进行评价,见附录 D 部分的表 D-7~表 D-12,其中加粗数据为最佳实验结果,Wilcoxon 符号秩检验结果见表 4-5。

表 4-5　Wilcoxon 符号秩检验对 VAE-SLGAN 与生成类方法的差异性检验结果(0.05)

分类器	方法	F1-measure				G-mean			
		R+	R−	P	Assuming	R+	R−	P	Assuming
LR	VAE	630	36	1.29×10^{-7}	rejected	628	38	1.54×10^{-7}	rejected
	WGAN-GP	635	31	1.09×10^{-6}	rejected	645	21	4.94×10^{-7}	rejected
	CWGAN-GP	641	25	6.79×10^{-7}	rejected	662	4	1.23×10^{-7}	rejected
	VAE/GAN	630	36	1.29×10^{-7}	rejected	485	181	0.002 749 4	rejected
	InfoGAN	594	72	2.54×10^{-6}	rejected	623	43	2.37×10^{-7}	rejected
SVM	VAE	630	36	1.29×10^{-7}	rejected	630	36	1.29×10^{-7}	rejected
	WGAN-GP	554	112	4.68×10^{-5}	rejected	587	79	4.36×10^{-6}	rejected
	CWGAN-GP	641	25	6.79×10^{-7}	rejected	659	7	1.58×10^{-7}	rejected
	VAE/GAN	620	46	3.06×10^{-7}	rejected	436	230	0.024 208 7	rejected
	InfoGAN	537	129	0.000 142 8	rejected	599	67	1.71×10^{-6}	rejected
RF	VAE	552	114	5.36×10^{-5}	rejected	598	68	1.85×10^{-6}	rejected
	WGAN-GP	490	176	0.002 130 5	rejected	579	87	7.95×10^{-6}	rejected
	CWGAN-GP	513	153	0.000 118 6	rejected	589	77	3.26×10^{-7}	rejected
	VAE/GAN	450	216	0.013 797 6	rejected	496	170	0.001 556 1	rejected
	InfoGAN	530	136	3.65×10^{-5}	rejected	585	81	4.63×10^{-7}	rejected

由实验数据可知,与上述方法相比,VAE-SLGAN 平衡数据后,除当使用 SVM 作为分类器时,VAE-SLGAN 在 G-mean 指标上与 VAE-GAN 无明显差别外,F1 指标与 G-mean 指标均优于其他方法,且在 F1-measure 指标上提升更为明显。此外,结合表 4-2,易发现当少数类样本数量较多时,VAE-SLGAN 的分类效果提升明显且稳定,这表明 VAE-SLGAN 的训练需要一定的训练样本来保证,且具有较好的数据挖掘能力。

4. Nemenyi 后检验

为了进一步对 VAE-SLGAN 的显著性进行验证,采用 Nemenyi 后检验方法对 VAE-SLGAN 与所有的对比方法进行检验,检验结果见表 4-6 所示。当以 VAE-SLGAN 为参照对象时,其检验结果见表 4-7。可以发现,VAE-SLGAN 在 F1-measure 指标上几乎显著优于所有的对比方法,在 G-mean 指标上表现略差,但仍显著优于多数对比方法,与其余方法无显著差别。这说明 VAE-SLGAN 能够解决采样方法的样本真实性问题和避免 GAN 的模式崩溃问题,能有效提高不平衡样本的分类精度。

第 4 章 | 面向数据多模态分布条件下的不平衡分类方法

表 4-6 Nemenyi 后检验结果

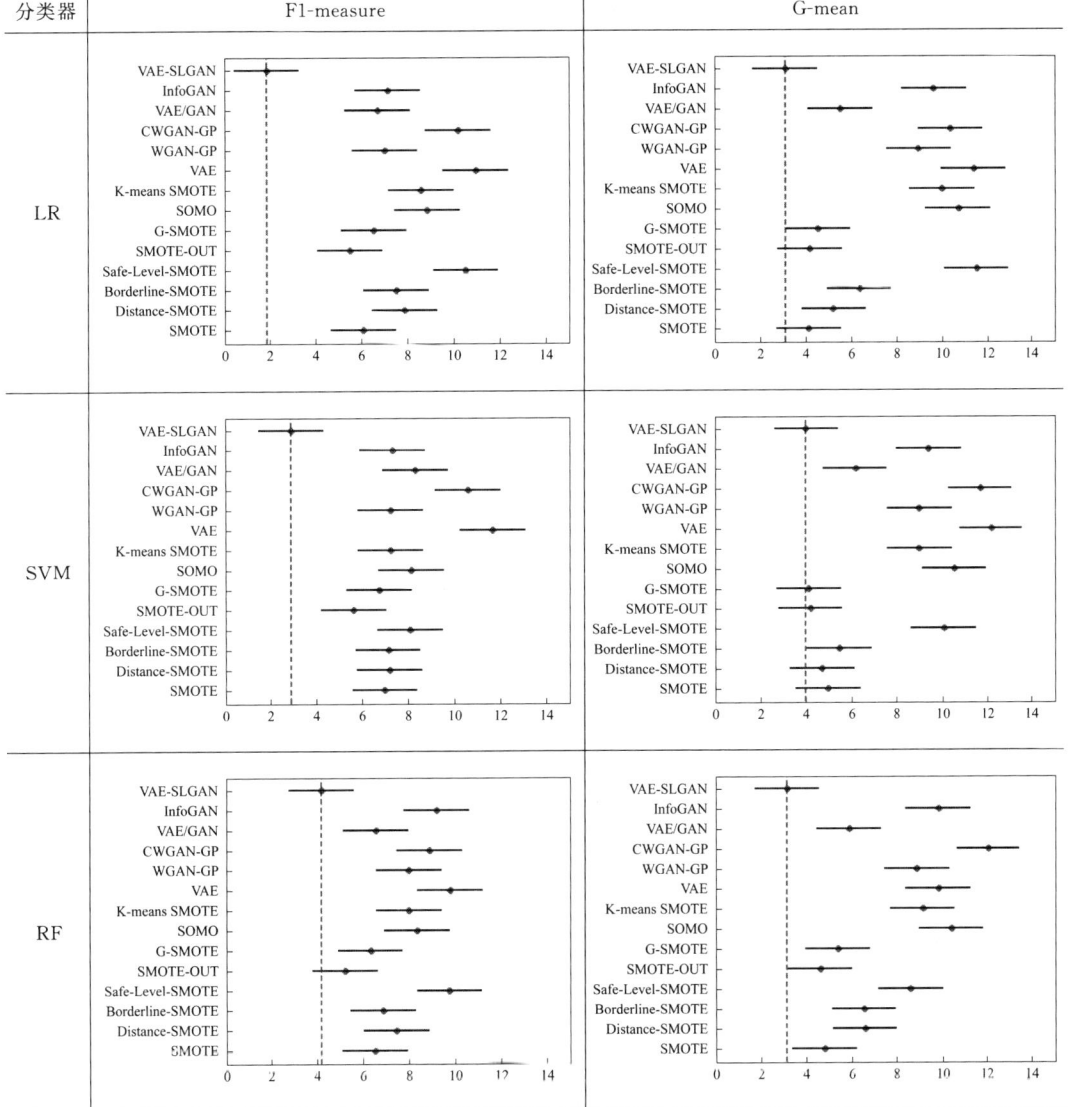

表 4-7 以 VAE-SLGAN 为参照对象的 Nemenyi 后检验结果分析

评价指标	分类器	无明显差别		显著优于	
		个数	方法名	个数	方法名
F1-measure	LR	0	无	13	所有对比方法
	SVM	0	无	13	所有对比方法
	RF	1	SMOTE-OUT	12	其他对比方法
G-mean	LR	2	SMOTE-OUT、SMOTE	11	其他对比方法
	SVM	4	G-SMOTE、SMOTE-OUT、Distance SMOTE、SMOTE	9	其他对比方法
	RF	0	无	13	所有对比方法

4.5.3 智能电表故障数据集的结果与分析

1. 智能电表故障数据集

本章使用的智能电表故障数据集以省份为单位。该数据集收集了25个省份、11种故障类别的智能电表数据。由于人工统计和外在条件等多种因素的影响,数据标签存在错标、漏标等情况,经聚类分析、缺失值补全、异常值处理等多种技术进行数据清洗后,获得共计15 885条故障样本数据,各故障类别的样本数量见表4-8。由表可知,各故障类别间的分布呈现出高度的不平衡,最大的不平衡比达到42.49。

表4-8 智能电表数据集的故障类别分布

故障编号	类别1	类别2	类别3	类别4	类别5	类别6
样本数量	1 442	542	978	2 077	274	111
故障类型	外观故障	计量性能	存储单元	处理单元	显示单元	控制单元
故障编号	类别7	类别8	类别9	类别10	类别11	
样本数量	2 671	1 288	4 716	320	1 466	
故障类型	电源单元	通信单元	时钟单元	其他故障	软件故障	

经特征筛选后,得到的智能电表故障数据集共包含工作时长、到货批次号、供电单位编号、电能表类别、故障识别月份、安装月份、省份、设备规格、通讯方式、设备标识等9种特征维度。

2. 实验设置

VAE-SLGAN与所有的对比方法均采用"一对多框架",将不平衡多分类问题转化为多个不平衡二分类问题,通过增加模型复杂度来降低问题的求解难度。具体为:分别将多个类别中的每一类作为正类,其余类作为负类训练多个二分类器,对于待测样本,可以通过多个二分类器获得它属于各类别的概率,取最大概率的类别为预测类别。

智能电表故障数据集采用8∶2的比例以固定随机数种子随机划分为训练集和测试集。为综合评估VAE-SLGAN的有效性,采用与4.5.2节相同的对比实验设置方式,即VAE-SLGAN与8种采样类方法和5种生成类方法进行对比。考虑到智能电表故障数据集样本数量较大、类别复杂的特点,公开数据集中的LR和SVM分类器并不适用,因此仅选用RF作为分类器进行样本平衡效果验证。

在评价指标方面,与公开数据集上的评价指标保持一致,采用F1-measure在多分类上的扩展指标macro-F1来综合评价模型在各类别上的准确率和召回率;采用G-mean指标来评估模型在各类别上的召回情况。其中,macro-F1指标为各类别的F1-measure的算术均值,G-mean为各类别的召回率的几何均值。

3. 实验结果与分析

VAE-SLGAN与8种采样类方法(SMOTE[10]、Distance-SMOTE[31]、Borderline-SMOTE[11]、

Safe-Level-SMOTE[34]、SMOTE-OUT[33]、G-SMOTE[32]、SOMO[49]、K-means SMOTE[35]）对比的结果见表 4-9 和表 4-10。

表 4-9　在智能电表各故障类别数据集上，VAE-SLGAN 与采样类方法
在 F1-measure 及 macro-F1 指标上的实验结果对比

故障类别	SMOTE	Borderline-SMOTE	Distance-SMOTE	Safe-Level-SMOTE	SMOTE-OUT	G-SMOTE	SOMO	K-means SMOTE	VAE-SLGAN
类别 1	0.643 5	0.642 9	0.635 5	0.616 0	0.653 8	0.637 2	0.631 2	0.640 0	0.660 7
类别 2	0.666 7	0.669 6	0.698 1	0.678 7	0.666 7	0.681 2	0.694 4	0.652 0	0.682 5
类别 3	0.311 9	0.342 5	0.317 2	0.326 5	0.340 1	0.331 0	0.327 5	0.342 3	0.424 7
类别 4	0.653 8	0.643 7	0.654 4	0.642 1	0.657 2	0.652 8	0.643 7	0.642 6	0.688 9
类别 5	0.891 6	0.888 9	0.902 4	0.913 9	0.911 4	0.925 0	0.913 6	0.888 9	0.866 0
类别 6	0.558 1	0.536 6	0.577 8	0.558 1	0.511 6	0.571 4	0.558 1	0.558 1	0.656 7
类别 7	0.634 5	0.639 0	0.648 8	0.640 7	0.641 8	0.643 5	0.643 7	0.641 4	0.660 0
类别 8	0.625 5	0.622 9	0.593 7	0.605 6	0.589 8	0.601 1	0.598 5	0.599 3	0.642 1
类别 9	0.815 5	0.816 7	0.822 1	0.819 6	0.820 1	0.822 7	0.807 6	0.816 0	0.830 4
类别 10	0.750 0	0.718 8	0.723 1	0.728 7	0.717 6	0.732 8	0.750 0	0.732 8	0.848 0
类别 11	0.697 7	0.705 0	0.708 8	0.705 7	0.710 7	0.708 2	0.709 6	0.708 5	0.707 7
macro-F1	0.659 0	0.657 0	0.662 0	0.657 8	0.656 4	0.664 3	0.661 6	0.656 5	0.697 1

表 4-10　在智能电表各故障类别数据集上，VAE-SLGAN 与采样类方法
在召回率及 G-mean 指标上的实验结果对比

故障类别	SMOTE	Borderline-SMOTE	Distance-SMOTE	Safe-Level-SMOTE	SMOTE-OUT	G-SMOTE	SOMO	K-means SMOTE	VAE-SLGAN
类别 1	0.632 6	0.613 6	0.617 4	0.613 6	0.640 2	0.628 8	0.628 8	0.636 4	**0.661 9**
类别 2	0.660 7	0.669 6	0.660 7	0.669 6	0.678 6	**0.696 4**	0.669 6	0.660 7	0.640 5
类别 3	0.252 7	0.274 7	0.252 7	0.263 7	0.274 7	0.263 7	0.258 2	0.280 2	**0.297 8**
类别 4	0.619 9	0.607 7	0.613 8	0.601 6	0.613 8	0.607 7	0.607 7	0.597 6	**0.616 5**
类别 5	**0.925 0**	0.900 0	**0.925 0**	**0.925 0**	0.900 0	**0.925 0**	**0.925 0**	0.900 0	0.913 0
类别 6	0.444 4	0.407 4	0.481 5	0.444 4	0.407 4	0.444 4	0.444 4	0.444 4	**0.830 9**
类别 7	0.690 8	0.706 1	0.717 6	0.706 1	0.706 1	0.706 1	0.711 8	0.694 7	**0.727 0**
类别 8	0.627 8	0.624 1	0.601 5	0.609 1	0.586 5	0.597 7	0.594 0	0.601 5	**0.628 4**
类别 9	0.860 7	0.862 9	0.867 2	0.862 9	0.868 3	**0.873 8**	0.854 2	0.866 2	0.851 2
类别 10	0.716 4	0.686 6	0.701 5	0.701 5	0.701 5	0.716 4	0.716 4	0.716 4	**0.730 2**
类别 11	0.633 8	0.647 9	0.651 4	0.637 3	0.644 4	0.640 8	0.640 8	0.640 8	**0.665 6**
G-mean	0.612 6	0.608 8	0.615 7	0.611 2	0.610 2	0.616 5	0.611 9	0.614 0	**0.664 5**

由表 4-9 和表 4-10 可知，VAE-SLGAN 的 F1-measure 和召回率均具有显著的优势。在 11 个类别中，VAE-SLGAN 与目前主流的 8 种采样类方法相比，在 F1-measure 和召回率指标上，排名第一的类别均有 8 个，效果稳定且显著。VAE-SLGAN 的 macro-F1 指标为

0.697 1,相较排名第二的 G-SMOTE,提升达到 4.94%。VAE-SLGAN 的 G-mean 指标为 0.664 5,相较排名第二的 G-SMOTE,提升达到 7.79%。

VAE-SLGAN 与 5 种生成类方法(VAE[51]、WGAN-GP[52]、CWGAN-GP[16]、VAE/GAN[44]、InfoGAN[53])对比的结果见表 4-11 和表 4-12。

表 4-11 在智能电表各故障类别数据集上,VAE-SLGAN 与生成类方法在 F1-measure 及 macro-F1 指标上的实验结果对比

故障类别	VAE	WGAN-GP	CWGAN-GP	VAE/GAN	InfoGAN	VAE-SLGAN
类别 1	0.650 1	0.589 2	0.653 9	0.549 7	0.652 8	**0.660 7**
类别 2	0.611 1	0.466 4	**0.627 3**	0.463 0	0.597 2	**0.682 5**
类别 3	0.393 0	0.253 4	0.371 1	0.243 0	0.364 9	**0.424 7**
类别 4	0.633 8	0.479 7	0.632 6	0.481 7	0.639 2	**0.688 9**
类别 5	0.896 6	0.888 9	**0.926 8**	0.817 2	0.883 7	0.866 0
类别 6	**0.726 1**	0.285 7	0.682 6	0.526 3	0.744 4	0.656 7
类别 7	0.642 6	0.559 8	0.650 5	0.574 3	0.656 5	**0.660 0**
类别 8	0.621 2	0.508 4	0.632 4	0.492 8	0.633 3	**0.642 1**
类别 9	0.713 8	0.730 3	0.807 9	0.740 0	0.812 4	**0.830 4**
类别 10	0.810 8	0.699 0	0.741 1	0.712 9	0.830 2	**0.848 0**
类别 11	0.717 6	0.555 3	**0.717 9**	0.561 2	0.714 3	0.707 7
macro-F1	0.674 2	0.546 9	0.676 7	0.560 2	0.684 4	**0.697 1**

表 4-12 在智能电表各故障类别数据集上,VAE-SLGAN 与生成类方法在召回率及 G-mean 指标上的实验结果对比

故障类别	VAE	WGAN-GP	CWGAN-GP	VAE/GAN	InfoGAN	VAE-SLGAN
类别 1	0.643 9	0.537 9	0.647 7	0.492 4	0.651 5	**0.661 9**
类别 2	0.536 6	0.422 8	0.561 0	0.406 5	0.512 2	**0.640 5**
类别 3	**0.311 1**	0.155 6	0.300 0	0.144 4	0.288 9	0.297 8
类别 4	0.589 8	0.385 7	0.593 9	0.389 8	0.602 0	**0.616 5**
类别 5	0.956 2	0.923 1	**0.974 4**	**0.974 4**	**0.974 4**	0.913 0
类别 6	0.726 1	0.173 9	0.782 6	0.434 8	0.826 1	**0.830 9**
类别 7	0.715 4	0.692 9	0.726 6	0.702 2	0.726 6	**0.727 0**
类别 8	0.615 1	0.599 2	0.611 1	0.615 1	0.627 0	**0.628 4**
类别 9	**0.860 2**	0.814 0	0.854 7	0.814 0	0.857 0	0.851 2
类别 10	**0.775 9**	0.620 7	**0.775 9**	0.620 7	0.758 6	0.730 2
类别 11	0.657 3	0.430 1	0.653 8	0.110 6	0.004 3	**0.665 6**
G-mean	0.648 3	0.460 5	0.654 9	0.497 2	0.652 9	**0.664 5**

由表 4-10 和表 4-12 可知,VAE-SLGAN 的 F1-measure 和召回率均具有显著的优势。在 11 个类别中,VAE-SLGAN 与目前主流的 5 种生成类方法相比,在 F1-measure 和召回率指标上,排名第一的类别数量均达到一半以上,效果稳定且显著。VAE-SLGAN 的

macro-F1 指标为 0.697 1,相较排名第二的 InfoGAN,提升达到 1.82%。VAE-SLGAN 的 G-mean 指标为 0.664 5,相较排名第二的 CWGAN-GP,提升达到 1.47%。

在智能电表故障数据集上,VAE-SLGAN 与 13 种方法(包括采样类方法与生成类方法)的实验对比分析,说明 VAE-SLGAN 能够有效学习各故障类别样本的分布特征,有效生成真实且多样的样本来平衡数据,从而提升智能电表故障分类的精度与鲁棒性,进而有效降低维护电网稳定运行的成本。

本 章 小 结

本章提出一种基于隐编码重构和特征斥力的全局高可靠样本生成方法(VAE-SLGAN)。通过 VAE 隐编码的重定义实现了具有指定特征的样本的生成,解决了采样类方法导致的数据真实性与过拟合问题,解决了现有生成类方法存在的模式崩溃问题。此外,引入特征斥力和特征构造两种方式解决了交叠区样本的特征提取与分类困难问题。在公开数据集和智能电表故障数据集上,对 VAE-SLGAN 与 13 种方法(包括采样类方法和生成类方法)进行样本平衡效果对比,结果表明:VAE-SLGAN 具有较显著的优势。未来可进一步研究样本分区方式与交叠区样本生成等问题,对生成样本进行更加精细化控制以生成更有价值的样本,从而进一步提升不平衡分类问题的预测精度。

第 5 章
数据分区混合采样驱动模型动态选择的不平衡分类方法

5.1 引　　言

D5000 系统业务异常检测问题符合系统业务正、异常数据高度不平衡二分类的特点,因此本章基于机器学习的不平衡二分类方法,设计了一种不平衡集成分类方法,该方法包括两个核心部分:平衡数据集的生成和分类模型的动态选择。在数据层面,本章提出了一种数据分区混合采样方法来平衡数据集,然后提出了一种边界少数类加权过采样方法。在算法层面,本章提出了一种模型动态选择策略。

5.2　区域划分和边界少数类加权过采样方法

在不平衡分类问题中,通过对数据进行过采样、欠采样或混合采样处理,可以得到平衡数据集,但盲目地加入少数类样本和去除多数类样本会降低最终的预测性能。由于不同区域具有不同的分布特征,可以在添加或去除样本时考虑数据分布。考虑到具有不同分布特征的不同区域自适应地选择不同的采样方法可以提高分类性能,本章提出了一种数据区域划分方法,根据少数阶级邻区中多数阶级所占比例将样本空间划分为四个区域:多数类安全区、少数类噪声区、边界区、少数类安全区。为了展示如何将原始数据集划分为这些区域,举例说明了数据区域划分的过程。以 $k=5$ 为例,数据划分如图 5-1 所示,图 5-1(a)显示了多数类和少数类的整体分布。图 5-1(b)找出少数类的 5 个邻居点,按照邻居点中少数类个数确定各个区域以及其区域细节。图 5-1(c)和图 5-1(d)分别从整体和局部展示了四个区域的分布。

针对不平衡训练集 D 和少数类标签 L_{min},首先,将训练集划分为多数类集 D_{maj} 和少数类集 D_{min}。其次,遍历少数类集,通过 K 近邻寻找每个少数类样本的 k 个最近邻居点并统计

|第 5 章| 数据分区混合采样驱动模型动态选择的不平衡分类方法

邻居点中少数类的个数 N_{i+},并将邻居点中多数类样本存储到边界区 D_{border} 中。最后,通过判断 $N_{i+} \leqslant 1$、$N_{i+} = k$ 和 $N_{i+} \in (1,k)$,将每个少数类样本分别加入少数类噪声区 $D_{danger+}$、少数类安全区 D_{safe+} 和边界区 D_{border},最终确定多数类安全区 D_{safe-} 以及过滤集 D_{filter}。数据分区算法的伪代码如算法 5-1 所示。

算法 5-1 数据分区 Data_Partitioning

输入:训练数据集 D,少数类标签为 L_{min}

输出:四个区域 $D_{danger+}$、D_{safe+}、D_{border}、D_{safe-} 以及过滤集 D_{filter}

1: for each $\boldsymbol{d}_i$ in D do
2:     if label($\boldsymbol{d}_i$) $\in L_{maj}$ then
3:        $D_{min} \leftarrow \boldsymbol{d}_i${数据集 D 被分为少数类集 D_{min}}
4:     else
5:        $D_{maj} \leftarrow \boldsymbol{d}_i${数据集 D 被分为多数类集 D_{maj}}
6:     end if
7: end for
8: for each $\boldsymbol{d}_i$ in D_{min} do
9:     $D_{nn} \leftarrow$ Nearest_Neighbor($\boldsymbol{d}_i$, D, $k+1$).Delete($\boldsymbol{d}_i$){找到每个少数类实例的 $k+1$ 个最近邻居点并删除实例本身}
10:    Initialize $N_{i+} \leftarrow 0$ {N_{i+} 表示样本点周围少数类样本个数}
11:    for each $\boldsymbol{d}_j$ in D_{nn} do
12:        if label($\boldsymbol{d}_j$) $\in L_{min}$ then
13:           $N_{i+} \leftarrow N_{i+} + 1$
14:        else
15:           $D_{border} \leftarrow \boldsymbol{d}_j${将数据样本加入边界区}
16:        end if
17:    end for
18:    if $N_{i+} = 0$ then
19:        add $\boldsymbol{d}_i$ to $D_{danger+} \leftarrow \boldsymbol{d}_i${将数据样本加入少数类噪声区}
20:    else if $N_{i+} = k$ then
21:        $D_{safe+} \leftarrow \boldsymbol{d}_i${将数据样本加入少数类安全区}
22:    else
23:        $D_{border} \leftarrow \boldsymbol{d}_i${将数据样本加入边界区}
24: end for
25: $D_{safe-} \leftarrow D$.Delete({$D_{danger+}$, D_{safe+}, D_{border}}){排除以上划分区域样本,其他样本均在多数类安全区}
26: $D_{filter} \leftarrow D$.Delete($D_{danger+}$){删除少数类噪声区域样本,保留其他区域的样本}
27: 返回:$D_{danger+}$, D_{safe+}, D_{safe-}, D_{border}, D_{filter}

对于不平衡分类问题,类别交界的样本可以代表样本空间中的特定特征,在分类中发挥重要作用。采样方可以通过对由数据划分方法得到的边界区域(Ⅲ)更加关注以提高分类性能,因此本章提出了一种边界少数类加权过采样(BMW-SMOTE)方法。其主要思想如下。首先,采用数据划分方法确定边界区域。其次,计算边界需要合成少数类样本总数。再次,通过当前实例邻域内的多数类占比与所有占比之和的比值来计算每个少数类实例的权重。

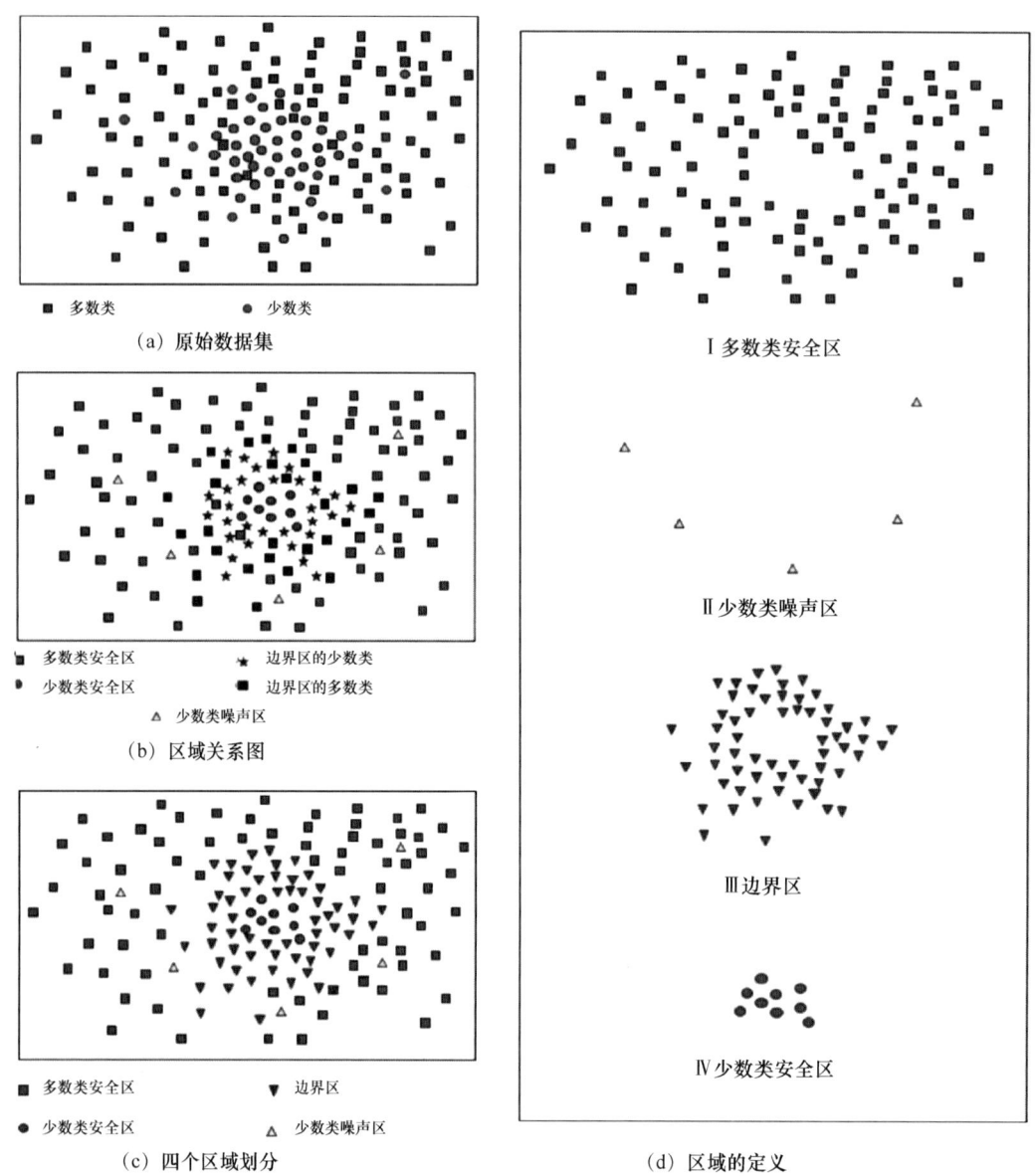

图 5-1 数据分区图

最后,利用 SMOTE 在边界区域合成新的少数类样本。BMW-SMOTE 方法实现如下。

(1) 选择少数类样本 $x_i(i=1,2,\cdots,m)$,多数类样本 $y_j(j=1,2,\cdots,n)$,通过算法 5-1 划分出边界区 D_{border}。

(2) 统计边界区样本数量 N_{border},包括少数类样本数量 p 和多数类样本数量 $N_{border}-p$,从 x_i 中分离出边界区少数类样本 $x_{borderi}(i=1,2,\cdots,p)$,得到 $x_{borderi}$ 周围多数类样本个数 $N_{i-}(i=1,2,\cdots,p)$,少数类样本个数 $N_{i+}(i=1,2,\cdots,p)$。

(3) 计算边界区域需要合成的样本个数 $G=(m+n)\times b-m$,其中 b 为合成比例因子,$b\in[0.5,1]$。当 $b=0.5$ 时,合成后少数类样本个数正好为原来总样本个数的一半;当 $b=1$

时,合成后少数类样本个数和多数类样本个数保持平衡,其个数为原来总样本个数。

(4)对于每个边界区少数类样本 $x_{borderi}$,计算 k 个邻居点中属于多数类样本的比例,记作 $r_i = \dfrac{N_{i-}}{k}$,其中 $r \in [0,1]$,$i=1,2,\cdots,p$。用 $w_i = \dfrac{r_i}{\sum\limits_{i=1}^{p} r_i}$ $(i=1,2,\cdots,p)$ 计算边界区每个少数类样本周围的多数类权重比例。

(5)对在边界区的每个少数类样本计算周围的合成数目 $g_i = w_i \times G(i=1,2,\cdots,p)$。

(6)采用 SMOTE 在边界区的每个少数类样本周围合成 g_i 个少数类样本。

5.3 数据分区混合采样和模型动态选择

欠采样方法和过采样方法都可以改善数据集的不平衡程度,但单独使用欠采样方法和过采样方法时的分类性能还有待提高。混合采样方法是将欠采样方法和过采样方法相结合,实现数据集类别平衡的有效方法。此外,不同样本空间的不同部分可能代表不同特征,而目前的采样方法缺乏对数据分布的关注,因此本章提出一种数据分区混合采样(DPHS)方法。主要步骤如下。

(1)边界区样本采用 BMW-SMOTE 方法采样,采样后得到 $D_{border过}$。

(2)将多数类安全区样本 D_{safe-} 聚成多个簇,对每个簇进行随机欠采样(采样数量是每个簇样本数量的一半),得到 $D_{safe-欠}$。

(3)保留少数类安全区样本 D_{safe+}。

(4)最终综合步骤(1)、(2)和(3)的结果获得 $D_{balance} = D_{safe+} + D_{safe-欠} + D_{border过}$。

BRAF 方法在模型结合策略上采用简单的模型叠加,对于测试对象无分别地进行模型预测,降低了模型的适用性。本章提出一种模型动态选择(Model Dynamic Selection,MDS)策略,详见算法 5-2。给定二类不平衡训练集 D、测试集 T,首先,遍历测试集 T,通过 K 近邻计算每个测试点中少数类个数 T_{i+},判断 $T_{i+} = 0$、$T_{i+} \in (0,[k/2])$、$T_{i+} \in [[k/2],k]$,将每个测试点样本分为三种类型,即周围全是多数类、周围少量多数类+大量少数类、周围大量多数类+少量少数类。其次,对三种类型的测试点选择相应模型进行训练。最后,综合所有模型的决策树结果,通过硬投票得出最终分类结果。

算法 5-2　模型动态选择

输入:训练数据集 D,测试集 T,多数类标签为 L_{maj},少数类标签为 L_{min},三个集成模型 M_1,M_2,M_3

输出:测试集 T 的分类结果 Label

1: 判断测试点类型

2: for each t_i in T do

3: 　T_{nn} = Nearest_Neighbor(t_i, D, k) {找到测试点 t_i 在 D 中的 k 个最近邻居点}

4: 　Initialize $T_{i+} \leftarrow 0$ {T_{i+} 表示测试点周围少数类个数}

5: 　for each t_i in T_{nn} do

6:     if label$(t_j) \in L_{\min}$ then
7:        $T_{i+} \leftarrow T_{i+} + 1$
8:     end if
9:   end for
10: if $T_{i+} = 0$ then
11:     $T_1 \leftarrow t_i$ {将测试样本分为周围全是多数类}
12: else if $T_{i+} < [k/2]$ then
13:     $T_2 \leftarrow t_i$ {将测试样本分为周围少量多数类+大量少数类}
14: else
15:     $T_3 \leftarrow t_i$ {将测试样本分为周围大量多数类+少量少数类}
16: end if
17: end for
18: 针对不同测试点类型,选择合适的模型
19: for each t_i in T do
20: if $t_i \in T_1$ then
21:     M_1.perdict(t_i) {周围全是多数类的样本类型选择模型 1 预测}
22: else if $t_i \in T_2$ then
23:     M_2.perdict(t_i) {周围少量多数类+大量少数类的样本类型选择模型 2 预测}
24: else $t_i \in T_3$
25:     M_3.perdict(t_i) {周围大量多数类+少量少数类的样本类型选择模型 3 预测}
26: end if
27: end for
28: 综合所有模型得到的结果,通过硬投票得出最终分类结果 Label
29: 返回:Label

5.4 DPHS-MDS 方法的整体描述

    数据分区混合采样驱动模型动态选择的不平衡分类(DPHS-MDS)方法的总体流程如图 5-2 所示。首先,采用最近邻算法,划分出四个区域(少数类安全区、多数类安全区、少数类噪声区、边界区),对噪声点进行过滤(删除少数类噪声区),对剩下的区域进行相应的采样或保留,得到采样后的平衡数据集。其次,分别采用过滤后的数据集以及采样后的平衡数据集生成原始和偏置随机森林模型,将两种模型的分类器进行集成,得到了混合模型,DPHS-MDS 方法使用两个参数来定义生成的随机森林的大小,第一个参数 S 定义了合并森林的大小,第二个参数 $q(0 \leqslant q \leqslant 1)$ 定义了 RF_1 和 RF_2 森林模型比率的大小。比如,当森林大小 $RF_2 = qS$ 时,森林大小 $RF_1 = (1-q)S$。最后,判断测试点类型,针对不同测试点类型基于动态选择的思想选择合适的模型,通过硬投票得出最终的分类结果。DPHS-MDS 方法的具体实现见算法 5-3。

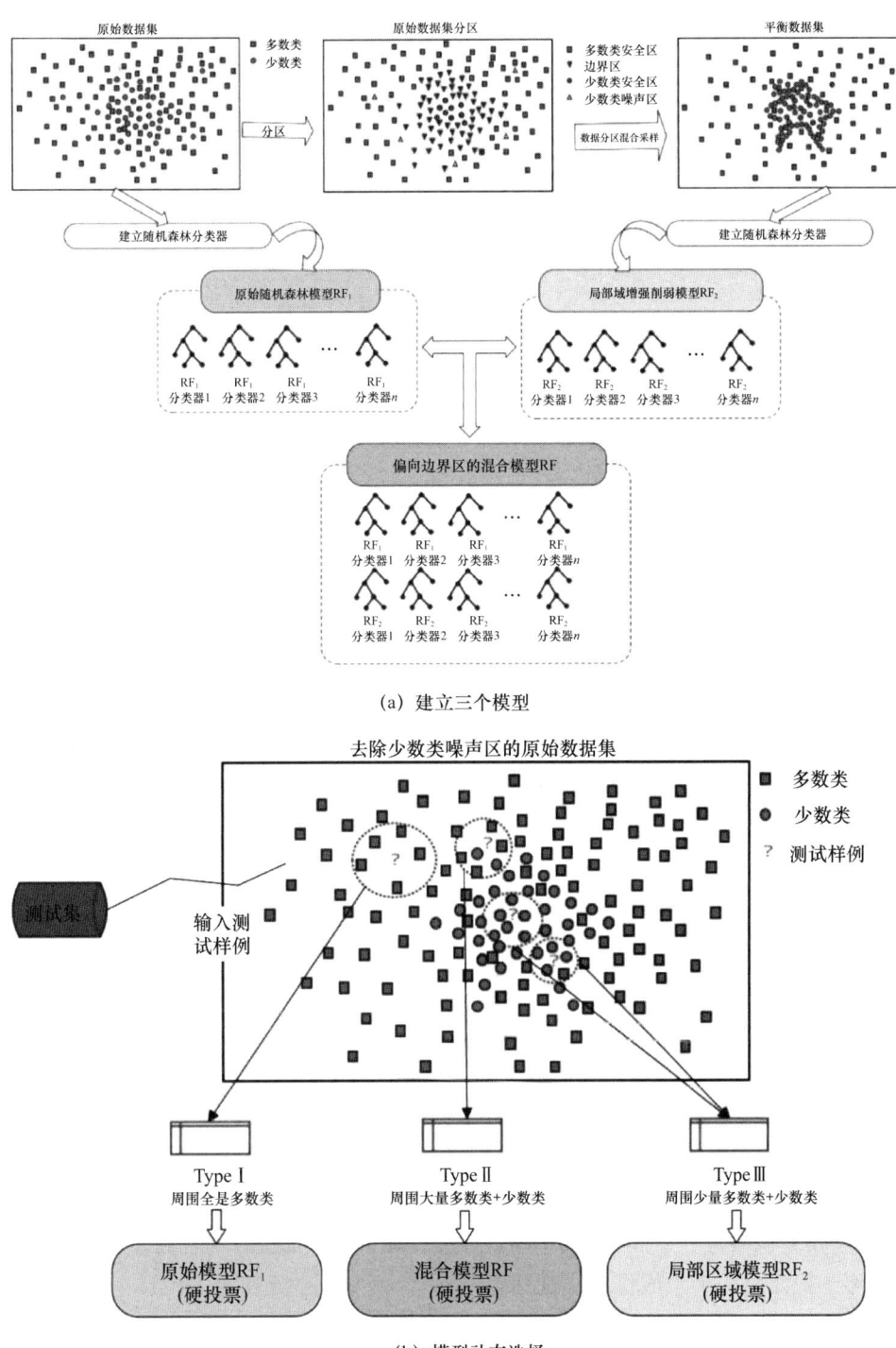

(a) 建立三个模型

(b) 模型动态选择

图 5-2 DPHS-MDS 方法的总体流程图

算法 5-3　数据分区混合采样驱动模型动态选择的不平衡集成分类(DPHS-MDS)方法

输入：训练数据集 D,测试集 T,少数类标签 L_{min},森林大小 S,模型比率 q｛关键区域 RF 的比率｝
输出：分类模型结果 Label
1：通过 DPHS 方法获得平衡数据集 $D_{balance}$,DPHS 方法见 5.3 节
2：　D_{filter}←Data Partitioning(D,L_{min})｛通过算法 2-1 获得过滤集 D_{filter}｝
3：建立三种集成学习模型
4：　RF_1←BuildForest$(D_{filter},S*(1-q))$｛根据完整的数据集建立大小为 $S*(1-q)$ 的随机森林原始模型｝
5：　RF_2←BuildForest$(D_{balance},S*q)$｛根据采样后的数据集建立大小为 $S*q$ 的局部域增强和削弱模型｝
6：　RF←RF_1+RF_2｛结合原始模型和局部域增强和削弱模型建立混合模型｝
7：通过算法 2-2 得到最终的分类结果标签
8：　M_1←RF_1
9：　M_2←RF
10：　M_3←RF_2
11：　Label←Model Dynamic Selection$(D,T,L_{min},M_1,M_2,M_3)$
12：返回：Label

给定训练数据集 D、测试集 T、少数类标签 L_{min}、森林大小 S、模型定量 q。首先,采用 DPHS 方法获得平衡数据集 $D_{balance}$。具体来说,将少数类安全区样本 D_{safe+} 保留,将少数类噪声区样本 $D_{danger+}$ 删除,多数类安全区样本 D_{safe-} 采用聚类随机欠采样,边界区样本 D_{border} 采用 BMW-SMOTE 采样,综合以上混合采样结果得到平衡数据集 $D_{balance}$。其次,在随机森林模型的基础上,训练原始模型 RF_1、局部域增强和削弱模型 RF_2、混合模型 RF。最后,针对三种测试点类型(T_1,T_2,T_3),采用 MDS 策略选择相应的模型。

5.5　实验与评估

本节在公开数据与实际业务数据上,对 DPHS-MDS 方法与典型的不平衡分类方法进行了实验对比,结果表明 DPHS-MDS 方法在异常检测应用中具有有效性。

5.5.1　参数设置

实验采用 Python 3.7.1 作为运行环境,RF、BRAF 均采用原参考文献中提供的或默认的参数,DPHS-MDS 方法的主要参数包括合成因子 $b=0.5$、森林大小 $S=100$ 以及模型比率 $q=0.5$。所有方法在每个数据集上的实验结果均是 10 次五折交叉验证的平均值。五折交叉验证是指将原始数据平均分为 5 个部分,选取其中的一部分作为测试集,其余部分作为训练集,将 5 次结果的平均值作为 1 次运行结果[35]。为了充分比较 DPHS-MDS 方法与其他方法,首先使用非参数统计检验中的 Wilcoxon 符号秩检验[55]来进一步评价方法的性能,检验阈值 α 设置为 0.05,每个统计结果都得到 P。如果 P 小于$\alpha(0.05)$,则两种方法在评价指标上有显著性差异,且 P 越小,统计差异越大。使用 Friedman 检验[47]来确定不同方法之间的均值秩,允许多种假设比较,在多次比较中均值秩(平均排名)越小,该方法在性能指标上的表现越好。

5.5.2 公开数据集的结果与分析

1. 数据集和实验设置

实验的数据集都来自 UCI 数据集(下载网址为 http://archive.ics.uci.edu/ml)和 KEEL 数据集(下载网址为 https://sci2s.ugr.es/keel/imbalanced.php),包括 24 个不平衡数据集。表 5-1 描述了这些数据集的详细信息,包括样本数量(214~2 380)、特征维度(5~19)、多数类样本数量、少数类样本数量和不平衡比(多数类样本数量与少数类样本数量的比值)。

表 5-1 数据集描述

编号	数据集	样本数量	特征维度	多数类样本数量	少数类样本数量	不平衡比
1	wisconsin	683	9	444	239	1.86
2	pima	768	8	500	268	1.87
3	glass0	214	9	144	70	2.06
4	vehicle1	846	18	629	217	2.9
5	vehicle0	846	18	647	199	3.25
6	ecoli1	336	7	259	77	3.36
7	new-thyroid1	215	5	180	30	5.14
8	new-thyroid2	215	5	180	35	5.14
9	ecoli2	336	7	284	52	5.46
10	segment0	2 308	19	1 979	329	6.02
11	yeast3	1 484	8	1 321	163	8.1
12	ecoli3	336	7	301	35	8.6
13	yeast-2_vs_4	514	8	463	51	9.08
14	vowel0	988	13	898	90	9.98
15	glass2	214	9	197	17	11.59
16	yeast-1_vs_7	459	7	429	30	14.3
17	glass4	214	9	201	13	15.46
18	ecoli4	336	7	316	20	15.8
19	page-blocks-1-3_vs_4	472	10	444	28	15.86
20	abalone9-18	731	8	689	42	16.4
21	glass5	214	9	205	9	22.78
22	yeast4	1 484	8	1 433	51	28.1
23	ecoli-0-1-3-7_vs_2-6	281	7	274	7	39.14
24	yeast6	1 484	8	1 449	35	41.4

采用所提的数据分区方法对这些数据集进行预处理。表 5-2 为数据分区后四个区域（图 5-1）的样本数量。例如，yeast3 数据集包含多数类安全区的 1 058 个样本、少数类噪声区的 8 个样本、边界区的 263 个多数类样本、边界区的 136 个少数类样本、少数类安全区的 19 个样本。

表 5-2　数据分区后的数据分布

编号	数据集	区域 I 样本数量	区域 II 样本数量	区域 III		区域 IV 样本数量
				多数类样本数量	少数类样本数量	
1	wisconsin	417	1	27	98	140
2	pima	114	6	386	260	2
3	glass0	45	1	99	59	10
4	vehicle1	228	3	401	208	6
5	vehicle0	467	0	180	160	39
6	ecoli1	194	2	65	64	11
7	new-thyroid1	169	0	11	20	15
8	new-thyroid2	169	0	11	20	15
9	ecoli2	209	2	75	39	11
10	segment0	1 883	0	96	24	305
11	yeast3	1 058	8	263	136	19
12	ecoli3	237	2	64	33	0
13	yeast-2_vs_4	398	2	65	48	1
14	vowel0	842	0	56	89	1
15	glass2	106	3	91	14	0
16	yeast-1_vs_7	261	8	168	22	0
17	glass4	179	1	22	12	0
18	ecoli4	293	1	23	13	6
19	page-blocks-1-3_vs_4	420	0	24	28	0
20	abalone9-18	560	11	129	31	0
21	glass5	189	1	16	8	0
22	yeast4	1 199	12	234	39	0
23	ecoli-0-1-3-7_vs_2-6	242	2	32	5	0
24	yeast6	1 296	6	153	29	0

为了验证 DPHS-MDS 方法在不平衡分类中的有效性，我们进行了如下实验。首先，引入了评价指标。其次，分析了 k 值对 DPHS-MDS 方法的影响。再次，我们对几种典型的过采样方法和 BMW-SMOTE 方法进行了对比实验，并验证了 MDS 策略在训练过程中的有效性。最后，给出了 DPHS-MDS 方法与相关方法的对比结果。

2. 评价指标

对于不平衡分类问题,总体分类准确率可能以牺牲少数类样本分类准确率为代价,无法全面地评价分类器的性能。F1-measure 和 G-mean 作为评估标准[56-57],用于评估不平衡分类方法的性能。两个评价指标都建立在混淆矩阵的基础上,混淆矩阵见表 5-3。

表 5-3 混淆矩阵

类别	预测少数类样本	预测多数类样本
实际少数类样本	TP	FN
实际多数类样本	FP	TN

查全率 Recall、查准率 Precision、少数类样本准确率 MinAcc 和多数类样本准确率 MajAcc 的计算公式如下:

$$\text{Recall} = \text{MinAcc} = \frac{\text{TP}}{\text{TP}+\text{FN}}$$

$$\text{Precision} = \frac{\text{TP}}{\text{TP}+\text{FP}} \tag{5-1}$$

$$\text{MajAcc} = \frac{\text{TN}}{\text{TN}+\text{FP}}$$

F1-measure 是 Recall 和 Precision 的调和平均值,其值接近两数的较小者,高的 F1-measure 值可保证 Recall 和 Precision 都很高。F1-measure 定义如下:

$$\text{F1-measure} = \frac{(1+\beta^2) \cdot \text{Recall} \cdot \text{Precision}}{\beta^2 \cdot \text{Recall} + \text{Precision}} \tag{5-2}$$

其中,β 是可调参数,通常情况下 $\beta=1$。

G-mean 是 MinAcc 和 MajAcc 的几何平均值,高的 G-mean 值可保证 MinAcc 和 MajAcc 都很高。G-mean 定义如下:

$$\text{G-mean} = \sqrt{\text{MinAcc} \cdot \text{MajAcc}} \tag{5-3}$$

3. 分析 DPHS-MDS 方法中最近邻居数量的影响

在本节中,旨在研究 k 值对 DPHS-MDS 方法的影响。在 DPHS 与相关变体方法(如 DPHS-MDS 方法等)中均具有相同的 k 值。本节考虑了 $k=3,7,9,11,13,15,17$ 和 19 个最近邻居的配置,对于 F1-measure 和 G-mean 指标的测量,不同 k 值下的结果分别在表 5-4 和表 5-5 中显示。最终结果是 10 次运行结果的平均值±标准偏差,最佳结果以粗体突出显示。

从表 5-4 和表 5-5 的结果可以看出,k 值对实验结果的影响。考虑获取最佳结果的数据集数量,当 $k=13$ 时,DPHS-MDS 方法在 F1-measure 和 G-mean 指标上的表现最好。考虑到平均性能,当 $k=13$ 时,DPHS-MDS 方法在 F1-measure 和 G-mean 指标上的平均性能最好。当 $k=11$ 时,DPHS-MDS 方法虽然在 F1-measure 和 G-mean 指标上表现较好,但在其他方面没有明显的优势。为检测不同 k 值下的 DPHS-MDS 方法之间是否存在差异,将采用 Wilcoxon 符号秩检验、Friedman 检验进行统计学分析。

表 5-4 不同 k 值下，DPHS-MDS 方法的 F1-measure 测量结果

数据集	$k=3$	$k=5$	$k=7$	$k=9$	$k=11$	$k=13$	$k=15$	$k=17$	$k=19$
wisconsin	0.9569±0.0019	0.9587±0.0025	0.9591±0.004	0.9568±0.0019	0.9593±0.0044	**0.9633±0.0025**	0.9612±0.003	0.9611±0.0031	0.9614±0.0027
pima	0.6653±0.0062	0.6733±0.0095	0.6622±0.009	0.6703±0.0068	0.6737±0.0071	0.6864±0.0073	0.6808±0.0086	0.6641±0.0059	0.6773±0.0063
glass0	0.8087±0.0129	0.8339±0.0118	0.8143±0.0131	0.7941±0.0168	0.8014±0.0129	**0.8201±0.0072**	0.7967±0.0143	0.8012±0.0133	0.7856±0.0158
vehicle1	0.5789±0.0108	0.5744±0.0098	0.5761±0.0141	0.5624±0.0098	**0.5973±0.0119**	0.5813±0.0099	0.5847±0.0146	0.5858±0.0112	0.5852±0.0104
vehicle0	0.9365±0.0045	0.9371±0.0041	0.9369±0.0045	0.9391±0.0047	0.9319±0.0049	0.9337±0.0049	**0.9413±0.0042**	0.9363±0.0057	0.9387±0.0046
ecoli1	0.8068±0.0091	0.8113±0.0151	0.8122±0.0112	**0.8238±0.0118**	0.8194±0.0088	0.8067±0.0069	0.8046±0.0142	0.7864±0.0114	0.8018±0.0099
new-thyroid1	1.956±0.012	0.9379±0.0148	0.9559±0.0151	**0.9713±0.0163**	**0.9713±0.0142**	0.9692±0.014	0.9559±0.0136	0.9407±0.0148	0.9446±0.015
new-thyroid2	0.9405±0.0099	0.9538±0.0161	0.9405±0.0151	0.9692±0.0172	0.9692±0.0114	0.9692±0.0146	**0.9692±0.0172**	**0.9692±0.0126**	0.9538±0.0146
ecoli2	0.8227±0.0117	0.8366±0.0065	0.8084±0.0178	0.8542±0.0086	0.834±0.014	0.837±0.0111	0.8218±0.0161	0.8171±0.0148	0.8035±0.0168
segment0	0.9863±0.0018	0.9863±0.0017	0.9878±0.0015	0.9863±0.0019	0.9878±0.0021	0.9893±0.0008	0.9878±0.0009	**0.9894±0.0014**	**0.9894±0.0014**
yeast3	0.7674±0.0067	0.7466±0.0084	0.7616±0.0081	0.7616±0.0085	0.7639±0.0071	**0.7701±0.0073**	0.7553±0.0101	0.7765±0.009	0.7567±0.0058
ecoli3	0.5643±0.0334	0.5894±0.0344	0.5988±0.0201	0.5335±0.0184	0.5783±0.0118	0.6065±0.0297	0.5549±0.0229	0.5907±0.0195	0.5901±0.0144
yeast-2_vs_4	0.7073±0.0171	0.7385±0.0218	0.7376±0.0209	0.7351±0.0167	**0.7696±0.016**	0.7464±0.0115	0.7393±0.0256	0.7121±0.0151	0.7492±0.0171
vowel0	0.9349±0.0052	0.9455±0.0052	0.9566±0.0093	0.9517±0.0084	**0.9642±0.0075**	0.9623±0.0052	0.9499±0.0048	0.9642±0.0064	0.9569±0.0061
glass2	0.1833±0.0454	0.1833±0.0518	0.2333±0.0692	0.1905±0.0648	0.23±0.0519	**0.2833±0.0686**	0.18±0.0712	0.2333±0.0708	0.18±0.1003
yeast-1_vs_7	0.35±0.0329	**0.3576±0.0388**	0.3327±0.0373	0.3497±0.0507	0.3105±0.038	0.3178±0.038	0.3424±0.0373	0.3543±0.0279	0.2771±0.0331
glass4	0.6343±0.0293	0.62±0.0385	0.5935±0.0582	0.6433±0.056	0.6±0.0403	**0.6743±0.0586**	0.6333±0.0341	0.56±0.0591	0.56±0.0427
ecoli4	0.6495±0.0157	0.7714±0.044	**0.7829±0.0278**	0.7506±0.0323	0.7792±0.0284	0.7506±0.0337	0.7149±0.0278	0.7341±0.0248	0.7371±0.0311
page-blocks1-3_vs_4	0.9192±0.0074	0.9778±0.0075	0.9934±0.0131	0.9949±0.0102	0.9953±0.0093	**1±0**	0.9956±0.0089	0.9958±0.0083	0.9778±0.0095
abalone9-18	0.537±0.034	0.5661±0.0267	0.5001±0.0327	0.4813±0.0229	0.5051±0.0258	**0.5467±0.0282**	0.5445±0.0343	0.5±0.0352	0.4952±0.0354
glass5	0.56±0.1067	0.76±0.036	**0.8±0.085**	**0.8±0.0896**	**0.8±0.0705**	**0.8±0.0678**	0.76±0.0671	0.76±0.1019	0.76±0.0517
yeast4	0.2712±0.0353	0.3996±0.0257	0.3947±0.0284	0.3962±0.0231	0.3933±0.024	**0.4259±0.0323**	0.4092±0.0444	0.4062±0.0307	0.4155±0.0279
ecoli-0-1-3-7_vs_2-6	0.3333±0.1	0.5±0.1	0.5±0.1	0.5±0.1327	0.5333±0.08	**0.7±0.098**	0.5±0.0823	0.5±0.1281	0.5±0.098
yeast6	0.5541±0.035	0.5596±0.0287	0.6136±0.0297	**0.6179±0.026**	0.5745±0.0282	0.5824±0.0223	0.5539±0.0221	0.5845±0.0283	0.5774±0.0179
平均值	0.6844±0.0244	0.7175±0.0233	0.7191±0.0269	0.7183±0.0273	0.7228±0.0221	**0.7384±0.0242**	0.7142±0.025	0.7136±0.0275	0.7073±0.0245
平均排名	6.63	5.44	5.00	4.94	4.13	**2.94**	5.28	4.94	5.65

|第 5 章| 数据分区混合采样驱动模型动态选择的不平衡分类方法

表 5-5 不同 k 值下，DPHS-MDS 方法的 G-mean 测量结果

数据集	$k=3$	$k=5$	$k=7$	$k=9$	$k=11$	$k=13$	$k=15$	$k=17$	$k=19$
wisconsin	0.9705±0.0014	0.9716±0.0019	0.9725±0.0027	0.970±0.0021	0.9735±0.0036	**0.9758±0.002**	0.9746±0.0027	0.9736±0.003	0.9737±0.0021
pima	0.74±0.0082	0.7446±0.0102	0.7354±0.0089	0.7422±0.0059	0.7448±0.0061	0.7555±0.0066	0.7512±0.0076	0.7369±0.0051	0.7485±0.0056
glass0	0.86±0.0105	0.8828±0.0105	0.8681±0.0112	0.8530±0.0147	0.8576±0.0107	0.8743±0.0064	0.8542±0.0121	0.8571±0.0103	0.8436±0.0134
vehicle1	0.7118±0.0094	0.7094±0.0085	0.7119±0.0112	0.7016±0.0086	0.7296±0.0086	0.7143±0.0088	**0.7199±0.0118**	3.7186±0.0091	0.7178±0.0087
vehicle0	0.9677±0.0027	0.9712±0.0019	0.9694±0.0027	0.970±0.0034	0.9661±0.0027	0.965±0.0027	**0.971±0.0031**	0.967±0.0038	0.9684±0.0031
ecoli	0.8867±0.0076	0.9035±0.0121	0.8924±0.0099	0.8977±0.0086	**0.9037±0.0085**	0.8864±0.0058	0.8067±0.0093	0.8784±0.0107	0.8915±0.0076
new-thyroid1	0.9677±0.012	0.9514±0.0147	0.9674±0.0093	0.9824±0.0125	0.9824±0.0134	0.9852±0.0132	0.9675±0.1103	0.9529±0.012	0.9824±0.012
new-thyroid2	0.9524±0.0054	0.9555±0.0097	0.9527±0.0158	**0.9703±0.0105**	**0.9703±0.0087**	0.9703±0.0112	0.9703±0.0123	0.9703±0.0127	0.9555±0.0112
ecoli2	0.8688±0.0075	0.88±0.0052	0.8658±0.0126	0.8915±0.0062	**0.8964±0.0088**	0.8881±0.0081	0.8868±0.0092	0.8755±0.0071	0.8565±0.0071
segment0	0.9926±0.0003	0.9926±0.0007	0.9929±0.0007	0.9926±0.0008	0.9929±0.0009	0.9931±0.0004	0.9922±0.0006	**0.9947±0.0007**	**0.9947±0.0007**
yeast3	0.8773±0.0028	0.8682±0.0075	0.8789±0.0035	0.879±0.006	0.8796±0.005	0.8832±0.0037	0.8726±0.0038	0.8824±0.0051	0.8812±0.0026
ecoli3	0.7265±0.0249	0.7599±0.0293	0.7614±0.017	0.7222±0.0117	0.7449±0.0095	0.7485±0.021	0.7268±0.0214	0.7465±0.0179	0.7469±0.0105
yeast-2_vs_4	0.8162±0.0104	0.8393±0.0137	0.8338±0.0137	0.8356±0.0153	0.8419±0.0096	0.8575±0.0118	0.8496±0.0171	0.8253±0.0107	0.8479±0.0105
vowel0	0.9445±0.0005	0.9576±0.0005	3.9638±0.0022	0.9684±0.0032	**0.9753±0.0038**	0.9695±0.0075	0.9622±0.0029	**0.9753±0.0044**	0.9689±0.0046
glass2	0.2375±0.0562	0.2375±0.0585	3.2569±0.0644	0.2388±0.0821	0.3115±0.0737	0.3532±0.0849	0.2155±0.0845	0.2569±0.0822	0.2155±0.112
yeast-1_vs_7	0.4513±0.0511	0.4984±0.0437	0.4497±0.0468	0.4507±0.0716	0.4174±0.0473	0.4252±0.0473	0.4507±0.0482	**0.4822±0.0328**	0.3914±0.0464
glass4	0.6858±0.0187	0.6837±0.0352	0.6816±0.0414	0.7195±0.0353	0.6725±0.0326	0.7225±0.0583	0.7183±0.0332	0.6371±0.0433	0.6358±0.0534
ecoli4	0.7424±0.0012	0.8138±0.0314	0.8432±0.0182	0.8167±0.0254	0.8435±0.0128	0.8167±0.022	0.7851±0.0162	0.7862±0.0138	0.7867±0.0189
page-blocks-1-3_vs_4	0.9229±0.0065	0.9789±0.0068	0.9968±0.0065	0.9952±0.0097	0.9958±0.0084	**1±0**	0.9958±0.0084	0.996±0.008	0.9789±0.009
abalone9-18	0.6996±0.0212	0.7203±0.022	0.6707±0.0219	0.6553±0.0115	0.6809±0.0194	0.7046±0.0302	0.7044±0.0247	0.6534±0.0254	0.6689±0.0318
glass5	0.5975±0.0892	0.7975±0.0502	**0.8±0.0893**	**0.8±0.0819**	**0.8±0.0535**	**0.8±0.0619**	0.7975±0.0648	0.7975±0.0766	0.7975±0.0626
yeast4	0.4605±0.0335	0.5995±0.0206	0.5869±0.0251	0.6117±0.0233	0.5955±0.0193	0.6374±0.0218	0.6111±0.036	0.6105±0.0319	0.6115±0.0237
ecoli-0-1-3-7_vs_2-6	0.3414±0.1	0.5401±0.1	0.5401±0.1	0.5401±0.1327	0.5414±0.08	0.7401±0.098	0.5401±0.0801	0.5401±0.1281	0.5401±0.098
yeast6	0.7237±0.025	0.7416±0.025	0.7813±0.0206	0.7815±0.0167	0.7712±0.0188	0.7715±0.0142	0.7331±0.0178	0.7417±0.0189	0.7569±0.016
平均值	0.7561±0.0211	0.7916±0.0217	0.7909±0.0232	0.7914±0.025	0.7955±0.0194	0.8099±0.0228	0.7852±0.0224	0.7859±0.024	0.7817±0.0238
平均排名	7.10	5.27	5.17	4.90	3.90	2.85	5.15	5.25	5.42

表 5-6 显示了 Wilcoxon 符号秩检验的结果,其中 R+的值表示 $k=13$ 时 DPHS-MDS 方法的秩和,R-的值表示其他 k 值时 DPHS-MDS 方法的秩和。当 P 小于 0.05 时,拒绝原假设,说明 $k=13$ 时的 DPHS-MDS 方法与其他 k 值时的 DPHS-MDS 方法存在显著差异。当原假设被拒绝且 R+的值大于 R-的值时,说明在两个性能指标上 $k=13$ 时的 DPHS-MDS 方法都优于其他 k 值时的 DPHS-MDS 方法。例如,虽然在 F1-measure 上 $k=13$ 与 $k=11$ 时的假设没有被拒绝,但是 R+的值(171.5)大于 R-的值(59.5),说明当 $k=13$ 时 DPHS-MDS 方法的优越性。从表 5-4 和表 5-5 可知,当 $k=13$ 时,DPHS-MDS 方法在 Friedman 检验中 F1-measure(2.94)和 G-mean(2.85)的平均排名,即秩水平最高。基于上述实验结果,本章的剩余部分设置参数 $k=13$。

表 5-6 Wilcoxon 符号秩检验对不同 k 值下 DPHS-MDS 方法的差异性检验结果

比较	F1-measure				G-mean			
	R+	R-	P	假设 $\alpha=0.05$	R+	R-	P	假设 $\alpha=0.05$
$k=13$ vs. $k=3$	280	20	0.000 203 8	rejected	280	20	0.000 204	rejected
$k=13$ vs. $k=5$	236.5	63.5	0.013 452 7	rejected	225	75	0.032 125	rejected
$k=13$ vs. $k=7$	199.5	53.5	0.017 780 9	rejected	188	65	0.045 865	rejected
$k=13$ vs. $k=9$	156	54	0.056 914 6	not rejected	164	46	0.027 621	rejected
$k=13$ vs. $k=11$	171.5	59.5	0.051 585 7	not rejected	166	65	0.079 192	not rejected
$k=13$ vs. $k=15$	225	28	0.001 383 5	rejected	222	31	0.001 931	rejected
$k=13$ vs. $k=17$	212	41	0.005 506 4	rejected	211	42	0.006 078	rejected
$k=13$ vs. $k=19$	285.5	14.5	0.000 108 1	rejected	270.5	29.5	0.000 575	rejected

4. 过采样方法的对比实验

本节将 BRAF[58]分别结合 BMW-SMOTE 方法与其他过采样方法进行对比实验。以不与任何采样方法结合的 BRAF 分类结果作为基准进行比较。除 BRAF 和 BMW-SMOTE 上的合成比例因子 $b=1$ 外,默认参数见 5.5.1 节。实验结果见表 5-7 和表 5-8。结果是 10 次运行结果的平均值±标准偏差。

从表 5-7 和表 5-8 的结果可以看出,BMW-SMOTE 方法比其他过采样方法在 F1-measure 和 G-mean 上的表现得更好。具体来说,在 24 个数据集中,BMW-SMOTE 方法在 F1-measure 上有 13 个最好结果,BMW-SMOTE 方法在 G-mean 上有 15 个最好结果。在平均表现方面,BMW-SMOTE 方法在 F1-measure 和 G-mean 上也优于其他过采样方法。

Wilcoxon 符号秩检验结果见表 5-9,其中 R+的值代表 BRAF 与 BMW-SMOTE 方法相结合后的秩和,R-的值代表 BRAF 与其他过采样方法相结合后的秩和。从表 5-9 可以看出,在 F1-measure 和 G-mean 上所有的原假设都被拒绝,表明 BRAF 结合 BMW-SMOTE 方法与 BRAF 结合其他采样方法有显著差异,且 R+的值大于 R-的值,说明 BRAF 与 BMW-SMOTE 方法相结合的优越性。此外,在表 5-7 和表 5-8 中,BRAF 结合 BMW-SMOTE 方法在 Friedman 检验中 F1-measure(2.40)和 G-mean(2.35)的结果最好。综上所述,BMW-SMOTE 方法在不平衡数据集上表现优于其他对比方法。

第 5 章 数据分区混合采样驱动模型动态选择的不平衡分类方法

表 5-7 在给定的数据集上,BRAF 分别结合 BMW-SMOTE 方法与其他过采样方法的 F1-measure 测量结果

数据集	Baseline	SMOTE	Safe-Level-SMOTE	SMOTE-OUT	G-SMOTE	SMOTE-D	SOMO	AMSCO	K-means SMOTE	BMW-SMOTE
wisconsin	0.956 5±0	0.958 9±0.002	0.958 6±0.002 8	0.958 6±0.002 6	0.954 3±0.002	0.956 5±0.002 6	0.958 6±0.002 1	0.956 4±0.002 5	0.960 8±0.003 2	**0.961 2±0.002 1**
pima	0.65±0	0.672 4±0.005 4	0.633 5±0.008	0.647±0.005 8	0.640 2±0.004 7	0.649 1±0.006 6	0.642 5±0.006 4	0.651 6±0.007 2	0.633 5±0.004 9	**0.680 5±0.007 5**
glass0	0.824 6±0	0.816 8±0.016 3	0.781 2±0.015 1	0.824 2±0.015	0.790 7±0.009 6	0.802 8±0.012 1	0.786 4±0	0.824 9±0.016 2	0.803±0.009 4	**0.834 8±0.011 8**
vehicle1	0.521 8±0	0.557 9±0.007 8	0.535 6±0.005 7	0.531 1±0.006 1	0.541 9±0.004 1	0.529 8±0.003 4	0.514 1±0.004 2	0.530 3±0.005 6	0.539 9±0.005 5	**0.562 7±0.011 8**
vehicle0	0.947 4±0	0.942 9±0.003 3	0.942 8±0.003 6	0.949 5±0.003 6	0.942 5±0.003 4	0.947 2±0.005 3	**0.953 1±0.005 3**	0.95±0.002 3	0.947 4±0.004 5	0.950 7±0.009 3
ecoli1	0.782 3±0	0.780 9±0.009 6	0.783±0.006 5	0.791 9±0.011 6	0.764 4±0.006 8	**0.806 8±0.011 1**	0.772 3±0	0.786 3±0.006 9	0.784 5±0.010 5	0.805 3±0.004
new-thyroid1	0.969 2±0	0.956±0.008 6	0.953 8±0.007 5	0.937 9±0.010 1	0.937 8±0.008 2	0.969 2±0.005 8	0.953 8±0.006 2	0.955 9±0.011 7	0.953 8±0	**0.971 3±0.010 9**
new-thyroid2	0.953 8±0	**0.969 2±0.006 2**	0.955 9±0.008 1	0.953 8±0.009 9	**0.969 2±0.004 6**	0.953 8±0.004 4	0.953 8±0.004 6	**0.969 2±0**	**0.969 2±0.009 9**	**0.969 2±0.015 5**
ecoli2	0.810 2±0	0.825 7±0.012 5	0.808±0.012 1	0.835 2±0.013 1	0.835±0.007 7	0.833±0.007 5	0.815 2±0	0.833 2±0.011 7	0.842 7±0.011 5	**0.845 7±0.009 6**
segment0	0.983 4±0	0.993 8±0.000 9	0.992 5±0.001 7	0.993 8±0.000 7	0.993 8±0.000 5	0.993 8±0.000 5	0.992 3±0	0.990 8±0.000 9	0.993 8±0.001 2	**0.993 8±0.007 8**
yeast3	0.734 8±0	0.764 1±0.008 5	0.739 5±0.004 3	0.750 7±0.008 1	0.742±0.005 3	0.757 2±0.006 6	0.728 5±0	0.745 2±0.004 5	0.751 4±0.009 3	**0.768±0.001**
ecoli3	0.612 6±0	0.606 4±0.015 3	0.512 3±0.017 7	**0.633 4±0.024 4**	0.59±0.017 6	0.590 7±0.026 3	0.551 6±0	0.563±0.013 3	0.601±0.017	0.626 2±0.005 5
yeast-2_vs_4	0.771 1±0	0.763 5±0.015 3	0.761 3±0.021 4	0.741 2±0.010 8	0.741 8±0.010 7	0.763 5±0.015 5	0.770 4±0	0.764 9±0.007 2	**0.787 1±0.013 6**	0.777 5±0.021 8
vowel0	0.962 3±0	0.956 9±0.004 5	0.963±0.003 6	0.956 9±0.005 5	**0.967 7±0.005 3**	0.956±0.004 9	0.938±0	0.951 5±0.008 3	0.964 2±0.002 2	0.956 9±0.012 6
glass2	0±0	0.1±0.02	0.157 1±0.030 5	**0.283 3±0.016 5**	**0.283 3±0.015**	0.133 3±0.038 7	0±0	**0.283 3±0**	**0.283 3±0**	**0.283 3±0.007 2**
yeast-1_vs_7	**0.384 9±0**	0.281 6±0.029 6	0.215 9±0.058	0.286±0.035 8	0.25±0.047 2	0.328 9±0.029 6	0.288 9±0	0.277 1±0.012 9	0.297 1±0.012 9	0.324 4±0.027 6
glass4	0.52±0	0.62±0.031 6	0.56±0	0.6±0.036 5	0.56±0.034 9	**0.66±0.029 4**	0.56±0	0.66±0.042 1	0.6±0	0.62±0.025 2
ecoli4	0.800 6±0	0.772 1±0.020 3	0.702 9±0	0.825 4±0.020 9	0.772 1±0.019	**0.825 4±0.012 4**	0.702 9±0	0.772 1±0.025 1	0.772 1±0.000 6	0.800 6±0.036 9
page-blocks-1-3_vs_4	**0.981 8±0**	0.977 8±0.006 7	0.926 3±0	0.955 6±0.011 1	0.955 6±0	0.944 4±0.011 2	0.959 6±0.010 2	0.955 6±0.011 1	0.955 6±0	0.977 8±0.027 6
abalone9-18	0.450 1±0	0.525 5±0.018	0.332 7±0.029 8	0.522 6±0.028	0.512 5±0.016 8	0.51±0.019 8	0.381±0	0.449 9±0.021 7	0.529 4±0.017	**0.532 3±0.010 1**
glass5	0.413 3±0	0.381 2±0.020 3	0.4±0	0.337 8±0.012 6	0.76±0	0.76±0	0.4±0	0.693 3±0	0.76±0.092 3	**0.8±0.017 2**
yeast4	0.230 4±0	0.381 2±0.020 3	0.259 2±0.023 9	0.259 2±0.023 9	0.305 8±0.029 3	0.342 3±0.019 5	0.191 8±0	0.347 2±0.021 5	**0.383 4±0**	0.376 7±0
ecoli-0-1-3-7_vs_2-6	0.5±0	0.5±0	0.333 3±0	0.7±0.015 3	**0.733 3±0.01**	0.7±0	0.533±0.015	0.533 3±0.104 6	0.5±0.097 1	0.5±0.030 4
yeast6	0.524 9±0	0.575 5±0.013 2	0.533 6±0.025	0.576 7±0.010 7	0.540 8±0.012 3	0.524 5±0.019 2	0.452 7±0	0.556 2±0.022 7	0.56±0	**0.576 7±0.097 5**
平均值	0.678 6±0	0.710 8±0.011 5	0.656 1±0.011 9	0.723±0.013 1	0.711 9±0.011 5	0.718 3±0.012 2	0.658 4±0.001 6	0.708±0.015 5	0.715 6±0.013 4	**0.729±0.017 1**
平均排名	6.23	4.65	7.98	4.83	6.19	5.19	7.67	5.54	4.33	**2.40**

表 5-8 在给定的数据集上，BRAF 分别结合 BMW-SMOTE 方法与其他过采样方法的 G-mean 测量结果

数据集	Baseline	SMOTE	Safe-Level-SMOTE	SMOTE-OUT	G-SMOTE	SMOTE-D	SOMO	AMSCO	K-means SMOTE	BMW-SMOTE
wisconsin	0.9886±0	0.9716±0.0019	0.9697±0.0025	0.9697±0.0023	0.9665±0.002	0.9686±0.0024	0.9697±0.0019	0.9688±0.0021	0.9718±0.003	**0.9747±0.0019**
pima	0.7235±0	0.7462±0.0045	0.7147±0.0064	0.7229±0.0047	0.7172±0.0037	0.7245±0.0054	0.716±0.005	0.7286±0.0061	0.7093±0.004	**0.7532±0.0061**
glass0	0.8721±0	0.8715±0.0126	0.838±0.0126	0.8659±0.0123	0.8415±0.0091	0.8564±0.0104	0.830 3±0	0.8719±0.0128	0.8484±0.0079	**0.8852±0.0101**
vehicle1	0.6455±0	0.6921±0.0061	0.6608±0.0047	0.6582±0.0047	0.6647±0.0034	0.6571±0.0046	0.6302±0.0031	0.6666±0.0046	0.6681±0.0045	**0.695±0.0078**
vehicle0	0.9679±0	0.9681±0.0026	0.9664±0.0039	0.9668±0.0034	0.964±0.0015	0.9661±0.0028	0.973±0.0046	0.9687±0.0022	0.9662±0.0032	**0.9741±0.0028**
ecoli1	0.8566±0	0.8681±0.0089	0.848±0.0054	0.873±0.009	0.8499±0.0051	0.8815±0.0077	0.8444±0	0.8783±0.005	0.8535±0.0075	**0.8859±0.0081**
new-thyroid1	0.9703±0	0.9677±0.0079	0.9555±0.0071	0.9514±0.0096	0.9514±0.0074	0.9703±0.0064	0.9555±0.0059	0.9657±0.0117	0.9555±0	**0.9824±0.0124**
new-thyroid2	0.9555±0	**0.9703±0.0059**	0.9675±0.0018	0.9555±0.0095	**0.9703±0.0045**	0.9555±0.0045	0.9555±0.0045	**0.9703±0**	**0.9703±0.0095**	**0.9703±0.0078**
ecoli2	0.8743±0	0.8776±0.0088	0.8489±0.012	0.8792±0.0117	0.8792±0.0079	0.8792±0.0064	0.8499±0	0.8791±0.0112	0.8807±0.0083	**0.889±0.005**
segment0	0.9934±0	0.9939±0.0002	0.9936±0.0008	0.9939±0.0001	0.9930±0.0005	0.9939±0.0001	0.9992±0	0.9934±0.0002	0.9939±0.0008	**0.9949±0.0006**
yeast3	0.8319±0	0.8654±0.0107	0.8219±0.0148	0.8457±0.0092	0.8324±0.0079	0.8497±0.0105	0.8103±0	0.8386±0.0074	0.8427±0.0102	**0.8718±0.0051**
ecoli3	0.7186±0	0.7489±0.0146	0.6677±0.0184	**0.7807±0.0154**	0.7463±0.0093	0.7465±0.0213	0.6586±0	0.7279±0.0147	0.7477±0.0142	0.7665±0.019
yeast-2_vs_4	0.8429±0	0.8421±0.0072	0.8304±0.0028	0.8287±0.0058	0.8289±0.0041	0.8421±0.0057	0.8313±0	0.843±0.0044	0.8448±0.0077	**0.8514±0.0106**
vowel0	0.9694±0	0.9689±0.0026	0.9649±0.0035	0.9689±0.0028	0.97±0.0019	0.9689±0.0031	0.956±0	0.9683±0.0075	**0.9753±0.0002**	0.9683±0.0037
glass2	0±0	0.1155±0.0384	0.212±0.048	**0.353±0.0124**	**0.353±0.0288**	0.1414±0.0559	0±0	**0.353±0**	**0.353±0**	**0.353±0.0344**
yeast-1_vs_7	**0.5079±0**	0.3919±0.0232	0.3256±0.0827	0.3921±0.0376	0.3121±0.0654	0.4259±0.0204	0.3457±0	0.3914±0.0206	0.4166±0.0101	0.4257±0.0354
glass4	0.6333±0	0.6837±0.0213	0.6358±0	0.6725±0.0267	0.67±0.0216	**0.7204±0.0234**	0.6358±0	**0.7204±0.0271**	0.6725±0	0.6837±0.0168
ecoli4	0.8448±0	0.818±0.0261	0.7464±0	0.8594±0.0296	0.818±0.0244	**0.8594±0.016**	0.746±0	0.818±0.0323	0.8180±0.0089	0.844±0.0202
page-blocks-1-3_vs_4	**0.9826±0**	0.9789±0.0063	0.943±0	0.9578±0.0106	0.9578±0	0.9604±0.0095	0.9615±0.0097	0.9578±0.0106	0.9578±0	0.9789±0.0083
abalone9-18	0.5473±0	0.6283±0.014	0.4299±0.0346	0.6424±0.0188	0.6274±0.0132	0.6273±0.015	0.4495±0	0.5613±0.0176	**0.6448±0.0136**	0.628±0.015
glass5	0.533±0	0.7975±0	0.4±0	0.7975±0	0.7975±0	0.7975±0	0.4±0	0.7975±0	0.7975±0.0922	**0.8±0**
yeast4	0.3834±0	0.5299±0.0212	0.4006±0.0343	0.4887±0.0099	0.4465±0.0378	0.4891±0.0328	0.299±0	0.4967±0.0185	**0.5316±0**	0.5087±0.0318
ecoli-0-1-3-7_vs_2-6	0.5401±0	0.5401±0.0212	0.3414±0	0.740±0.0069	**0.7417±0.0004**	0.7401±0	0.5414±0	0.5414±0.1001	0.5401±0.0997	0.5401±0.0978
yeast6	0.6325±0	0.7184±0.0122	0.6436±0.0215	0.7184±0.0089	0.682±0.0113	0.6521±0.0168	0.5647±0	0.7006±0.022	0.7006±0.0099	**0.7184±0.0171**
平均值	0.7414±0	0.7731±0.0107	0.7136±0.0132	0.7868±0.0106	0.7774±0.0113	0.7781±0.0117	0.7045±0.0014	0.7754±0.0141	0.7775±0.0127	**0.7894±0.0158**
平均排名	6.33	4.13	8.27	4.94	6.25	4.85	8.29	5.00	4.58	2.35

表 5-9 在给定的数据集上,BRAF 分别结合 BMW-SMOTE 方法与其他典型过采样方法的 Wilcoxon 符号秩检验结果

比较	F1-measure				G-mean			
	R+	R−	P	假设 $\alpha=0.05$	R+	R−	P	假设 $\alpha=0.05$
BMW-SMOTE vs. Baseline	228	25	0.000 983 3	rejected	231	22	0.000 692 2	rejected
BMW-SMOTE vs. SMOTE	168	3	0.000 326 5	rejected	171	19	0.002 225 2	rejected
BMW-SMOTE vs. Safe-Level-SMOTE	297	3	0.000 026 7	rejected	300	0	0.000 018 2	rejected
BMW-SMOTE vs. SMOTE-OUT	175	35	0.008 967 6	rejected	200	53	0.017 022 3	rejected
BMW-SMOTE vs. G-SMOTE	206	25	0.001 657 7	rejected	228	25	0.000 982 5	rejected
BMW-SMOTE vs. SMOTE-D	196.5	56.5	0.023 041 5	rejected	242	58	0.008 574 4	rejected
BMW-SMOTE vs. SOMO	287	13	0.000 090 7	rejected	298	2	0.000 023 5	rejected
BMW-SMOTE vs. AMSCO	218	35	0.002 972 1	rejected	211	20	0.000 902 3	rejected
BMW-SMOTE vs. K-means SMOTE	192	18	0.001 161 3	rejected	202	29	0.002 640 4	rejected

5. 验证模型动态选择在模型训练中的有效性

在本节中,为了验证模型动态选择在模型训练中的有效性,将 DPHS 与典型的组合策略进行了比较,即在初始分类器集合的基础上,比较硬投票、堆叠、模型动态选择方法。具有代表性的组合策略描述如下。

(1) 硬投票(HV)。预测得到最多票数的分类标签,如果有多个标签同时获得最多票数,则随机选择其中一个标签作为结果。

(2) 堆叠[63](Stacking)。首先,将原始数据集划分为若干个子数据集,输入到一级预测模型的每个基学习器中,每个基学习器给出自己的预测结果。其次,将第一层的输出作为第二层的输入,对二级预测模型的元学习者进行训练。最后,位于第二层的模型输出最终预测结果。DPHS-Stacking 中有 3 个分类器,即算法 5-3 中的 RF1、RF2 和 RF。选择 SVM 和 KNN 作为元学习器,以减少过拟合的可能性。

(3) 模型动态选择(MDS)。该方法分类器集合的生成类似于 BRAF 算法,但 MDS 为每个测试实例预先选择合适的分类模型。

从表 5-10 的结果可以看出,DPHS-MDS 方法在 F1-measure 和 G-mean 方面具有显著优势。具体来说,在 24 个数据集中,DPHS-MDS 方法在 F1-measure 和 G-mean 上取得了 21 个最好结果。在平均性能上,DPHS-MDS 方法优于 DPHS-HV 方法和 DPHS-Stacking 方法。

表 5-10 DPHS 分别与 HV、Stacking、MDS 策略结合的对比结果

数据集	F1-measure			G-mean		
	DPHS-HV	DPHS-Stacking	DPHS-MDS	DPHS-HV	DPHS-Stacking	DPHS-MDS
wisconsin	0.955 7±0.002 5	0.961±0.002 4	0.961 2±0.003 8	0.969 6±0.002 4	0.972 7±0.002 3	**0.974 7±0.003 1**
pima	0.678 6±0.006 9	0.643 2±0.005 1	0.682 3±0.003 7	0.751 7±0.005 7	0.715 7±0.004 1	**0.752 2±0.003 5**
glass0	**0.831 8±0.010 1**	0.812 9±0.006 9	0.820 3±0.010 8	**0.878 9±0.008 3**	0.867 2±0.005 6	0.87 5±0.008 9
vehicle1	0.563 9±0.012 7	0.564 3±0.028 3	0.584 9±0.015 2	0.695 1±0.010 2	0.702 3±0.041 4	**0.718 5±0.012 1**
vehicle0	0.945 8±0.003 2	0.947 2±0	0.948±0.006 9	0.970 7±0.002 1	0.732 3±0	**0.974 4±0.004**
ecoli1	0.789 5±0.013 3	0.8±0.012 8	0.808±0.011 8	0.875 7±0.010 1	0.872 3±0.024	**0.890 5±0.009**
new-thyroid1	**0.984 6±0.004 6**	0.982 3±0	0.984 6±0.007 9	**0.985 2±0.005 4**	0.982 3±0	0.985 2±0.007 2
new-thyroid2	**0.984 6±0.010 8**	0.982 3±0	0.969 2±0.015 6	0.985 2±0.010 4	**0.985 7±0**	0.970 3±0.008 5
ecoli2	0.833 3±0.009 4	0.829 3±0.010 9	0.835 2±0.022	0.879 2±0.007 5	0.882 3±0.006 8	**0.886 4±0.013 9**
segment0	0.990 8±0.001 5	**0.994 1±0.002 4**	0.992 4±0.001 5	0.993 4±0.001 2	0.994 2±0.009 9	**0.994 9±0.000 8**
yeast3	0.769 7±0.007 8	0.772 3±0	0.774 4±0.007 3	0.863 2±0.005 8	0.879 2±0	**0.885 7±0.004 6**
ecoli3	0.595 9±0.020 6	0.598 6±0	0.598 8±0.025 8	0.747 5±0.013 8	0.752 4±0	**0.762 2±0.015**
yeast-2vs4	0.755 2±0.008 7	0.763 2±0.017	0.777 9±0.013 1	0.841 1±0.006 3	0.863 4±0.015 2	**0.873 3±0.011 6**
vowel0	0.946 4±0.005 8	0.948 5±0	0.956 9±0.006 4	0.967 7±0.000 6	0.968±0	**0.968 9±0.003 6**
glass2	0.233 3±0.068 1	0.253 4±0	0.270 5±0.077	0.256 9±0.087 5	0.302 3±0	**0.352 8±0.087 7**
yeast-1_vs_7	0.333 3±0.019 9	0.324 9±0.022 7	0.357 8±0.046 2	0.426 4±0.013 7	0.431 2±0.029 9	**0.451 7±0.057 1**
glass4	0.62±0.047 1	0.628 3±0	0.633 3±0.049 8	0.717 8±0.033 8	0.713 2±0	**0.718 3±0.041 7**
ecoli4	**0.822 9±0.019 5**	0.822 9±0	0.822 9±0.025 8	0.846 4±0.011 1	0.846 4±0	**0.846 4±0.021 8**
page-blocks-1-3_vs_4	0.977 8±0.008 9	0.981 3±0.007 3	0.996 7±0.006 7	0.978 9±0.008 4	0.987 9±0.007	**0.996 8±0.006 3**
abalone9-18	0.518 9±0.019 2	0.524 1±0.040 6	0.532±0.032	0.627 1±0.012 7	0.672 3±0.065 2	**0.685±0.026 5**
glass5	0.8±0.040 5	0.8±0	0.8±0.063 2	0.8±0.019	0.8±0	**0.8±0.048 7**
yeast4	0.379 7±0.030 2	0.422 3±0	0.437 7±0.021 1	0.523 9±0.035 9	0.603 4±0	**0.638 9±0.020 8**
ecoli-0-1-3-7_vs_2-6	0.5±0.097 1	**0.698 8±0.098**	0.5±0.105 9	0.540 1±0.099 9	**0.752 2±0.098**	0.540 1±0.098 3
yeast6	0.549 7±0.009 4	0.563 4±0	0.574 2±0.020 3	0.700 4±0.007 1	0.742 3±0	**0.764 1±0.012 6**
平均值	0.723 4±0.019 9	0.734 1±0.010 6	0.734 3±0.025	0.784 2±0.017 4	0.792 6±0.012 9	**0.804 6±0.022**
平均排名	2.57	2.28	1.14	2.52	2.17	1.30

Wilcoxon 符号秩检验结果见表 5-11,其中 R+的值代表 DPHS-MDS 方法的秩和,R-代表 DPHS-HV 方法和 DPHS-Stacking 方法的秩和。从表 5-11 中可以看到,F1-measure 和 G-mean 的所有假设都被拒绝,说明 DPHS-MDS 方法与其他组合策略之间存在显著差异,并且 R+的值大于 R-的值,说明 DPHS-MDS 方法比 DPHS-HV 方法、DPHS-Stacking 方法具有明显优势。此外,在表 5-10 中,DPHS-MDS 方法在 Friedman 检验中 F1-measure(1.14)和 G-mean(1.30)的排名最高。综上所述,在所选不平衡数据集上,DPHS-MDS 方法比其他组合方法具有更好的性能。

表 5-11 DPHS 分别与 HV、Stacking、MDS 策略结合的 Wilcoxon 符号秩检验结果

比较	F1-measure				G-mean			
	R+	R-	P	假设 $\alpha=0.05$	R+	R-	P	假设 $\alpha=0.05$
DPHS-MDS vs. DPHS-HV	189	21	0.001 713 0	rejected	193	17	0.001 017 8	rejected
DPHS-MDS vs. DPHS-Stacking	275	25	0.004 977 8	rejected	276	24	0.002 672 7	rejected

6. DPHS-MDS 方法与相关方法的比较

为了验证 DPHS-MDS 方法对分类效果的提升,在文献中选择了 6 种相关方法(包括 RUSboost[64]、SMOTEboost[65]、EasyEnsemble[66]、BalancedBagging[67]、BRAF[58]、DTE-SBD[18])进行对比实验。对于 6 种相关方法,采用机器学习库 Scikit-Learn[18] 所提供的分类方法的默认实现,并使用与其文献相同的参数设置。表 5-12 为在给定数据集中,DPHS-MDS 方法与相关方法的 F1-measure 值。所示结果为 10 次运行结果的平均值±标准差,每个给定数据集中的最佳结果用粗体突出显示。

从表 5-12 可以看出,DPHS-MDS 方法在 F1-measure 上的表现比其他 6 种相关方法更好。具体地说,在 24 个数据集中 DPHS-MDS 方法取得了 15 个最好结果,且在所有数据集上取得了最好的平均性能(0.734 3±0.025)。结果表明,DPHS-MDS 方法在少数类指标(查全率和查准率)方面有了显著提高。

接着,采用 Wilcoxon 符号秩检验、Friedman 检验来进行比较。Wilcoxon 符号秩检验的结果见表 5-13 和表 5-14,其中 R+表示 DPHS-MDS 方法优于相关方法的数据集的等级总和,R-表示相关方法优于 DPHS-MDS 方法的数据集的等级总和,P 小于 0.05 则假设被拒绝。从表 5-13 和 5-14 可以看出,在 F1-measure 上所有假设都被拒绝,意味着 DPHS-MDS 方法与相关方法存在显著差异。R+的值大于 R-的值,说明 DPHS-MDS 方法在 F1-measure 指标上明显优于相关方法。同样可以得出,在 G-mean 指标上,DPHS-MDS 方法优于 SMOTEboost、RUSboost、BRAF、DTE-SBD 方法。与上面不同的是,有以下两种情况没有拒绝假设。①在不平衡比为 1~10 的 14 个数据集(表 5-1 的编号 1~编号 14)上,R+的值大于 R-的值,表明 DPHS-MDS 方法在不平衡比为 1~10 的数据集上优于 EasyEnsemble、BalancedBagging 方法。②在不平衡比为 1~42 的 24 个数据集(表 5-1 的编号 1~编号 24)上,R+的值小于 R-的值。在不平衡比为 1~42 的数据集上,EasyEnsemble、BalancedBagging、DTE-SBD 方法的 G-mean 值优于 DPHS-MDS 方法的

表 5-12 在公开数据集上，DPHS-MDS 方法与相关方法的 F1-measure 测量结果

数据集	F1-measure						
	RUSboost	SMOTEboost	EasyEnsemble	BalancedBagging	BRAF	DTE-SBD	DPHS-MDS
wisconsin	0.816 2±0.022	0.919 1±0	0.954 5±0	0.956 8±0	0.956 5±0	0.940 3±0.003 3	**0.961 2±0.003 8**
pima	0.598 8±0.005 1	0.572 5±0	0.668 3±0	0.649 3±0	0.65±0	0.645 4±0.009 3	**0.682 3±0.003 7**
glass0	0.569±0.007 7	0.584 5±0	0.774 5±0	0.799 1±0	**0.824 6±0**	0.767 2±0.01	0.820 3±0.010 8
vehicle1	0.467 8±0.007 1	0.513±0	0.619 3±0	**0.616 9±0**	0.521 8±0	0.586 2±0.010 1	0.584 9±0.015 2
vehicle0	0.564 4±0.012 3	0.618 1±0	0.926±0	0.916 4±0	0.947 4±0	0.891 6±0.006 6	**0.948±0.006 9**
ecoli1	0.654 4±0.020 4	0.527±0	0.737 8±0	**0.810 1±0**	0.782 3±0	0.780 1±0.018 8	0.808±0.011 8
new-thyroid1	0.636 1±0.023 7	0.917 7±0	0.896 7±0	0.917 9±0	0.969 2±0	0.933 3±0.008 8	**0.984 6±0.007 9**
new-thyroid2	0.660 1±0.018 7	0.895 7±0	0.914 5±0	0.936 7±0	0.953 8±0	0.857 1±0.014 3	**0.969 2±0.015 6**
ecoli2	0.647 4±0.016 5	0.592 4±0	0.759 7±0	0.785 6±0	0.810 2±0	0.782 6±0.021	**0.835 2±0.022**
segment0	0.786 5±0.022 6	0.402 1±0	0.976 3±0	0.968 9±0	0.983 4±0	0.970 1±0.001 2	**0.992 4±0.001 5**
yeast3	0.525±0.013	0.556 9±0	0.694 7±0	0.746 7±0	0.734 8±0	0.75±0.008	**0.774 4±0.007 3**
ecoli3	0.360 4±0.030 8	0.348 2±0	0.583 1±0	0.588 7±0	**0.612 6±0**	0.608±0.015 6	0.598 8±0.025 8
yeast-2_vs_4	0.654 4±0.033	0.631 7±0	0.727±0	0.727±0	0.771±0	0.720 8±0.013 9	**0.777 9±0.013 1**
vowel0	0.781 9±0.03	0.729 5±0	0.869 1±0	0.822 2±0	**0.962 3±0**	0.909 7±0.006 9	0.956 9±0.006 4
glass2	0.174 6±0.009 9	0.156 6±0	**0.398 2±0**	0.374 4±0	0±0	0.25±0.020 5	0.270 5±0.077
yeast-1_vs_7	0.259 3±0.016 4	0.139 1±0	0.322 8±0	0.363 4±0	**0.384 9±0**	0.285 7±0.037 4	0.357 8±0.046 2
glass4	0.362 4±0.033	0.287±0	0.484±0	0.588 9±0	0.52±0	0.624 4±0.021 8	**0.633 3±0.049 8**
ecoli4	0.519±0.050 7	0.246 6±0	0.607 4±0	0.575 8±0	0.800 6±0	0.686 7±0.017 1	**0.822 9±0.025 8**
page-blocks-1-3_vs_4	0.205 3±0.003 4	0.387 8±0	0.795 2±0	0.839 9±0	0.981 8±0	0.833 3±0.005 5	**0.996 7±0.006 7**
abalone9-18	0.299 3±0.022 3	0.179 2±0	0.314±0	0.368 9±0	0.450 1±0	0.384 6±0.019 8	**0.532±0.032**
glass5	0.211 9±0.011 1	0.080 4±0	0.445 3±0	0.445 3±0	0.413 3±0	**0.839 4±0.071 3**	0.8±0.063 2
yeast4	0.129 1±0.010 6	0.135 2±0	0.250 4±0	0.269 6±0	0.230 4±0	0.356 3±0.023 5	**0.437 7±0.021 1**

续表

数据集	F1-measure					
	RUSboost	SMOTEboost	EasyEnsemble	BalancedBagging	BRAF	DTE-SBD	DPHS-MDS
ecoli-0-1-3-7_vs_2-6	0.147 9±0.042 6	0.103 5±0	0.148 3±0	**0.736 9±0**	0.5±0	0.446 9±0.037 6	0.5±0.105 9
yeast6	0.059 1±0.003 7	0.112 9±0	0.248 5±0	0.272 4±0	0.524 9±0	0.222 2±0.01	**0.574±0.020 3**
平均值(不平衡比1~42)	0.462 1±0.019 5	0.443 2±0	0.629 9±0	0.669 9±0	0.678 6±0	0.669 7±0.017 2	**0.734 3±0.025**
平均排名(不平衡比1~42)	6.38	6.46	3.94	3	2.71	3.71	**1.6**
平均值(不平衡比1~10)	0.623±0.018 8	0.629 2±0	0.793±0	0.803±0	0.82±0	0.795 9±0.010 6	**0.835 3±0.010 9**
平均排名(不平衡比1~10)	6.54	6.31	3.85	3.23	2.46	4.08	**1.54**

G-mean 值,但从表 5-14 中看出,DPHS-MDS 方法在 G-mean 上保持了良好的水平。此外,在表 5-13 和表 5-14 中,在不平衡比为 1~42 的 24 个数据集(表 5-1 的编号 1~编号 24)上,DPHS-MDS 方法的 F1-measure(1.60)排名第一、G-mean(2.90)排名第二。在不平衡比为 1~10 的 14 个数据集(表 5-1 的编号 1~编号 10)上,DPHS-MDS 方法的 F1-measure(1.54)和 G-mean(1.64)排名第一。综上所述,表明 DPHS-MDS 方法比其他相关方法在不平衡数据集上具有优越性。

表 5-13　在不平衡比为 1~42 的数据集上,Wilcoxon 符号秩检验对 DPHS-MDS 方法与相关方法的差异性检验结果

比较	F1-measure				G-mean			
	R+	R−	P	假设 $\alpha=0.05$	R+	R−	P	假设 $\alpha=0.05$
DPHS-MDS vs. RUSboost	300	0	0	rejected	237	63	0.012 929	rejected
DPHS-MDS vs. SMOTEboost	300	0	1.82×10^{-5}	rejected	271	29	0.000 546	rejected
DPHS-MDS vs. EasyEnsemble	278	22	0.000 255	rejected	60	240	0.010 128	rejected
DPHS-MDS vs. BalancedBagging	250	50	0.004 275	rejected	55	245	0.006 639	rejected
DPHS-MDS vs. BRAF	249	27	0.000 735	rejected	259	17	0.000 233	rejected
DPHS-MDS vs. DTE-SBD	286	14	0.000 102	rejected	86.5	213.5	0.069 62	not rejected

表 5-14　在不平衡比为 1~10 的数据集上,Wilcoxon 符号秩检验对 DPHS-MDS 方法与相关方法的差异性检验结果

比较	F1-measure				G-mean			
	R+	R−	P	假设 $\alpha=0.05$	R+	R−	P	假设 $\alpha=0.05$
DPHS-MDS vs. RUSboost	91	0	0	rejected	91	0	0.001 474	rejected
DPHS-MDS vs. SMOTEboost	91	0	0.001 474	rejected	91	0	0.001 474	rejected
DPHS-MDS vs. EasyEnsemble	85	6	0.005 772	rejected	64	27	0.196 051	not rejected
DPHS-MDS vs. BalancedBagging	82	9	0.010 747	rejected	60	31	0.310 749	not rejected
DPHS-MDS vs. BRAF	83	8	0.008 754	rejected	91	0	0.001 474	rejected
DPHS-MDS vs. DTE-SBD	88	3	0.002 977	rejected	76	15	0.033 047	rejected

5.5.3 智能电网调度控制系统中业务数据的结果与分析

1. 业务数据异常实例及实验设计

结合 D5000 系统业务实际运行情况,使用三种已知的业务异常实例(数据跳变、应用断网与遥测表不刷新)验证所提方法的有效性,下面对三种实例进行了详细的阐述。

数据跳变是指针对一个遥测点,在按一定周期采集其过程数据时,若相邻时刻的数值差值大于人为设定的阈值,则认为出现了数据跳变[69]。当该异常发生时,电力调度处在分配旗下电网公司发电量时会出现偏差,影响整个电网的调度计划,同时会使电量的报表不准确,影响收费。

应用断网是指运行应用的服务器的网络中断或网卡故障,使关键进程停止运行或者运行缓慢,导致 D5000 系统应用下的业务无法正常执行相关任务,影响整个电网调度[69]。

遥测表不刷新是指电网自动化系统所提供的遥测数据未及时更新数据。只有遥测数据同时具备实时性和正确性,调度人员才能及时准确调整电网工况[69]。当电网状态发生变化时,遥测数据应立即反映到调度中心。若遥测表在长时间内不更新数据,表明数据出现滞后时延,会影响调度人员对系统运行状况的认知。

基于数据跳变、应用断网与遥测表不刷新三种异常状况的业务知识图谱,收集数据库中实际业务数据及调度人员模拟的部分数据,构建训练数据集。业务训练数据集的相关信息见表 5-15。业务训练数据包括正常数据和异常数据,并且正常数据远多于异常数据,将正常数据看作多数类,异常数据看作少数类。对 DPHS-MDS 方法与六种相关方法进行对比实验。

表 5-15 所用业务异常数据信息

业务异常名称	指标维度大小	数据量(正常:异常)
数据跳变	5	14 041:839
应用断网	10	12 556:674
遥测表不刷新	9	14 280:603

2. 结果分析

相关实验结果见表 5-16 和表 5-17。对于数据跳变、应用断网和遥测表不刷新这三种业务异常,DPHS-MDS 方法均具有较好的表现,在 F1-measure 和 G-mean 指标上都取得了最好的结果,表明在 D5000 系统中,DPHS-MDS 方法有业务异常检测方面的优势。

表 5-16 在业务异常数据集上,DPHS-MDS 方法与相关方法的 F1-measure 值测量结果

	业务异常名称	应用断网	数据跳变	遥测表不刷新
F1-measure	RUSboost	0.904 5±0.000 7	0.972 1±0.000 2	0.974 5±0.000 1
	SMOTEboost	0.964 5±0.000 7	0.972 1±0.000 2	0.972 1±0.000 2
	EasyEnsemble	0.963 4±0	0.971 2±0	0.983 4±0
	BalancedBagging	0.969 5±0.000 1	0.975 7±0.000 3	0.981 0±0.000 1
	BRAF	0.967 0±0.051 2	0.969 2±0.047 9	0.980 3±0.000 1
	DTE-SBD	0.979 5±0	0.982 9±0	0.984 8±0
	DPHS-MDS	**0.979 9±0**	**0.984 7±0**	**0.986 4±0**

表 5-17 在业务异常数据集上，DPHS-MDS 方法与相关方法的 G-mean 值测量结果

	业务异常名称	应用断网	数据跳变	遥测表不刷新
G-mean	RUSboost	0±0	0.119 1±0.057	0±0
	SMOTEboost	0±0	0.057 5±0.119 1	0.119 1±0.057
	EasyEnsemble	0.952 1±0	0.962 3±0	0.975 8±0
	BalancedBagging	0.941 6±0.000 5	0.961 2±0.000 2	0.978 4±0.000 4
	BRAF	0.930 8±0.035 2	0.966 9±0.061 3	0.979 3±0.070 4
	DTE-SBD	0.951 6±0	0.970 0±0	0.984 3±0
	DPHS-MDS	**0.959 1±0**	**0.971 0±0**	**0.985 8±0**

本 章 小 结

本章通过分析智能电网调度控制系统中业务正常数据、异常数据的分布特点，研究了面向数据不平衡条件下的数据处理与算法相融合的异常检测方法。首先，结合该系统的应用背景，分析了业务异常检测需求。其次，考虑了数据处理与算法改进相结合的思想，在数据层面上，采用了随机欠采样和边界少数类加权过采样相结合的数据分区混合采样方法。在算法层面上，保留了通过原始训练集训练的随机森林模型，增加了局部域增强和削弱的混合模型，提升了模型的多样性。再次，在模型预测方面，根据不同类型的测试实例，采用模型动态选择的方法对模型进行动态选择，提高了整体预测性能。最后，在公开数据集和业务异常数据集上，对所提方法与对比方法进行实验，证明了所提方法的有效性。

第6章
基于共性信息自适应判别的不平衡分类方法

6.1 引　言

本章主要研究基于共性信息自适应判别的不平衡分类方法。各类别样本之间的高不平衡比是分类问题面临的一大难点,但同时,部分少数类样本数量过少使得分类任务更加困难。智能电表各故障类别之间不平衡比各不相同,且部分故障样本数量较少,模型难以从有限的样本中学习到该类样本的特征分布,所生成的样本是否可靠难以说明。基于采样的方法虽然可以通过对原先样本分布进行采样实现样本数量的平衡,但其本质并没有对样本特征进行学习,所生成样本中重复信息较多,易出现信息冗余的现象。生成类方法虽通过深度网络对原先样本的分布特征进行了学习,但当少数类样本数量过少时,有限的样本难以支撑深度网络数量庞大的内部参数,所生成样本的真实性无法保证。在本章中,考虑引入迁移学习的思想,利用不同类样本间的共性信息来辅助少数类样本的生成任务,进而生成足量、可靠的少数类样本。同时,设计额外的分类任务,充分利用在样本迁移过程中模型所学习到的不同类特征差异知识,对整体的分类任务进行辅助判别,从而进一步提升智能电表故障预测的精度。

6.2　基于共性信息自适应判别的跨类别样本迁移方法

现有的分类方法在处理不平衡数据集时会使决策边界向多数类样本偏移。不平衡分类方法主要可以分为数据层面方法和算法层面方法。算法层面方法虽然在一定程度上缓解了数据不平衡所导致的偏移问题并关注了少数类样本的分类结果,但仍会受限于具体任务或不同分布模式的数据集,普适性较差。数据层面方法通过生成新样本实现了不同类样本间数量上的平衡,解决了因决策偏移而导致的问题。然而,采样类方法本质上并没有对少数类样本的特征进行学习,忽略了数据本身所包含的共性与差异信息,所合成的新样本合理性无法保证。生成类方法虽利用深度模型挖掘了少数类样本的特征,但对于绝大多数数据而言,其所包含的少数类样本数量并不足以支撑深度网络中繁杂的内部参数。不仅如此,当少数类样本数量过少时,少数类特征信息极为有限,模型难以从中提取到足够的信息进行样本平衡任务,所生成样本易包含过多的冗余信息,对模型的训练有不良影响。针对以上问题,本章提出了一种基于共性信息自适应判别的跨类别样本迁移(ATIC-CIE)方法。

不平衡分类问题的本质是模型学习不同类样本间共性与差异信息的过程。迁移学习是机器学习的分支,其思想是将源域中的知识迁移到目标域当中,利用不同数据间的共性信息来辅助完成目标任务。然而,迁移信息的选择以及具体的迁移方式往往是人为决定的,在迁移过程中,模型虽利用了不同任务之间的共性信息,但没有学习这种共性关系。同时,当数据本身没有具体含义或不同任务之间差异较大时,迁移往往难以进行,甚至会对目标任务有不良影响。考虑到上述问题,本部分结合迁移学习思想以及生成对抗思想,将"选择迁移多数类样本"以及"辨别迁移样本来源"作为训练目标,使模型在对抗中进行迭代训练(图6-1)。这种方法不仅使模型可以根据当前任务自主选择所需要的多数类样本进行有效迁移,解决了因少数类样本信息不足而导致的生成样本真实性难以保证的问题,同时,通过样本迁移这一过程,模型在训练的过程中也学习到了不同类样本之间的共性与差异信息,这使模型本身具有了对待测样本类别判断所需的知识。

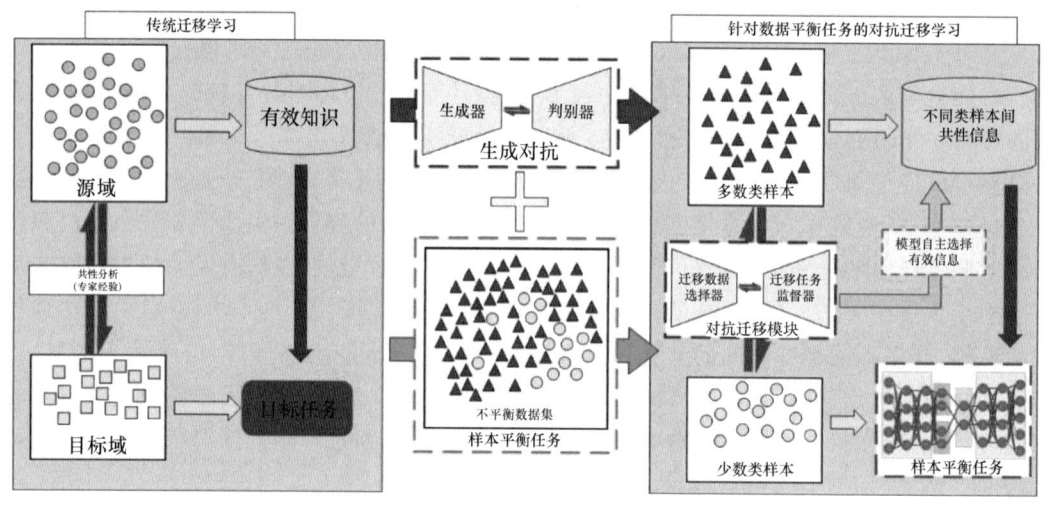

图6-1 将迁移学习与生成对抗思想结合处理样本平衡任务

6.2.1 方法提出动机

算法层面方法通过构建特殊的损失函数或修改权重矩阵来缓解数据不平衡所带来的问题,但其往往需要根据具体的任务进行设计,泛用性较差。采样类方法虽然实现了样本数目的平衡,但其本质上并没有对数据的特征进行学习,忽略了样本本身所蕴含的丰富的特征信息,所生成样本的真实性和多样性难以保证。在生成类方法中,大多数研究者选择通过少数类样本来训练生成器,生成足够数量的新样本来实现数据集的平衡。当少数类样本本身数量过少时,所包含的特征信息极度有限,模型难以学习到充分的特征,生成样本的真实性难以保证,进而对后续分类任务的准确性造成不良影响。同时,在较高不平衡比下,多数类样本的数量往往多于少数类样本,此时利用有限的少数类样本信息去生成大量的新样本将会带来更多的冗余信息,生成样本缺乏多样性,对模型整体性能的提升有限。

针对上述问题,本部分结合迁移学习思想及生成对抗思想,提出了一种基于共性信息自适应判别的跨类别样本迁移方法。将迁移任务作为训练目标,引入生成对抗思想,使模型在对抗迭代的过程中自主根据当前任务判别所需要迁移的共性信息。模型对共性信息的自适应判别解决了迁移知识难以选择的问题,使在不同类样本间实现跨类别迁移成为可能。同时,模型在训练过程中也充分挖掘了不同类样本间的共性信息。在此基础上,设计了迁移数据选择器以及迁移任务监督器。迁移数据选择器筛选出拥有更多共性信息的多数类样本,与原先少数类样本构成迁移数据集,辅助少数类样本的生成任务,缓解因少数类样本数量不足而导致的信息缺失问题。迁移任务监督器关注不同类样本间的差异信息,拥有独立对样本类别进行区分的功能。结合共性信息进行训练的少数类样本生成模型可以生成信息更加丰富、分布更加真实的样本;结合差异信息对待测样本进行辅助判别可以进一步提高模型对交叠区样本的分类准确度,提升模型整体的鲁棒性。方法的整体流程如图 6-2 所示。

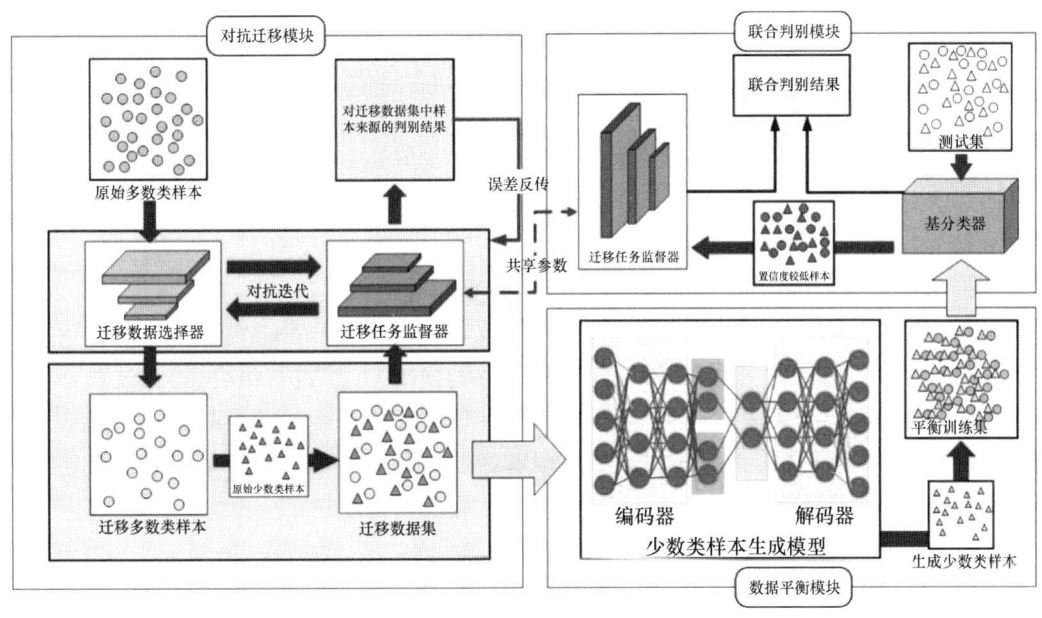

图 6-2　基于共性信息自适应判别的跨类别样本迁移方法流程图

6.2.2　跨类别样本迁移过程

在生成类方法中,大多数研究者选择通过少数类样本来训练生成器,生成足够数量的新样本来实现数据集的平衡。先不考虑少数类样本本身数量极少的情况,对于所训练的生成模型而言,少数类样本的数量本身就是一个问题。在有限的训练数据下,很难保证生成样本的质量,后续分类任务的准确性也就无法保证。与之相比,多数类样本的数量较多,以其作为训练样本设计的任务具有更好的可靠性。因此,考虑将多数类样本生成作为源域,少数类样本生成作为目标域,利用两类样本之间的共性使多数类样本信息辅助少数类样本生成任务,帮助构建更可靠、更鲁棒性的生成器。在此基础上,引入生成对抗思想,设计了迁移数据选择器和迁移任务监督器两个模块进行对抗迭代,将跨类别样本迁移作为训练任务,使模型在迭代训练的过程中自主选择信息最为丰富的样本进行迁移(图 6-3)。

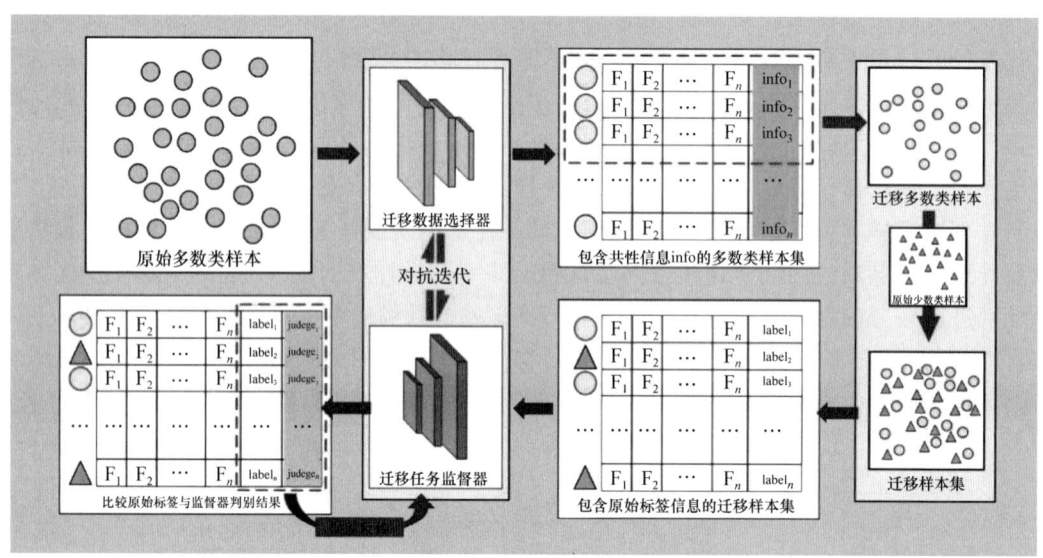

图 6-3 基于共性信息计算和差异特征判别的对抗迁移训练任务

对于任意一个多数类样本 x_{maj},在每一轮训练中,其会被首先送入迁移数据选择器中进行信息量 info 判别。迁移数据选择器会对接收到的每一个样本信息量 info 进行评定,其包含的共性信息越多,对迁移任务的贡献越大,得分 info 越高。在遍历了所有多数类样本后,选择器会将其按得分高低排序,并选出等同于少数类样本数量 Num_{min} 的多数类样本进行迁移。将所选的迁移多数类样本 $Tran_{maj}$ 与原始少数类样本 Ori_{min} 进行组合,得到迁移样本集 T。将迁移样本集 T 送入迁移任务监督器中,迁移任务监督器会对其中的每一个迁移样本 x_{trans} 进行判别,判断其真实类别并和迁移数据选择器进行对抗。迁移数据选择器和迁移任务监督器的优化目标分别如下:

$$\text{Loss}_{dis} = \sum (\text{label}_{tr} \cdot (1 - \text{judge}_i)) + [(1 - \text{label}_{tr}) \cdot \text{judge}_i] \quad (6\text{-}1)$$

$$\text{Loss}_{choose} = \sum (\text{label}_{tr} \cdot \text{judge}_i) + (1 - \text{label}_{tr}) \cdot (1 - \text{judge}_i) + \text{info}_i \cdot \log_{10}(\text{judge}_i)$$

$$(6\text{-}2)$$

式(6-1)表示的是迁移任务监督器的损失函数。其中,label_{tr} 代表迁移数据集 T 中第 i 个迁移样本 x_{trans_i} 的真实标签,judge_i 代表迁移任务监督器对迁移样本所输出的类别判断结果。式(6-2)表示的是迁移数据选择器的损失函数,其中,新出现的参数 info_i 代表迁移数据选择器对迁移样本所输出的信息量。通过上述损失函数使迁移数据选择器与迁移任务监督器进行多轮对抗迭代,迁移数据选择器可以挖掘不同类样本间共性并据此判别对迁移任务有贡献的多数类样本;迁移任务监督器可具有挖掘不同类样本间的差异并针对交叠区样本进行准确识别的能力。

迁移数据选择器的功能是有针对性地挑选多数类样本中的数据来进行迁移,其目标是避免被迁移任务监督器辨别出所选择的多数类样本;迁移任务监督器的功能是识别迁移多数类样本以及原少数类样本,其目标是可以准确区分迁移数据选择器所选择的迁移样本与原样本。这种对抗方式和传统的对抗网络直接判断生成样本的真实性不同,因为迁移任务监督器判断的两类样本均是真实样本。在上述条件下,迁移任务选择器为了更好地对抗监督器,将会选择共性信息更多的多数类样本进行迁移;迁移任务监督器为了准确识别原始少数类样本与迁移多数类样本,将会更关注不同类样本间的差异信息。对抗迁移的具体实现方式见算法6-1。

算法6-1:对抗迁移训练过程

输入:原始多数类数据集 X_{maj},原始少数类数据集 X_{min},少数类数据集大小 Num_{min}
输出:Chooser,Discriminator

1: For i in range(200):
2:    for each x in X_{maj} do
3:       info=transfer_choose(x)
   {其中,info代表样本 x 的共性信息量,transfer_choose(x)代表迁移数据选择器对样本 x 做出的信息量判断}
4:       Score=(Score,info)
   {其中,Score代表储存各样本信息量的数组,Score=(Score,info)代表每次计算得到样本 x 的信息量后,将其添加到数组Score中}
5:    end for
6:    X_{trans}=Select(Score,Num_{min})
   {其中,X_{trans} 代表被选出用来迁移的多数类样本,Select(Score,Num_{min})代表根据少数类样本数量选择等量的最高信息量的多数类样本进行迁移}
7:    T=shuffle(hstack(X_{trans},X_{min}))
   {其中,T 代表迁移数据集,shuffle(hstack(X_{trans},X_{min}))代表将迁移多数类样本与原少数类样本随机混合}
8:    for each x in T do
9:       judge=transfer_dis(x)
10:      $Loss_{dis}$=$\sum$label·(1−judge)+[(1−label)·judge]
11:      $Loss_{choose}$=$\sum$[(1−$Loss_{dis}$)+info·log(judge)]
12:      Train($Loss_{dis}$,$Loss_{choose}$)
13:    end for
   {其中,transfer_dis(x)代表迁移任务监督器对每个样本的类别判断,$Loss_{dis}$ 代表迁移任务监督器损失,$Loss_{choose}$ 代表迁移数据选择器损失,Train($Loss_{dis}$,$Loss_{choose}$)代表对迁移任务监督器和迁移数据选择器进行误差反传更新参数}
13: end for
14: return Chooser,Discriminator

在多轮迭代后,迁移数据选择器可以有针对性地选取包含不同类样本间共性信息更多的多数类样本;迁移任务监督器可以有效地挖掘迁移样本与原始样本之间的差异并作出准确判别。此时,模型已经充分挖掘了不同类数据之间的共性与差异信息,具有了独立对待测样本类别做出判别所必要的知识,为后续的少数类样本生成以及辅助判别打下了基础。

值得一提的是,上述对抗任务的设计中隐含了对交叠区样本的关注。交叠区样本是不平衡分类领域的一大难点,此类样本包含较多的共性信息,传统的分类器很难对其进行精准识别。因此,对交叠区样本的有效处理对提高模型整体性能有着至关重要的作用。在本部分所设计的对抗任务中,迁移数据选择器为了使其挑选出的多数类样本更难以被分辨,所选择的多数类样本应包含更多的共性信息,也就是更加"交叠"的样本;而迁移任务监督器在多轮迭代后,其首先需要具有准确提取交叠区多数类样本与少数类样本差异的能力,才能实现与迁移数据选择器的对抗任务。因此,在本部分所设计的对抗任务中,不仅通过迁移数据选择器与迁移任务监督器两个模块使模型拥有了提取不同类样本间共性与差异的能力,同时实现了对交叠区样本特征的关注。

6.2.3 基于迁移任务的联合判别方法

在本部分的对抗任务中,迁移任务监督器经过多轮迭代训练,已经具有了提取不同类样本间差异信息并基于此做出类别判断的能力,且其在对抗训练过程中面对的较多样本为分类难度较大的交叠区样本。因此,设计了一种基于迁移任务的联合判别方式,利用迁移任务监督器对难分类样本的类别判断进行辅助,提高模型整体的准确性。所提出的基于迁移任务的联合判别方法如图 6-4 所示。

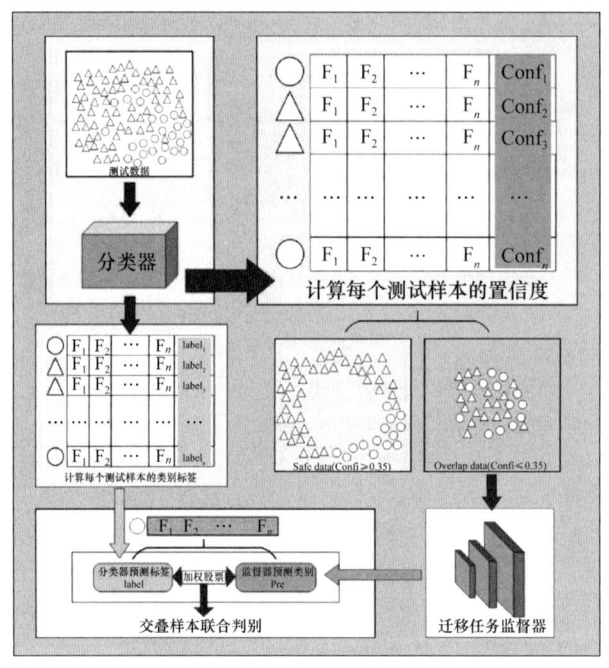

图 6-4 针对交叠区样本的联合判别方法

在迁移对抗训练结束后,利用迁移数据选择器挑选合适的迁移样本 x_{trans},并将其与原少数类样本 Ori_{min} 进行组合,得到迁移数据集 T。将迁移数据集送入少数类样本生成模型中进行训练,并生成足量的少数类样本,达到样本平衡的目的。此处选用 VAE 作为少数类样本生成模型,其优化目标如下:

$$VAE_{loss} = D_{KL} + (x_{gen} - x_0) \tag{6-3}$$

此时,通过样本的跨类别迁移,实现了生成模型训练数据数量的倍增,丰富了原始少数类样本所蕴含的信息,使模型生成的新样本更加可靠。在实现样本数量平衡的基础上,利用平衡后的数据集对分类器进行训练,使其具有识别不同类样本的能力。

在测试过程中,对任意一个测试样本 x_{test},分类器会先输出其置信度,也就是判别难度。如果该样本的置信度较低,意味着其判别难度大,可能存在交叠现象。此时,将该样本送入迁移任务监督器中,让迁移任务监督器对该样本类别进行判断。分类结果的计算方法如下:

$$\text{class}_{\text{conf}} = |\text{prob}_{\text{maj}} - \text{prob}_{\text{min}}| \tag{6-4}$$

$$\text{result} = \text{Bool}(\text{class}_{\text{conf}} \leqslant 0.35) \cdot \alpha \text{judge} + \text{class}_{\text{label}} \tag{6-5}$$

其中:$\text{class}_{\text{conf}}$ 代表分类器对当前待测样本输出的置信度;prob_{maj} 和 prob_{min} 分别代表其是多数类的概率和少数类的概率;result 代表联合判别结果;Bool() 代表布尔函数,当满足时输出 1,括号内条件不满足时输出 0;α 是人工设定的超参数,代表判别器意见的重要程度;$\text{class}_{\text{label}}$ 是分类器对待测样本类别的预测结果。联合判别方法的具体过程见算法 6-2。

算法 6-2:联合判别方法

输入:测试数据集 X_{test}
输出:result
1: for each x in X_{test} do
2:    $(\text{prob}_{\text{maj}}, \text{prob}_{\text{min}}) = \text{classifier}(x)$
{其中,classifier() 代表经迁移数据训练后的分类器,prob_{maj},prob_{min} 分别代表样本 x 是多数类或少数类的概率}
3:    $\text{class}_{\text{conf}} = |\text{prob}_{\text{maj}} - \text{prob}_{\text{min}}|$
{其中,$\text{class}_{\text{conf}}$ 代表样本 x 的置信度}
4:    If $\text{class}_{\text{conf}} \leqslant 0.35$:
5:       $\text{result} = \alpha \text{judge} + \text{class}_{\text{label}}$
6:    Else:
7:       $\text{result} = \text{class}_{\text{label}}$
{其中,α 代表迁移任务监督器结果的重要程度,$\text{class}_{\text{label}}$ 代表分类器对待测样本类别的判断结果}
8: end for
9: return result

迁移任务监督器经过多轮迭代训练,拥有较为准确识别交叠区样本的能力。综合考虑分类器以及迁移任务监督器的判别结果,实现对交叠区样本的判别,提高了模型的准确性和鲁棒性。

6.3 实验与评估

本节旨在对基于共性信息自适应判别的跨类别样本迁移方法的分类性能与其他类别的方法进行比较。6.3.1 节,介绍所提方法的模型结构与参数设置。6.3.2 节,在公开数据集上,对所提方法和对比方法进行对比实验,以评估所提方法的性能,并选取了少数类样本数量少、不同类别交叠较为严重的典型数据集进行具体分析,突出所提方法的优势。6.3.3 节,在智能电表故障数据集上,对所提方法与对比方法进行对比实验,以验证所提方法的有效性。

6.3.1 实验设置

在本节中,所提到的参数设置涉及针对交叠区的迁移数据选择器以及迁移任务监督器的对抗训练、少数类样本生成模型训练和联合判别三个部分。同时，本节会对所设计的迁移数据选择器、迁移任务监督器以及用来生成少数类样本的 VAE 模型结构进行说明。

迁移数据选择器以及迁移任务监督器的对抗训练使模型获得了挖掘不同类样本间共性与差异的能力。训练后的迁移数据选择器可以针对样本间的共性信息，选择更适合当前任务的多数类样本进行迁移；训练后的迁移任务监督器利用其辨别样本间差异的能力，可以精确识别交叠区样本的类别。这一过程涉及的主要参数包括迁移数量〖Num〗_trans 以及训练轮数 N。迁移数量〖Num〗_trans 直接决定了后续少数类样本生成器训练过程中所获取的共性信息的大小。其越大，包含的共性信息越多，少数类样本本身特征信息也越容易被模型忽略。为了尽可能地保证少数类样本本身特征信息被充分提取，同时最大化模型训练过程中所获取的共性信息量，本部分将迁移数量〖Num〗_trans 定为少数类样本总数。这种方式既倍增了生成模型所获取的训练样本数量，解决了原始少数类样本信息特征信息不足的问题，同时也确保了模型不会因不同类样本数量差距过大而导致训练偏移。训练轮数 N 代表了对抗迭代的上限次数，训练轮数越多，模型所学习到的特征越充分，但也易出现过拟合或迁移数据选择器、迁移任务监督器二者之一过强的问题。综合考虑以上情况，本部分将训练轮数 N 设置为 200。

迁移任务监督器权重 α 代表了联合判别过程中迁移任务监督器结果的重要程度，是测试阶段的重要参数。迁移任务监督器权重 α 越大，联合判别过程中迁移任务监督器就越重要。然而，过大的 α 会导致模型忽略分类器的判别结果，导致部分安全样本的类别判断错误。为了保证迁移任务监督器对交叠区样本的精准识别，同时尽可能地避免对安全样本的错误分类，本部分将 α 设置为 2。

为了将传统迁移任务转化为对抗迁移任务，使模型在迁移的过程中挖掘样本间的共性与差异，本部分设计了迁移数据选择器与迁移任务监督器，并令二者对抗迭代。在对抗训练结束后，为实现数据平衡的目的，本部分选用 VAE 作为少数类样本生成器接收迁移样本进行训练。因此，本部分的模型结构涉及迁移数据选择器、迁移任务监督器、生成模型编码器和生成模型解码器四个部分。具体的分类模型结构见表 6-1。

表 6-1　模型结构

迁移数据选择器结构	迁移任务监督器结构	生成模型编码器结构	生成模型解码器结构
Dense(32)	Dense(32)	Reshape((1,−1,1))	Reshape((1,−1,1))
LeakyReLU(0.2)	LeakyReLU(0.2)	Conv1D(16,3,padding='same')	Dense(256)
Dropout(0.5)	Dropout(0.5)	Conv1D(32,3)	LeakyReLU(0.2)
Dense(64)	Dense(64)	LeakyReLU(0.2)	Conv1D(32,3,padding='same')
LeakyReLU(0.2)	LeakyReLU(0.2)	Dropout(0.5)	Conv1D(32,3)
Dropout(0.5)	Dropout(0.5)	Flatten()	LeakyReLU(0.2)
Dense(1,activation='tanh')	Dense(1,activation='sigmoid')	Dense(256)	Dropout(0.5)
	Dense(enc_dim,activation='tanh')	Dense(enc_dim,activation='tanh')	Flatten()
			Dense(x_dim,activation='tanh')

所有模型在训练过程中,采用 L2 正则化约束,惩罚因子设置为 0.1,优化器为 Adam。

6.3.2 公开数据集的结果与分析

1. 数据集和评价指标

为了较公正地评判所提方法与其他方法在解决不平衡分类问题中的效果差异,本部分从 KEEL 机器学习数据库中选择了 40 个数据集进行比较实验并分析实验结果。数据集的选择标准为:①不同数据集间的不平衡比具有较大跨度;②少数类样本数量少、不同类样本间交叠严重;③不同数据集包含的样本数量大以及特征维度多;④各个属性在不同范围中的合理分布。表 6-2 对所选数据集的各个属性进行了总结。

表 6-2 实验所用数据集的主要特征描述

数据集	样本数量	特征维度	少数类样本数量	多数类样本数量	不平衡比	交叠程度
ecoli-0_vs_1	220	6	77	143	1.86	0.000 0
wisconsin	683	9	239	444	1.86	0.050 0
pima	768	8	268	500	1.87	0.582 3
vehicle2	846	18	218	628	2.88	0.694 6
vehicle1	846	18	217	629	2.90	0.828 6
vehicle3	846	18	212	634	2.99	0.839 8
vehicle0	846	18	199	647	3.25	0.559 5
ecoli1	336	7	77	259	3.36	0.361 4
new-thyroid2	215	5	35	180	5.14	0.078 8
new-thyroid1	215	5	35	180	5.14	0.078 8
ecoli2	336	7	52	284	5.46	0.337 8
segment0	2 308	19	329	1 979	6.02	0.494 2
yeast3	1 484	8	163	1 321	8.10	0.321 8
ecoli3	336	7	35	301	8.60	0.508 8
page-blocks0	5 472	10	559	4 913	8.79	0.067 0
yeast-2_vs_4	514	8	51	463	9.08	0.284 2
ecoli-0-6-7_vs_3-5	222	7	22	200	9.09	0.837 5
yeast-0-2-5-7-9_vs_3-6-8	1 004	8	99	905	9.14	0.320 6
yeast-0-2-5-6_vs_3-7-8-9	1 004	8	99	905	9.14	0.377 1
glass-0-4_vs_5	92	9	9	83	9.22	0.237 7
led7digit-0-2-4-5-6-7-8-9_vs_1	443	8	37	406	10.97	0.473 9
ecoli-0-1-4-7_vs_5-6	332	6	25	307	12.28	0.191 9

续 表

数据集	样本数量	特征维度	少数类样本数量	多数类样本数量	不平衡比	交叠程度
yeast-1_vs_7	459	8	30	429	14.3	0.623 8
glass4	214	9	13	201	15.46	0.173 3
ecoli4	336	7	20	316	15.80	0.262 7
page-blocks-1-3_vs_4	472	10	28	444	15.86	0.055 8
abalone9-18	731	10	42	689	16.40	0.426 6
zoo-3	101	17	5	96	19.2	0.507 1
glass5	214	10	9	205	22.78	0.412 8
yeast-2_vs_8	482	8	20	462	23.10	0.006 0
car-good	1 728	7	69	1 659	24.04	0.654 7
car-vgood	1 728	7	65	1 663	25.58	0.470 1
yeast-1-2-8-9_vs_7	947	8	30	917	30.57	0.635 0
abalone-3_vs_11	502	10	15	487	32.47	0.077 5
ecoli-0-1-3-7_vs_2-6	281	7	7	274	39.14	0.410 9
yeast6	1 484	8	35	1 449	41.40	0.366 6
winequality-white-3_vs_7	900	12	20	880	44	0.468 4
poker-8-9_vs_6	1 485	10	25	1 460	58.40	0.934 0
poker-8_vs_6	1 477	10	17	1 460	85.88	0.984 4

如何处理交叠区并对交叠区样本进行准确分类是不平衡分类领域的研究者目前关注的热点问题。在所提方法中,迁移任务监督器的设计使模型更好地挖掘不同类样本间的差异,联合判别的方法对交叠区样本进行有针对性的识别。因此,为了更好地突出所提方法的优势,选用了 F1(Maximum Fisher's discriminant ratio)指标[6]作为各数据集数据复杂程度的评价指标。F1 指标通过计算每个特征的 Fisher 判别比并输出所有特征计算结果的最大值,来衡量当前数据集的复杂程度。F1 值越大,说明当前数据集中不同特征之间的交叠程度越大,数据集的整体交叠程度越高。

为了验证所提方法的有效性以及鲁棒性,在数据层面,选用 RF[21]、SVM[20]和 LR[19] 3 种不同的典型分类器对不同方法处理过的平衡数据集进行分类效果对比。对于任意一个数据集,每一种测试方法均进行 10 次五折交叉验证,进一步提高了实验结果的可信度。

本章所使用评价指标与 1.3.2 中一致,选用 F1-measure 和 G-mean 作为模型性能的评价指标。对于每个数据集,使用 10 次五折交叉验证得到最终分类结果,以减小实验的随机性对结果的干扰。在得到实验结果后,采用 Friedman 检验和 Nemenyi 后检验比较所提方法和其他对比方法,其详细介绍见 1.3.2 节。

2. ATIC-CIE 与数据层面方法的对比结果分析

ATIC-CIE 通过自主设计迁移任务监督器以及迁移数据选择器,将传统的迁移学习思想与生成对抗思想相结合,使模型在自主选择迁移目标时,具有挖掘不同类样本间共性与差异的能力。为了验证所提方法解决不平衡分类问题的有效性,本部分选取了典型的采样类方法和生成类方法,与所提方法展开对比。选取的方法包括10种采样类方法(SMOTE[10]、Borderline-SMOTE[11]、Safe-Level-SMOTE[34]、SMOTE-OUT[33]、G-SMOTE[32]、Distance-SMOTE[31]、SOMO[38]、K-means SMOTE[35]、MPP-SMOTE[90]、SWSEL[92])和4种生成类方法(CWGAN-GP[16]、ADA-INCVAE[17]、RGAN-EL[102]、RVGAN-TL[91])。同时,本节也选取了 RF[21]、SVM[20] 和 LR[19] 3种特点不同的分类器进行分类效果对比。在10种采样类方法中,除 MPP-SMOTE、SWSEL 外,其余8种采样类方法均是直接通过 Smote-variants 不平衡学习库实现的。剩余的2种采样类方法以及4种生成类方法严格按照文献中的各项参数进行设置。同时,为尽可能地减小参数对实验结果的影响,3种分类器的实现均是基于 Python 中 Scikit-Learn 库[18] 所提供的的默认参数。

为了更直观地展示实验结果,在3种分类器中,我们选取了各对比方法综合表现最好的 RF 分类器进行详细的结果展示。LR、SVM 分类器上的具体实验结果将在附录 E 中详细体现。在 RF 分类器上的 F1-measure 和 G-mean 指标上的对比结果分别见表 6-3 和表 6-4,Wilcoxon 符号秩检验结果见表 6-5。其中,加粗数据为最佳实验结果。分析实验结果可知,即使在各对比方法综合表现最好的 RF 分类器上,所提方法在 F1-measure 指标上仍有24个数据集排名第一,在 G-mean 指标上有18个数据集排名第一。因为在参数调整过程中以 F1-measure 指标为基准,且所提方法更加关注交叠区少数类样本的精确识别,所以 F1-measure 指标上的实验结果优势较为突出。但 G-mean 指标上也具有较为显著的优势。

此外,Wilcoxon 符号秩检验结果以及 Friedman 排名结果表明,对于所有对比方法,ATIC-CIE 方法具有较为显著的优势。分析实验结果可知,对于不平衡比较高的数据集,所提方法往往能取得更为明显的提升效果。这是因为,对于不平衡比较高的数据集而言,其少数类样本与多数类样本之间数量差距较大,传统数据层面方法往往需要利用有限的少数类样本特征信息来生成数倍于其数量的新样本。因此,生成样本中往往会包含较多的冗余信息,且其真实性和可靠性无法保证。ATIC-CIE 方法引入了迁移学习的思想,通过将多数类样本中的共性信息迁移到少数类样本生成任务中,解决了少数类样本数量有限导致的特征信息不足的问题。

表 6-3 在公开数据集上，ATIC-CIE 与数据层面方法在 F1-measure 上的实验结果对比（RF）

数据集	SMOTE	Borderline-SMOTE	Safe-Level-SMOTE	SMOTE-OUT	G-SMOTE	Distance-SMOTE	SOMO	K-means SMOTE	CWGAN-GP	ADA-INCVAE	MPP-SMOTE	RVGAN-TL	ATIC-CIE
ecoli-0_vs_1	0.9806	0.9871	0.9871	0.9806	0.9806	0.9871	0.9871	0.9871	0.9768	0.9839	0.9806	0.9806	**0.9871**
wisconsin	0.9573	0.9652	0.9541	0.9590	0.9606	0.9566	0.9524	0.9566	0.9566	0.9588	0.9546	0.9398	**0.9656**
pima	0.6336	0.6492	0.6516	0.6600	0.6526	0.6475	0.6497	0.6360	0.6316	0.6176	0.6733	0.5769	**0.6852**
vehicle2	0.9701	0.9675	0.9743	0.9515	0.9718	0.9721	0.9669	0.9697	0.9509	0.9703	0.9685	0.9756	**0.9766**
vehicle1	0.6286	0.6307	0.5908	0.6011	0.6378	0.6309	0.5520	0.5909	0.5847	0.5263	**0.6383**	0.5977	0.6194
vehicle3	0.5944	0.5924	0.5670	0.5704	0.5939	0.5680	0.4979	0.5211	0.5380	0.5036	0.5870	0.3947	**0.5970**
vehicle0	0.9336	**0.9444**	0.9415	0.9161	0.9249	0.9364	0.9328	0.9324	0.9265	0.9334	0.9160	0.9231	0.9199
ecoli1	0.7996	0.7784	0.7710	0.7941	**0.8128**	0.7988	0.7769	0.7902	0.7834	0.7957	0.7941	0.7778	0.7983
new-thyroid2	0.9417	0.9226	0.9559	0.9513	0.9559	0.9379	0.9513	0.9513	0.9194	0.9082	0.9177	0.9333	**0.9750**
new-thyroid1	0.9379	0.9379	0.9379	0.9533	0.9379	0.9379	0.9667	0.9667	0.9357	0.9382	0.9713	**1.0000**	0.9733
ecoli2	0.8183	0.8362	0.8472	0.8160	**0.8570**	0.8547	0.8340	0.8135	0.8195	0.8130	0.8290	0.7500	0.8126
segment0	0.9863	0.9893	0.9832	0.9877	0.9817	0.9879	0.9875	0.9908	0.9871	**0.9930**	0.9880	0.9844	0.9894
yeast3	**0.8043**	0.7862	0.7769	0.7337	0.7890	0.7805	0.7476	0.7818	0.7637	0.7601	0.7616	0.7246	0.7808
ecoli3	0.6070	0.5491	0.5851	0.5878	0.6368	0.5658	0.6031	0.6282	0.5644	0.5894	0.6666	**0.6667**	0.6222
page-blocks0	0.8656	0.8702	0.8761	0.8679	0.8655	0.8719	0.8824	0.8874	0.8822	**0.8893**	0.8374	0.8631	0.8844
yeast-2_vs_4	0.7050	0.7129	0.7794	0.7588	0.7519	0.7442	0.8008	0.7226	0.7483	0.7733	0.7330	**0.8000**	0.7669
ecoli-0-6-7_vs_3-5	0.7613	0.7492	0.8002	0.7074	0.7869	0.7592	0.7087	0.7921	0.7738	0.8159	0.6742	0.7500	**0.8492**
yeast-0-2-5-7-9_vs_3-6-8	0.7643	0.7324	0.7608	0.7580	0.7799	0.7832	0.8240	0.8017	0.8043	0.8035	0.7848	**0.8667**	0.8040
yeast-0-2-5-6_vs_3-7-8-9	0.6198	0.5510	0.6033	0.5527	**0.6507**	0.6733	0.6126	0.5750	0.6224	0.6089	0.6260	0.5600	0.6394
glass-0-4_vs_5	**1.0000**	**1.0000**	**1.0000**	0.9600	**1.0000**	0.9600	0.9600	0.9600	0.9364	0.9333	0.9200	0.6667	**1.0000**
led7digit-0-2-4-5-6-7-8-9_vs_1	0.7796	0.7796	0.7173	0.7346	0.7796	0.7793	0.7843	0.7796	0.7909	0.7906	0.7173	0.7189	**0.7938**
ecoli-0-1-4-7_vs_5-6	0.8544	0.8252	0.8155	0.8021	0.8518	0.8311	0.8389	0.8556	0.8181	0.8433	0.6844	0.6667	**0.8978**

第6章 基于共性信息自适应判别的不平衡分类方法

续表

数据集	SMOTE	Borderline-SMOTE	Safe-Level-SMOTE	SMOTE-OUT	G-SMOTE	Distance-SMOTE	SOMO	K-means SMOTE	CWGAN-GP	ADA-INCVAE	MPP-SMOTE	RVGAN-TL	ATIC-CIE
yeast-1_vs_7	0.323 2	0.323 2	0.328 9	0.243 1	0.282 0	0.224 4	0.279 4	0.323 2	0.275 4	0.319 4	0.328 9	0.332 6	**0.374 1**
glass4	0.750 0	0.742 9	0.721 4	0.493 3	**0.854 8**	0.714 3	0.566 7	0.626 7	0.716 2	0.403 8	0.733 3	0.500 0	0.677 5
ecoli4	0.763 5	0.668 1	**0.820 6**	0.642 9	0.763 5	0.782 5	0.819 0	0.807 1	0.814 4	0.819 0	0.820 3	0.400 0	0.792 9
page-blocks-1-3_vs_4	0.937 8	0.937 8	0.960 0	0.948 5	0.937 8	0.937 8	0.948 5	0.948 5	0.941 2	0.970 7	0.902 6	**1.000 0**	**1.000 0**
abalone9-18	0.342 6	0.330 6	0.381 5	0.263 3	0.322 6	0.310 3	0.221 8	0.286 7	0.230 0	0.212 7	0.356 7	0.000 0	**0.408 2**
zoo-3	0.300 0	0.300 0	0.400 0	0.400 0	0.400 0	0.200 0	0.200 0	0.300 0	0.240 0	0.400 0	0.400 0	0.400 0	**0.533 3**
glass5	0.733 3	0.733 3	0.720 0	0.720 0	0.660 0	0.726 7	0.633 3	0.733 3	0.745 3	0.100 0	0.720 0	0.733 3	**0.800 0**
yeast-2_vs_8	0.452 9	0.584 8	0.613 3	0.584 8	0.571 1	0.562 5	0.584 8	0.622 9	0.645 7	0.603 8	0.510 5	0.333 3	**0.651 4**
car-good	0.151 5	0.151 5	0.000 0	0.151 5	0.151 0	0.151 5	0.000 0	0.151 5	0.000 0	0.000 0	0.000 0	0.000 0	**0.739 1**
car-vgood	0.142 2	0.142 2	0.000 0	0.145 8	0.145 8	0.146 8	0.000 0	0.142 2	0.000 0	0.000 0	0.000 0	0.000 0	**0.940 1**
yeast-1-2-8-9_vs_7	0.235 3	0.168 7	0.197 1	0.050 0	0.195 2	0.176 4	0.200 0	0.157 1	0.177 1	0.164 3	0.202 9	0.000 0	**0.271 4**
abalone-3_vs_11	**1.000 0**	**1.000 0**	**1.000 0**	**1.000 0**	**1.000 0**	**1.000 0**	**1.000 0**	**1.000 0**	0.965 7	**1.000 0**	0.950 0	**1.000 0**	**1.000 0**
ecoli-0-1-3-7_vs_2-6	0.600 0	0.466 7	0.600 0	0.600 0	0.566 7	0.600 0	0.546 7	0.600 0	0.738 7	0.450 0	0.533 3	0.000 0	**0.746 7**
yeast6	0.519 1	0.470 4	0.532 6	0.520 0	**0.569 2**	0.550 7	0.484 0	0.528 8	0.539 7	0.525 8	0.524 5	0.000 0	0.537 4
winequality-white-3_vs_7	0.217 8	0.217 8	0.000 0	0.080 0	0.080 0	0.066 7	0.080 0	0.217 8	0.238 4	0.146 7	0.000 0	0.146 7	**0.240 0**
poker-8-9_vs_6	0.536 5	0.769 8	0.819 8	0.000 0	0.592 1	0.409 5	0.181 0	0.133 3	0.698 1	0.361 9	0.847 6	0.333 3	**1.000 0**
poker-8_vs_6	0.420 0	0.480 0	0.580 0	0.000 0	0.460 0	0.260 0	0.100 0	0.000 0	0.406 3	0.100 0	0.791 4	0.400 0	**1.000 0**
Average	0.676 1	0.672 9	0.680 8	0.626 8	0.684 9	0.661 1	0.632 4	0.653 1	0.668 9	0.623 8	0.673 0	0.582 0	0.770 5
Rank	6.531 3	7.453 1	5.828 1	8.875 0	5.328 1	6.687 5	7.765 6	7.046 9	7.718 8	7.671 9	7.156 3	9.578 1	3.359 4

表 6-4 在公开数据集上，ATIC-CIE 与数据层面方法在 G-mean 上的实验结果对比（RF）

数据集	SMOTE	Borderline-SMOTE	Safe-Level-SMOTE	SMOTE-OUT	G-SMOTE	Distance-SMOTE	SOMO	K-means SMOTE	CWGAN-GP	ADA-INCVAE	MPP-SMOTE	RVGAN-TL	ATIC-CIE
ecoli-0_vs_1	0.9837	0.9873	0.9873	0.9837	0.9837	0.9873	0.9873	0.9873	0.9816	0.9855	0.9837	0.9837	0.9873
wisconsin	0.9714	0.9770	0.9654	0.9717	0.9718	0.9686	0.9653	0.9685	0.9701	0.9706	0.9672	0.9599	**0.9788**
pima	0.7142	0.7264	0.7284	0.7354	0.7295	0.7252	0.7225	0.7145	0.7095	0.6963	0.7452	0.6544	**0.7504**
vehicle2	0.9790	0.9766	0.9790	0.9793	0.9766	0.9783	0.9719	0.9757	0.9715	0.9738	**0.9843**	0.9839	0.9813
vehicle1	0.7493	0.7537	0.7114	0.7385	0.7550	0.7462	0.6612	0.7037	0.7078	0.6422	**0.7667**	0.7382	0.7551
vehicle3	0.7229	0.7188	0.6977	0.7071	0.7208	0.6935	0.6152	0.6440	0.6636	0.6216	0.7233	0.5109	**0.7368**
vehicle0	0.9633	0.9633	0.9692	0.9650	0.9604	0.9659	0.9581	0.9561	0.9619	0.9557	0.9633	0.9585	0.9645
ecoli1	0.8885	0.8734	0.8612	0.8955	**0.8973**	0.8845	0.8557	0.8761	0.8608	0.8715	0.8737	0.8619	0.8896
new-thyroid2	0.9634	0.9366	0.9675	0.9542	0.9675	0.9514	0.9542	0.9542	0.9542	0.9388	0.9593	0.9354	**0.9739**
new-thyroid1	0.9514	0.9514	0.9514	0.9662	0.9514	0.9514	0.9690	0.9690	0.9602	0.9516	0.9824	**1.0000**	0.9824
ecoli2	0.8742	0.8611	0.8894	0.8931	0.8914	0.8971	0.8773	0.8542	0.8646	0.8466	**0.9102**	0.7746	0.8977
segment0	0.9926	0.9931	0.9908	0.9915	0.9905	0.9941	0.9877	0.9921	0.9910	0.9931	**0.9967**	0.9909	0.9944
yeast3	0.9020	0.8912	0.8728	0.8431	**0.8945**	0.8873	0.8203	0.8528	0.8444	0.8284	0.8862	0.8017	0.8759
ecoli3	0.7716	0.7089	0.7549	0.7503	0.8135	0.7389	0.7080	0.7785	0.6802	0.6900	**0.8431**	0.7071	0.7792
page-blocks0	0.9491	0.9442	0.9474	0.9406	**0.9492**	0.9444	0.9286	0.9333	0.9315	0.9332	0.9466	0.9228	0.9363
yeast-2_vs_4	0.8420	0.8302	0.8720	0.8371	0.8527	0.8493	0.8410	0.8128	0.8169	0.8335	0.8828	0.8615	0.8352
ecoli-0-6-7_vs_3-5	0.8668	0.8031	0.8716	0.7773	0.8696	0.8433	0.7592	0.8234	0.8200	0.8465	0.8524	0.7746	**0.8780**
yeast-0-2-5-7-9_vs_3-5-8	0.8545	0.8346	0.8489	0.8438	0.8563	0.8567	0.8665	0.8531	0.8650	0.8586	**0.8896**	0.8745	0.8826
yeast-0-2-5-6_vs_3-7-8-9	0.7618	0.6827	0.7204	0.6871	0.7662	0.7694	0.6966	0.6770	0.7098	0.6962	**0.7835**	0.6399	0.7448
glass-0-4_vs_5	**1.0000**	**1.0000**	**1.0000**	0.9936	**1.0000**	0.9936	0.9936	0.9936	0.9889	0.9414	0.9877	0.9718	**1.0000**
led7digit-0-2-4-5-6-7-8-9_vs_1	0.8982	0.8982	0.8900	0.8982	0.8982	0.8982	0.8748	0.8982	0.8887	0.8842	0.8900	0.8900	**0.9019**
ecoli-0-1-4-7_vs_5-6	0.9079	0.8844	0.8857	0.8377	0.9081	0.8874	0.8663	0.8676	0.8805	0.8860	0.8326	0.7683	**0.9337**

续表

数据集	SMOTE	Borderline-SMOTE	Safe-Level-SMOTE	SMOTE-OUT	G-SMOTE	Distance-SMOTE	SOMO	K-means SMOTE	CWGAN-GP	ADA-INCVAE	MPP-SMOTE	RVGAN-TL	ATIC-CIE
yeast-1_vs_7	0.5541	0.5541	0.5778	0.5541	0.4671	0.3800	0.3379	0.5541	0.3655	0.4181	0.5778	0.5778	0.5375
glass4	0.7949	0.7950	0.7925	0.5047	0.9338	0.7925	0.6181	0.6660	0.8243	0.4639	0.8477	0.5774	0.9232
ecoli4	0.8556	0.7279	0.8885	0.7546	0.8556	0.8567	0.8342	0.8586	0.8588	0.8342	0.9083	0.5000	0.8844
page-blocks-1-3_vs_4	0.9422	0.9422	0.9633	0.9641	0.9422	0.9422	0.9641	0.9641	0.9786	0.9720	0.9909	1.0000	1.0000
abalone9-18	0.6253	0.5238	0.5845	0.4003	0.5781	0.5473	0.3324	0.3826	0.3136	0.3178	0.6291	0.0000	0.5414
zoo-3	0.3892	0.3892	0.4000	0.3892	0.4000	0.2000	0.2000	0.3892	0.2400	0.4000	0.4000	0.3892	0.5949
glass5	0.8762	0.8762	0.9291	0.8762	0.8169	0.8754	0.6811	0.8762	0.7849	0.1397	0.9291	0.8754	0.8804
yeast-2_vs_8	0.6179	0.6555	0.6867	0.6555	0.7135	0.6539	0.6555	0.6873	0.7064	0.6714	0.6382	0.4472	0.7185
car-good	0.7184	0.7184	0.0000	0.7184	0.7253	0.7184	0.0000	0.7184	0.0000	0.0000	0.0000	0.0000	0.8769
car-vgood	0.7055	0.7055	0.0000	0.7173	0.7173	0.7060	0.0000	0.7055	0.0000	0.0000	0.0000	0.0000	0.9822
yeast-1-2-8-9_vs_7	0.4153	0.2770	0.2781	0.0814	0.3342	0.2772	0.2783	0.2445	0.2486	0.2447	0.4204	0.0000	0.3817
abalone-3_vs_11	1.0000	1.0000	1.0000	1.0000	1.0000	1.0000	1.0000	1.0000	0.9988	1.0000	0.9977	1.0000	1.0000
ecoli-0-1-3-7_vs_2-6	0.6810	0.5396	0.6810	0.6810	0.6797	0.6810	0.6784	0.6810	0.8398	0.4822	0.5414	0.0000	0.8784
yeast6	0.7221	0.6647	0.6826	0.6687	0.7412	0.7232	0.6018	0.6398	0.6536	0.6341	0.7609	0.0000	0.6460
winequality-white-3_vs_7	0.3388	0.3388	0.0000	0.1000	0.1000	0.0997	0.1000	0.3388	0.3848	0.1997	0.0000	0.1997	0.3485
poker-8-9_vs_6	0.5737	0.7941	0.8392	0.0000	0.6159	0.4689	0.2159	0.1789	0.7320	0.4319	0.8631	0.4472	1.0000
poker-8_vs_6	0.4421	0.5305	0.6155	0.0000	0.4788	0.2788	0.1155	0.0000	0.4500	0.1155	0.8153	0.5000	1.0000
Average	0.7887	0.7754	0.7508	0.7245	0.7873	0.7593	0.6793	0.7429	0.7283	0.6710	0.7685	0.6430	0.8424
Rank	5.6563	7.2969	5.7969	7.8750	4.7656	6.4375	9.5000	8.6719	8.1875	9.6250	4.0781	10.078	3.0313

表 6-5　Wilcoxon 符号秩检验对 ATIC-CIE 与数据层面方法的差异性检验结果

方法	F1-measure				G-mean			
	R+	R−	P	Assuming	R+	R−	P	Assuming
SMOTE	603	117	1.15×10^{-5}	rejected	512	208	0.002 521	rejected
Borderline-SMOTE	614	106	5.25×10^{-6}	rejected	609	111	7.51×10^{-6}	rejected
Safe-Level-SMOTE	599	121	1.52×10^{-5}	rejected	534	186	0.000 816	rejected
SMOTE-OUT	701	19	7×10^{-8}	rejected	653	67	2.8×10^{-6}	rejected
G-SMOTE	550	170	3.35×10^{-4}	rejected	506	214	0.003 363	rejected
Distance-SMOTE	621	99	2.47×10^{-5}	rejected	612	108	4.38×10^{-5}	rejected
SOMO	649	71	3.72×10^{-6}	rejected	702	18	6.45×10^{-8}	rejected
K-means SMOTE	660	60	1.69×10^{-6}	rejected	689	31	1.85×10^{-7}	rejected
SMOTE-NaN-DE	525	195	3.00×10^{-4}	rejected	484	236	9.03×10^{-3}	rejected
DPHS-MDS	629	91	1.72×10^{-6}	rejected	659	61	1.58×10^{-7}	rejected
CWGAN-GP	681	39	3.47×10^{-6}	rejected	715	5	3.04×10^{-7}	rejected
ADA-INCVAE	659	61	1.82×10^{-6}	rejected	703	17	5.94×10^{-8}	rejected
MPP-SMOTE	664	56	1.07×10^{-5}	rejected	437	283	0.099 863	not rejected
RVGAN-TL	620	100	3.38×10^{-6}	rejected	630	90	1.6×10^{-6}	rejected
RGAN-EL	561	159	1.76×10^{-4}	rejected	617	103	4.21×10^{-6}	rejected
SWSEL	666	54	8.77×10^{-8}	rejected	438	282	0.097 243	not rejected

3. 少数类样本数量过少及数据集交叠严重情况下的实验结果对比

在不平衡分类问题中,除高不平衡比带来的问题外,少数类样本数量过少也是一类值得关注的情况。当少数类样本数量过少时,传统数据层面方法难以从有限样本中提取足量的有效特征进行学习,模型的准确性及鲁棒性都无法保证。ATIC-CIE 方法使模型可以更深入地挖掘不同类样本间的共性与差异,解决了信息挖掘不充分的问题。另外,通过迁移样本选择器关注多数类样本所包含的适用于迁移的共性信息,并将其迁移到少数类样本生成任务中,补充了原本匮乏的训练数据集,解决了特征信息不足的问题。

为进一步体现所提方法在处理少数类样本数量过少情况下的优势,本部分从所选数据集中筛选了 22 个符合条件的数据集进行实验结果展示。在所选数据集中,少数类样本数量均在 50 个以下。这样选择的原因是本部分在实验过程中对每一个数据集都进行了五折交叉验证,在这一前提下,每个数据集本身的少数类样本会被平均分为五份。这也就意味着在每次训练中,各数据集的少数类样本数量均小于 10,符合数量过少的情况。实验结果见表 6-6 和表 6-7。

表 6-6 在少数类样本数量过少情况下,各方法在 F1-measure 上的实验结果

Dataset	SMOTE	Borderline-SMOTE	Safe-Level-SMOTE	SMOTE-OUT	G-SMOTE	Distance-SMOTE	SOMO	K-means SMOTE	CWGAN-GP	ADA-INCVAE	MPP-SMOTE	RVGAN-TL	ATIC-CIE
new-thyroid2	0.9417	0.9226	0.9559	0.9513	0.9559	0.9379	0.9513	0.9513	0.9194	0.9082	0.9177	0.9333	**0.9750**
new-thyroid1	0.9379	0.9379	0.9379	0.9533	0.9379	0.9379	0.9667	0.9667	0.9357	0.9382	0.9713	**1.0000**	0.9733
ecoli3	0.6070	0.5491	0.5851	0.5878	0.6368	0.5658	0.6031	0.6282	0.5644	0.5894	0.6666	**0.6667**	0.6222
ecoli-0-6-7_vs_3-5	0.7613	0.7492	0.8002	0.7074	0.7869	0.7592	0.7087	0.7921	0.7738	0.8159	0.6742	0.7500	**0.8492**
glass-0-4_vs_5	**1.0000**	**1.0000**	**1.0000**	0.9600	**1.0000**	0.9600	0.9600	0.9600	0.9364	0.9333	0.9200	0.6667	**1.0000**
led7digit-0-2-4-5-6-7-8-9_vs_1	0.7796	0.7793	0.7173	0.7346	0.7793	0.7796	0.7843	0.7796	0.7909	0.7906	0.7173	0.7189	**0.7938**
ecoli-0-1-4-7_vs_5-6	0.8544	0.8252	0.8155	0.8021	0.8518	0.8311	0.8389	0.8556	0.8181	0.8433	0.6844	0.6667	**0.8978**
yeast-1_vs_7	0.3232	0.3232	0.3289	0.2431	0.2820	0.2244	0.2794	0.3232	0.2754	0.3194	0.3289	0.3326	**0.3741**
glass4	0.7500	0.7429	0.7214	0.4933	**0.8548**	0.7143	0.5667	0.6267	0.7162	0.4038	0.7333	0.5000	0.6775
ecoli4	0.7635	0.6681	**0.8206**	0.6429	0.7635	0.7825	0.8190	0.8071	0.8144	0.8190	0.8203	0.4000	0.7929
page-blocks-1-3_vs_4	0.9378	0.9378	0.9600	0.9485	0.9378	0.9378	0.9485	0.9485	0.9412	0.9707	0.9026	**1.0000**	**1.0000**
abalone9-18	0.3426	0.3306	0.3815	0.2633	0.3226	0.3103	0.2218	0.2867	0.2300	0.2127	0.3567	0.0000	**0.4082**
zoo-3	0.3000	0.3000	0.4000	0.4000	0.4000	0.2000	0.2000	0.3000	0.2400	0.4000	0.4000	0.4000	**0.5330**
glass5	0.7333	0.7333	0.7200	0.7200	0.6600	0.7267	0.6333	0.7333	0.7453	0.1000	0.7200	0.7333	**0.8000**
yeast-2_vs_8	0.4529	0.5848	0.6133	0.5848	0.5711	0.5625	0.5848	0.6228	0.6457	0.6038	0.5105	0.3333	**0.6514**
yeast-1-2-8-9_vs_7	0.2353	0.1687	0.1971	0.0500	0.1956	0.1764	0.2000	0.1573	0.1771	0.1643	0.2029	0.0000	**0.2714**
abalone-3_vs_11	**1.0000**	**1.0000**	**1.0000**	**1.0000**	**1.0000**	**1.0000**	**1.0000**	**1.0000**	0.9657	**1.0000**	0.9500	**1.0000**	**1.0000**
ecoli-0-1-3-7_vs_2-6	0.6000	0.4567	0.6000	0.6000	0.5667	0.6000	0.5467	0.6000	0.7387	0.4500	0.5333	0.0000	**0.7467**
yeast6	0.5191	0.4704	0.5326	0.5200	**0.5692**	0.5507	0.4840	0.5288	0.5397	0.5258	0.5245	0.4000	0.5374
winequality-white-3_vs_7	0.2178	0.2170	0.0000	0.0800	0.0800	0.0667	0.0800	0.2170	0.2384	0.1467	0.0000	0.1467	**0.2400**
poker-8-9_vs_6	0.5365	0.7698	0.8195	0.0000	0.5921	0.4095	0.1810	0.1333	0.6981	0.3619	0.8476	0.3333	**1.0000**
poker-8_vs_6	0.4200	0.4800	0.5800	0.0000	0.4600	0.2600	0.1000	0.0000	0.4063	0.1000	0.7914	0.4000	**1.0000**
Average	0.6370	0.6344	0.6585	0.5565	0.6456	0.6042	0.5754	0.6009	0.6414	0.5635	0.6443	0.4992	**0.7338**
Rank	6.5313	7.4531	5.8281	8.8750	5.3281	6.6875	7.7656	7.0469	7.7188	7.6719	7.1563	9.5781	**3.3594**

表 6-7 在少数类样本数量过少情况下,各方法在 G-mean 上的实验结果

Dataset	SMOTE	Borderline-SMOTE	Safe-Level-SMOTE	SMOTE-OUT	G-SMOTE	Distance-SMOTE	SOMO	K-means SMOTE	CWGAN-GP	ADA-INCVAE	MPP-SMOTE	RVGAN-TL	ATIC-CIE
new-thyroid2	0.963 4	0.936 6	0.967 5	0.954 2	0.967 5	0.951 4	0.954 2	0.954 2	0.954 2	0.938 8	0.959 3	0.935 4	0.973 9
new-thyroid1	0.951 4	0.951 4	0.951 4	0.966 2	0.951 4	0.951 4	0.969 0	0.969 0	0.960 2	0.951 6	0.982 4	1.000 0	0.982 4
ecoli3	0.771 6	0.708 9	0.754 9	0.750 3	0.813 5	0.738 9	0.708 0	0.778 5	0.680 2	0.690 0	0.843 1	0.707 1	0.779 2
ecoli-0-6-7_vs_5	0.866 8	0.803 1	0.871 6	0.777 3	0.869 6	0.843 3	0.759 2	0.823 4	0.820 0	0.846 5	0.852 4	0.774 6	0.878 0
glass-0-4_vs_5	1.000 0	1.000 0	1.000 0	0.993 6	1.000 0	0.993 6	0.993 6	0.993 6	0.988 9	0.941 4	0.987 7	0.971 8	1.000 0
led7digit-0-2-4-5-6-7-8-9_vs_1	0.898 2	0.898 2	0.890 0	0.898 2	0.898 2	0.898 2	0.874 8	0.898 2	0.888 7	0.884 2	0.890 0	0.890 0	0.901 9
ecoli-0-1-4-7_vs_5-6	0.907 9	0.884 4	0.885 7	0.837 7	0.908 1	0.887 4	0.866 3	0.867 6	0.880 5	0.886 0	0.832 6	0.768 3	0.933 7
yeast-1_vs_7	0.554 1	0.554 1	0.577 8	0.554 1	0.467 1	0.380 0	0.337 9	0.554 1	0.365 5	0.418 1	0.577 8	0.577 8	0.537 5
glass4	0.794 9	0.795 0	0.792 5	0.504 7	0.933 8	0.792 5	0.618 1	0.666 2	0.824 3	0.463 9	0.847 7	0.577 4	0.923 2
ecoli4	0.855 6	0.727 9	0.888 5	0.754 6	0.855 6	0.856 7	0.834 2	0.858 6	0.858 8	0.834 2	0.908 3	0.500 0	0.884 4
page-blocks-1-3_vs_4	0.942 2	0.942 2	0.963 3	0.964 1	0.942 2	0.942 2	0.964 1	0.964 1	0.978 6	0.972 0	0.990 9	1.000 0	1.000 0
abalone9-18	0.625 3	0.523 8	0.584 5	0.400 3	0.578 1	0.547 3	0.332 4	0.382 6	0.313 6	0.317 8	0.629 1	0.000 0	0.541 4
zoo-3	0.389 2	0.389 2	0.400 0	0.389 2	0.400 0	0.200 0	0.200 0	0.389 2	0.240 0	0.400 0	0.400 0	0.389 2	0.594 9
glass5	0.876 2	0.876 2	0.929 1	0.876 2	0.816 9	0.875 4	0.681 1	0.876 2	0.784 9	0.139 7	0.929 1	0.875 4	0.880 4
yeast-2_vs_8	0.617 9	0.655 5	0.686 7	0.655 5	0.713 5	0.653 9	0.655 5	0.687 3	0.706 4	0.671 4	0.638 2	0.447 2	0.718 5
yeast-1-2-8-9_vs_7	0.415 3	0.277 0	0.278 1	0.081 4	0.334 2	0.277 2	0.278 3	0.244 5	0.248 6	0.244 7	0.420 4	0.000 0	0.381 7
abalone-3_vs_11	1.000 0	1.000 0	1.000 0	1.000 0	1.000 0	1.000 0	1.000 0	1.000 0	0.998 8	1.000 0	0.997 9	1.000 0	1.000 0
ecoli-0-1-3-7_vs_2-5	0.681 0	0.539 6	0.681 0	0.681 0	0.679 7	0.681 0	0.678 4	0.681 0	0.839 8	0.482 2	0.541 4	0.000 0	0.878 4
yeast6	0.722 1	0.664 7	0.682 6	0.668 7	0.741 2	0.723 2	0.601 8	0.639 8	0.653 6	0.634 1	0.760 9	0.000 0	0.646 0
winequality-white-3_vs_7	0.338 8	0.338 8	0.000 0	0.100 0	0.100 0	0.099 7	0.100 0	0.338 8	0.384 8	0.199 7	0.000 0	0.199 7	0.348 5
poker-8-9_vs_6	0.573 7	0.794 1	0.839 2	0.000 0	0.615 8	0.468 9	0.215 9	0.178 9	0.732 0	0.431 9	0.863 1	0.447 2	1.000 0
poker-8_vs_6	0.442 1	0.530 9	0.615 5	0.000 0	0.478 8	0.278 8	0.115 5	0.000 0	0.450 0	0.115 5	0.815 3	0.500 0	1.000 0
Average	0.735 8	0.717 6	0.738 2	0.627 6	0.730 2	0.683 7	0.624 5	0.670 3	0.706 9	0.612 0	0.757 6	0.571 0	0.808 4
Rank	5.656 3	7.296 9	5.796 9	7.875 0	4.765 6	6.437 5	9.500 0	8.671 9	8.187 5	9.625 0	4.078 1	10.078	3.031 3

分析实验结果可知,在 22 个数据集中,在 F1-measure 指标上,所提方法有 17 个排名第一;在 G-mean 指标上,所提方法有 12 个排名第一。在没有获得排名第一的数据集上,所提方法也可以有排名第二或排名第三的表现,且在各个数据集上均具有较为明显的提升效果。同时,从两项指标的得分均值来看,所提方法具有显著优势,这进一步说明了所提方法在处理少数类样本数量过少情况时的有效性。

如何精确划分交叠区样本是不平衡分类领域的关键难点。对于交叠区样本而言,其包含较多的共性信息,这意味着不同类样本间的特征相互杂糅,分类边界难以划分。对于传统数据层面方法而言,其不具备挖掘交叠区不同类样本间差异的能力,往往只能采用牺牲部分样本的方式来达到一个较为良好的分类结果,模型上限难以提高。所提方法设计了迁移任务监督器,以对不同类样本间的差异进行挖掘。迁移任务监督器在多轮迭代的过程中,持续面临划分共性信息多样的不同类样本问题,具有针对交叠区样本的良好判别能力。在此基础上,设计了针对交叠区样本的联合判别方法,提高了模型的准确性和鲁棒性。

为进一步体现所提方法在处理交叠区样本上的优越性,本节从所选数据集中挑选了 20 个交叠程度较为严重的数据集进行实验结果对比。所挑选的数据集基于 F1 指标对交叠程度进行打分,综合分析各数据集情况,将 F1 指标大于 0.4 的数据集视为交叠较为严重的数据集。实验的具体结果见表 6-8、表 6-9。

分析实验结果可知,在 20 个数据集中,在 F1-measure 指标上,所提方法有 16 个排名第一;在 G-mean 指标上,所提方法有 10 个排名第一。在没有获得排名第一的数据集上,所提方法也可以有排名第二或排名第三的表现,且在各个数据集上均具有较为明显的提升效果。同时,从两项指标的得分均值来看,所提方法具有显著优势,这进一步说明了所提方法在处理数据交叠严重情况时的有效性。

4. 统计学检验结果分析

为了进一步检验所提方法与其他对比方法具有显著差异,采用 Nemenyi 后检验方法进行测试。在测试过程中,分别将所提方法与数据层面方法在三种分类器下进行检验,检验结果见表 6-10～表 6-12。分析实验结果可知,与数据层面方法相比,所提方法在 F1-measure 指标和 G-mean 指标上显著优于所有数据层面方法。

从实验结果可以看出,在 RF 分类器上,ATIC-CIE 方法的效果提升更为明显,也更有优势。这是因为所提方法需要先通过分类器对测试样本进行置信度评估,再进行类别判断。对于 RF 分类器来说,其本身的分类效果较好,模型的鲁棒性高,输出的置信度更加准确,可以较好地找出交叠区难以分类的样本。而对于 LR 分类器来说,其本身的分类效果较差,对一些相对易分类样本仍可能给出较低的置信度。这就导致在联合判别阶段,分类器本身可以判断的简单样本也被误分为交叠区样本并送入迁移任务监督器进行判断了。这种情况在一定程度上削弱了联合判别的效果,因为迁移任务监督器是针对交叠区样本进行设计的。因此,所提方法在不同分类器上的结果可能会产生一定程度的波动,但从整体来看,仍具有一定优势,且在少数类样本数量过少以及交叠严重情况下,其优势较为明显。

表 6-8 在数据集交叠严重情况下,各方法在 F1-measure 上的实验结果

数据集	SMOTE	Borderline-SMOTE	Safe-Level-SMOTE	SMOTE-OUT	G-SMOTE	Distance-SMOTE	SOMO	K-means SMOTE	CWGAN-GP	ADA-INCVAE	MPP-SMOTE	RVGAN-TL	ATIC-CIE
pima	0.633 6	0.649 2	0.651 6	0.660 0	0.652 6	0.647 5	0.649 7	0.636 0	0.631 6	0.617 6	0.673 3	0.576 9	**0.685 2**
vehicle2	0.970 1	0.967 5	0.974 3	0.951 5	0.971 8	0.972 1	0.966 9	0.969 7	0.950 9	0.970 3	0.968 5	0.975 6	**0.976 6**
vehicle1	0.628 6	0.630 7	0.590 8	0.601 1	0.637 8	0.630 9	0.552 0	0.590 9	0.584 7	0.526 3	**0.638 3**	0.597 7	0.619 4
vehicle3	0.594 4	0.592 4	0.567 0	0.570 4	0.593 9	0.568 0	0.497 9	0.521 1	0.538 0	0.503 6	0.587 0	0.394 7	**0.597 0**
vehicle0	0.933 6	**0.944 4**	0.941 5	0.916 1	0.924 9	0.936 4	0.932 8	0.932 4	0.926 5	0.933 4	0.916 0	0.923 1	0.919 9
segment0	0.986 3	0.989 3	0.983 2	0.987 7	0.981 7	0.987 9	0.987 5	0.990 8	0.987 1	**0.993 0**	0.988 0	0.984 4	0.989 4
ecoli3	0.607 0	0.549 1	0.585 1	0.587 8	0.636 8	0.565 8	0.603 1	0.628 2	0.564 4	0.589 4	0.666 6	**0.666 7**	0.622 2
ecoli-0-6-7_vs_3-5	0.761 3	0.749 2	0.800 2	0.707 4	0.786 9	0.759 2	0.708 7	0.792 1	0.773 8	0.815 9	0.674 2	0.750 0	**0.849 2**
led7digit-0-2-4-5-6-7-8-9_vs_1	0.779 6	0.779 6	0.717 3	0.734 6	0.779 6	0.779 6	0.784 3	0.779 6	0.790 9	0.790 6	0.717 3	0.718 9	**0.793 8**
yeast-1_vs_7	0.323 2	0.323 2	0.328 9	0.243 1	0.282 0	0.224 4	0.279 4	0.323 2	0.275 4	0.319 4	0.328 9	0.332 6	**0.374 1**
abalone9-18	0.342 6	0.330 6	0.381 5	0.263 3	0.322 6	0.310 3	0.221 8	0.286 7	0.230 0	0.212 7	0.356 7	0.000 0	**0.408 2**
zoo-3	0.300 0	0.300 0	0.400 0	0.400 0	0.400 0	0.200 0	0.200 0	0.300 0	0.240 0	0.400 0	0.400 0	0.400 0	**0.533 3**
glass5	0.733 3	0.733 3	0.720 0	0.720 0	0.660 0	0.726 7	0.633 3	0.733 3	0.745 3	0.100 0	0.720 0	0.733 3	**0.800 0**
car-good	0.151 5	0.151 5	0.000 0	0.151 0	0.151 0	0.151 5	0.000 0	0.151 5	0.000 0	0.000 0	0.000 0	0.000 0	**0.739 1**
car-vgood	0.142 2	0.142 2	0.000 0	0.145 8	0.145 8	0.146 8	0.200 0	0.142 2	0.000 0	0.000 0	0.000 0	0.000 0	**0.940 1**
yeast-1-2-8-9_vs_7	0.235 3	0.168 7	0.197 1	0.050 0	0.195 6	0.176 4	0.546 7	0.157 1	0.177 1	0.164 3	0.202 9	0.000 0	**0.271 4**
ecoli-0-1-3-7_vs_2-6	0.600 0	0.466 7	0.600 0	0.600 0	0.566 7	0.600 0	0.546 7	0.600 0	0.738 7	0.450 0	0.533 3	0.000 0	**0.746 7**
winequality-white-3_vs_7	0.217 8	0.217 8	0.000 0	0.080 0	0.080 0	0.066 7	0.080 0	0.217 8	0.238 4	0.146 7	0.000 0	0.146 7	**0.240 0**
poker-8-9_vs_6	0.536 5	0.769 8	0.819 8	0.000 0	0.592 1	0.409 5	0.181 0	0.133 3	0.698 1	0.361 9	0.847 6	0.333 3	**1.000 0**
poker-8_vs_6	0.420 0	0.480 0	0.580 0	0.000 0	0.460 0	0.260 0	0.100 0	0.000 0	0.406 3	0.100 0	0.791 4	0.400 0	**1.000 0**
Average	0.544 9	0.546 8	0.541 9	0.468 5	0.541 1	0.506 0	0.456 3	0.494 3	0.524 9	0.449 7	0.550 5	0.446 7	0.705 3
Rank	6.531 3	7.453 1	5.828 1	8.875 0	5.328 1	6.687 5	7.765 6	7.046 9	7.718 8	7.671 9	7.156 3	9.578 1	3.359 4

第 6 章 基于共性信息自适应判别的不平衡分类方法

表 6-9 在数据交叠严重情况下，各方法在 G-mean 上的实验结果

数据集	SMOTE	Borderline-SMOTE	Safe-Level-SMOTE	SMOTE-OUT	G-SMOTE	Distance-SMOTE	SOMO	K-means SMOTE	CWGAN-GP	ADA-INCVAE	MPP-SMOTE	RVGAN-TL	ATIC-CIE
pima	0.7142	0.7264	0.7284	0.7354	0.7295	0.7252	0.7225	0.7145	0.7095	0.6963	0.7452	0.6544	**0.7504**
vehicle2	0.9790	0.9766	0.9790	0.9793	0.9766	0.9783	0.9719	0.9759	0.9715	0.9738	**0.9843**	0.9839	0.9813
vehicle1	0.7493	0.7537	0.7114	0.7385	0.7550	0.7462	0.6612	0.7037	0.7078	0.6422	**0.7667**	0.7382	0.7551
vehicle3	0.7229	0.7187	0.6977	0.7071	0.7208	0.6935	0.6152	0.6440	0.6636	0.6216	0.7232	0.5109	**0.7368**
vehicle0	0.9633	**0.9736**	0.9692	0.9650	0.9604	0.9659	0.9581	0.9561	0.9619	0.9557	0.9633	0.9585	0.9645
segment0	0.9926	0.9931	0.9908	0.9915	0.9905	0.9941	0.9877	0.9921	0.9910	0.9931	**0.9967**	0.9909	0.9944
ecoli3	0.7716	0.7089	0.7549	0.7503	0.8135	0.7389	0.7080	0.7785	0.6802	0.6900	**0.8431**	0.7071	0.7792
ecoli-0-6-7_vs_3-5	0.8668	0.8031	0.8716	0.7773	0.8696	0.8433	0.7592	0.8234	0.8200	0.8465	0.8524	0.7746	**0.8780**
led7digit-0-2-4-5-6-7-8-9_vs_1	0.8982	0.8982	0.8900	0.8982	0.8982	0.8982	0.8748	0.8982	0.8887	0.8842	0.8900	0.8900	**0.9019**
yeast-1_vs_7	0.5541	0.5541	**0.5778**	0.5541	0.4671	0.3800	0.3379	0.5541	0.3655	0.4181	**0.5778**	**0.5778**	0.5375
abalone9-18	0.6253	0.5238	0.5845	0.4003	0.5781	0.5473	0.3324	0.3826	0.3136	0.3178	**0.6291**	0.0000	0.5414
zoo-3	0.3892	0.3892	0.4000	0.3892	0.4000	0.2000	0.2000	0.3892	0.2400	0.4000	0.4000	0.3892	**0.5949**
glass5	0.8762	0.8762	**0.9291**	0.8762	0.8169	0.8754	0.6811	0.8762	0.7849	0.1397	**0.9291**	0.8754	0.8804
car-good	0.7184	0.7184	0.0000	0.7184	0.7253	0.7184	0.0000	0.7184	0.0000	0.0000	0.0000	0.0000	**0.8769**
car-vgood	0.7055	0.7055	0.0000	0.7173	0.7177	0.7060	0.0000	0.7055	0.0000	0.0000	0.0000	0.0000	**0.9822**
yeast-1-2-8-9_vs_7	0.4153	0.2770	0.2781	0.0814	0.3342	0.2772	0.2783	0.2445	0.2486	0.2447	**0.4204**	0.0000	0.3817
ecoli-0-1-3-7_vs_2-6	0.6810	0.5396	0.6810	0.6810	0.6797	0.6810	0.6784	0.6810	0.8398	0.4822	0.5414	0.0000	**0.8784**
winequality-white-3_vs_7	0.3388	0.3388	0.0000	0.0000	0.1000	0.0997	0.1000	0.3388	**0.3848**	0.1997	0.0000	0.1997	0.3485
poker-8-9_vs_6	0.5737	0.7941	0.8392	0.0000	0.6159	0.4689	0.2159	0.1789	0.7320	0.4319	0.8639	0.4472	**1.0000**
poker-8_vs_6	0.4421	0.5309	0.6153	0.0000	0.4788	0.2788	0.1155	0.0000	0.4500	0.1155	0.8153	0.5000	**1.0000**
Average	0.6989	0.6900	0.6249	0.6030	0.6813	0.6408	0.5099	0.6278	0.5877	0.5026	0.6471	0.5099	0.7882
Rank	6.5313	7.4531	5.8281	8.8750	5.3281	6.6875	7.7656	7.0469	7.7188	7.6719	7.1563	9.5781	3.3594

表 6-10　所提方法与数据层面方法对比的 Nemenyi 后检验结果

分类器	F1-measure	G-mean
RF		
LR		
SVM		

表 6-11　少数类样本数量过少条件下的 Nemenyi 后检验结果

分类器	F1-measure	G-mean
RF		

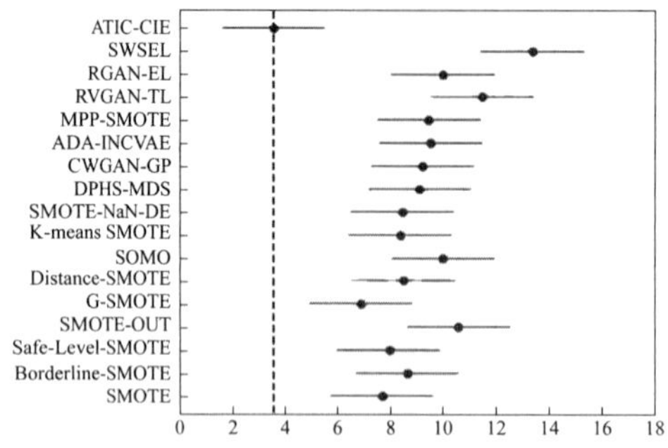

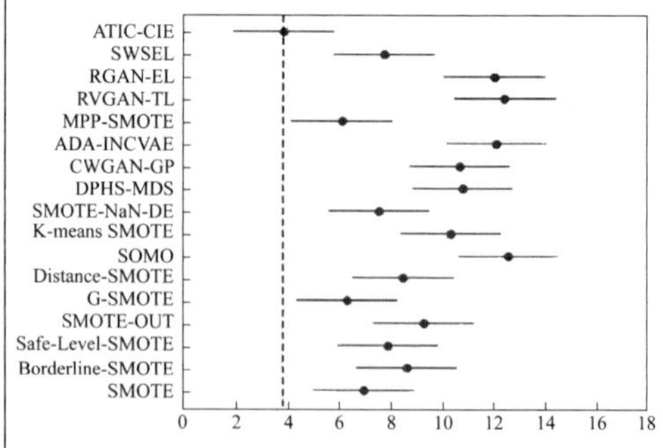

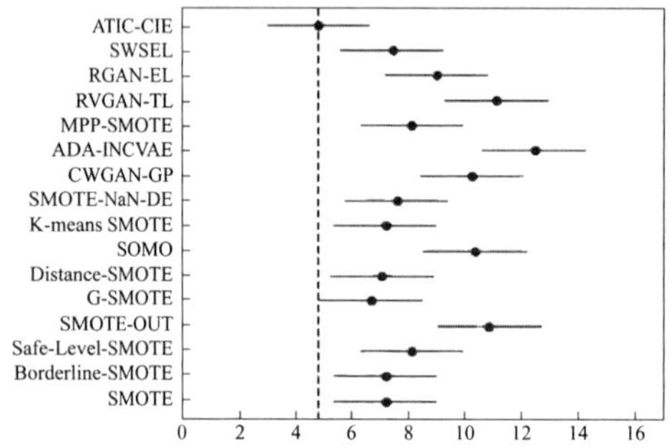

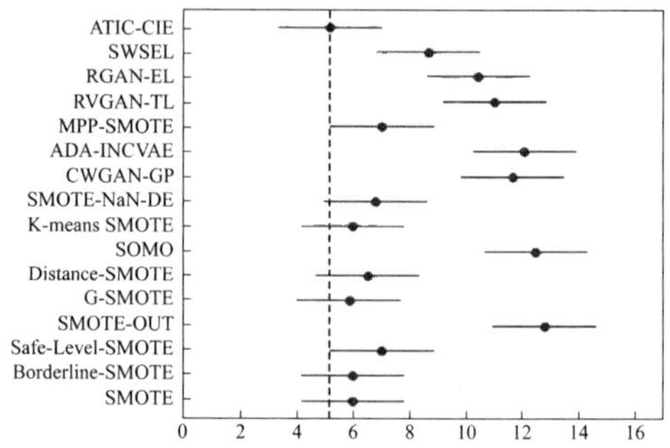

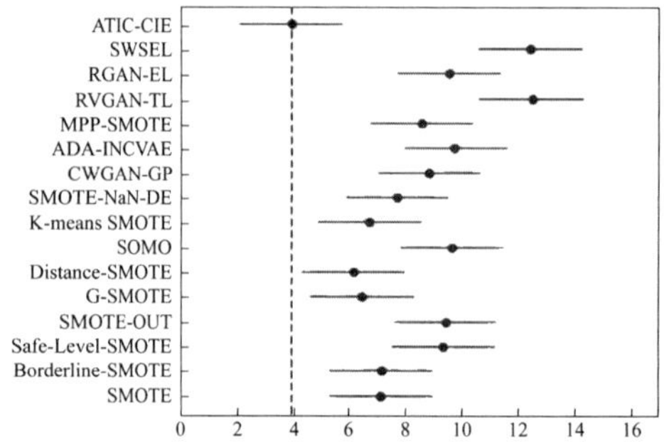

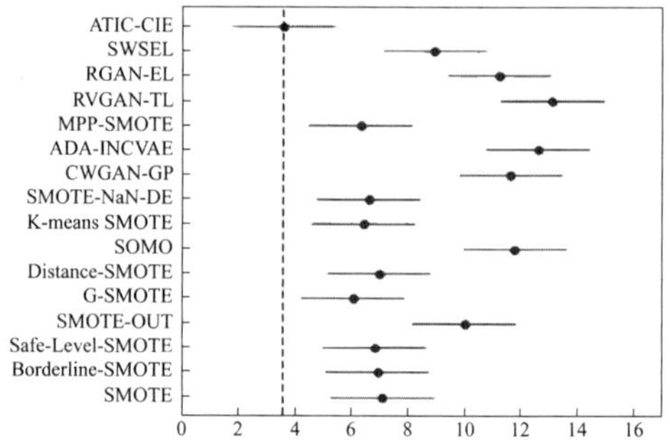

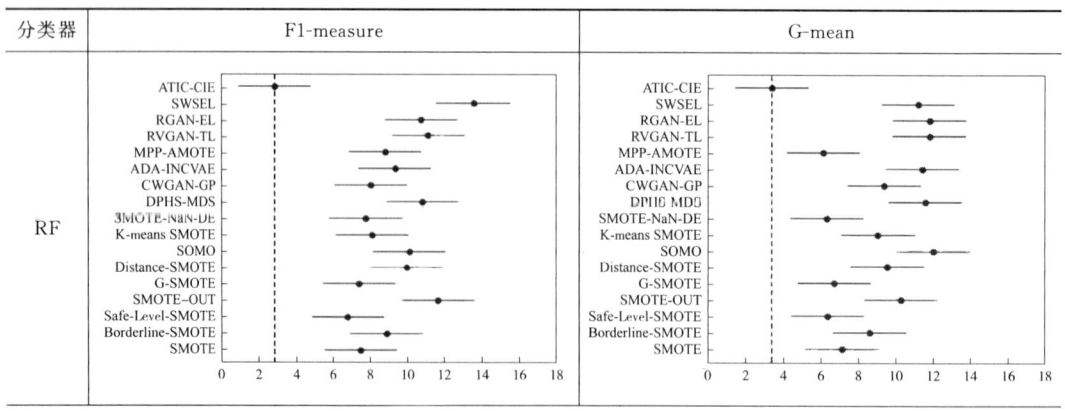

|第6章| 基于共性信息自适应判别的不平衡分类方法

续 表

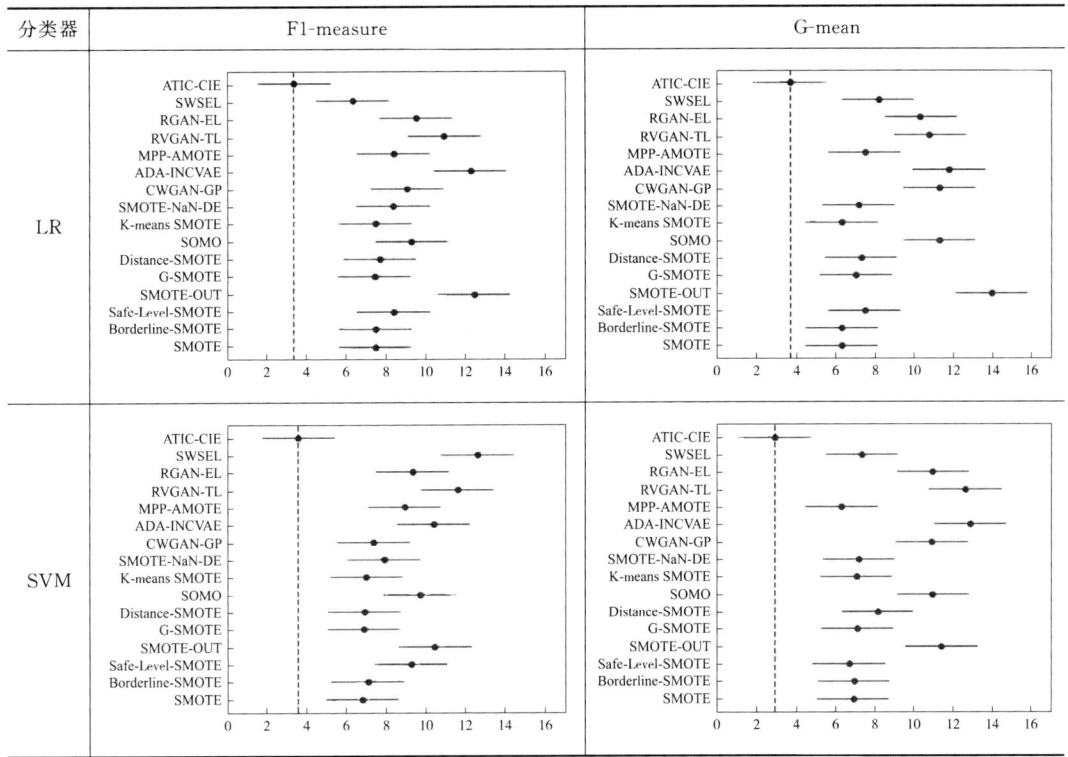

表 6-12 数据交叠严重情况下的 Nemenyi 后检验结果

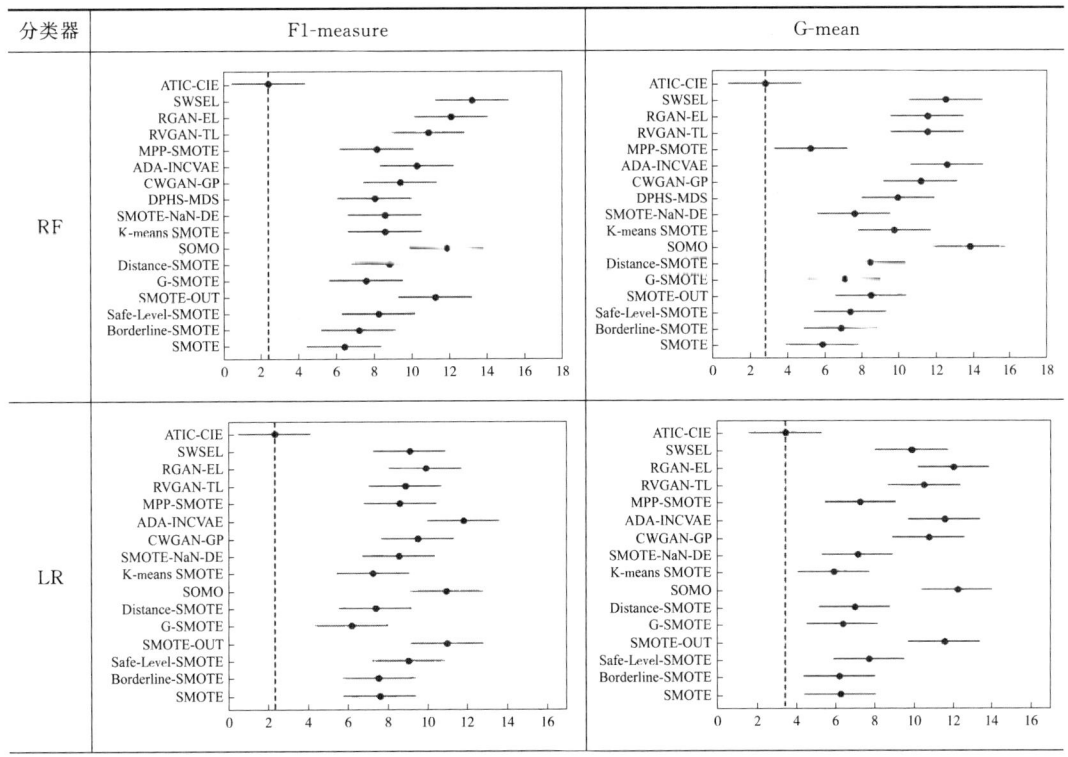

续表

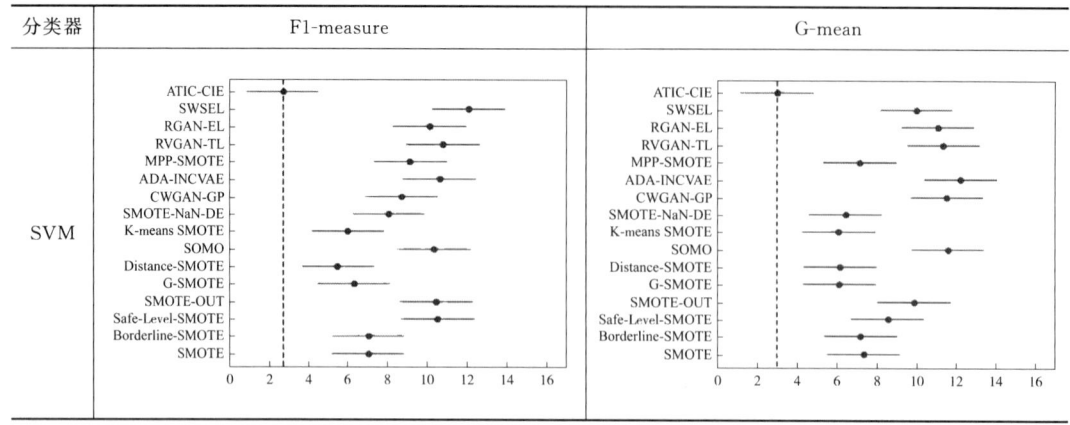

6.3.3 智能电表故障数据集的结果与分析

1. 智能电表故障数据集

本章所用智能电表故障数据集为包括 25 个省份、11 种故障类型的智能电表故障数据，其详细介绍见 1.3.3 节。

2. 实验设置

考虑到智能电表故障数据集包含多类故障类型，直接进行特征学习较为困难，所提方法与其他对比方法均采用"一对多"分类框架，将原先的智能电表故障多分类问题转化为多个二分类问题，进而解决因同时构建多类别决策边界存在的困难。

为了保证实验结果不因为样本选择而出现偏差，从原始的智能电表故障数据集中随机抽取 80% 的样本作为训练样本，20% 的样本作为测试样本。为全面评估所提方法的性能，使用 LR、SVM 和 RF 三种常用的分类器学习上述对比方法平衡后的数据集并对测试数据进行预测。将 RF 分类器对应的分类结果在本节中进行展示，将 LR、SVM 分类器对应的分类结果在附录 E 中进行展示。具体的实验设置和评价指标介绍见 1.3.3 节。

3. 实验结果分析

所提方法与采样类方法（SMOTE[10]、Distance-SMOTE[31]、G-SMOTE[32]、Safe-Level-SMOTE[34]、SMOTE-OUT[33]、Borderline-SMOTE[11]、K-means SMOTE[35]、RBO[37]、SMOTE-NaN-DE[15]、SOMO[38]、Laplacian-SMOTE[41]、LoRAS-UMAP[42]）和生成类方法（CWGAN-GP[16]、VAE/GAN[44]、DeepSMOTE[39] 和 VAE[45]）进行对比实验。当使用 RF 分类器时，所有方法的 macro-F1 和 G-mean 结果见表 6-13～表 6-16。各类别的 F1-measure 和召回率以及综合多个类别结果的 macro-F1 和 G-mean 见附录 E 部分的表 E-5～表 E-8。

表 6-13 在智能电表各故障类别数据集上，所提方法与对比方法在 macro-F1 指标上的实验结果对比（RF）

故障类别	SMOTE	Distance-SMOTE	Borderline-SMOTE	Safe-Level-SMOTE	SMOTE-OUT	G-SMOTE	K-means SMOTE	RBO	ATIC-CIE
类别 1	0.643 5	0.608 3	0.642 9	0.616 0	0.625 4	0.628 4	0.640 0	0.639 5	**0.653 8**
类别 2	0.666 7	0.646 8	0.669 6	0.678 7	0.666 7	0.672 3	0.652 0	0.684 0	0.695 0
类别 3	0.311 9	0.322 1	0.342 5	0.326 5	0.340 1	0.312 3	0.342 3	0.354 2	0.321 4
类别 4	0.653 8	0.659 2	0.643 7	0.642 1	0.657 2	0.660 1	0.642 6	**0.671 1**	0.657 9
类别 5	0.891 6	0.764 0	0.888 9	0.913 6	0.911 4	0.781 6	0.888 9	0.786 6	0.833 3
类别 6	0.558 1	0.611 1	0.536 6	0.558 1	0.511 6	0.628 6	0.558 1	0.511 1	**0.636 7**
类别 7	0.634 5	0.631 6	0.639 0	0.640 7	0.641 8	0.631 0	0.641 4	0.640 3	**0.654 9**
类别 8	0.625 5	0.582 0	0.622 9	0.605 6	0.589 8	0.568 8	0.599 3	0.621 6	**0.650 7**
类别 9	0.815 5	0.804 7	0.816 7	**0.819 6**	0.820 1	0.748 1	0.816 0	0.819 3	0.797 1
类别 10	0.750 0	0.708 7	0.718 8	0.728 7	0.717 6	0.754 1	0.732 8	0.715 4	**0.810 8**
类别 11	0.697 7	0.729 4	0.705 0	0.705 7	0.710 7	0.726 6	0.708 2	0.743 9	**0.785 6**
macro-F1	0.659 0	0.642 5	0.657 0	0.657 8	0.653 9	0.646 5	0.656 5	0.653 4	**0.681 6**

表 6-14 在智能电表各故障类别数据集上，所提方法与对比方法在 macro-F1 指标上的实验结果对比（RF）

故障类别	SMOTE-NaN-DE	SOMO	Laplacian-SMOTE	LoRAS-UMAP	VAE	VAE/GAN	CWGAN-GP	DeepSMOTE	ATIC-CIE
类别 1	0.528 5	0.650 7	0.447 3	0.637 6	0.650 1	0.653 9	0.297 2	0.632 6	**0.653 8**
类别 2	0.558 7	0.649 2	0.432 2	0.675 0	0.462 5	0.627 3	0.320 0	**0.708 3**	0.695 0
类别 3	0.274 5	0.379 3	0.214 3	0.381 0	0.393 0	0.371 1	0.000 0	**0.397 2**	0.321 4
类别 4	0.542 6	0.661 5	0.501 1	0.649 8	0.533 8	0.632 6	0.331 0	**0.663 7**	0.657 9
类别 5	0.741 6	0.725 6	0.516 5	0.800 0	0.896 6	0.926 8	0.672 1	**0.809 5**	0.833 3
类别 6	0.359 0	0.578 9	0.487 8	0.594 6	0.526 1	0.542 2	0.185 2	**0.628 6**	0.636 7
类别 7	0.538 1	0.654 3	0.513 9	0.648 2	0.642 6	0.650 5	0.456 3	**0.641 4**	0.654 9
类别 8	0.500 7	0.608 0	0.457 9	0.579 8	0.621 2	0.632 4	0.323 2	**0.568 1**	0.650 7
类别 9	0.749 5	0.811 3	0.719 5	0.808 4	0.713 8	0.707 9	0.684 1	0.611 6	0.797 1
类别 10	0.676 7	0.725 8	0.442 7	0.698 4	0.752 6	0.741 1	0.055 6	**0.733 3**	0.810 8
类别 11	0.622 8	0.747 7	0.577 1	0.748 1	0.717 6	0.621 8	0.514 5	**0.755 1**	0.785 6
macro-F1	0.553 9	0.653 9	0.482 7	0.656 4	0.628 5	0.646 1	0.349 0	**0.649 9**	0.681 6

表 6-15 在智能电表各故障类别数据集上，所提方法与对比方法在 G-mean 指标上的实验结果对比（RF）

故障类别	SMOTE	Distance-SMOTE	Borderline-SMOTE	Safe-Level-SMOTE	SMOTE-OUT	G-SMOTE	K-means SMOTE	RBO	ATIC-CIE
类别 1	0.632 6	0.586 2	0.613 6	0.613 6	0.640 2	0.628 4	0.636 4	0.632 2	**0.653 3**
类别 2	0.660 7	0.603 2	0.669 6	0.669 6	**0.678 6**	0.627 0	0.660 7	0.627 0	0.651 6
类别 3	0.252 7	0.256 7	0.274 7	0.263 7	0.274 7	0.251 3	0.280 2	0.272 7	0.397 9

续 表

故障类别	SMOTE	Distance-SMOTE	Borderline-SMOTE	Safe-Level-SMOTE	SMOTE-OUT	G-SMOTE	K-means SMOTE	RBO	ATIC-CIE
类别 4	0.619 9	0.611 2	0.607 7	0.601 6	0.613 8	0.629 9	0.597 6	**0.634 1**	0.583 4
类别 5	0.925 0	0.871 8	0.900 0	0.925 0	0.900 0	0.871 8	0.900 0	0.897 4	0.871 8
类别 6	0.444 4	0.500 0	0.407 4	0.444 4	0.407 4	0.500 0	0.444 4	0.500 0	0.689 1
类别 7	0.690 8	0.681 8	0.706 1	0.706 1	0.706 1	0.659 1	0.694 7	0.685 4	**0.726 6**
类别 8	0.627 8	0.598 5	0.624 1	0.609 0	0.586 5	0.587 1	0.601 5	0.609 8	**0.674 2**
类别 9	0.860 7	0.853 3	0.862 9	0.862 9	0.868 3	0.832 8	0.866 2	0.860 8	**0.875 0**
类别 10	0.716 4	0.737 7	0.686 6	0.701 5	0.701 5	0.754 1	0.716 4	0.721 3	**0.775 9**
类别 11	0.633 8	0.681 0	0.647 9	0.637 3	0.644 4	0.709 7	0.640 8	0.713 3	**0.753 8**
G-mean	0.642 3	0.634 7	0.636 4	0.639 5	0.638 3	0.641 0	0.639 9	0.650 4	**0.695 7**

表 6-16 在智能电表各故障类别数据集上，所提方法与对比方法在 G-mean 指标上的实验结果对比（RF）

故障类别	SMOTE-NaN-DE	SOMO	Laplacian-SMOTE	LoRAS-UMAP	VAE	VAE/GAN	CWGAN-GP	Deep SMOTE	ATIC-CIE
类别 1	0.586 2	0.624 5	0.471 3	0.616 9	0.643 9	0.492 4	0.647 7	0.616 9	**0.653 3**
类别 2	0.547 6	0.650 8	0.404 8	0.642 9	0.536 6	0.406 5	0.561 0	**0.674 6**	0.651 6
类别 3	**0.846 2**	0.294 1	0.224 6	0.299 5	0.311 1	0.144 4	0.300 0	0.304 8	0.397 9
类别 4	0.318 2	0.625 8	0.488 6	0.613 3	0.589 8	0.389 8	0.593 9	0.625 8	0.583 4
类别 5	0.469 9	0.846 2	0.615 4	0.871 8	0.956 6	0.974 4	0.974 4	0.871 8	0.871 8
类别 6	0.262 0	0.500 0	0.454 5	0.500 0	0.422 6	0.434 8	**0.782 6**	0.462 2	0.689 1
类别 7	0.501 9	0.715 9	0.507 6	0.708 3	0.715 4	0.702 2	0.537 9	0.704 5	**0.726 6**
类别 8	0.655 3	0.602 3	0.473 5	0.564 4	0.615 1	0.615 1	0.611 1	0.553 0	**0.674 2**
类别 9	0.751 9	0.855 4	0.709 8	0.849 0	0.860 5	0.814 0	0.854 8	0.857 6	**0.875 0**
类别 10	0.737 7	0.737 7	0.475 4	0.721 3	0.759 0	0.620 7	0.775 9	0.721 3	**0.775 9**
类别 11	0.577 1	0.716 8	0.569 9	0.724 0	0.657 3	0.440 6	0.653 8	0.724 0	**0.753 8**
G-mean	0.568 5	0.651 8	0.490 5	0.646 5	0.642 5	0.548 6	0.663 0	0.647 0	**0.695 7**

由表 6-13～表 6-16 以及附录 E 部分的表 E-5～表 E-8 可知，ATIC-CIE 方法与 12 种采样类方法和 4 种生成类方法相比，具有显著优势。在三种分类器中，RF 上各对比方法的综合表现最优。为了进一步凸显 ATIC-CIC 方法的优势，此处选取 RF 分类器下的对比结果进行展示。可以看出，当 RF 作为分类器时，所提方法在 11 类故障类别中，在 F1-measure 指标上有 6 类排名第一，在 G-mean 指标上有 6 类排名第一。比较两个指标的平均性能：在 F1-measure 指标上，所提方法较排名第二的方法，macro-F1 值提升了 3.42%；在 G-mean 指标上，所提方法较排名第二的方法，提升了 4.93%。当使用 LR 和 SVM 作为分类器时，所提方法也具有较为明显的优势。当 LR 作为分类器时，在 F1-measure 指标上，所提方法较排名第二的方法，macro-F1 值提升了 16.7%；在 G-mean 指标上，所提方法较排名第二的方

法,提升了20.5%。当SVM作为分类器时,在F1-measure指标上,所提方法较排名第二的方法,macro-F1值提升了8.59%;在G-mean指标上,所提方法较排名第二的方法,提升了6.46%。因为上述两种分类器本身的分类性能相对较低,所以提升百分比较大。由上述实验结果可知,所提方法通过共性信息自适应判别生成少数类样本的方法可以有效解决部分类别样本数量有限所带来的特征信息不足的问题,可以提升智能电表故障数据的分类准确率,从而提升运维人员的维修效率,保证电网的稳定运行。

本 章 小 结

本章提出一种基于共性信息自适应判别的跨类别样本迁移(ATIC-CIE)方法。引入迁移学习思想,将知识迁移转化为训练任务,促使模型自主挖掘不同类样本间共性信息。结合生成对抗思想,设计了基于共性信息计算与差异特征判别的对抗任务,构建迁移数据选择器与迁移任务监督器进行对抗迭代。迁移数据选择器通过计算共性信息决定迁移样本,弥补了少数类样本数量不足所导致的信息缺失问题;迁移任务监督器挖掘相似样本间的差异特征,具有准确分辨包含较多共性信息的难样本类别能力。在此基础上,设计了针对交叠区难样本的联合判别方法。基于分类器对待测样本的置信度,结合迁移任务监督器对样本间差异信息的准确识别能力对待测样本进行联合判别。为了证明所提方法的有效性,将所提方法与采样类方法和生成类方法在公开数据集和智能电表故障数据集上进行对比实验。在三种典型分类器上,使用F1-measure和G-mean进行评价的实验结果表明:所提方法具有显著优势。未来可进一步研究迁移样本数目以及交叠样本判断权重的自适应调整,进一步提高方法的泛用性。

第 7 章
基于对比学习思想的不平衡分类方法

7.1 引　　言

本部分主要研究一种基于对比学习思想的集成分类方法,以解决数据采样和生成过程中不可避免的噪声引入问题,以及训练数据样本少、数目不平衡、特征挖掘不充分导致的过拟合问题。数据层面的解决方法主要包括采样类方法和生成类方法。它们主要根据预设目标,通过对已有数据的学习,产生所期望的新样本,扩充数据,实现类别间样本的平衡,从而加强分类器对少数类样本的学习。一方面,上述方法所生成的样本并没有产生新的信息,生成样本的真实性与多样性难以保证,还会不可避免地引入随机噪声;另一方面,从平衡后的样本挖掘学习两类样本的差异也成了新的难点。从算法层面出发,目前普遍的方法是通过更改模型的损失函数或者模型结构以提升少数类样本的召回率,但存在模型过拟合问题,难以从相对数量较少的少数类样本中学习两类样本的分类差异。该部分提出一种近邻样本对构造方法,基于样本对的构造数据,对不平衡分类问题重新定义,即样本的分类问题转换为样本对的类别一致问题预测。在对样本进行平衡的同时,实现样本集的大量扩充与结果的集成,样本对的构造有利于模型对不同类别间特征的有效提取,有效提升智能电表故障预测的精度。

现有分类方法大多基于经验风险最小化,不同类别下样本数目的不平衡会导致其决策偏向于多数类样本。数据层面方法主要包括采样类方法和生成类方法,它们主要按照特定的样本生成原则,通过对已有数据的学习生成所期望的新样本,经扩充数据实现类别间样本的平衡,从而加强分类器对少数类样本的学习。一方面,上述方法所生成的样本并没有产生新的信息,生成样本的真实性与多样性难以保证,还会不可避免地引入随机噪声;另一方面,从平衡后的样本中挖掘两类样本的差异也成为新的难点。算法层面方法主要是通过更改模型的损失函数或者模型结构以提升模型对少数类样本的学习,但存在模型过拟合问题,难以从相对数量较少的少数类样本中学习两类样本的分布差异。为了解决上述问题,提出一种基于近邻样本对构造的集成对比方法(SNP-ECC)。

在本章中,将对 SNP-ECC 展开介绍。如图 7-1 所示,所提方法通过近邻样本对的构造,实现数据类别平衡的同时,样本的数目也得到倍增,有利于模型对数据的充分特征挖掘;基于近邻样本对的构造,对传统的不平衡分类任务进行了重新定义,将样本类别的判别任务转化为待分类样本与一组已知同类别相似样本间的标签匹配任务,并基于分类任务的重定义,实现了样本分类结果的集成。将在 7.2 节中介绍本章提出的近邻样本对构造方法,在 7.3 节介绍基于近邻样本对构造的不平衡分类任务的间接解决方案。

如图 7-1 所示,现有的不平衡方法为样本点层面的分类方法是通过样本点(包括 $point_+$ 和 $point_-$,分别对应少数类样本和多数类样本)训练分类模型对 $p(y|x)$ 进行建模,由于多数类样本与少数类样本的不均衡,导致得到的分类器存在决策偏向问题;通过本章所提出的近邻样本对构造,将原问题转化为样本对层面的分类方法,是通过近邻样本对训练分类模型对 $p(same/different\ categories|(x,c(x)))$ 进行建模,其中 $(x,c(x))$ 为样本对,x 为靶样本,$c(x)$ 为采样得到的一组对照样本组,下标 min 和 maj 分别代表少数类和多数类。对于原问题中的任意一个 $point_+$ 或 $point_-$,均可构造得到多个等量的 $pair_+$ 和 $pair_-$,因此在新分类问题中,训练集中的各类别样本数目不仅平衡,而且实现了数目的成倍扩增。

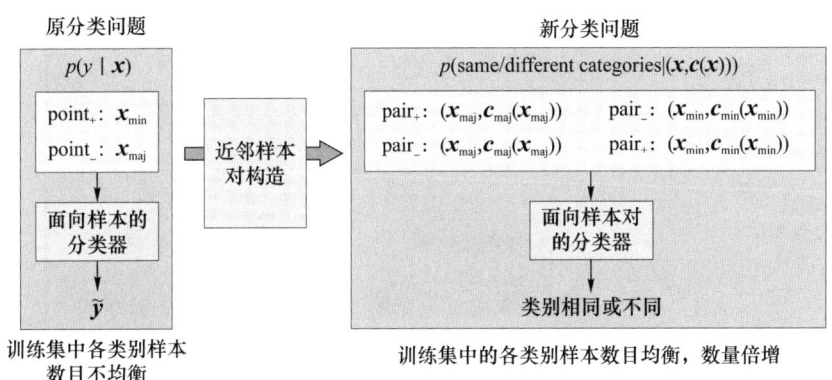

图 7-1 基于近邻样本对构造的不平衡分类任务重定义

7.2 近邻样本对构造方法

为了在不引入噪声的条件下实现样本的平衡与数目的扩充,提出一种基于对比学习思想的近邻样本对构造方法,如图 7-2 所示。基于近邻样本对的构造,将样本的分类任务抽象为待分类样本与一组已知同类别相似样本间的标签匹配任务。近邻样本对 p_i 由靶样本 x_i 与对照样本组 $c(x_i)$ 两部分组成,其中靶样本作为待分类样本,是模式对比任务的核心,对照样本组分为多数类对照组 $c_{maj}(x_i)$ 和少数类对照组 $c_{min}(x_i)$ 两类,均为采样得到的一组靶样本的近邻样本,用于学习比较该组样本与靶样本是否为同类别样本。综合两组样本对的结果,经逆向推理可获得靶样本的类别。

图 7-2 中,N_{min} 和 N_{maj} 分别为少数类样本和多数类样本对的数目。对于原始样本集中的任一样本,可从不同类别的近邻样本池中采样得到对照样本组,组合后得到多个同类/异类近邻样本对,作为新分类问题中的正/负样本;整个原始训练集通过近邻样本对构造可得到类别间平衡且样本数目倍增的重构数据集。

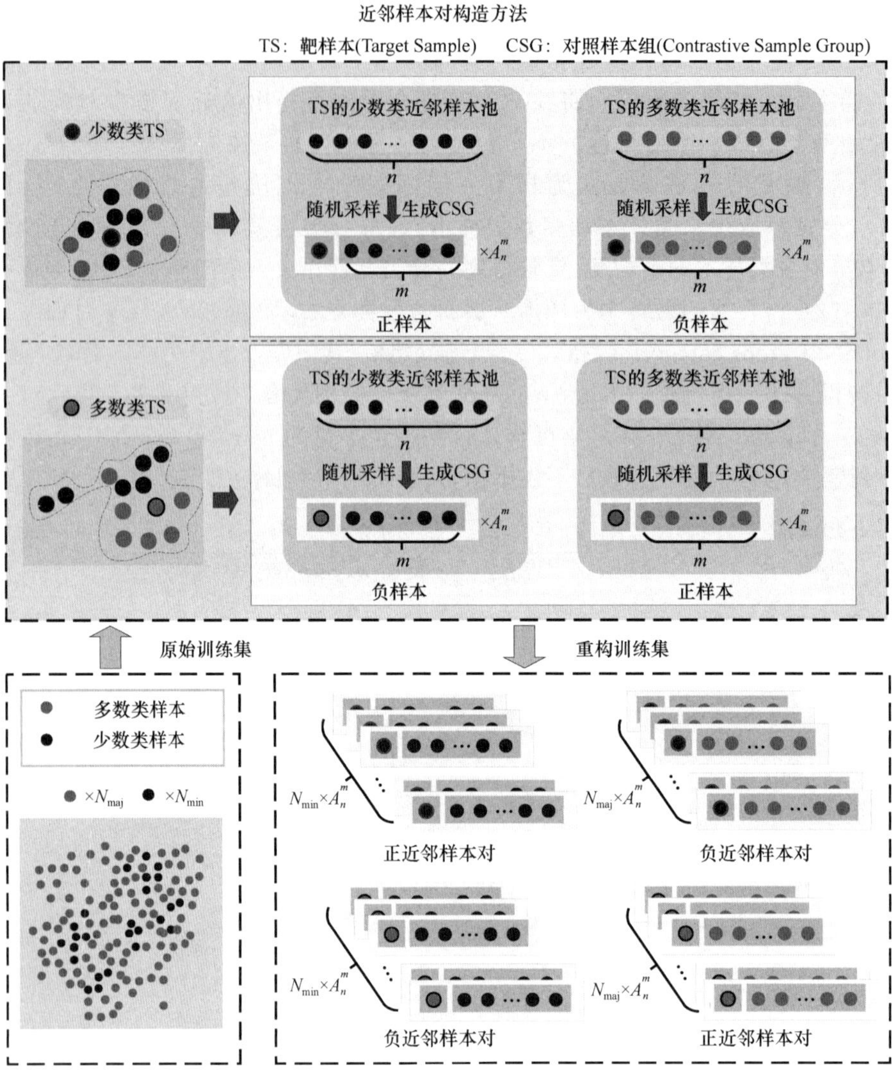

不平衡分类方法及其应用

近邻样本对构造方法
TS：靶样本(Target Sample)　　CSG：对照样本组(Contrastive Sample Group)

图 7-2　近邻样本对构造方法与效果示意图

近邻样本对(Nearest neighbor Sample Pair，SNP)由靶样本与对照样本组两部分组成。其中,靶样本对应于传统分类问题中的待分类样本,是对比学习任务的基准;对照样本组分为多数类对照组和少数类对照组两类,用于判别该组样本与靶样本是否为同类别样本。基于 SNP 的定义,对于训练集中的任一样本 x_i,当其作为靶样本时,可构造多组 SNP,具体为：分别找到靶样本在多数类样本和少数类样本中的 n 个近邻样本,在所有备选的近邻样本中随机采样 $m(m<n)$ 个多数类样本作为多数类的 SNP $\bm{p}_{i,\text{maj},k}=(\bm{x}_i,\bm{c}_{\text{maj}}(\bm{x}_i))$,随机采样 m 个少数类样本作为少数类的 SNP $\bm{p}_{i,\text{min},k}=(\bm{x}_i,\bm{c}_{\text{min}}(\bm{x}_i))$,其中,$k\in[1,K]$ 为对比样本组的标号,K 为预设定的对于每个样本在每种类别下的构造样本数目,且 $K\leqslant A_n^m$,下标 min 和 maj 分别表示少数类对照样本组和多数类对照样本组,即 $\bm{p}_{i,\text{min},k}$ 表示样本 $\bm{x}_i$ 的第 k 个少数类对照样本组,$\bm{p}_{i,\text{maj},k}$ 表示样本 $\bm{x}_i$ 的第 k 个多数类对照样本组。当靶样本与对照样本组为同类样本时,称为正样本对,标签设置为 1,反之为负样本对,标签设置为 0。由上述构造方法,对

于每个训练集样本,最多可分别构造 A_n^m 个多数类和少数类的对比样本对,实现正、负样本平衡的同时,成倍地扩充了训练样本,SNP 的构造流程如算法 7-1 所示。

算法 7-1:近邻样本对构造算法

输入:原始数据集 $X=[X_{\min},X_{\max j}]$($X_{\min}$ 为少数类样本集,$X_{\max j}$ 为多数类样本集),近邻样本池的大小 n,近邻样本对中样本的数目 m,每个样本在每种类别下的构造样本对组数 K

输出:重构后各类别样本平衡的且数量倍增的 SNP 数据集 $D=[P,Y_P]$,P 为近邻样本对的集合,Y_P 为其分类标签

1: for each $x_{\min,i}$ in $X_{\min}$ do
2: $D_{\min,x_{\min,i}} \leftarrow$ KNN$(x_{\min,i},X_{\min},n)$
   {其中,$D_{\min,x_{\min,i}}$ 为少数类样本 $x_{\min,i}$ 的少数类近邻样本池,KNN$(x_{\min,i},X_{\min},n)$ 表示 $x_{\min,i}$ 在 $X_{\min}$ 中除自身外的 n 个近邻样本}
3: $D_{\max j,x_{\min,i}} \leftarrow$ KNN$(x_{\min,i},X_{\max j},n)$
4: for each k in $[1,K]$ do
5:   $c_{\min}(x_{\min,i}) \leftarrow$ sample$(D_{\min,x_{\min,i}},m)$
    {其中,$c_{\min}(x_{\min,i})$ 表示 $x_{\min,i}$ 的少数类对照样本组,sample$(D_{\min,x_{\min,i}},m)$ 表示从集合 $D_{\min,x_{\min,i}}$ 中有序采样 m 个样本作为对照样本组}
6:   $p_{\text{pos},x_{\min,i},k}=(x_{\min,i},c_{\min}(x_{\min,i}))$,$p_{\text{pos},x_{\min,i},k}$ 为 $x_{\min,i}$ 的第 k 组构造样本对,下标 pos 表示为正样本,neg 表示为负样本
7:   Store$(p_{\text{pos},x_{\min,i},k},1)$ in D
8:   $c_{\max j}(x_{\min,i}) \leftarrow$ sample$(D_{\max j,x_{\min,i}},m)$
9:   $p_{\text{neg},x_{\min,i},k}=(x_{\min,i},c_{\max j}(x_{\min,i}))$
10: Store$(p_{\text{neg},x_{\min,i},k},0)$ in D
11: end for
12: end for
13: for each $x_{\max j,i}$ in $X_{\max j}$ do
14: $D_{\min,x_{\max j,i}} \leftarrow$ KNN$(x_{\max j},X_{\min},n)$
15: $X_{\max j,x_{\max j,i}} \leftarrow$ KNN$(x_{\max j},X_{\max j},n)$
16: for each k in $[1,K]$ do
17:   $c_{\min}(x_{\max j,i}) \leftarrow$ sample$(D_{\min,x_{\max j,i}},m)$
18:   $p_{\text{neg},x_{\max j,i},k}=(x_{\max j,i},c_{\min}(x_{\max j,i}))$
19:   Store$(p_{\text{neg},x_{\max j,i},k},0)$ in D
20:   $c_{\max j}(x_{\max j,i}) \leftarrow$ sample$(D_{\max j,x_{\max j,i}},m)$
21:   $p_{\text{pos},x_{\max j,i},k}=(x_{\max j,i},c_{\max j}(x_{\max j,i}))$
22:   Store$(p_{\text{pos},x_{\max j,i},k},1)$ in D
23: end for
24: end for
25: return D

7.3 集成对比故障分类框架

基于样本对构造方法,本章提出了一种集成对比分类框架用于避免不平衡分类问题中

存在的特征挖掘与数据平衡等问题,即将类别不平衡的原始样本分类问题转换为训练集样本数量倍增、各类别样本数目平衡的构造样本对的模式判别问题。如图 7-3 所示,新定义的分类框架主要分为模型训练与样本测试两部分。

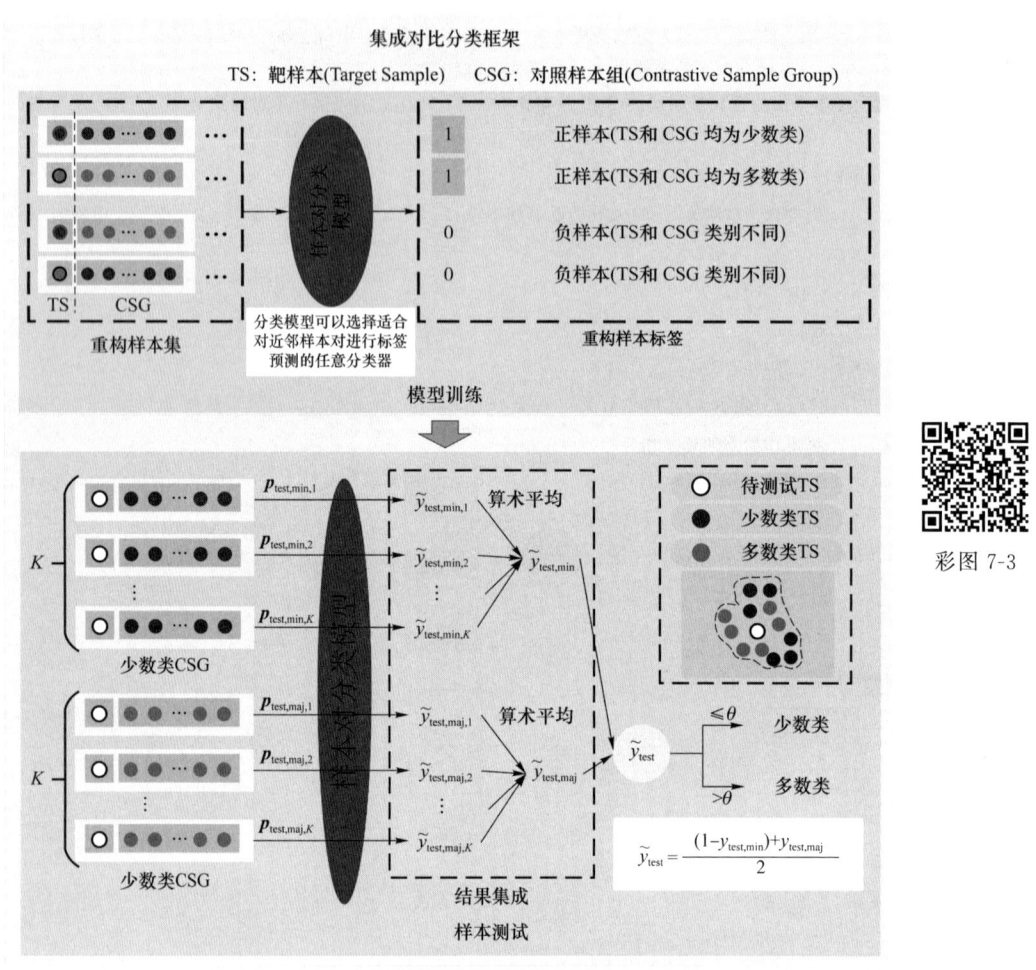

图 7-3 基于近邻样本对构造的集成对比方法

SNP-ECC 包括模型训练和模型测试两部分,模型训练过程是由原始训练集的 SNP 及其标签作为新样本,训练合适的 SNP 类别的判别模型。在模型测试时,首先需要通过在训练集或验证集上构造分类任务得到最佳阈值用于靶样本的类别判定,对于一个测试集中的一个靶样本,可通过在原始训练集中的近邻样本池中采样得到多组等量的少数类 SNP 和多数类 SNP,分别对各 SNP 的模式判别结果取均值得到靶样本为少数类的概率 $\widetilde{y}_{\text{test,min}}$ 和靶样本为多数类的概率 $\widetilde{y}_{\text{test,max}}$,进而根据阈值反推得到靶样本的预测类别。

在模型训练阶段,以 SNP 作为新分类问题中的基本样本单元,训练合适的分类器以实现 SNP 的正、负标签预测,在数量足够多且各类别数目平衡的近邻样本对训练下,可以获得性能较好的样本对模式判别分类器 model,其优化目标为

$$\min_{\text{model}} L_{\text{model}} = \sum_{p \in P} - y_p \log_{10}(\widetilde{y}_p) \tag{7-1}$$

其中,$\tilde{y}_p = \text{model}(p)$,且$(p, y_p) \in (P, Y_P) = D$为重构数据集中的样本,$p$为构造得到的SNP样本,$y_p$为$p$的正确标签,$\tilde{y}_p$为$p$的预测标签。

在样本测试阶段,以待测样本$\boldsymbol{x}_{\text{test},i}$为基本测试单元,以$y_{\text{test},i} = \begin{cases} 0, 少数类 \\ 1, 多数类 \end{cases}$为其标签,同样可分别对其在训练集中的多数类近邻样本池和少数类近邻样本池采样构造出$2K$组对比样本对,综合各结果即可得到待测样本的类别。需要指出的是,虽然新构造的近邻样本对数据集在类别上达到了均衡,但是少数类样本的数量低于多数类样本,每个少数类样本出现的频次会高于多数类样本,因此学习得到的模式识别分类器是有偏的,可通过原始训练集或设置验证集构造分类任务,进一步确定最佳的分类阈值。本章以原始训练集构造分类任务为例,给出本章选取的一种阈值设置方法,如算法7-2所示。对于一个待测样本,其预测标签的计算过程如下:

$$\tilde{y}_{\text{test}} = \big(\sum_{k \in K}(1 - \text{model}(\boldsymbol{p}_{test,\min,k})) + \sum_{k \in K} \text{model}(\boldsymbol{p}_{test,\max,k})\big)/2K \tag{7-2}$$

$$\hat{y}_{\text{test},i} = \begin{cases} 0, \tilde{y}_{\text{test},i} \leqslant \theta \\ 1, \tilde{y}_{\text{test},i} > \theta \end{cases} \tag{7-3}$$

其中,$\boldsymbol{p}_{test,\text{maj},k}$是$\boldsymbol{x}_{test}$的一组多数类对照样本对,$\boldsymbol{p}_{test,\min,k}$是$\boldsymbol{x}_{test}$的一组少数类对照样本对,$\theta$是由算法7-2得到的分类阈值。

算法7-2:阈值设定算法

输入:原始数据集$X = [X_{\min}, X_{\text{maj}}]$,近邻样本对数据集$D = [P, Y_P]$,由近邻样本对数据集$D$训练得到的样本对模式识别分类器 model
输出:分类阈值θ

1:for each $\boldsymbol{x}_{\min,i}$ in $X_{\min}$ do
2:    $\boldsymbol{P}_{\text{pos},x_{\min}} = [\boldsymbol{p}_{\text{pos},x_{\min,i},1}, \cdots, \boldsymbol{p}_{\text{pos},x_{\min,i},k}, \cdots, \boldsymbol{p}_{\text{pos},x_{\min,i},K}]$
3:    $\boldsymbol{P}_{\text{neg},x_{\min}} = [\boldsymbol{p}_{\text{neg},x_{\min,i},1}, \cdots, \boldsymbol{p}_{\text{neg},x_{\min,i},k}, \cdots, \boldsymbol{p}_{\text{neg},x_{\min,i},K}]$
4:    $\tilde{y}_{\min,i} = \text{Average}(1 - \text{model}(\boldsymbol{P}_{\text{pos},x_{\min}})) + \text{Average}(\text{model}(\boldsymbol{P}_{\text{neg},x_{\min}}))$
5:    Store $\tilde{y}_{\min,i}$ in $D\tilde{Y}_{\min}$
6:end for
7:for each $\boldsymbol{x}_{\text{maj},i}$ in X_{maj} do
8:    $\boldsymbol{P}_{\text{pos},x_{\text{maj}}} = [\boldsymbol{p}_{\text{pos},x_{\text{maj},i},1}, \cdots, \boldsymbol{p}_{\text{pos},x_{\text{maj},i},k}, \cdots, \boldsymbol{p}_{\text{pos},x_{\text{maj},i},K}]$
9:    $\boldsymbol{P}_{\text{neg},x_{\text{maj}}} = [\boldsymbol{p}_{\text{neg},x_{\text{maj},i},1}, \cdots, \boldsymbol{p}_{\text{neg},x_{\text{maj},i},k}, \cdots, \boldsymbol{p}_{\text{neg},x_{\text{maj},i},K}]$
10:   $\tilde{y}_{\text{maj},i} = \text{Average}(1 - \text{model}(\boldsymbol{P}_{\text{pos},x_{\min}})) + \text{Average}(\text{model}(\boldsymbol{P}_{\text{neg},x_{\min}}))$
11:   Store $\tilde{y}_{\text{maj},i}$ in $D\tilde{Y}_{\text{maj}}$
12:end for
13:$\theta = \text{Average}(D\tilde{Y}_{\min}) + \dfrac{\text{Average}(D\tilde{Y}_{\text{maj}}) - \text{Average}(D\tilde{Y}_{\min})}{\text{Std}(D\tilde{Y}_{\text{maj}}) + \text{Std}(D\tilde{Y}_{\min})} \times \text{Std}(D\tilde{Y}_{\min})$
14:return θ

引入样本对构造方法后将直接的样本分类任务进行了简化,转变为基于对照样本组的

模式判别任务；多个对照样本的引入，有利于模型充分挖掘对照样本组之间的共性与差异，从而更好地判别靶样本与对照样本组的类别关系，对于一个测试样本，通过多组结果的集成，能够进一步提升判别结果的准确性和鲁棒性。

7.4 实验与评估

本部分将对 SNP-ECC 的分类性能进行比较。7.4.1 节，介绍所提方法的参数设置，并构建了一个结构简单的 CNN 分类模型，对所提方法开展了实验验证。7.4.2 节在公开数据集上，对所提方法与数据层面方法和算法层面方法进行了分类效果对比，以评估所提算法的显著性。7.4.3 节在智能电表故障数据集上，对所提方法与数据层面方法和算法层面方法了进行分类效果对比，以评估所提算法的显著性。

7.4.1 参数设置

SNP-ECC 的参数主要为近邻样本对构造相关的参数。此外，为了开展实验，需要构建一个近邻样本对的分类模型。本节将对实验中使用的近邻样本对分类模型的结构及训练参数进行说明。

构造近邻样本对的主要目的是实现数据正、负样本的均衡与样本数量的倍增，同时，近邻样本的引入有利于模型对靶样本的特征挖掘，其参数设置主要包括近邻样本池的大小 n、近邻样本对中样本的数目 m 和靶样本在每种类别下的构造样本对组数 K。它们三者共同作用，决定构造样本对的数目及其判别难度，n 相较于 m 越大，K 可以取到的上界越大，理论上能够构造产生的近邻样本对越多，同时，n 取值越大，采样得到的对比样本距离靶样本越远，近邻样本对的类别，即靶样本与对比样本是否为同类样本的判别，更加困难。因此，同等条件下选取较大的 n，一方面能够生成更多差异较大的构造样本，防止模型的过拟合，另一方面，若采样到的对比样本距离靶样本较远，也就意味着对照样本组为靶样本提供的信息参照不足，导致模型难以学习到构造样本组的类别。同理，当 n 和 m 固定时，K 的选择也应是适当的，太大的 K 会由于样本信息冗余而导致拟合，太小的 K 会导致样本数目的增幅不够。在本章中，三者的取值如下：

$$\begin{cases} n = \min(\max(\text{len}(X_{\min})//2, 10), \text{len}(X_{\min})) \\ m = 4 \\ K = \min(\max(\text{len}(X_{\min})//2, 200), n^3) \end{cases} \quad (7\text{-}4)$$

其中，$\text{len}(X_{\min})$ 为少数类样本的个数。

为了充分利用所提的近邻样本对的特征信息，本章对构造样本在样本维度进行了维度扩展，即将原本的仅有特征维度的数据扩展为有样本维度和特征维度两个维度的数据。因此，利用 2 维卷积网络能够很好地提取该类数据的特征。实验中所使用的近邻样本对分类模型结构如图 7-4 所示。

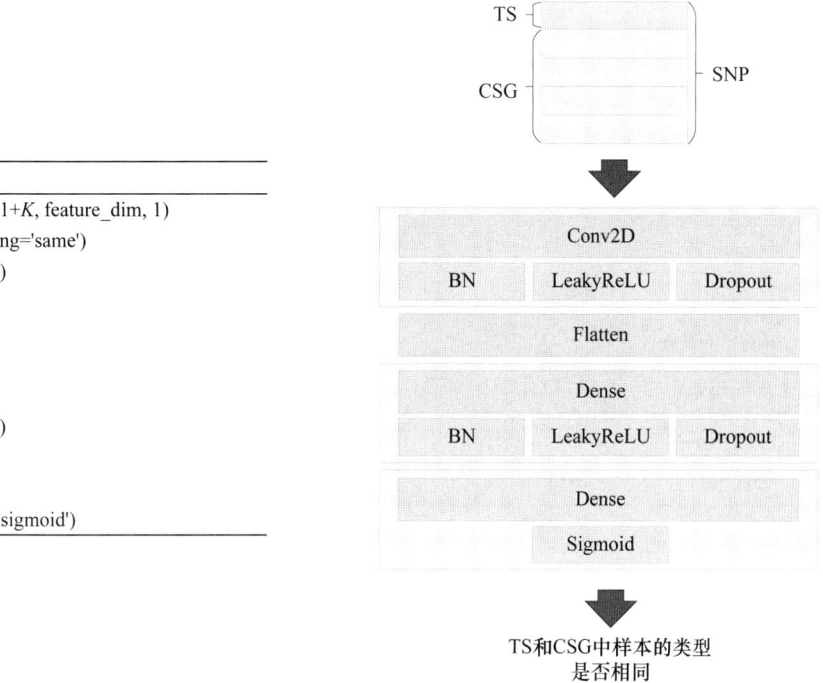

图 7-4　近邻样本对分类模型结构

模型训练的 batch size 为 2 048，采用 L2 正则化约束，惩罚因子为 0.1，优化器为 Adam（学习率为 2×10^{-4}，beta_1 为 0.9），训练周期为 50。

7.4.2　公开数据集的结果与分析

1. 数据集与评价指标

本研究提出了一种基于样本对构造的集成对比分类框架。为了验证所提方法的普适性，本小节主要在公开数据集上对所提模型的性能进行评估与分析，主要分为：①实验数据集与评价指标的介绍；②分别选用不同特点的基准数据集与数据层面方法和算法层面方法进行分类效果对比，并通过 Friedman 检验[8]和 Wilcoxon 符号秩检验[47]对上述结果进行统计验证；③上述方法表现结果在 Nemenyi 后检验[48]上的统计学分析。

本章从 KEEL 机器学习数据库中选择 32 个数据集对所提方法的有效性进行验证。数据集的选择标准为：①样本数量、特征维度及不平衡比等属性有较大的跨度；②它们在不同范围中均匀分布。表 7-1 对这些数据集的特点进行了总结。

表 7-1　数据集的特点

数据集	样本数量	特征维度	少数类样本数量	多数类样本数量	不平衡比
ecoli-0_vs_1	220	6	77	143	1.86
wisconsin	683	9	239	444	1.86
pima	768	8	268	500	1.87

续 表

数据集	样本数量	特征维度	少数类样本数量	多数类样本数量	不平衡比
vehicle2	846	18	218	628	2.88
vehicle1	846	18	217	629	2.90
vehicle3	846	18	212	634	2.99
vehicle0	846	18	199	647	3.25
ecoli1	336	7	77	259	3.36
new-thyroid2	215	5	35	180	5.14
new-thyroid1	215	5	35	180	5.14
ecoli2	336	7	52	284	5.46
segment0	2 308	19	329	1 979	6.02
yeast3	1 484	8	163	1 321	8.10
ecoli3	336	7	35	301	8.60
page-blocks0	5 472	10	559	4 913	8.79
yeast-2_vs_4	514	8	51	463	9.08
ecoli-0-6-7_vs_3-5	222	7	22	200	9.09
yeast-0-2-5-7-9_vs_3-6-8	1 004	8	99	905	9.14
yeast-0-2-5-6_vs_3-7-8-9	1 004	8	99	905	9.14
glass-0-4_vs_5	92	9	9	83	9.22
ecoli-0-1-4-7_vs_5-6	332	6	25	307	12.28
glass4	214	9	13	201	15.46
ecoli4	336	7	20	316	15.80
page-blocks-1-3_vs_4	472	10	28	444	15.86
abalone9-18	731	10	42	689	16.40
yeast-2_vs_8	482	8	20	462	23.10
yeast-1-2-8-9_vs_7	947	8	30	917	30.57
abalone-3_vs_11	502	10	15	487	32.47
ecoli-0-1-3-7_vs_2-6	281	7	7	274	39.14
yeast6	1 484	8	35	1 449	41.40
poker-8-9_vs_6	1 485	10	25	1 460	58.40
poker-8_vs_6	1 477	10	17	1 460	85.88

不平衡分类问题往往会发生分类器的决策向多数类样本偏移的问题,分类的平均准确率难以对模型的预测性能进行准确衡量。在不平衡分类任务中,少数类样本的判别准确率和召回率往往更被关注。因此,将少数类样本视为正类样本,多数类样本视为负类样本,其混淆矩阵见表 7-2。

表 7-2 混淆矩阵

类别	实际为少数类样本	实际为多数类样本
预测为少数类样本	TP	FP
预测为多数类样本	FN	TN

本章所用的评价指标与评估手段同第 2 章保持一致,选用 F1-measure 和 G-mean 作为模型性能的评价指标。对于每个数据集,每种分类方法均进行 10 次五折交叉验证,分别使用 Wilcoxon 符号秩检验、Friedman 检验将其与现有的采样类方法和生成类方法进行对比。Wilcoxon 的测试阈值设置为 0.05,其详细介绍见 2.3.2 节。

2. 与数据层面方法对比

SNP-ECC 的提出旨在解决数据层面方法在平衡过程中引入噪声的问题,它通过构造近邻样本对,能够实现样本的平衡,同时使训练数据得到成倍扩增。为了验证所提方法解决不平衡分类问题的有效性,选择目前典型的采样类方法和生成类方法进行样本平衡处理,并分别结合 LR[19]、SVM[20] 和 RF[21] 三种典型分类器进行分类效果测试,并与 SNP-ECC 的效果进行对比。其中,各分类器的实现均是基于 Python 中 Scikit-Learn[18] 的默认参数。采样类方法包括 SMOTE[10]、Borderline-SMOTE1[11]、Distance-SMOTE[31]、Safe-Level-SMOTE[34]、SMOTE-OUT[33]、G-SMOTE[32]、SOMO[49]、K-means SMOTE[35]。它们的实现均来自不平衡学习库[50]。生成类方法包括 CWGAN-GP[16] 和 ADA-INCVAE[17] 两种。所提方法与对比方法在 LR、SVM(rbf 核)和 RF 三种分类器上的效果分别使用 F1-measure、G-mean 指标进行评价,其结果见附录 F 部分的表 F-1～表 F-6,其中加粗数据为最佳实验结果,各数据集下的均值和 Friedman 平均序值见表格底栏,Wilcoxon 符号秩检验结果见表 7-3。

表 7-3 Wilcoxon 符号秩检验对所提方法与数据层面方法的差异性检验结果

分类器	方法	F1-measure				G-mean			
		R+	R−	P	Assuming	R+	R−	P	Assuming
LR	SMOTE	527	1	4.59×10^{-7}	rejected	350	178	0.054 937	not rejected
	Borderline-SMOTE	527	1	4.59×10^{-7}	rejected	408	120	0.003 645	rejected
	Safe-Level-SMOTE	525	3	5.55×10^{-7}	rejected	355	173	0.045 298 8	rejected
	SMOTE-OUT	528	0	4.17×10^{-7}	rejected	528	0	4.17×10^{-7}	rejected
	G-SMOTE	525	3	5.55×10^{-7}	rejected	349	179	0.057 046 5	not rejected
	Distance-SMOTE	525	3	5.55×10^{-7}	rejected	372	156	0.022 208 4	rejected
	SOMO	526	2	5.05×10^{-7}	rejected	526	2	5.05×10^{-7}	rejected
	K-means SMOTE	526	2	5.04×10^{-7}	rejected	492	36	1.05×10^{-5}	rejected
	CWGAN-GP	528	0	4.17×10^{-7}	rejected	528	0	4.17×10^{-7}	rejected
	ADA-INCVAE	527	1	4.59×10^{-7}	rejected	489	39	1.22×10^{-6}	rejected

续 表

分类器	方法	F1-measure				G-mean			
		R+	R−	P	Assuming	R+	R−	P	Assuming
SVM	SMOTE	504	24	3.76×10^{-6}	rejected	345	183	0.066128	not rejected
	Borderline-SMOTE	493	35	9.66×10^{-6}	rejected	425	103	0.00134468	rejected
	Safe-Level-SMOTE	497	31	6.88×10^{-6}	rejected	340	188	0.0790089	not rejected
	SMOTE-OUT	518	10	1.07×10^{-6}	rejected	515	13	1.41×10^{-6}	rejected
	G-SMOTE	496	32	7.50×10^{-6}	rejected	329	199	0.113893	not rejected
	Distance-SMOTE	492	36	1.05×10^{-5}	rejected	311	217	0.192287	not rejected
	SOMO	480	48	2.79×10^{-5}	rejected	507	21	2.89×10^{-6}	rejected
	K-means SMOTE	500	28	5.32×10^{-6}	rejected	487	41	1.59×10^{-5}	rejected
	CWGAN-GP	527	1	4.59×10^{-7}	rejected	497	31	6.88×10^{-6}	rejected
	ADA-INCVAE	446	82	5.43×10^{-5}	rejected	457	71	2.04×10^{-6}	rejected
RF	SMOTE	451	77	3.62×10^{-5}	rejected	438	90	1.02×10^{-4}	rejected
	Borderline-SMOTE	453	75	3.07×10^{-5}	rejected	451	77	3.62×10^{-5}	rejected
	Safe-Level-SMOTE	436	92	1.19×10^{-4}	rejected	425	103	0.000271304	rejected
	SMOTE-OUT	477	51	3.77×10^{-5}	rejected	470	58	7.10×10^{-6}	rejected
	G-SMOTE	426	102	0.000252221	rejected	411	117	0.000725175	rejected
	Distance-SMOTE	447	81	5.01×10^{-5}	rejected	439	89	9.46×10^{-5}	rejected
	SOMO	451	77	3.62×10^{-5}	rejected	470	58	7.10×10^{-6}	rejected
	K-means SMOTE	466	62	1.01×10^{-5}	rejected	467	61	9.27×10^{-6}	rejected
	CWGAN-GP	495	33	8.16×10^{-6}	rejected	480	48	2.79×10^{-5}	rejected
	ADA-INCVAE	461	67	1.56×10^{-5}	rejected	479	49	3.14×10^{-6}	rejected

分析结果可知,所提方法在 F1-measure 指标和 G-mean 指标上均有显著的分类效果。当采用 LR 等三种特点各不相同的分类器进行分类时,在各指标上排名第一的数据集均达到一半以上。在 32 个数据集中,当以 LR 为分类器时,在 F1-measure 指标上排名第一的有 30 个,在 G-mean 指标上排名第一的有 19 个;当以 SVM 为分类器时,在 F1-measure 指标上排名第一的有 20 个,在 G-mean 指标上排名第一的有 18 个;当以 RF 为分类器时,在 F1-measure指标上排名第一的有 22 个,在 G-mean 指标上排名第一的有 24 个。

高不平衡比意味着多数类样本数量显著多于少数类样本数量。对于其他的数据层面方法而言,从有限的少数类样本中获得的信息不足以生成符合其真实分布特点的少数类样本,这种情况下,对于维度较高的数据集,不同维度之间的复杂相关关系更加难以学习,在生成的样本中引入了大量的随机噪声。而 SNP-ECC 能够在不引入噪声的情况下得到大量且平衡的样本对数据,在不平衡学习方面具有显著优势。

难分数据集意味着数据的交叠情况严重,不同类别样本在特征空间上的相互交叠导致模型的分类边界难以学习,在这些难分数据集上的有效提升意味着近邻样本对的构造和对比学习机制的引入能够有效解决样本交叠情况下的不平衡分类问题。

Wilcoxon 符号秩检验结果表明,除在 G-mean 指标上、以 LR 和 SVM 为分类器时所提方法与部分对比方法无明显差别外,所提方法的 F1-measure 和 G-mean 均优于其他方法的。综合表 7-2 中各数据集的特点,从实验结果来看,SNP-ECC 在高不平衡比、高维度、分类难度较大的数据集上效果提升明显;在少数类样本数量较少时,分类效果具有较大的不稳定性,如 glass4 数据集上分类效果较对比方法差很多,但是在 poker-8-9_vs_6 等数据集上又表现出很好的分类性能,这是由于少数类样本数量较少时,构造产生的样本对多样性难以保证,导致针对样本对的分类器性能出现波动。

3. 与算法层面方法对比

本章采用数据层面方法和算法层面方法相结合的方法,提出基于样本对构造的集成对比方法。为了验证该方法的有效性,将所提方法与单分类学习、经验敏感学习、集成学习等多种典型和主流的算法层面方法(iForest[78]、CSSVM-SMOTE[77]、RF、GBDT[72]、DPHS-MDS[73]、BRAF[58])进行比较。CSSVM-SMOTE 的惩罚因子来自网格搜索,CSSVM-SMOTE、DPHS-MDS、BRAF 的实现均与文献保持严格一致,其余方法均调用自 Scikit-Learn 并使用其默认参数。

附录 F 部分的表 F-7、表 F-8 分别为所提方法与对比方法在 F1-measure 指标和 G-mean 指标上的对比结果,其中,加粗数据为最佳的实验结果,各数据集下的均值和 Friedman 平均序值见表格底栏。Wilcoxon 符号秩检验结果见表 7-4。

表 7-4 Wilcoxon 符号秩检验对所提方法与算法层面方法的差异性检验结果

方法	F1-measure				G-mean			
	R+	R−	P	Assuming	R+	R−	P	Assuming
iForest	528	0	4.17×10^{-7}	rejected	528	0	4.17×10^{-7}	rejected
CSSVM-SMOTE	498	30	6.32×10^{-6}	rejected	349	179	0.057 047	not rejected
RF	464	64	1.20×10^{-5}	rejected	474	54	4.96×10^{-6}	rejected
GBDT	486	42	1.63×10^{-6}	rejected	477	51	3.77×10^{-6}	rejected
DPHS-MDS	470	58	7.10×10^{-6}	rejected	466	62	0.000 010	rejected
BRAF	450	78	3.93×10^{-5}	rejected	465	63	1.10×10^{-5}	rejected

由实验结果可知,在与算法层面方法相比时,所提方法在 F1-measure 指标和 G-mean 指标上均有明显提升,且在 F1-measure 指标上提升更为明显。在 32 个数据集中,在 F1-measure 指标上排名第一的数据集有 23 个,在 G-mean 指标上排名第一的数据集有 18 个。所提方法在 F1-measure 和 G-mean 上的平均秩值分别达到 1.66 和 1.78,具有较为显著的优势。Wilcoxon 符号秩检验也支撑这一结论。除以 CSSVM-SMOTE 作为方法、在 G-mean 指标上所提方法与对比方法无明显差异外,其余无差别假设均被拒绝,结合 Friedman 平均序值可知,所提方法与算法层面方法相比具有显著优势。

此外,可以发现在 F1-measure 指标上的提升明显优于在 G-mean 指标上的提升,这可能是由于在样本对构造时的超参数的选择主要是考虑了少数类样本的数量,从而导致分类器在少数类样本的召回率和准确率上得到较好的均衡,从而使得 F1-measure 指标相较于 G-mean 指标提升更为明显,若针对具体的数据集,对样本对的构造参数进行适当的网格搜索以获得最优参数,预期所提方法能够得到更好的分类效果。

4. Nemenyi 后检验

为了进一步对所提方法的显著性进行验证，采用 Nemenyi 后检验方法对所提方法分别与数据层面方法和算法层面方法进行检验，检验结果见表 7-5 和表 7-6，当以 SNP-ECC 为对照时，其检验结果分别见表 7-7 和表 7-8。可以发现，SNP-ECC 在 F1-measure 指标上几乎显著优于所有对比方法，在 G-mean 指标上表现略差，但仍显著优于多数对比方法，与其余方法无显著差别。这说明所提方法能够有效解决不平衡问题，能够有效提高不平衡样本的分类精度。

表 7-5 所提方法与数据层面方法对比的 Nemenyi 后检验结果

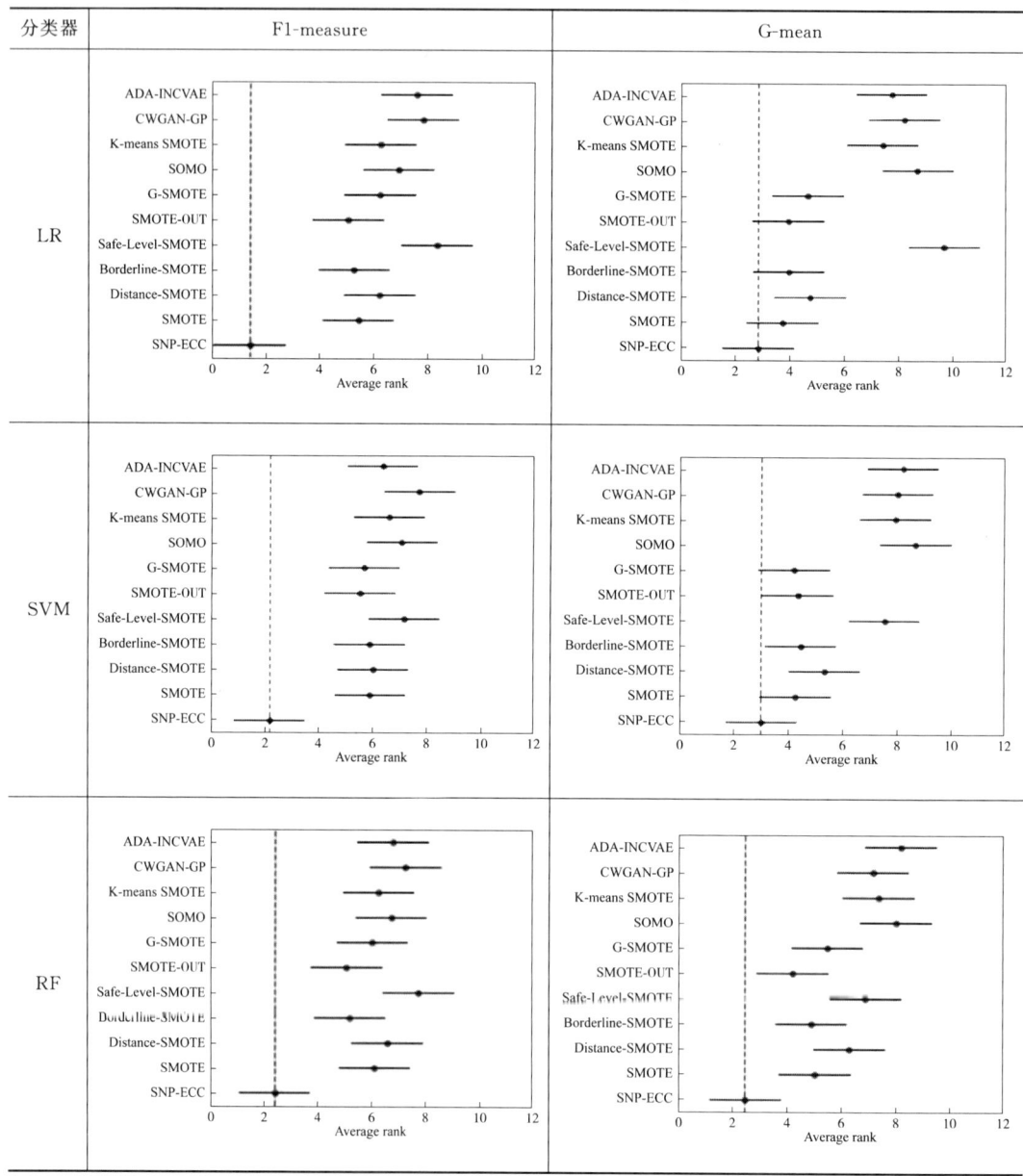

表 7-6 所提方法与算法层面方法对比的 Nemenyi 后检验结果

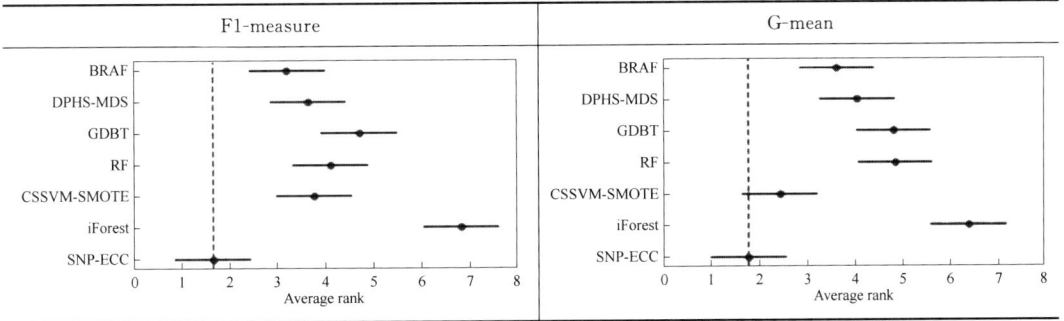

表 7-7 以 SNP-ECC 为对照时，SNP-ECC 与数据层面方法对比的 Nemenyi 后检验结果分析

评价指标	分类器	无明显差别		显著优于	
		个数	方法名	个数	方法名
F1-measure	LR	0	无	10	所有对比方法
	SVM	0	无	10	所有对比方法
	RF	0	无	10	其他对比方法
G-mean	LR	3	SMOTE-OUT、Borderline-SMOTE、SMOTE	7	其他对比方法
	SVM	2	G-SMOTE、SMOTE	8	其他对比方法
	RF	0	无	10	所有对比方法

表 7-8 以 SNP-ECC 为对照时，SNP-ECC 与算法层面方法对比的 Nemenyi 后检验结果分析

评价指标	无明显差别		显著优于	
	个数	方法名	个数	方法名
F1-measure	0	无	6	所有对比方法
G-mean	1	CSSVM-SMOTE	5	其他对比方法

7.4.3 智能电表故障数据集的结果与分析

本章采用的智能电表故障数据集以省份为单位。它共收集了 25 个省份、11 种故障类型的智能电表数据，其详细介绍见 1.3.3 节。

所提方法与所有对比方法均采用"一对多框架"，将不平衡多分类问题转化为多个不平衡二分类问题，通过增加模型复杂度来降低问题的求解难度。具体为：分别将多个类别中的每一类作为正类，其余类作为负类，训练多个二分类器，对于待测样本，可以通过多个二分类器获得它属于各类别的概率，取最大概率的类别为预测类别。具体的实验方式与评价指标与 1.3.3 节一致。

当所提方法与 10 种数据层面方法（SMOTE、Borderline-SMOTE、Distance-SMOTE、Safe-Level-SMOTE、SMOTE-OUT、G-SMOTE、SOMO、K-means SMOTE、CWGAN-GP、ADA-INCVAE）对比时，各故障类别的 F1-measure、召回率情况及相应的 macro-F1 与 G-mean 分别见表 7-9 和表 7-10。

表 7-9 在智能电表各故障类别数据集上,所提方法与数据层面方法在 F1-measure 及 macro-F1 指标上的实验结果对比

故障类别	SMOTE	Borderline-SMOTE	Distance-SMOTE	Safe-Level-SMOTE	SMOTE-OUT	G-SMOTE	SOMO	K-means SMOTE	CWGAN-GP	ADA-INCVAE	SNP-ECC
类别 1	0.6435	0.6429	0.6354	0.6174	0.6160	0.6538	0.6372	0.6312	0.6400	**0.6539**	0.3374	0.6509
类别 2	0.6667	0.6696	0.6607	0.6607	0.6787	0.6667	0.6812	0.6944	0.6520	0.6273	0.5455	0.6364
类别 3	0.3119	0.3425	0.2527	0.3265	0.3401	0.3310	0.3275	0.3423	0.3711	0.2982	**0.4589**
类别 4	0.6538	0.6437	0.6138	0.6421	0.6572	0.6528	0.6437	0.6426	0.6326	0.6209	**0.6777**
类别 5	0.8916	0.8889	0.9024	0.9136	0.9114	0.9250	0.9136	0.8889	**0.9268**	0.7342	0.7835
类别 6	0.5531	0.5367	0.5778	0.5581	0.5116	0.5714	0.5581	0.5581	**0.6826**	0.5366	0.6806
类别 7	0.6345	0.6390	0.6488	0.6407	0.6418	0.6435	0.6437	0.6414	0.6505	0.5724	**0.6842**
类别 8	**0.6255**	0.6229	0.5937	0.6056	0.5898	0.6011	0.5985	0.5993	0.6324	0.5872	0.6127
类别 9	0.8155	0.8167	0.8221	0.8196	0.8201	0.8227	0.8076	0.8160	0.8079	0.8021	**0.8274**
类别 10	0.7500	0.7188	0.7231	0.7287	0.7176	0.7328	0.7500	0.7328	0.7411	0.7679	**0.8387**
类别 11	0.6977	0.7050	0.7088	0.7057	0.7107	0.7082	0.7096	0.7082	0.7179	0.7059	**0.7376**
macro-F1	0.6590	0.6570	0.6620	0.6570	0.6564	0.6643	0.6616	0.6560	0.6767	0.5916	**0.6899**

表 7-10 在智能电表各故障类别数据集上,所提方法与数据层面方法在召回率及 G-mean 指标上的实验结果对比

故障类别	SMOTE	Borderline-SMOTE	Distance-SMOTE	Safe-Level-SMOTE	SMOTE-OUT	G-SMOTE	SOMO	K-means SMOTE	CWGAN-GP	ADA-INCVAE	SNP-ECC
类别 1	0.6325	0.6136	0.6174	0.6136	0.6402	0.6288	0.6288	0.6364	0.6477	0.8861	**0.6548**
类别 2	0.6607	0.6696	0.6607	0.6696	0.6786	**0.6964**	0.6696	0.6607	0.5610	0.4018	0.6471
类别 3	0.2527	0.2747	0.2527	0.2637	0.2747	0.2637	0.2582	0.2802	0.3000	0.1889	**0.4378**
类别 4	0.6195	0.6077	0.6138	0.6016	0.6138	0.6077	0.6077	0.5976	0.5939	0.4968	**0.6701**
类别 5	0.9250	0.9000	0.9250	0.9250	0.9000	0.9250	0.9250	0.9000	**0.9744**	0.6444	0.8261
类别 6	0.4444	0.4074	0.4815	0.4444	0.4074	0.4444	0.4444	0.4444	0.7826	0.3929	**0.5000**
类别 7	0.6908	0.7061	0.7176	0.7061	0.7061	0.7061	0.7118	**0.6947**	**0.7266**	0.4801	0.6804
类别 8	**0.6278**	0.6241	0.6015	0.6099	0.5865	0.5977	0.5940	0.6015	0.6111	0.4758	0.5911
类别 9	0.8607	0.8629	0.8679	0.8629	0.8683	**0.8738**	0.8542	0.8662	0.8548	0.7550	0.8515
类别 10	0.7164	0.6866	0.7015	0.7015	0.7015	0.7164	0.7164	0.7164	0.7759	0.6719	**0.8000**
类别 11	0.6338	0.6479	0.6514	0.6373	0.6444	0.6408	0.6408	0.6408	0.6538	0.5695	**0.7363**
G-mean	0.6126	0.6088	0.6157	0.6112	0.6102	0.6165	0.6119	0.6140	0.6549	0.5061	**0.6600**

由表 7-9 和表 7-10 可知，SNP-ECC 在 F1-measure 和召回率均具有显著的优势，与目前主流的 10 种数据层面方法相比，在 F1-measure 和召回率指标上，所有类别中排名第一的类别数量均达到一半以上，效果稳定且显著。该方法的 macro-F1 指标为 0.689 9，相较于排名第二的 CWGAN-GP，提升达到 1.95%；该方法的 G-mean 指标为 0.660 0，相较于排名第二的 CWGAN-GP，提升达到 0.78%。

所提方法与算法层面方法(iForest、CSSVM-SMOTE、RF、GBDT、BRAF、DPHS-MDS)对比的结果见表 7-11 和表 7-12。

表 7-11 在智能电表各故障类别数据集上，所提方法与算法层面方法在 F1-measure 及 macro-F1 指标上的实验结果对比

故障类别	iForest	CSSVM-SMOTE	RF	GBDT	BRAF	DPHS-MDS	SNP-ECC
类别 1	0.221 3	0.692 5	0.650 6	0.627 7	**0.697 5**	0.673 0	0.650 9
类别 2	0.077 9	0.600 0	**0.676 6**	0.535 4	0.633 5	0.620 7	0.636 4
类别 3	0.158 8	0.351 4	0.311 3	0.390 6	0.390 4	0.367 3	**0.458 9**
类别 4	0.076 0	0.648 0	0.662 4	0.543 8	0.668 1	0.635 3	**0.677 7**
类别 5	0.129 5	0.800 0	0.769 6	**0.891 3**	0.781 6	0.776 5	0.783 5
类别 6	0.011 2	0.625 0	0.666 7	0.439 0	0.655 2	0.653 1	**0.680 6**
类别 7	0.094 2	0.642 9	0.634 3	0.574 7	0.653 3	0.635 7	**0.684 2**
类别 8	0.110 1	0.596 8	**0.646 7**	0.559 7	0.601 8	0.575 0	0.612 7
类别 9	0.444 8	0.810 1	0.813 1	0.752 4	0.815 6	0.804 4	**0.827 4**
类别 10	0.092 2	0.794 1	0.752 7	0.784 6	0.806 0	0.800 0	**0.838 7**
类别 11	0.164 0	0.736 6	0.696 5	0.642 7	0.734 3	0.694 5	**0.737 6**
macro-F1	0.143 6	0.663 4	0.661 9	0.612 9	0.676 1	0.657 8	**0.689 9**

表 7-12 在智能电表各故障类别数据集上，所提方法与算法层面方法在召回率及 G-mean 指标上的实验结果对比

故障类别	iForest	CSSVM-SMOTE	RF	GBDT	BRAF	DPHS-MDS	SNP-ECC
类别 1	0.290 4	0.637 0	0.643 4	0.591 9	0.644 1	0.629 9	**0.654 8**
类别 2	0.104 3	0.589 3	0.591 3	0.460 9	0.625 0	0.562 5	**0.647 1**
类别 3	0.203 3	0.288 9	0.258 2	0.274 7	0.316 7	0.300 0	**0.437 8**
类别 4	0.044 7	0.636 4	0.632 1	0.491 9	0.655 4	0.613 1	**0.670 1**
类别 5	0.200 0	0.755 6	0.888 9	**0.911 1**	0.755 6	0.733 3	0.826 1
类别 6	0.120 0	0.535 7	0.560 0	0.360 0	**0.678 6**	0.571 4	0.674 5
类别 7	0.056 0	0.702 1	**0.718 1**	0.679 5	0.709 7	0.700 2	0.680 4
类别 8	0.073 1	0.624 5	**0.665 4**	0.603 8	0.620 8	0.605 9	0.641 1
类别 9	0.336 2	0.837 0	0.833 0	0.805 9	0.845 9	0.848 1	**0.851 5**
类别 10	0.365 1	0.843 8	**0.873 0**	0.809 5	0.843 8	0.781 3	0.800 0
类别 11	0.219 1	0.678 0	0.632 5	0.537 1	0.674 6	0.620 3	**0.736 3**
G-mean	0.147 7	0.626 8	0.635 2	0.561 2	0.652 2	0.615 0	**0.683 3**

由表 7-11 和表 7-12 可知，SNP-ECC 在 F1-measure 和召回率指标上均具有显著的优势。在 11 个类别中，该方法与目前主流的 6 种算法层面方法相比，在 F1-measure 和召回率指标上，排名第一的类别数量均达到一半以上，效果稳定且显著。该方法的 macro-F1 指标为 0.6899，相较于排名第二的 BRAF，提升达到 2.04%；该方法的 G-mean 指标为 0.6833，相较于排名第二的 BRAF，提升达到 4.77%。

所提方法与 16 种方法（包括目前主流的数据层面方法和算法层面方法）在智能电表各故障类别数据集上的实验对比分析，说明 SNP-ECC 能够有效学习各类别样本的分布特征，有效生成真实且多样的样本来平衡数据，从而提升智能电表故障分类的精度与鲁棒性，进而有效降低维护电网稳定运行的成本。

本 章 小 结

本章提出了一种基于近邻样本对构造的集成对比方法（SNP-ECC），采用数据层面和算法层面相结合的方式，在不引入噪声的情况下进行数据平衡和扩增，同时，基于近邻样本对的构造方法，实现了对不平衡分类任务的重新定义，对照样本的引入有利于模型学习不同类别样本的差异，多个样本对结果的集成有利于提升结果的精度和稳定性。在公开数据集与各类别智能电表数据集上，对所提方法与 16 种方法（包括数据层面方法、算法层面方法等）进行分类效果对比，并在 F1-measure 和 G-mean 指标上对实验结果进行了评估，结果表明所提方法具有较显著优势。总之，基于近邻样本对构造的思想进行样本平衡与数目扩充以解决不平衡分类问题是可靠的，且基于样本对构造的不平衡分类任务的重定义能够提升模型分类结果的准确度和稳定性，能够有效提升智能电表故障分类的精度和鲁棒性。未来可进一步研究针对数据分布特点的重构样本对生成方法和更加精细化的结果集成策略，从而进一步提升不平衡分类问题的预测精度。

第8章

构造目标-近邻样本对进行多标签置信度比较的不平衡分类方法

本章主要研究一种基于对比学习思想的不平衡分类方法,以解决数据层面方法在采样、生成过程中无法避免地引入噪声的问题以及在少数类样本绝对数量较少时无法充分挖掘样本特征的问题。数据层面方法往往通过对已有数据特征的学习,产生新的少数类样本,以达到数据平衡的目的。但从本质上来看,生成新样本的过程不可避免地会引入额外噪声,所生产的样本其真实性也难以得到保证。算法层面方法往往通过更改模型本身的损失函数或整体结构,使模型在训练的过程中更加关注少数类样本信息,进而提高对少数类样本的准确率和召回率,但容易导致模型的过拟合,且无法从绝对数量较少的少数类样本中充分挖掘类别特征。本章引入对比学习思想,提出了一种目标-近邻样本对的构造方法,将原先的分类任务重新定义为了目标样本与对照样本组之间的多标签匹配任务。基于目标-近邻样本对的构造方法实现了在不引入噪声情况下对原数据集的成倍扩充,有利于模型充分挖掘不同类别间的特征差异,有效地提升了分类精度。

8.1 引 言

传统的分类方法是在已知训练样本 x 的基础上对待分类样本 y 的类别概率进行建模,从而实现对样本 y 类别的预测。现有算法层面方法,往往是在传统分类问题的基础上,构建损失函数来实现的。但是样本数目的不平衡会导致分类器在训练过程中过多地关注多数类特征,从而导致少数类样本的分类精确度降低。数据层面方法主要包含以 SMOTE 为代表采样类方法和以 VAE、GAN 为代表的生成类方法。它们会根据预设目标对数据的已有特征进行学习,产生期望的新样本,既实现了数据的扩充,也达到了样本平衡的目的。但是在样本生成的过程中,无法避免地引入噪声的问题,且没有有效的方式来保证生成样本的真实性。同时,在生成的过程中并没有产生新的信息,从平衡后的数据中挖掘并学习样本间的差异依旧困难。为了解决上述问题,本章提出了一种构造目标-近邻样本对进行多标签置信度比较的不平衡分类方法(An Imbalanced Binary Classification Method Based on Contrastive Learning Using Multi-Label Confidence Comparisons,MLCC-IBC)。

在本节中，将会分别对二维化样本组合构造方法、数据扩充方法和基于多标签置信度比较的不平衡分类方法进行描述。如图 8-1 所示，通过引入对比学习思想，将对样本类别进行判断的分类任务转化为目标样本与对照样本标签的匹配任务。引入 KNN[2] 思想构造近邻样本组合，实现了整体样本数目的倍增，同时促使 VAE 在训练过程中更加关注样本邻域间的隐藏信息，且在测试环节实现了分类结果的集成。

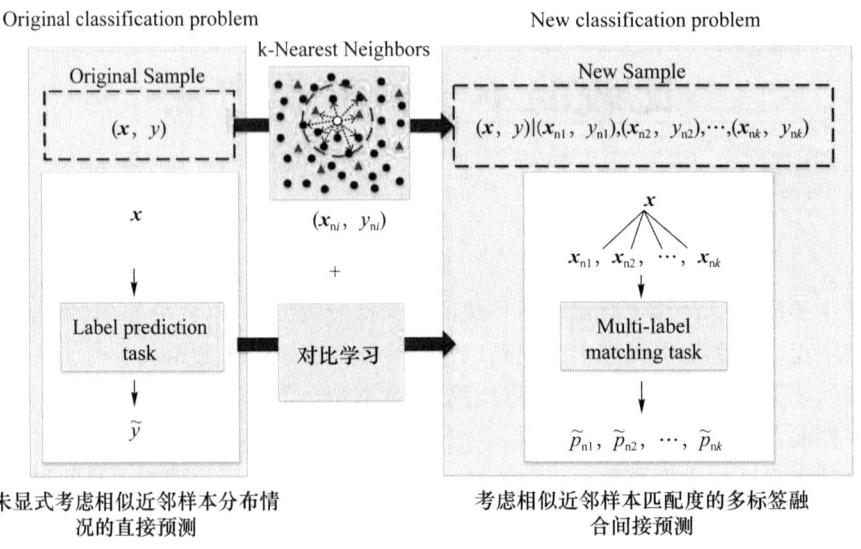

图 8-1 基于 KNN 思想和对比学习思想的不平衡分类任务转化

现有的不平衡方法为单个样本层面的分类方法，通过建立单个样本的分类模型对 $p(y|x)$ 进行建模，这种建模方式会直接受到样本数量不均衡的影响，导致训练的分类器偏向于样本数目更多的类别。本章通过引入 KNN 思想实现近邻样本对构造，通过引入对比学习思想将传统分类问题转化为样本组合层面的标签匹配问题。通过目标样本与对照样本标签之间的关系对 $p(\text{same class or not}|(x, p(x)))$ 进行建模，其中 $(x, p(x))$ 为样本对，x 为目标样本，$p(x)$ 为在目标样本近邻池 (x_{ni}, y_{ni}) 中采样得到的一组对照组样本。对原问题中的任意一个 x，均可构造得到多个采样得到的 $(x, p(x))$。因此，在新分类问题中，分类器既可以关注样本邻域内的信息，也可以实现样本数目的成倍扩增。

本部分将会在 8.2 节中介绍目标-近邻样本对的构造方法及数据扩充方法，在 8.3 节中介绍基于多标签置信度比较的不平衡分类方法。

8.2 目标-近邻样本对的构造方法及数据扩充方法

为了充分利用样本邻域间的隐藏信息，更好地学习到样本间的类别差异，本章提出了一种目标-近邻样本对构造方法，如图 8-2 所示。对于每个目标样本，找寻其 K 近邻，将原先维度大小为 $1 \times n$ 的样本数据 x 转化为维度大小为 $(K+1) \times n$ 的二维化样本组合 c。样本组合 c 由目标样本和对照样本组成，目标样本即待分类样本，是对比任务的核心，对照样本由

第 8 章 构造目标-近邻样本对进行多标签置信度比较的不平衡分类方法

目标样本的近邻组成。同时,通过与目标样本标签间的同或运算重构对照样本的类别标签,将原先的类别标签转化为匹配标签。通过对新构造的二维化样本组合进行学习,可使模型判断出对照样本与目标样本类别是否具有相同的能力。

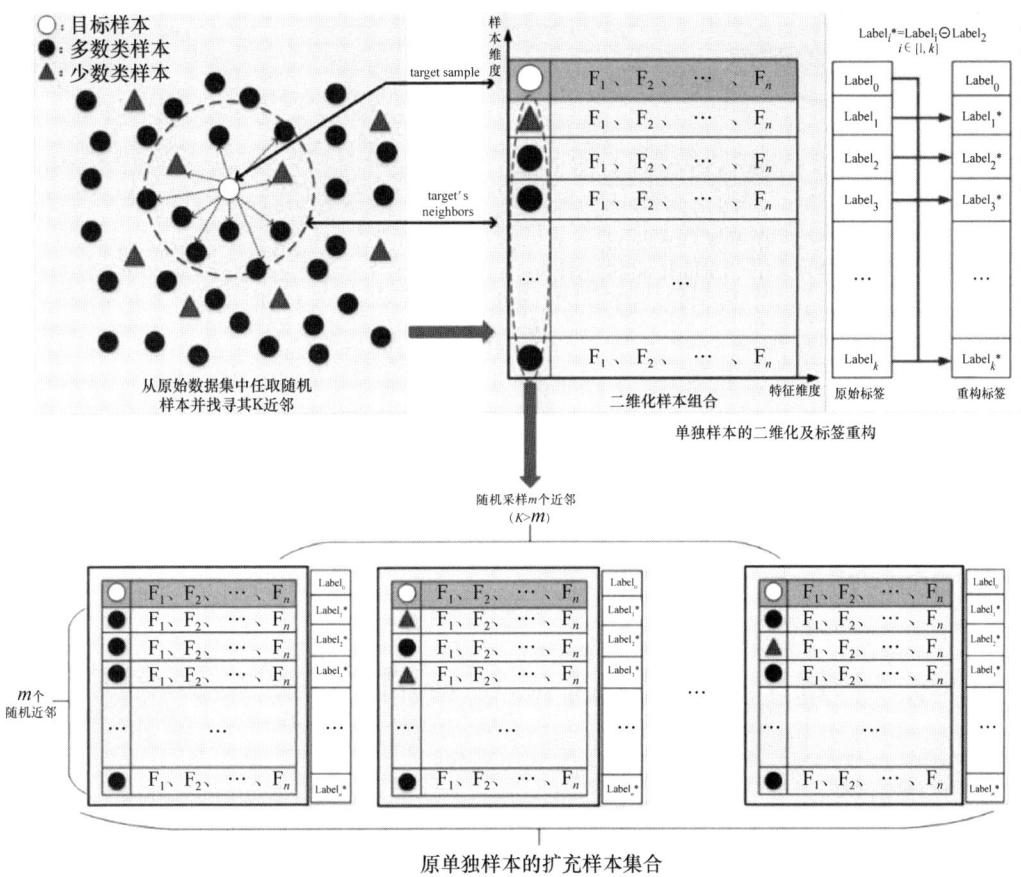

图 8-2 目标-近邻样本对构造方法及数据扩充方法

图 8-2 的上半部分为针对原训练集单个样本的二维化样本组合构造方法以及标签重构方法示意;图 8-2 的下半部分为在二维化样本组合基础上,对目标样本近邻进行随机采样,实现样本数目倍增的扩充样本集合的示意图。其中,$label_0$ 代表目标样本标签,$label_i$ 代表原对照样本标签,$label_i^*$ 代表重构标签,F_i 表示样本的第 i 维特征。

基于上述目标-近邻样本对构造方法的定义,对训练集中每一个独立样本 x,在其作为目标样本时,我们可以构造多组不同的样本组合,具体方法如下:找到目标样本在整个训练集中的 K 个近邻样本,将这 K 个近邻样本视为该目标样本的近邻池,在近邻池中随机采样 $m(m<K)$ 个样本,生成目标-近邻样本对 $c=(x,p(x))$。将对照样本中类别与目标样本相同的近邻标签设置为 1,为同类对照样本;将对照样本中类别与目标样本不同的近邻标签设置为 0,为异类对照样本。通过这种构造方式,对于每一个独立样本,最多可以产生 A_K^m 个不同的样本组合,且通过预先设置采样次数,可实现对原数据集的成倍扩充。目标-近邻样本对构造流程如算法 8-1 所示。

算法 8-1：目标-近邻样本对构造算法

Input：原始数据集 X（X 中既有少数类样本也有多数类样本），近邻样本池的大小为 K，在样本池中随机采样的个数为 m，样本集整体扩充倍数为 N。
Output：重构后各数量倍增的近邻样本对数据集 A 以及对应标签 label

1：for each x in X do
2：　　Pool＝KNN(x,X,K)
　　{其中，Pool 为样本 x 的少数类近邻样本池，KNN(x,X,K) 表示 x 在 X 中除自身外的 K 个近邻样本}
3：　　for each n in $[1,N]$ do
4：　　　　$p(x)$＝sample_random(Pool,m)
　　{其中，$p(x)$ 表示 x 的样本对照组，sample_random(Pool,m) 表示从近邻池 Pool 中有序采样 m 个样本作为对照组样本}
5：　　　　$c_{x,n}=(x,p(x))$，$c_{x,n}$ 为 x 的第 n 组构造样本对
6：　　　　Add $c_{x,n}$ in A
7：　　　　label$_{x,m}$＝Judge(label$_x$,label$_m$)
8：　　其中，label$_{x,m}$ 表示样本 x 第 m 个近邻的重构标签，Judge(label$_x$,label$_m$) 表示判断目标样本 x 和近邻样本 m 是否同类。同类将重构标签置 1，反之，置 0。
9：　　　　Add label$_{x,m}$ in label
10：　　end for
11：end for
12：return A,label

8.3　基于多标签置信度比较的不平衡分类方法

基于上述目标-近邻样本对构造方法和数据扩充方法，本部分提出了一种基于多标签置信度比较的不平衡分类方法。本章选用 VAE 来接收样本组合进行训练，利用 VAE 的重构误差促使模型在训练过程中更加关注样本邻域间的隐藏信息。同时，通过 VAE 的隐编码对目标样本和对照样本之间的相似性进行判断。VAE 样本重构和多标签预测的同步迭代学习，使结果更加精确且具有更好的鲁棒性。

该方法包括模型训练和模型测试两部分。模型训练由原始训练集的扩充样本集合及其重构标签作为新训练集，放入 VAE 中进行训练，通过 VAE 的重构误差使模型在训练过程中关注样本邻域信息。同时，VAE 的隐编码对样本匹配度进行预测和对多标签样本匹配问题进行建模。在模型测试时，对于一个测试集中的一个目标样本，在原训练集中找寻其近邻样本并组成近邻样本池，在其中随机采样 N 组，每组 m 个近邻。每一组近邻样本均会得到对当前目标样本的类别匹配度分数，集成多组预测结果，进而根据阈值得到目标样本的预测类别。

在训练阶段，以构造的目标-近邻样本对作为训练数据，预测对照样本的同异类别为任务进行模型训练。因为对原训练数据进行了成倍扩充，且随机采样的方式充分挖掘了样本邻域间的隐藏信息，可以训练得到一个性能较好的对照样本类别预测器模型，其优化目标如下：

$$\text{VAE}_{\text{loss}}=D_{\text{KL}}+(x_{\text{gen}}-x_0) \tag{8-1}$$

$$\text{label}_{\text{loss}}=\text{label}\cdot\log_{10}(\text{pre})+(1-\text{label})\cdot\log_{10}(1-\text{pre}) \tag{8-2}$$

| 第 8 章 | 构造目标-近邻样本对进行多标签置信度比较的不平衡分类方法

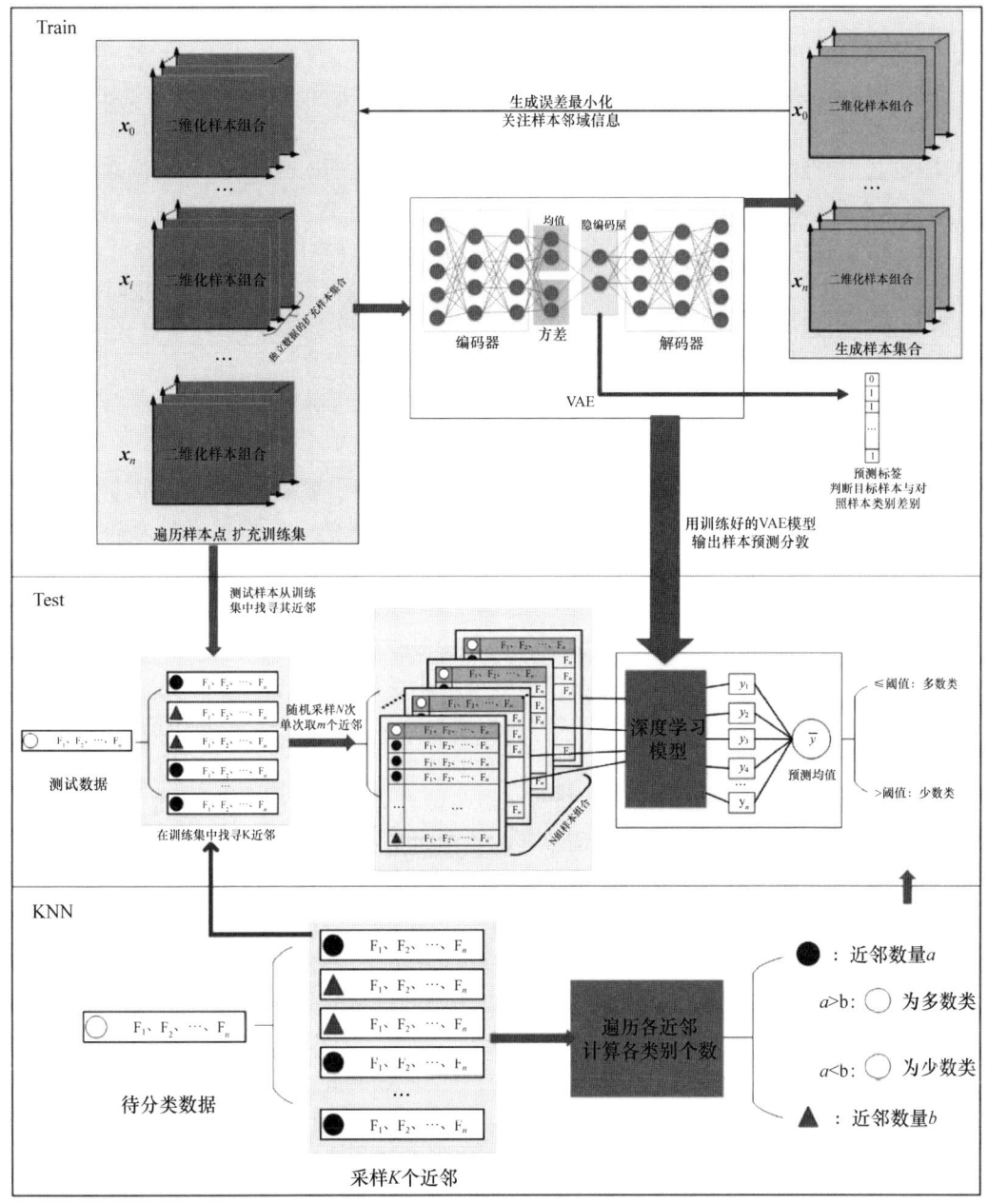

图 8-3 基于多标签置信度比较的不平衡分类方法流程

式(8-1)表示 VAE 的重构误差,其中 D_{KL} 表示 VAE 的 KL 散度,$(x_{gen} - x_0)$ 表示 VAE 的生成误差。通过最小化重构误差,使模型在训练过程中关注样本邻域间的隐藏信息。式(8-2)中,pre 代表预测标签,label 代表原标签,最小化该误差使模型具有正确预测目标样本与对照样本差异的能力。

在样本测试阶段,以独立样本 x 为测试数据,同样找寻其在训练集中的 K 个近邻样本,并根据预先设置的数量进行采样构造多组二维化样本,通过训练好的多标签匹配模型对目标样本进行预测,其预测值计算过程如下:

$$y = \sum (\text{label} \cdot \text{pre}) + \frac{\sum ((1 - \text{label}) \cdot (1 - \text{pre}))}{N} \tag{8-3}$$

$$\hat{y}_{\text{test},i} = \begin{cases} 0, & \tilde{y}_{\text{test},i} \leqslant \theta \\ 1, & \tilde{y}_{\text{test},i} > \theta \end{cases} \tag{8-4}$$

其中,label 代表对照样本的真实类别,pre 代表模型预测的类别匹配度,N 代表选取的近邻个数。对照样本和目标样本越相似,模型给出的预测值 pre 越接近 1;反之,越接近 0。在这种条件下,当目标样本为少数类样本(类别标签为 1)时,期望对照样本中的少数类预测值趋近于 1,多数类预测值趋近于 0;反之,当目标样本为多数类样本(类别标签为 0)时,期望对照样本中的少数类预测值趋近于 0,多数类预测值趋近于 1。考虑到以上情况,本章通过式(8-3)对比对照样本的真实标签和预测值来得到目标样本的分类结果。当二者接近时,y 值趋近于 1,为少数类;当二者差异较大时,y 值趋近于 0,为多数类。在得到预测结果后,根据设定好的阈值对目标样本进行分类。

需要注意的是,在扩充样本的过程中,本章并没有规定生成的目标-近邻样本对一定要满足平衡条件,而是直接遍历每一个独立样本进行构造。虽然在实现样本扩充的过程中增加了少数类样本数量,在一定程度上使预测标签类别趋于平衡;但在扩充的同时,由于多数类样本数量较多,在采样构造的过程中势必会引入更多的多数类近邻,因此本质上并没有实现样本组合中不同类别标签之间的完全平衡。直接对少数类样本采样构造二维化样本,会使模型对单个少数类样本的训练频次多于多数类的训练频次,导致对少数类特征的学习不充分。因此,本章采用的构造方法所生成的对比数据集依旧存在一定的不平衡情况,会导致分类器的预测结果存在一定偏向。

考虑到上述问题,本章采用了一种动态的阈值设置方法,在训练得到稳定的分类器后,遍历当前数据集。利用训练得到的多标签匹配模型对每一个单独样本分别进行类别预测,并将预测值存入集合。综合分析各类别样本的预测值分布情况,发现预测误差大小整体呈现出正态分布,且在预测值区间的中间部分存在数值空缺。为提升模型的容错能力,选取空缺段的均值作为阈值,使模型在最大程度上获取良好结果。经实验,采样上述阈值选择方法,在一段较大的区间上选定阈值均能使所提方法得到稳定的分类效果,这表明本章所提出的分类方法在良好结果的基础上有较好的鲁棒性。

值得一提的是,本章通过对比思想将传统的分类问题转化为多标签匹配问题来进行处理,因此目标样本的每个近邻标签都是有效信息。如果在预测过程中仅取部分近邻,则其所包含的信息肯定是片面的。但是,如果直接一次性选取所有近邻对目标样本进行预测,则会有部分近邻的预测误差以及额外噪声。考虑到以上问题,在获取预测结果时,本章运用了集成学习的思想。在近邻池中,随机采样为单个目标样本构造了多组近邻,通过加权平均的方式,实现了对各组预测结果的集成。这种集成方法不仅在考虑额外噪声的前提下最大限度地提取了各个近邻本身所包含的有效信息,也通过随机采样构造样本组合的方法挖掘了近邻样本之间的隐藏信息,进一步提高了模型的精确性和鲁棒性。

通过目标-近邻样本对的构造以及数据扩充方法,充分挖掘了样本邻域间的隐藏信息,有利于模型的充分学习;利用对比学习的思想,将原有的直接分类任务转化为间接的对照样本模式判别任务;对单个测试样本采用多对照样本集成判别的方式,进一步提高了分类结果的准确性和鲁棒性。

8.4 实验与评估

本节对所提方法与其他方法进行了比较。①对所使用的数据集以及评价指标进行了介绍。②描述了所提方法在实验过程中的参数设置。③将所提方法与数据层面方法在解决不平衡分类问题上进行了比较。④将所提方法与算法层面方法在解决不平衡分类问题上进行了比较。⑤通过 Nemenyi 后检验对所提方法和比较方法的差异性进行了验证。⑥验证了所提方法在智能电表故障数据集上的有效性。

本章从 KEEL 和 UCL 机器学习数据库中共选择了 38 个数据集，对 MLCC-IBC 的有效性进行验证。表 8-1 对所选数据集的各个属性进行了总结。

表 8-1 数据集的特点

数据集	样本数量	特征维度	少数类样本数量	多数类样本数量	不平衡比
messidor_features	1 151	20	540	611	1.13
ecoli-0_vs_1	220	6	77	143	1.86
pima	768	8	268	500	1.87
biodeg	1 055	42	356	699	1.96
vehicle2	846	18	218	628	2.88
vehicle3	846	18	212	634	2.99
ecoli1	336	7	77	259	3.36
Cardiotocography	2 126	23	471	1 655	3.51
spambase	3 421	58	636	2 785	4.38
new-thyroid1	215	5	35	180	5.14
segment0	2 308	19	329	1 979	6.02
yeast3	1 484	8	163	1 321	8.10
ecoli3	336	7	35	301	8.60
page-blocks0	5 472	10	559	4 913	8.79
yeast-2_vs_4	514	8	51	463	9.08
yeast-0_2-5-6_vs_3-7-8-9	1 004	8	99	905	9.14
glass-0-4_vs_5	92	9	9	83	9.22
mHealth	733	24	56	677	12.09
ecoli-0-1-4-7_vs_5-6	332	6	25	307	12.28
ecoli4	336	7	20	316	15.80
abalone9-18	731	10	42	689	16.40
Wilt	4 839	5	261	4 578	17.54
MEU-Mobile KSD	1 071	72	51	1 020	20.00
yeast-2_vs_8	482	8	20	462	23.10
MUSK	2 873	167	106	2 767	26.10
yeast-1-2-8-9_vs_7	947	8	30	917	30.57
optdigits	5 216	64	150	5 066	33.77

续 表

数据集	样本数量	特征维度	少数类样本数量	多数类样本数量	不平衡比
ecoli-0-1-3-7_vs_2-6	281	7	7	274	39.14
yeast6	1 484	8	35	1 449	41.40
Mice Protein	520	80	12	508	42.33
poker-8-9_vs_6	1 485	10	25	1 460	58.40
abalone-20_vs_8-9-10	1 916	11	26	1 890	72.69
kddcup-land_vs_satan	1 610	56	21	1 589	75.67
Shuttle	1 013	11	13	1 000	76.92
satimage-2	5 803	36	71	5 732	80.73
poker-8_vs_6	1 477	10	17	1 460	85.88
kddcup-rootkit-imap_vs_back	2 225	45	22	2 203	100.14
PenDigits	9 868	18	20	9 848	492.40

本章使用的评价指标、评估手段与第 1 章保持一致，选用 F1-measure 和 G-mean 作为模型性能的评价指标。在此基础上，为了进一步评估所提方法的有效性，本章分别使用 Wilcoxon 符号秩检验[47]和 Friedman 检验[8]将其与现有的采样类方法和生成类方法的实验结果进行对比。Wilcoxon 符号秩检验可以评估两种方法之间的差异性。在本章的实验过程中，将测试阈值设置为 0.05。这代表当 P 小于 0.05 时，不具有显著差异的假设被拒绝，进而得到统计中的两种方法具有显著差异这一结论。Friedman 检验用于计算各方法的 Friedman 排名，平均排名越小，说明方法在当前性能指标上的表现越好。

8.4.1 参数设置

在本节中，参数设置涉及二维化样本组合构造、模型训练和模型测试三个部分。其中，在模型训练过程中需要利用 VAE 进行标签预测和重构。本节会对 VAE 的相关参数及模型结构进行说明。

二维化样本组合构造有利于模型学习到样本邻域之间的隐藏信息。这为样本数目的倍增提供了可能。其涉及的主要参数包括扩充倍数 N、近邻样本池大小 M 和近邻采样个数 K。扩充倍数 N 直接决定了采样所生成的样本总数，扩充倍数越大，其包含的信息就越丰富，在训练过程中模型所学习到的特征也就越多。但 N 的上限由 M 和 K 共同决定，且 N 越逼近上限，其包含的重复信息越多，模型的训练时间越长。近邻样本池大小 M 决定了目标样本的近邻范围，其取值越大，近邻距离目标样本的距离越远，判别的难度也随之增加。因此，在同等条件下，增大 M'，可以得到更多差异较大的对照样本，一方面也会引入个别难以学习差别的对照样本点。同理，在相同条件下，过小的近邻采样个数 K 会导致近邻信息过少，对照样本组所能提供的消息不足；过大的近邻采样个数 K 则会导致样本重复信息过多，可扩充的随机样本数量过少，影响样本的整体扩充。因此，在参数选取的过程中，需要综合考虑三个参数之间的关系。在本章中，通过实验确定，设置扩充倍数 N 为 200，近邻样本池大小 M 为 15，近邻采样个数 K 为 7。

为了使模型在训练过程中可以关注到样本邻域的隐藏信息，本章提出了一种二维化样

|第8章| 构造目标-近邻样本对进行多标签置信度比较的不平衡分类方法

本组合构造方法,将原有的仅有特征维度的一维数据转化为有样本维度和特征维度的二维数据。同时,本章在利用 VAE 进行样本重构的同时也利用其隐编码层对近邻样本类别进行预测。因此,本章的 VAE 结构由二维卷积网络构成,模型结构涉及编码器、解码器和隐编码层三部分。具体的分类模型结构如表 8-2 所示。

表 8-2　VAE 模型结构

编码器结构	解码器结构	隐编码层结构
Reshape$(((K+1),-1,1))$	Dense$((K+1)*10)$	Dense(128)
Conv2D$(16,3,padding='same')$	Reshape$(((K+1),-1,1))$	LeakyReLU(0.2)
LeakyReLU(0.2)	LeakyReLU(0.2)	Dropout(0.5)
Dropout(0.5)	Dropout(0.5)	Dense$(K,activation='sigmoid')$
Flatten$()$	Conv2D$(16,3,padding='same')$	
Dense$(enc\_dim,activation='tanh')$	LeakyReLU(0.2)	
	Dropout(0.5)	
	Flatten$()$	
	Dense(256)	
	LeakyReLU(0.2)	
	Dropout(0.5)	
	Dense$(x\_dim,activation='sigmoid')$	

考虑到不同数据集本身的数据量及其特征维度各不相同,为了使模型对不同数据集具有更好的适应性,对模型训练的 batch size 进行了自适应调整。在训练开始前先判断训练集的大小,大小不超过 2 048 的数据集,将 batch size 设置为其大小的二分之一;大小超过 2 048 的数据集,将 batch size 直接定为 2 048。在训练过程中,采用 L2 正则化约束,惩罚因子设置为 0.1,优化器为 Adam,训练周期为 40。

8.4.2　公开数据集的结果与分析

1. 与数据层面方法对比

本章所提出的基于对比思想的 MLCC-IBC 将传统分类方法转化为目标样本及其近邻标签差异的对比方法。通过目标-近邻样本对的构造,使模型在学习过程中更加关注样本邻域间的隐藏信息。这为数据集的成倍扩充提供了条件。为了验证所提方法在解决不平衡分类问题的有效性,本章选取了目前典型的采样类方法和生成类方法与其展开对比,包括八种采样类方法(SMOTE[10]、Distance-SMOTE[31]、Borderline-SMOTE[11]、Safe-Level-SMOTE[34]、SMOTE-OUT[33]、G-SMOTE[32]、SOMO[79]、K-means SMOTE[35])与两种新型的生成类方法(CWGAN-GP[16] 和 ADA-INCVAE[17])。选取了 RF[21]、GBDT[72]、SVM[20]、和 LR[19] 四种特点不同的分类器对平衡后数据集进行学习和分类效果对比。上述八种采样类方法是直接通过不平衡学习库进行实现的,两种生成类方法则是严格按照原文中的各项参数进行设置。四种分类器的实现均是基于 Scikit-Learn[18] 库中的默认参数进行设置的。

为了增大对比难度,对于每个分类器,我们在每个数据集下选择各种数据平衡方法的最优结果作为该分类器在当前数据集下经过样本平衡后得到的分类结果。F1-measure 和 G-mean 的对比结果分别如表 8-3 和表 8-4 所示,Wilcoxon 符号秩检验结果如表 8-5。其中,加粗数据为最佳实验结果。分析实验结果可知,所提方法在 F1-measure 指标上有 26 个数据集排名第一,在 G-mean 指标上有 23 个数据集上排名第一。对于不平衡比较高的数据集,所提方法的表现尤其良好。在数据集的特征维度较高时,所提方法依旧具有稳定的效果。

此外,Wilcoxon 符号秩检验结果表明,对于所有对比方法,假设均被拒绝。综合表 8-1 中各数据集的特点,对实验结果进行分析可知:在高不平衡比、高特征维度且具有较大分类难度的数据集上,所提方法的提升效果明显;对于不平衡比相对较小的数据集,所提方法虽没有大幅度的提升效果,但也具有一定程度上的优势。

表 8-3 所提方法与数据层面方法在 F1-measure 指标上的实验结果对比(对比方法取最优)

数据集	MLCC-IBC	LR	GBDT	SVM	RF
messidor_features	**0.750 7**	0.688 9	0.703 0	0.716 5	0.702 9
ecoli-0_vs_1	**0.987 1**	0.962 1	0.980 6	0.987 1	0.987 1
pima	**0.699 4**	0.672 7	0.674 5	0.671 9	0.660 0
biodeg	**0.840 7**	0.780 7	0.802 0	0.819 3	0.788 9
vehicle2	0.852 6	0.838 7	0.964 6	0.959 5	**0.974 3**
vehicle3	**0.688 0**	0.585 9	0.648 2	0.652 5	0.594 4
ecoli1	0.791 2	0.778 2	0.815 9	**0.828 8**	0.812 8
Cardiotocography	0.858 9	0.782 9	0.908 6	0.828 6	**0.910 5**
spambase	**0.945 4**	0.797 8	0.893 1	0.855 8	0.899 9
new-thyroid1	**0.984 6**	0.953 3	0.924 6	0.966 7	0.966 7
segment0	0.986 9	0.944 2	0.990 8	**0.993 9**	0.993 0
yeast3	0.802 5	0.720 2	**0.815 9**	0.775 7	0.804 3
ecoli3	**0.730 9**	0.592 0	0.612 4	0.686 3	0.636 8
page-blocks0	0.823 9	0.624 4	0.877 9	0.784 4	**0.889 3**
yeast-2_vs_4	**0.864 5**	0.728 1	0.751 4	0.779 3	0.800 8
yeast-0-2-5-6_vs_3-7-8-9	0.635 7	0.579 4	0.631 4	0.625 4	**0.673 3**
optdigits	**1.000 0**	0.993 1	0.972 5	0.997 9	0.986 4
glass-0-4_vs_5	0.960 0	0.660 0	0.980 0	0.766 7	**1.000 0**
mHealth	0.975 2	0.520 8	0.964 4	**1.000 0**	1.000 0
ecoli-0-1-4-7_vs_5-6	0.854 9	0.741 8	0.843 2	**0.861 1**	0.855 6
ecoli4	0.870 9	0.771 4	0.763 5	**0.885 7**	0.820 6
abalone9-18	**0.693 9**	0.370 6	0.414 0	0.396 0	0.381 5
Wilt	**0.891 9**	0.199 0	0.848 1	0.779 8	0.861 4
MEU-Mobile KSD	**1.000 0**	0.915 7	1.000 0	0.969 5	0.956 7
yeast-2_vs_8	**0.807 1**	0.661 0	0.597 0	0.661 0	0.645 7
MUSK	**0.990 3**	0.538 4	0.711 4	0.802 1	0.738 0
yeast-1-2-8-9_vs_7	**0.397 8**	0.158 8	0.327 9	0.165 2	0.235 3

续 表

数据集	MLCC-IBC	LR	GBDT	SVM	RF
ecoli-0-1-3-7_vs_2-6	**0.900 0**	0.746 7	0.613 3	0.866 7	0.738 7
yeast6	0.563 0	0.363 1	0.529 0	0.527 2	**0.569 2**
Mice Protein	**1.000 0**	**1.000 0**	0.893 3	0.933 3	0.826 7
poker-8-9_vs_6	**1.000 0**	0.080 2	0.905 6	0.877 8	0.819 8
abalone-20_vs_8-9-10	**0.579 3**	0.364 9	0.285 0	0.335 1	0.286 8
kddcup_land_vs_satan	**1.000 0**	**1.000 0**	**1.000 0**	**1.000 0**	**1.000 0**
Shuttle	**1.000 0**	0.921 4	0.971 4	0.900 0	0.971 4
satimage-2	**0.993 1**	0.941 2	0.948 6	0.941 8	0.941 2
poker-8_vs_6	**1.000 0**	0.042 9	0.931 4	0.826 7	0.580 0
kddcup-rootkit-imap_vs_back	**1.000 0**	**1.000 0**	**1.000 0**	**1.000 0**	**1.000 0**
PenDigits	**0.988 9**	0.288 0	0.838 1	0.819 0	0.838 1
均值	**0.860 8**	0.666 0	0.798 2	0.795 9	0.793 4
排名	**1.763 2**	4.421 1	3.065 8	2.894 7	2.855 3

表 8-4　所提方法与数据层面方法在 G-mean 指标上的实验结果对比（对比方法取最优）

数据集	MLCC-IBC	LR	GBDT	SVM	RF
messidor_features	0.679 2	0.675 1	0.700 0	0.679 5	**0.709 7**
ecoli-0_vs_1	**0.987 3**	0.973 1	0.983 7	**0.987 3**	**0.987 3**
pima	**0.755 3**	0.746 8	0.748 6	0.746 5	0.735 4
biodeg	**0.886 1**	0.840 7	0.845 7	0.866 4	0.839 3
vehicle2	0.871 1	0.910 0	0.977 4	0.976 6	**0.979 3**
vehicle3	**0.820 5**	0.739 3	0.769 9	0.797 2	0.722 9
ecoli1	**0.905 9**	0.901 3	0.885 2	0.895 9	0.897 3
Cardiotocography	0.937 5	0.887 6	0.935 5	0.917 9	**0.940 4**
spambase	**0.966 8**	0.904 6	0.939 5	0.920 3	0.932 3
new-thyroid1	**0.985 2**	0.966 2	0.948 6	0.979 6	0.969 0
segment0	0.988 3	0.982 8	0.994 1	**0.995 2**	0.994 1
yeast3	0.901 6	0.911 9	**0.914 9**	0.906 5	0.902 0
ecoli3	**0.931 1**	0.879 8	0.773 2	0.879 4	0.813 5
page-blocks0	0.924 6	0.863 3	**0.957 1**	0.930 3	0.949 2
yeast-2_vs_4	**0.915 7**	0.868 5	0.856 1	0.838 7	0.872 0
yeast-0-2-5-6_vs_3-7-8-9	0.772 4	0.788 7	0.746 1	**0.794 0**	0.769 4
glass-0-4_vs_5	0.994 0	0.943 9	0.997 0	0.824 9	**1.000 0**
mHealth	0.976 3	0.919 1	0.988 5	**1.000 0**	**1.000 0**
ecoli-0-1-4-7_vs_5-6	**0.928 4**	0.927 5	0.926 2	0.906 7	0.908 1
ecoli4	0.941 2	**0.953 2**	0.855 6	0.896 8	0.888 5
abalone9-18	0.795 9	**0.805 3**	0.698 3	0.798 1	0.625 3
Wilt	0.935 1	0.706 2	**0.962 1**	0.958 2	0.935 8
MEU-Mobile KSD	**1.000 0**	0.940 1	**1.000 0**	0.979 0	0.958 4

续 表

数据集	MLCC-IBC	LR	GBDT	SVM	RF
yeast-2_vs_8	**0.846 5**	0.811 5	0.707 0	0.719 1	0.713 5
MUSK	**0.996 5**	0.871 8	0.825 8	0.916 1	0.775 6
yeast-1-2-8-9_vs_7	0.521 6	**0.731 4**	0.502 3	0.630 6	0.415 3
optdigits	**1.000 0**	0.993 2	0.979 3	0.998 0	0.989 8
ecoli-0-1-3-7_vs_2-6	**0.912 1**	0.878 4	0.874 7	0.882 8	0.839 8
yeast6	0.796 6	0.883 4	0.775 2	**0.865 5**	0.741 2
Mice Protein	**1.000 0**	**1.000 0**	0.940 4	0.941 4	0.846 1
poker-8-9_vs_6	**1.000 0**	0.604 0	0.912 7	0.888 7	0.839 2
abalone-20_vs_8-9-10	0.696 4	**0.869 1**	0.743 1	0.849 6	0.632 0
kddcup-land_vs_satan	**1.000 0**	**1.000 0**	**1.000 0**	**1.000 0**	**1.000 0**
Shuttle	**1.000 0**	0.998 5	0.999 5	0.915 5	0.999 5
satimage-2	**0.999 9**	0.976 3	0.956 7	0.970 7	0.973 8
poker-8_vs_6	**1.000 0**	0.492 3	0.936 5	0.846 1	0.615 5
kddcup-rootkit-imap_vs_back	**1.000 0**	**1.000 0**	**1.000 0**	**1.000 0**	**1.000 0**
PenDigits	**1.000 0**	0.941 8	0.887 7	0.856 0	0.856 0
均值	**0.909 5**	0.870 7	0.880 1	0.888 3	0.857 0
排名	**2.105 3**	3.250 0	3.184 2	2.960 5	3.500 0

表 8-5　Wilcoxon 符号秩检验对所提方法与数据层面方法的差异性检验结果（对比方法取最优）

VS	F1-measure				G-mean			
	R+	R−	P	Assuming	R+	R−	P	Assuming
LR	630	−6	1.29×10^{-7}	rejected	490	134	2.13×10^{-3}	rejected
GBDT	545	79	8.53×10^{-5}	rejected	507	117	8.55×10^{-4}	rejected
SVM	601	23	1.32×10^{-5}	rejected	480	144	1.07×10^{-2}	rejected
RF	543	81	4.99×10^{-4}	rejected	573	51	8.41×10^{-5}	rejected

2. 与算法层面方法对比

所提方法虽然通过构造目标-近邻样本对实现了对原数据集的成倍扩充，但本质上仍是通过比较目标样本与其近邻之间的特征差异对样本进行分类，属于算法层面方法，因此为验证方法的有效性，与经验敏感学习、单分类学习、集成学习等多种算法层面方法进行比较是有必要的。基于以上考虑，本章选用了 iForest[80]、SVDD[81]、CSSVM-SMOTE[77]、CS-CLA、RF、GDBT、DPHS-MDS[73]、BRAF[82]、DTE-SBD[68] 进行比较。其中，CS-CLA 采用了上节中的四种典型分类器，将其与经验敏感学习结合，并选择在各数据集上的最优结果。上述各方法在实现过程中，其参数设置严格遵循 Scikit-Learn 包中的默认值或与相关文献保持严格一致。通过网格搜索方法确定了经验敏感学习相关参数。表 8-6、表 8-7 分别为各方法与所提方法在 F1-measure 指标和 G-mean 指标上的对比结果，其中加粗数据为最佳实验结果。Wilcoxon 符号秩检验结果如表 8-8 所示。

第 8 章　构造目标-近邻样本对进行多标签置信度比较的不平衡分类方法

表 8-6　所提方法与算法层面方法在 F1-measure 指标上的实验结果对比

数据集	MLCC-IBC	iForest	SVDD	CSSVM-SMOTE	CS-CLA	RF	GBDT	DPHS-MDS	BRAF	DTE-SBD
messidor_features	**0.750 7**	0.036 9	0.486 4	0.705 6	0.710 4	0.686 8	0.682 3	0.715 0	0.695 2	0.651 6
ecoli-0_vs_1	**0.987 1**	0.858 1	0.933 1	0.981 0	0.971 9	**0.987 1**	0.968 5	0.983 9	**0.987 1**	0.967 5
pima	**0.699 4**	0.466 5	0.260 1	0.679 5	0.658 9	0.628 6	0.647 8	0.659 5	0.636 7	0.650 1
biodeg	**0.840 7**	0.004 4	0.361 0	0.772 5	0.801 6	0.790 6	0.795 2	0.792 4	0.796 1	0.782 4
vehicle2	0.852 6	0.303 4	0.408 2	0.953 1	0.924 8	0.969 4	0.955 8	0.970 6	**0.974 7**	0.931 6
vehicle3	**0.688 0**	0.255 3	0.284 8	0.646 5	0.579 0	0.501 2	0.566 1	0.570 6	0.508 2	0.586 8
ecoli1	**0.791 2**	0.523 2	0.453 5	0.781 4	0.778 1	0.770 7	0.762 6	0.767 3	0.786 8	0.788 8
Cardiotocography	0.858 9	0.484 3	0.598 8	0.808 6	0.904 5	0.888 6	0.904 3	0.904 6	**0.905 4**	0.900 3
spambase	**0.945 4**	0.109 3	0.095 0	0.823 6	0.892 6	0.889 5	0.886 0	0.895 9	0.901 4	0.870 5
new-thyroid1	**0.984 6**	0.679 6	0.893 1	0.944 8	0.917 5	0.951 3	0.873 8	0.932 5	0.949 8	0.924 8
segment0	0.986 9	0.022 6	0.043 6	**0.990 8**	0.983 7	0.986 1	0.983 2	0.987 9	0.981 8	0.976 6
yeast3	**0.802 5**	0.063 3	0.048 4	0.741 9	0.780 4	0.753 9	0.764 0	0.780 8	0.764 9	0.800 7
ecoli3	**0.730 9**	0.165 7	0.073 3	0.639 1	0.569 4	0.571 9	0.592 9	0.576 4	0.579 4	0.542 1
page-blocks0	0.823 9	0.556 4	0.340 1	0.742 9	0.809 9	0.885 5	0.878 7	0.878 1	**0.887 0**	0.855 1
yeast-2_vs_4	**0.864 5**	0.505 5	0.559 2	0.665 8	0.722 2	0.772 3	0.710 8	0.732 6	0.766 3	0.696 2
yeast-0-2-5-6_vs_3-7-8-9	**0.635 7**	0.386 4	0.332 1	0.609 8	0.617 8	0.624 2	0.624 4	0.644 3	0.636 3	0.585 5
glass-0-4_vs_5	**0.960 0**	0.360 4	0.343 3	0.700 0	0.741 7	**0.960 0**	**0.960 0**	**0.960 0**	0.953 3	**0.960 0**
mHealth	0.975 2	0.000 0	0.000 0	0.913 1	**1.000 0**	**1.000 0**	0.957 8	**1.000 0**	0.997 6	0.972 3
ecoli-0-1-4-7_vs_5-6	**0.854 9**	0.351 5	0.442 9	0.802 4	0.784 0	0.781 1	0.714 4	0.783 8	0.827 7	0.812 0
ecoli4	**0.870 9**	0.419 4	0.565 6	0.769 2	0.755 6	0.759 5	0.741 4	0.763 6	0.764 3	0.714 5

续表

数据集	MLCC-IBC	iForest	SVDD	CSSVM-SMOTE	CS-CLA	RF	GBDT	DPHS-MDS	BRAF	DTE-SBD
abalone9-13	**0.693 9**	0.182 1	0.249 1	0.353 9	0.253 7	0.295 8	0.300 8	0.288 8	0.329 0	0.307 1
Wilt	**0.891 9**	0.012 4	0.013 2	0.661 5	0.851 0	0.810 3	0.847 3	0.857 2	0.824 7	0.820 7
MEU-Mobile KSD	1.000 0	0.044 0	0.265 1	0.969 5	1.000 0	0.946 2	**1.000 0**	0.936 8	0.952 5	**1.000 0**
yeast-2_vs_3	**0.807 1**	0.323 9	0.506 1	0.440 6	0.549 5	0.584 8	0.483 8	0.584 8	0.581 0	0.536 6
MUSK	**0.990 3**	0.004 4	0.023 1	0.704 8	0.748 5	0.555 5	0.575 7	0.635 1	0.648 7	0.643 4
yeast-1-2-8-9_vs_7	**0.397 8**	0.057 5	0.030 8	0.136 3	0.214 6	0.201 6	0.222 2	0.180 6	0.232 7	0.258 0
optdigits	1.000 0	0.146 7	0.025 6	0.993 1	0.993 1	0.964 6	0.969 4	0.953 6	0.825 3	0.921 6
ecoli-0-1-3-7_vs_2-6	**0.900 0**	0.138 1	0.253 3	0.513 3	0.736 7	0.666 7	0.613 3	0.746 7	0.678 7	0.550 0
yeast6	**0.563 8**	0.087 4	0.000 0	0.414 9	0.444 2	0.502 9	0.529 0	0.497 7	0.512 3	0.439 5
Mice Protein	**1.000 0**	0.046 2	0.030 3	0.933 3	0.933 3	0.133 3	0.566 7	0.233 3	0.457 3	0.791 3
poker-8-9_vs_6	**1.000 0**	0.030 2	0.066 2	0.850 0	0.230 4	0.000 0	0.066 7	0.111 4	0.287 4	0.609 1
abalone-20_vs_8-9-10	**0.579 3**	0.052 4	0.021 9	0.198 9	0.220 0	0.000 0	0.156 7	0.048 6	0.011 4	0.282 2
kddcup-land_vs_satan	1.000 0	0.126 9	0.048 0	**1.000 0**	**1.000 0**	0.971 4	**1.000 0**	0.000 0	0.982 3	**1.000 0**
Shuttle	1.000 0	0.074 1	0.025 0	0.900 0	0.971 4	0.971 4	0.971 4	0.971 4	0.971 4	0.971 4
satimage-2	**0.955 5**	0.171 3	0.095 5	0.806 9	0.946 0	0.940 1	0.907 8	0.927 4	0.937 5	0.850 6
poker-8_vs_6	**1.000 0**	0.018 8	0.042 6	0.826 7	0.125 0	0.000 0	0.000 0	0.000 0	0.016 0	0.555 0
kddcup-rootkit-imap_vs_back	1.000 0	0.210 2	0.140 8	**1.000 0**	**1.000 0**	**1.000 0**	**1.000 0**	**1.000 0**	**1.000 0**	**1.000 0**
PenDigits	**0.988 9**	0.008 1	0.000 8	0.796 8	0.838 1	0.636 2	0.416 3	0.590 1	0.786 6	0.668 5
全部	**0.859 8**	0.218 1	0.246 3	0.741 4	0.735 8	0.693 1	0.699 9	0.680 6	0.719 3	0.741 4
rank	**1.921 1**	9.276 3	9.197 4	5.144 7	4.447 4	5.513 2	5.500 0	4.802 6	4.197 4	5.000 0

第 8 章　构造目标-近邻样本对进行多标签置信度比较的不平衡分类方法

表 8-7　所提方法与算法层面方法在 G-mean 指标上的实验结果对比

数据集	MLCC-IBC	iForest	SVDD	CSSVM-SMOTE	CS-CLA	RF	GBDT	DPHS-MDS	BRAF	DTE-SBD
messidor_features	0.679 2	0.130 6	0.442 4	0.555 9	0.683 8	**0.696 6**	0.692 4	0.662 3	0.696 5	0.655 8
ecoli-0_vs_1	**0.987 3**	0.903 9	0.952 1	0.983 9	0.978 5	**0.987 3**	0.976 7	0.985 5	**0.987 3**	0.976 5
pima	**0.755 3**	0.573 0	0.392 0	0.752 4	0.727 8	0.704 4	0.723 4	0.735 0	0.713 4	0.727 7
biodeg	**0.886 1**	0.018 0	0.346 9	0.838 6	0.849 9	0.834 0	0.838 8	0.840 2	0.841 1	0.836 4
vehicle2	0.871 1	0.462 2	0.544 2	0.974 3	0.957 1	0.974 3	0.968 0	0.978 9	**0.982 8**	0.956 3
vehicle3	**0.820 5**	0.422 4	0.440 6	0.792 1	0.717 9	0.615 4	0.668 6	0.700 2	0.623 1	0.722 8
ecoli1	**0.905 9**	0.660 0	0.570 2	0.892 0	0.868 8	0.845 2	0.833 7	0.855 4	0.863 9	0.878 8
Cardiotocography	0.937 5	0.621 1	0.769 0	0.921 5	**0.938 1**	0.913 1	0.926 4	0.935 8	0.929 8	0.936 5
spambase	**0.966 8**	0.237 8	0.245 8	0.918 6	0.937 4	0.918 0	0.918 5	0.936 1	0.932 1	0.928 7
new-thyroid1	**0.985 2**	0.874 9	0.954 1	0.977 0	0.932 3	0.954 2	0.901 9	0.939 1	0.960 9	0.948 8
segment0	0.988 3	0.101 7	0.158 7	0.992 1	0.991 2	0.988 7	0.988 3	0.988 5	**0.993 1**	0.989 2
yeast3	0.901 6	0.157 2	0.152 8	0.889 2	0.871 8	0.827 3	0.856 6	0.867 0	0.848 2	**0.916 8**
ecoli3	**0.931 1**	0.352 4	0.147 4	0.874 1	0.738 6	0.671 7	0.702 7	0.686 3	0.690 6	0.744 1
page-blocks0	0.924 6	0.834 6	0.456 5	0.928 7	0.894 5	0.932 3	0.925 7	**0.943 5**	0.935 3	0.943 0
yeast-2_vs_4	**0.915 7**	0.705 4	0.714 4	0.833 2	0.803 4	0.818 2	0.820 8	0.807 1	0.836 2	0.865 9
yeast-0-2-5-6_vs_3-7-8-9	0.772 3	0.536 8	0.482 2	**0.786 8**	0.741 0	0.703 6	0.722 5	0.733 0	0.721 4	0.759 9
glass-0-4_vs_5	**0.994 0**	0.558 4	0.571 6	0.761 5	0.802 5	0.993 6	0.993 6	0.993 6	0.987 8	0.993 6
mHealth	0.976 3	0.000 0	0.000 0	0.991 8	**1.000 0**	**1.000 0**	0.980 3	**1.000 0**	0.999 8	0.981 8
ecoli-0-1-4-7_vs_5-6	**0.928 4**	0.781 7	0.731 8	0.903 8	0.836 7	0.839 8	0.814 3	0.827 7	0.865 7	0.903 9
ecoli4	**0.941 2**	0.742 2	0.839 5	0.884 3	0.820 5	0.801 1	0.853 3	0.789 6	0.835 5	0.862 0

续表

数据集	MLCC-IBC	iForest	SVDD	CSSVM-SMOTE	CS-CLA	RF	GBDT	DPHS-MDS	BRAF	DTE-SBD
abalone9-18	**0.795 9**	0.572 6	0.526 0	0.709 4	0.366 8	0.383 1	0.432 2	0.396 9	0.418 3	0.624 4
Wilt	0.935 1	0.097 0	0.087 9	**0.951 7**	0.915 9	0.846 3	0.892 2	0.905 1	0.866 9	0.948 4
MEU-Mobile KSD	**1.000 0**	0.120 4	0.811 2	0.979 0	**1.000 0**	0.948 1	**1.000 0**	0.939 4	0.954 3	**1.000 0**
yeast-2_vs_8	**0.846 5**	0.627 3	0.783 1	0.714 0	0.626 8	0.655 5	0.581 8	0.655 5	0.652 3	0.736 2
MUSK	**0.996 5**	0.021 3	0.199 2	0.925 1	0.791 8	0.623 0	0.651 1	0.690 9	0.711 6	0.799 0
yeast-1-2-8-9_vs_7	0.521 6	0.196 0	0.080 3	**0.575 3**	0.281 3	0.278 3	0.311 2	0.275 7	0.318 0	0.491 4
optdigits	**1.000 0**	0.698 1	0.201 9	0.993 2	0.993 2	0.965 6	0.976 1	0.955 1	0.950 5	0.963 5
ecoli-0-1-3-7_vs_2-6	**0.912 1**	0.774 7	0.830 9	0.866 1	0.830 4	0.682 8	0.874 7	0.878 4	0.760 3	0.870 7
yeast6	**0.796 6**	0.315 1	0.000 0	0.735 5	0.588 7	0.625 5	0.669 0	0.611 7	0.637 7	0.741 2
Mice Protein	**1.000 0**	0.137 2	0.345 8	0.941 4	0.941 4	0.141 4	0.598 3	0.256 9	0.481 5	0.881 1
poker-8-9_vs_6	**1.000 0**	0.238 4	0.636 1	0.864 8	0.263 9	0.000 0	0.089 4	0.146 8	0.351 4	0.688 8
abalone-20_vs_8-9-10	0.696 4	0.574 3	0.214 5	**0.836 7**	0.270 0	0.000 0	0.293 0	0.067 7	0.016 3	0.000 0
kddcup-land_vs_satan	**1.000 0**	0.901 9	0.482 2	**1.000 0**	**1.000 0**	0.973 2	**1.000 0**	0.000 0	0.999 1	**1.000 0**
Shuttle	**1.000 0**	0.424 8	0.214 2	0.915 5	0.999 5	0.999 5	0.999 5	0.999 5	0.999 5	0.999 5
satimage-2	**0.976 3**	0.930 8	0.829 2	0.975 2	0.964 0	0.942 0	0.949 0	0.941 8	0.949 4	0.947 9
poker-8_vs_5	**1.000 0**	0.220 1	0.614 8	0.846 1	0.135 5	0.000 0	0.000 0	0.000 0	0.020 0	0.599 7
kddcup-rootkit-imap_vs_back	**1.000 0**	0.961 2	0.875 0	**1.000 0**	**1.000 0**	**1.000 0**	**1.000 0**	**1.000 0**	**1.000 0**	**1.000 0**
PenDigits	**1.000 0**	0.706 3	0.086 8	0.856 0	0.856 0	0.687 8	0.587 4	0.618 8	0.826 3	0.797 2
全部	**0.909 1**	0.481 1	0.466 6	0.872 0	0.776 7	0.730 8	0.763 5	0.724 9	0.767 3	0.832 0
rank	**2.052 6**	8.776 3	8.434 2	3.328 9	4.868 4	6.750 0	5.960 5	5.789 5	5.118 4	3.921 1

|第8章| 构造目标-近邻样本对进行多标签置信度比较的不平衡分类方法

表 8-8　Wilcoxon 符号秩对所提方法与算法层面方法的差异性检验结果

方法	F1-measure				G-mean			
	R+	R−	P	Assuming	R+	R−	P	Assuming
iForest	660	−42	8.77×10^{-8}	rejected	660	−42	8.77×10^{-8}	rejected
SVDD	660	−42	8.77×10^{-8}	rejected	660	−42	8.77×10^{-8}	rejected
CSSVM-SMOTE	575	49	1.09×10^{-6}	rejected	471	153	1.55×10^{-3}	rejected
CS-CLA	519	105	1.06×10^{-5}	rejected	529	95	4.69×10^{-6}	rejected
RF	540	84	1.76×10^{-5}	rejected	594	30	2.54×10^{-6}	rejected
GBDT	484	140	2.03×10^{-5}	rejected	531	93	3.97×10^{-6}	rejected
DPHS-MDS	536	88	2.36×10^{-5}	rejected	594	30	2.54×10^{-6}	rejected
BRAF	563	61	2.52×10^{-5}	rejected	588	36	4.04×10^{-6}	rejected
DTE-SBD	496	128	7.50×10^{-6}	rejected	502	122	3.93×10^{-5}	rejected

分析实验结果可得,本章所提方法相较于各类比较方法在 F1-measure 指标和 G-mean 指标上均有明显提升,且在 F1-measure 指标上提升更为明显。在 38 个数据集上,所提方法在 F1-measure 指标上有 30 个数据集排名第一,在 G-mean 指标上有 24 个数据集排名第一。出现这种实验结果的原因是在通过实验确定模型超参数时主要考虑了少数类样本的召回率。这就导致模型在训练过程中会更多考虑少数类样本的召回率,进而会使 F1-measure 指标相较于 G-mean 指标的提升更为明显。若针对具体的数据集,对模型的超参数进行适当的网格搜索以获得最优参数,预期所提方法能够得到更好的分类效果。

根据表 8-1 中各数据集的特点,综合各项实验结果可以得出,所提方法对不平衡比高、特征维度高的数据集,尤其是难以分类的数据集有明显的提升效果。

高不平衡比意味着数据集中多数类的数量远远大于少数类。对于数据层面方法而言,极端不平衡的数据会导致其所提取的特征具有更严重的偏向性,生成的新样本的真实性难以得到保证。通过不充足信息生成的少数类样本会带来更多的噪声,进一步影响后续分类器对决策边界的学习。对于算法层面方法而言,高不平衡比意味着学习分类边界更加困难,即使对误分类代价和模型结构进行修改,也不能获得较好的分类结果。当数据集的特征维度较高时,不同特征之间的相关性更加复杂,充分挖掘数据特征变得更加困难。在这种情况下,生成符合原先数据分布的样本具有较大的挑战性。对于本章所提方法而言,在不引入噪声的前提下,构造的包含丰富信息的目标-近邻样本对使得模型可以利用样本邻域间的隐藏信息,充分挖掘类别差异。在高不平衡比或高特征维度的数据集上,分类效果的显著改进表明所提方法极大地缓解了样本不平衡所带来的影响,且在数据扩充过程中获取了更加丰富、有效的信息,便于模型更好地挖掘样本特征。融合对比学习思想的样本对构造方法可能成为一种解决不平衡分类问题的新方法。数据集难分类往往是数据交叠区导致的。分析表中实验结果,可以看出在多数分类结果上均有显著提升。这可以说明目标-近邻样本对的构造方法和比较机制可以有效挖掘数据交叠区的类别差异。

此外,在少数类样本绝对数量较少的情况下,MLCC-IBC 能保证稳定的分类效果。这是因为所提方法更加关注样本及其近邻之间的特征而非样本本身的特征。即使在少数类样本绝对数量较少的情况下,MLCC-IBC 仍可充分提取少数类样本及其近邻间的对比特征,进而得到稳定的分类结果。

3. Nemenyi 后检验

为了进一步检验所提法与其他对比方法具有显著差异,采用 Nemenyi 后检验[48]方法进行测试。在测试过程中,分别将所提方法与数据层面方法和算法层面方法进行检验,检验结果分别如图 8-4、图 8-5 所示。分析实验结果可知,MLCC-IBC 在 F1-measure 指标上显著优于所有对比方法,在 G-mean 指标上虽没有大幅度胜过所有对比方法,但仍显著优于各类对比方法。实验结果充分说明:MLCC-IBC 能够有效解决不平衡分类问题,提高原方法的精度。

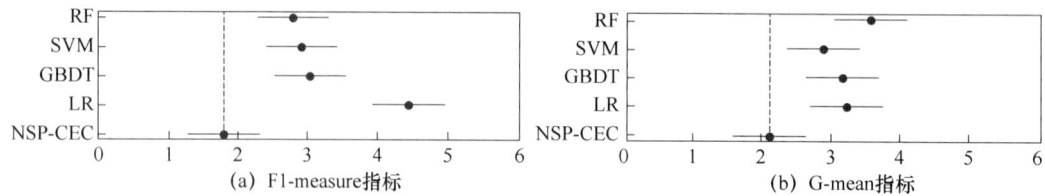

图 8-4 所提方法的分类结果与分类器分别结合各种数据层面方法后的最优分类结果的 Nemenyi 后检验结果

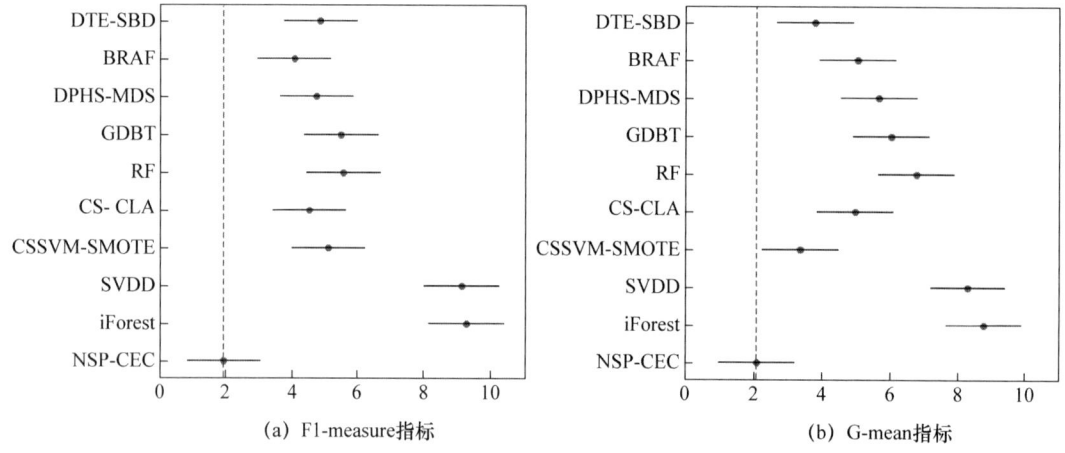

图 8-5 所提方法与算法层面方法的分类效果的 Nemenyi 后检验结果

8.4.3 智能电表故障数据集的结果与分析

本章采用的实际故障数据集以省份为单位。它共收集了 25 个省份、11 种故障类别的智能电表数据,其详细介绍见 1.3.3 节。

为了使原先的二分类方法可以处理智能电表故障多分类问题,将所提算法与所选用的各类对比方法与"一对多"框架进行结合,将复杂的不平衡多分类问题转化为多个简单的不平衡二分类问题进行处理,通过增加模型复杂度来降低问题的求解难度。具体为:遍历数据集,对每一类故障类别,将其作为少数类,其余样本作为多数类训练多个二分类器;对于任一待测样本,所获得的每个二分类器均会对其输出对应类别的概率,取最大概率的类别为预测类别。其具体的实验方式与评价指标与 1.3.3 节一致。

所提方法与 10 种数据层面方法(SMOTE、Distance-SMOTE、Borderline-SMOTE、Safe-Level-SMOTE、SMOTE-OUT、G-SMOTE、SOMO、K-means SMOTE、CWGAN-GP 和 ADA-INCVAE)对比的结果如表 8-9 和表 8-10 所示。

第 8 章 构造目标-近邻样本对进行多标签置信度比较的不平衡分类方法

表 8-9 在智能电表各故障类别数据集上，MLCC-IBC 与数据层面方法在 F1-measure 及 macro-F1 指标上的实验结果

故障类别	SMOTE	Borderline-SMOTE	Distance-SMOTE	Safe-Level-SMOTE	SMOTE-OUT	G-SMOTE	SOMO	K-means SMOTE	CWGAN-GP	ADA-INCVAE	MLCC-IBC
类别 1	0.643 5	0.642 9	0.635 5	0.616 0	0.653 8	0.637 2	0.631 2	0.640 0	**0.653 9**	0.337 4	0.655 7
类别 2	0.666 7	0.669 6	**0.698 1**	0.678 7	0.666 7	0.681 2	0.694 4	0.652 0	0.627 3	0.545 5	0.647 4
类别 3	0.311 9	0.342 5	0.317 2	0.326 5	0.340 1	0.331 0	0.327 5	0.342 3	0.371 1	0.298 2	**0.427 9**
类别 4	0.653 8	0.643 7	0.554 4	0.642 1	0.657 2	0.652 8	0.643 7	0.642 6	0.632 6	0.620 9	**0.673 0**
类别 5	0.891 6	0.888 9	0.902 4	0.913 6	0.911 4	0.925 0	0.913 6	0.888 9	**0.926 8**	0.734 2	0.833 5
类别 6	0.558 1	0.536 6	0.577 8	0.558 1	0.511 6	0.571 4	0.558 1	0.558 1	0.682 6	0.536 6	**0.697 6**
类别 7	0.634 5	0.639 0	0.648 8	0.640 7	0.641 8	0.643 5	0.643 7	0.641 4	0.650 5	0.572 4	**0.671 4**
类别 8	0.625 5	0.622 9	0.593 7	0.605 6	0.589 8	0.601 1	0.598 5	0.599 3	**0.632 4**	0.587 2	0.627 6
类别 9	0.815 5	0.816 7	0.822 1	0.819 6	0.820 1	0.822 7	0.807 6	0.816 0	0.807 9	0.802 1	**0.827 3**
类别 10	0.750 0	0.718 8	0.723 ─	0.728 7	0.717 6	0.732 8	0.750 0	0.732 8	0.741 1	0.767 9	**0.834 2**
类别 11	0.697 7	0.705 0	0.708 8	0.705 7	0.710 7	0.708 2	0.709 6	0.708 2	0.717 9	0.705 9	**0.731 6**
macro-F1	0.659 0	0.657	0.662 0	0.657 8	0.656 4	0.664 3	0.661 6	0.656 5	0.676 7	0.591 6	**0.693 4**

表 8-10 在智能电表各故障类别数据集上，MLCC-IBC 与数据层面方法在召回率及 G-mean 指标上的实验结果

故障类别	SMOTE	Borderline-SMOTE	Distance-SMOTE	Safe-Level-SMOTE	SMOTE-OUT	G-SMOTE	SOMO	K-means SMOTE	CWGAN-GP	ADA-INCVAE	MLCC-IBC
类别 1	0.632 6	0.613 6	0.617 4	0.613 6	0.640 2	0.628 8	0.628 8	0.636 4	0.647 7	**0.886 1**	0.650 6
类别 2	0.660 7	0.669 6	0.660 7	0.669 6	0.678 6	**0.696 4**	0.669 6	0.660 7	0.561 0	0.401 8	0.627 5
类别 3	0.252 7	0.274 7	0.252 7	0.263 7	0.274 7	0.263 7	0.258 2	0.280 2	0.300 0	0.188 9	**0.351 5**
类别 4	0.619 9	0.607 7	0.613 8	0.601 6	0.613 8	0.607 7	0.607 7	0.597 6	0.593 9	0.496 8	**0.626 7**
类别 5	0.925 0	0.900 0	0.925 0	0.925 0	0.900 0	0.925 0	0.925 0	0.900 0	**0.974 4**	0.644 4	0.882 7
类别 6	0.444 4	0.407 4	0.481 5	0.444 4	0.407 4	0.444 4	0.444 4	0.444 4	**0.782 6**	0.392 9	0.679 7
类别 7	0.690 8	0.706 1	0.717 6	0.706 1	0.706 1	0.706 1	0.711 8	0.694 7	**0.726 6**	0.480 1	0.718 7
类别 8	0.627 8	0.624 1	0.601 5	0.609 0	0.586 5	0.597 7	0.594 0	0.601 5	0.611 1	0.475 8	**0.627 9**
类别 9	0.860 7	0.862 6	0.867 2	0.862 9	0.868 3	**0.873 8**	0.854 2	0.866 2	0.854 8	0.755 0	0.856 1
类别 10	0.716 4	0.686 6	0.701 5	0.701 5	0.701 5	0.716 4	0.716 4	0.716 4	0.775 9	0.671 9	**0.798 2**
类别 11	0.633 8	0.647 9	0.651 4	0.637 3	0.644 4	0.640 8	0.640 8	0.640 8	0.653 8	0.569 5	**0.699 3**
G-mean	0.612 6	0.608 8	0.615 7	0.611 2	0.610 2	0.616 5	0.611 9	0.614 0	0.654 9	0.506 1	**0.683 5**

通过实验结果可以看出,MLCC-IBC 在 F1-measure 和召回率指标上有显著优势。在 11 个故障类别中,7 个类别获得了最高的 F1-measure,5 个类别获得了最高的 G-mean。可以说明,MLCC-IBC 相较于数据层面方法,在处理智能电表故障多分类问题上具有显著优势。

MLCC-IBC 与 6 种算法层面方法(iForest、CSSVM-SMOTE、RF、GDBT、DPHS-MDS、BRAF)对比的结果如表 8-11 和表 8-12 所示。

表 8-11 在智能电表各故障类别数据集上,MLCC-IBC 与算法层面方法在 F1-measure 及 macro-F1 指标上的实验结果

故障类别	iForest	CSSVM-SMOTE	RF	GBDT	BRAF	DPHS-MDS	MLCC-IBC
类别 1	0.2213	0.6925	0.6506	0.6277	**0.6975**	0.6730	0.6557
类别 2	0.0779	0.6000	**0.6766**	0.5354	0.6335	0.6207	0.6474
类别 3	0.1588	0.3514	0.3113	0.3906	0.3904	0.3673	**0.4279**
类别 4	0.0760	0.6480	0.6624	0.5438	0.6681	0.6353	**0.6730**
类别 5	0.1295	0.8000	0.7696	**0.8913**	0.7816	0.7765	0.8335
类别 6	0.0112	0.6250	0.6667	0.4390	0.6552	0.6531	**0.6976**
类别 7	0.0942	0.6429	0.6343	0.5747	0.6533	0.6357	**0.6714**
类别 8	0.1101	0.5968	**0.6467**	0.5597	0.6018	0.5750	0.6276
类别 9	0.4448	0.8101	0.8131	0.7524	0.8156	0.8044	**0.8273**
类别 10	0.0922	0.7941	0.7527	0.7846	0.8060	0.8000	**0.8342**
类别 11	0.1640	0.7366	0.6965	0.6427	0.7345	0.6945	**0.7316**
macro-F1	0.1436	0.6634	0.6619	0.6129	0.6761	0.6578	**0.6934**

表 8-12 在智能电表各故障类别数据集上,MLCC-IBC 与算法层面方法在召回率及 G-mean 指标上的实验结果

故障类别	iForest	CSSVM-SMOTE	RF	GBDT	BRAF	DPHS-MDS	MLCC-IBC
类别 1	0.2904	0.6370	0.6434	0.5919	0.6441	0.6299	0.6506
类别 2	0.1043	0.5893	0.5913	0.4609	0.6250	0.5625	0.6275
类别 3	0.2033	0.2889	0.2582	0.2747	0.3167	0.3000	**0.3515**
类别 4	0.0447	0.6364	0.6321	0.4919	0.6554	0.6131	**0.6267**
类别 5	0.2000	0.7556	0.8889	**0.9111**	0.7556	0.7333	0.8827
类别 6	0.1200	0.5357	0.5600	0.3600	**0.6786**	0.5714	0.6797
类别 7	0.0560	0.7021	**0.7181**	0.6795	0.7097	0.7002	0.7187
类别 8	0.0731	0.6245	**0.6654**	0.6038	0.6208	0.0059	0.6279
类别 9	0.3362	0.8370	0.8330	0.8059	0.8459	0.8481	0.8561
类别 10	0.3651	0.8438	**0.8730**	0.8095	0.8438	0.7813	0.7982
类别 11	0.2191	0.6780	0.6325	0.5371	0.6746	0.6203	**0.6993**
G-mean	0.1477	0.6268	0.6352	0.5612	0.6522	0.6150	**0.6835**

| 第 8 章 | 构造目标-近邻样本对进行多标签置信度比较的不平衡分类方法

通过实验结果可以看出,MLCC-IBC 在 F1-measure 和召回率指标上有显著优势。在 11 个故障类别中,7 个类别获得了最高的 F1-measure,5 个类别获得了最高的 G-mean。可以说明,MLCC-IBC 相较于算法层面方法,在处理智能电表故障多分类问题上具有显著优势。

实验结果说明:MLCC-IBC 能够有效挖掘各类别样本的特征差异,在不引入噪声的前提下生成真实且多样的样本来扩充数据,从而提升智能电表故障分类的精确度与鲁棒性,进而有效降低智能电网运维的成本,提高其整体的稳定性。

本 章 小 结

本章提出了一种构造目标-近邻样本对进行多标签置信度比较的不平衡分类方法(MLCC-IBC)。该方法利用 KNN 思想,基于目标-近邻对构造方式,在不引入噪声的情况下实现了样本的成倍扩增。该方法将二维化样本组合送入 VAE 进行学习,对目标样本近邻区域的隐藏信息加强了关注。利用对比思想,将原先的不平衡分类任务重新定义为比较目标样本和对比样本类别差异的问题。在测试过程中,对多个样本组的预测结果进行了集成,进一步提升了结果的精确度和稳定性。在公开数据集上,MLCC-IBC 与数据层面方法和算法层面方法进行了分类效果对比,使用 F1-measure 和 G-mean 指标对实验结果进行了评估。结果表明:所提方法具有显著优势。综上所述,基于样本对构造的数据扩充方法对提高结果的精度和准确性是有效的,MLCC-IBC 对解决样本不平衡问题是有显著效果的。

第9章
基于多近邻相似性差异比较的不平衡分类方法

9.1 引　言

对于不平衡分类问题,过人为提高误分类代价、修改模型结构等方式在一定程度上提高了分类精度,但往往受限于所选数据集和具体的分类任务,缺乏普适性。数据层面方法通过样本的再平衡手段解决了数据不平衡所带来的影响,提升了少数类样本的召回率和准确率,具有较好的可迁移性。然而,在样本再平衡的过程中,本质上并没有生成新的有效信息,只是通过增加少数类数据使模型增强了其挖掘不同类样本间差异的能力。虽然有研究者提出了多种手段[51,83-85]来约束生成的样本,但仍缺乏一种可靠的监督机制来避免额外噪声的引入。针对以上问题,本章提出了一种基于多近邻相似性差异的对比分类方法。引入对比学习思想,将传统分类问题中的标签预测任务转化为样本及其多近邻间相似性差异的对比任务,既有效利用了样本邻域内的隐藏信息,也为数据的针对性扩充提供了可能。同时,在对比任务的基础上引入额外的判别器,约束模型对单个样本特征进行关注,保证了对比任务的可靠性。方法流程如图 9-1 所示。

传统的分类方法是在已知训练样本 x 的基础上对待分类样本 y 的类别概率进行建模,从而实现对样本 y 类别的预测。本课题引入对比学习的思想,将原先的分类任务转化为对样本及其近邻间相似度的判别任务。同时,考虑到对于处在交叠区的样本,其近邻中可能存在与其"相似但不同类"以及"同类但不相似"的样本。对于此类近邻样本,如果不能充分挖掘其与近邻间的共性与差异而导致错误判别,会使模型难以分辨交叠区样本,进而降低模型的性能。同时,对于处在"安全区"的样本,如果在扩充的过程中没有考虑到不同样本的学习难度,便有可能生成大量"易于学习"的样本,包含过多的冗余信息。因此,设计了一种针对对比任务的生成系数计算方法,通过考察样本近邻类别分布将原训练集中的样本分为三类并计算其独立的生成系数,实现有针对性的样本扩充。在对比模型的训练过程中,模型过于关注样本间的共性与差异而忽略了对单个样本本身特征的学习,这也在一定程度上削弱了模型的可靠性。引入独立的判别器对生成样本的真实性进行判别,约束编码器在训练过程中对单个样本的特征进行关注,为对比任务的可靠性进行保障。

|第 9 章| 基于多近邻相似性差异比较的不平衡分类方法

彩图 9-1

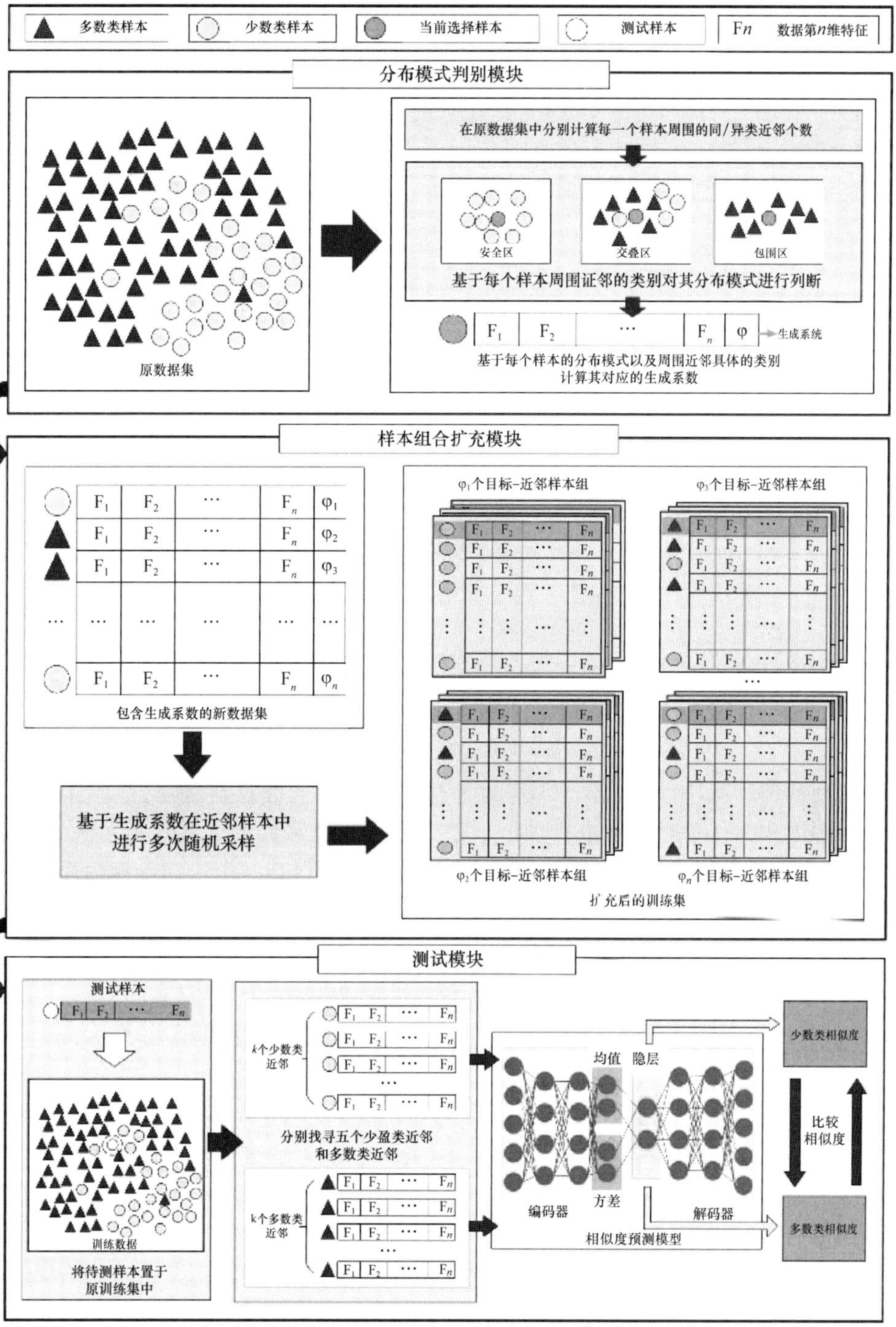

图 9-1 基于多近邻相似性差异比较的对比分类方法流程图

9.2 基于多近邻相似性差异的对比分类模型

为了充分挖掘样本间的共性与差异,有效利用交叠区样本中"相似但不同类"以及"同类但不相似"的样本中所包含的信息,避免在训练过程中其对模型学习起到反作用,设计了一种多近邻相似性差异的对比方法。对于每个目标样本,找寻其 K 个近邻,构成目标-近邻样本组。目标样本既为待分类样本,是对比任务的核心。所提方法保留了近邻样本的原始标签,直接将其应用于损失函数中,通过对所构成的目标-近邻样本组进行学习,即可使模型获得判断目标样本与其近邻样本相似程度的能力。对传统分类方法的重定义如图 9-2 所示:

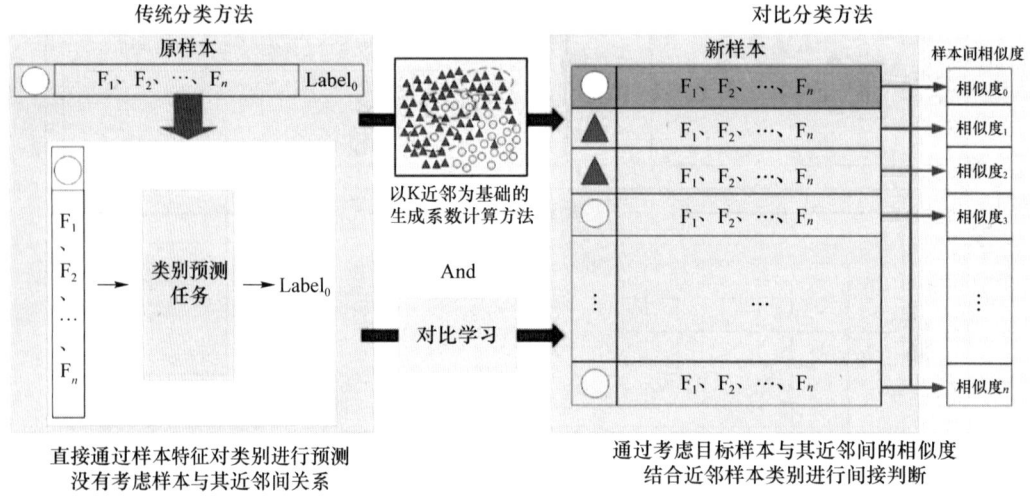

图 9-2 将传统分类任务转化为多近邻相似性差异比较任务

在模型的训练阶段,以构造的目标-近邻样本组作为训练数据,预测目标样本与对照样本的相似程度作为任务对模型进行训练。因为通过随机采样的方式构成了大量的目标-近邻样本对,充分提取了样本间的关系信息,我们可以训练得到一个较为鲁棒的样本相似度预测器,其优化目标如下:

$$VAE_{\text{loss}} = D_{\text{KL}} + (x_{\text{gen}} - x_0) \tag{9-1}$$

$$\text{Similarity}_{\text{loss}} = [(\text{label}_t \cdot \text{label}_n) + (1 - \text{label}_t)(1 - \text{label}_n)] \cdot \log_{10}(\text{pre}) + \\ \{1 - [(\text{label}_t \cdot \text{label}_n) + (1 - \text{label}_t)(1 - \text{label}_n)]\} \cdot \log_{10}(1 - \text{pre})\} \tag{9-2}$$

式(9-1)表示 VAE 的重构误差,其中 D_{KL} 表示 VAE 的 KL 散度,$(x_{\text{gen}} - x_0)$ 表示 VAE 的生成误差。式(9-2)表示设计的相似度损失,其中,label_t 代表目标样本的类别标签,label_n 代表近邻样本的类别标签,pre 代表模型所预测的目标样本和近邻样本之间的相似度。最小化该误差,使模型具有预测样本间相似程度的能力。

值得注意的是,虽然本模型采用了 VAE 的框架,但参数的更新方式较为不同。传统的 VAE 利用重构误差和 KL 散度对编码器、解码器以及隐层参数进行了统一更新,但对于样本相似度预测器来说,相似度预测的工作在隐层已经完成,且所设计的对比学习任务不需要解码器进行参与,因此对比损失仅仅作用于编码器以及隐层参数,而不会参与更新解码器参数,这也在一定程度上减轻了 VAE 重构损失和对比损失之间的不利影响。

在模型的测试阶段,以测试集中的单个样本 x 作为目标样本,分别找寻其在训练集中的 K 个多数类近邻和 K 个少数类近邻,将目标样本分别与 K 个同类近邻和 K 个异类近邻进行比较,通过训练好的相似度预测器进行预测,预测计算过程如下:

$$\text{pre}_{\text{maj}} = \sum_{i=1}^{K}(1-\text{label}_{\text{maj},i}) \cdot \text{pre}_i \tag{9-3}$$

$$\text{pre}_{\text{min}} = \sum_{i=1}^{K}\text{label}_{\text{min},i} \cdot \text{pre}_i \tag{9-4}$$

$$\hat{y}_{test.i} = \begin{cases} 0, \text{pre}_{\text{maj}} > \text{pre}_{\text{min}} \\ 1, \text{pre}_{\text{maj}} < \text{pre}_{\text{min}} \end{cases} \tag{9-5}$$

其中,pre_{maj} 代表目标样本与所有多数类样本比较所得出的相似度总和,pre_{min} 代表目标样本与所有少数类样本比较所得出的相似度总和。对于目标样本而言,其与多数类越相似,则与多数类比较的相似度总和 pre_{maj} 值越大;其与少数类越相似,则与少数类比较的相似度总和 pre_{min} 值越大。因此,通过式(9-5)判断目标样本类别,比较 pre_{maj} 与 pre_{min} 的大小,当 pre_{maj} 较大时,说明目标样本与多数类更为相似,判断为多数类;当 pre_{min} 较大时,说明目标样本与少数类更为相似,判断为少数类。

值得一提的是,在测试阶段本章分别在多数类近邻集合和少数类近邻集合中找寻相同数量的近邻与目标样本进行比较,通过对比相似度总和来判断目标样本类别。这样的判别方式充分利用到了每一个近邻中所包含的信息,且类别相似度的预测方式避免了因为错判"相似不同类"以及"同类不相似"样本所带来的不良影响和额外噪声,进一步提高了模型的精确性和鲁棒性。

9.3 针对样本分布的数据扩充方法

在不平衡分类任务中,对分类结果产生较大影响的往往是交叠区样本。此类样本所包含的信息最为丰富,但也较难学习,对这类样本的正确分类极大影响了模型的准确性。因此,在训练模型的过程中,我们应给予交叠区样本更多的关注,以帮助模型更充分的学习到其中所包含的信息。但对于对比任务来说,交叠区样本学习的难易程度与传统分类任务略有不同。本课题将样本按照其分布特征划分为以下三类(图 9-3)。

(1) 安全区样本

安全区样本是在数据集中出现频次最高,特征最为容易学习的样本,其周围基本均是与自己相同类别的近邻样本,在数据集中占了较大比重。在对此类样本进行扩充、学习的过程中,因为此类样本本身特征较为容易学习,过度扩充反而有可能使模型学习到重复的信息,使模型无法关注到难以学习的样本,进而影响模型的性能。因此,在训练过程中应给予这类样本较小的关注度。

(2) 交叠区样本

此类样本处在交叠区,交叠区样本相似特征较多,因此近邻样本中出现"相似不同类"或

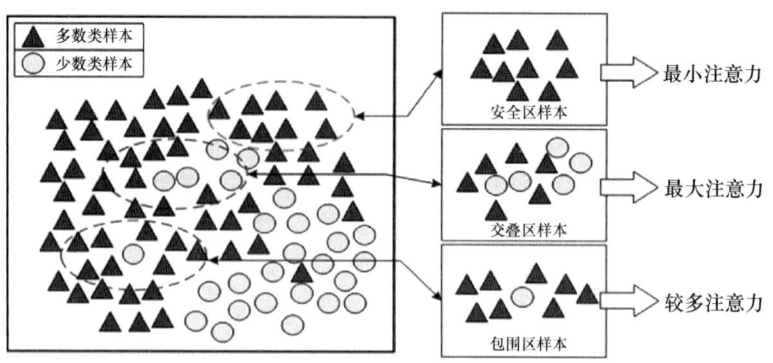

图 9-3　不平衡数据集中样本的不同分布模式

"不相似同类"样本的概率较大,对于对比学习的判断模式来说,这两类样本是最难以分辨的,如果不能较为有效地学习到相关信息,会对预测结果带来较大影响,因此在训练过程中,需要格外关注这一类样本。

(3) 包围区样本

包围区样本出现频次相对较少,其周围绝大多数近邻均是与自身不同类的样本,在数据集中仅有少部分样本会呈现出这样的分布特点。在传统的分类任务,此类样本往往被当成噪声进行处理,但对比学习的方式使这类样本的识别变得并不困难,在训练过程中不会因为对这类样本的学习而造成对常规分布样本的误判,因此并不需要额外增添较大的注意力权重。但考虑到样本出现频次较少,可能会无法充分学习到此类模式,因此仍需赋予一定的额外注意力来确保信息的充分学习。

根据样本在数据集中的上述三种分布模式,结合基于 K 近邻采样的样本扩充方法,设计了一种自适应样本扩充权重,具体流程如下:

对于训练集中每一个独立样本 x,在其作为目标样本时,找到目标样本在整个训练集中的 K 个近邻样本,将这 K 个近邻样本视为该目标样本的近邻池,通过比较近邻池中的同类样本数量 N_{same},将目标样本划分为以下三种情况:

(1) $(K-N_{\text{same}})\leqslant 1$。此时近邻池中的绝大多数样本为同类近邻,对于此类目标样本应扩充较小的倍数,避免对比特征过于冗余。扩充系数 φ 的计算公式如下:

$$\varphi=\left\lfloor \frac{\text{expansion}}{\log_{10}(N_{\text{same}})+1} \cdot \text{Ir} \right\rfloor \tag{9-6}$$

其中,expansion 代表基础扩充倍数,表示对单个样本的期望扩充数量;Ir 代表忽略系数,表示对易于学习特征的样本的忽略程度。二者都是预先设置的超参数。N_{same} 代表近邻样本池中的同类样本数量。$\lfloor \cdot \rfloor$ 代表向下取整函数。对于此类样本,因为其特征易于学习,为了避免在扩充的过程中包含过多的冗余信息,要在基础扩充倍数之上进行一定程度的削减,进而得到最终的扩充系数。

(2) $N_{\text{same}}\leqslant 1$。此时近邻池中的绝大多数样本为异类近邻,虽然对比学习可以有效学习到此类样本特征,但其出现频次较小,应适当增加扩充倍数来保证模型可以识别此类分布模式。扩充系数的计算公式如下:

$$\varphi=\left\lfloor \text{expansion} \cdot \left[\frac{1}{\log_{10}(k-N_{\text{same}})+1}+1 \right] \right\rfloor \tag{9-7}$$

(3) 在以上两种情况外，我们认为剩余样本均存在不同程度的交叠。对于此类样本需要增加较多的关注度以保证模型充分学习到其中包含的信息。扩充系数的计算如下：

$$\varphi = \lfloor \text{expansion} \cdot [\log_{10}(k-N_{\text{same}})+1] \rfloor \quad (9\text{-}8)$$

将计算得到的扩充系数作为对应目标样本的额外属性。对于同一个目标样本，在其近邻池中随机采样 $m(m<K)$ 个样本，生成目标-近邻样本对 $c=(x,p(x))$。通过这种构造方式，对于每一个独立样本，最多可以产生 A_K^m 个不同的样本组合。每个目标样本根据其特有的扩充系数进行精细化扩充，实现了对不同分布目标样本的关注度自适应调整。样本扩充的具体过程见算法1。

算法1：针对样本分布的数据扩充算法

Input：原始数据集 X（数据集 X 中既包含多数类样本也包含少数类样本），近邻样本池大小 K，近邻样本池中随机采样次数 m，全局扩充系数 expansion.

Output：目标-近邻样本组合数据集 A

1： for each x in X do
2：　　Pool = KNN(x, X, K)
　　　{其中，Pool 是样本 x 的近邻样本池，KNN(x, X, K) 代表在数据集 X 中找寻 K 个样本 x 的近邻样本}
3：　　N_{same} = Judge(Pool)
4：　　{其中，N_{same} 代表样本 x 近邻中与其类别一致的近邻样本数量，Judge(Pool) 代表对近邻样本池 Pool 中的每个样本类别进行查询并记录相同类别样本的数量}
5：　　if: $(K-N_{\text{same}}) \leqslant 1$:
$$\varphi = \left\lfloor \frac{\text{expansion}}{\log_{10}(N_{\text{same}})+1} \cdot \text{lr} \right\rfloor$$
6：　　elseif: $N_{\text{same}} \leqslant 1$:
$$\varphi = \left\lfloor \text{expansion} \cdot \left[\frac{1}{\log_{10}(K-N_{\text{same}})}+1\right] \right\rfloor$$
7：　　else:
$$\varphi = \lfloor \text{expansion} \cdot [\log_{10}(K-N_{\text{same}})+1] \rfloor$$
8：　　for each n in $[1,\varphi]$ do
　　　　$p(x)$ = sample_random(Pool, m)
9：　　{其中，$p(x)$ 代表样本 x 的对照样本组，and sample_random(Pool, m) 代表从近邻样本池 Pool 中随机采样 m 次作为对照样本组中的样本}
10：　　$c_{x,n} = (x, p(x))$
11：　　Add $c_{x,n}$ in A
12： end for
13： end for
14： return A

9.4 基于生成对抗思想的对比任务可靠性保障机制

在对比学习任务中，通过样本之间的对比学习并预测样本间的相似度，进而实现了对样本类别的判断，但是对于单个样本的特征学习是相对较弱的。因此，考虑通过在 VAE[51] 的基础上增加判别器[86]的方式,提升模型对单个样本特征的学习和关注,从而提升对比任务的可靠性。

本课题参考了 VAE-GAN[87] 的方式,在 VAE 的基础上添加了一个额外的判别器。判别器的任务是分辨输入 VAE 的真实样本和 VAE 输出的生成样本。通过 VAE 与判别器的对抗迭代,判别器会更加精确的分辨生成样本,VAE 也会生成更为真实的样本。如果 VAE 生成的样本足够真实以至于判别器难以分辨,我们便可以认为此时 VAE 已经较为充分的学习到了单个样本的特征,进而可以生成较为真实的样本。

需要注意的是,考虑到所设计的对比任务在 VAE 的隐层进行,因此解码器对于对比任务来说是不产生影响的。所以,我们考虑利用编码器来对单个样本的特征进行额外关注,所设计的判别器实质上是在和 VAE 中的编码器进行对抗,其损失并不会更新隐层及解码器的参数。通过在 VAE 的基础上添加判别器,在对比任务的基础上叠加了对单个样本特征的关注,进一步完善了模型的可靠性。

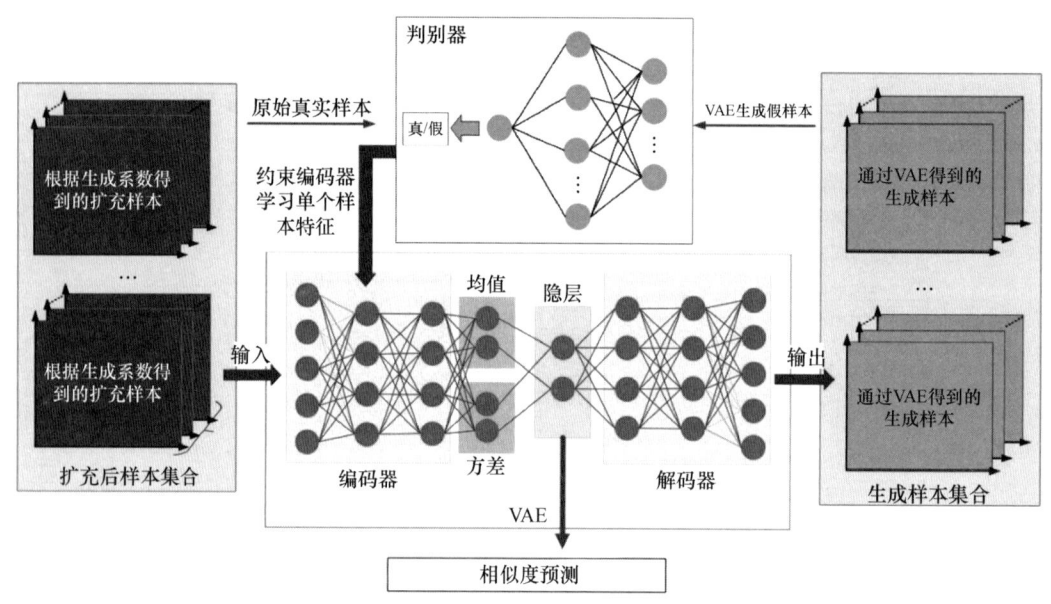

图 9-4 关注单个样本特征的深度模型结构图

9.5 实验与评估

本节对所提方法与其他方法的分类性能进行了比较。①对所使用的数据集以及评价指标进行了介绍。②描述了所提方法在实验过程中的参数设置。③对所提方法与数据层面方法在解决不平衡分类问题上进行了比较。④对所提方法与算法层面方法在解决不平衡分类问题上进行了比较。⑤通过 Nemenyi 后检验对所提方法和其他方法是否具有统计学意义上的差异性进行了验证。

本章从 KEEL 机器学习数据库中共选择了 39 个数据集,对所提方法的有效性进行验证。数据集的选择标准:①较大的跨度;②各个属性在不同区间中的合理分布。表 9-1 对所选数据集的各个属性进行了总结。

表 9-1　实验验证中所选取数据集的特点

数据集	样本数量	特征维度	少数类样本数量	多数类样本数量	不平衡比
ecoli-0_vs_1	220	6	77	143	1.86
wisconsin	683	9	239	444	1.86
pima	768	8	268	500	1.87
vehicle2	846	18	218	628	2.88
vehicle1	846	18	217	629	2.90
vehicle3	846	18	212	634	2.99
vehicle0	846	18	199	647	3.25
ecoli1	336	7	77	259	3.36
TUANDROMD	4 464	199	899	3 565	3.96
spambase	3 419	57	634	2 785	4.39
new-thyroid2	215	5	35	180	5.14
new-thyroid1	215	5	35	180	5.14
ecoli2	336	7	52	284	5.46
arrhythmia	452	274	66	386	5.85
segment0	2 308	19	329	1 979	6.02
yeast3	1 484	8	163	1 321	8.10
ecoli3	336	7	35	301	8.60
page-blocks0	5 472	10	559	4 913	8.79
yeast-2_vs_4	514	8	51	463	9.08
ecoli-0-6-7_vs_3-5	222	7	22	200	9.09
yeast-0-2-5-7-9_vs_3-6-8	1 004	8	99	905	9.14
yeast-0-2-5-6_vs_3-7-8-9	1 004	8	99	905	9.14
glass-0-4_vs_5	92	9	9	83	9.22
mnist	7 603	100	700	6 903	9.86
ecoli-0-1-4-7_vs_5-6	332	6	25	307	12.28
glass4	214	9	13	201	15.46
ecoli4	336	7	20	316	15.80
page-blocks-1-3_vs_4	472	10	28	444	15.86
abalone9-18	731	10	42	689	16.40
yeast-2_vs_8	482	8	20	462	23.10
MUSK	2 873	166	106	2 767	26.10
yeast-1-2-8-9_vs_7	947	8	30	917	30.57

为了验证方法的有效性,在算法层面选取较为权威的经典方法以及具有时效性的创新方法与所提方法进行效果对比。在数据层面,选用 RF[21]、GDBT[72]、SVM[20]、和 LR[19] 4 种不同的典型分类器对经过不同数据平衡方法处理过的平衡数据集进行分类效果对比。对于任意一个数据集,每一种测试方法均进行五次十折交叉验证。

在不平衡分类问题中,影响分类模型效果的主要因素来源于因为样本类别不平衡所带来的决策偏移[88-89]。对于模型来说,其目标是尽可能地达到更高的分类准确率,假设当数据集中存在 99 个多数类和 1 个少数类时,若分类器将结果全部预测为多数类,其平均准确率仍可以达到 99%。因此,在不平衡分类问题中,少数类判别的准确率和召回率往往比多数类更加重要。本章将少数类视为正样本,将多数类视为负样本,则此时少数类与多数类的回归率以及少数类的准确率如下:

$$\begin{cases} \text{recall}_{\text{maj}} = \dfrac{\text{TN}}{\text{TN}+\text{FN}} \\ \text{recall}_{\text{min}} = \dfrac{\text{TP}}{\text{TP}+\text{FN}} \\ \text{accuracy}_{\text{min}} = \dfrac{\text{TP}}{\text{TP}+\text{FP}} \end{cases} \quad (9\text{-}8)$$

F-measure 是一种综合了少数类准确率和召回率的综合评价指标(式(9-9)),其中 β 为可调参数,代表了少数类召回率 $\text{recall}_{\text{min}}$ 和准确率 $\text{accuracy}_{\text{min}}$ 二者的重要程度,β 越大时,准确率越重要;反之,则召回率越重要。在本章的实验过程中,考虑到不平衡分类问题中二者同等的重要性,故选取 β 为 1,即两者同样重要,此时 F-measure 为 F1-measure。G-mean 的计算方法是对少数类召回率 $\text{recall}_{\text{min}}$ 和多数类召回率 $\text{recall}_{\text{maj}}$ 取其几何平均值,这样的方式能够综合反映分类器在不同类别上的分类性能(式(9-10))。通过以上两种评价指标的选取,既突出了少数类在不平衡分类问题中的重要性,也综合考虑了算法对于多数类的识别效果。

$$\text{F-measure} = \frac{(1+\beta^2) \cdot \text{recall}_{\text{min}} \cdot \text{accuracy}_{\text{min}}}{\beta^2 \cdot (\text{recall}_{\text{min}} + \text{accuracy}_{\text{min}})} \quad (9\text{-}9)$$

$$\text{G-mean} = \sqrt{\text{recall}_{\text{min}} \cdot \text{recall}_{\text{maj}}} \quad (9\text{-}10)$$

此外,为了进一步评估所提方法的有效性,本章分别使用 Wilcoxon 符号秩检验[47]和 Friedman 检验[8]将其与现有的采样方法和生成方法的实验结果进行对比。Wilcoxon 符号秩检验用于评估每两种方法之间的差异性。在本章的实验过程中,将测试阈值设置为 0.05。这代表当 P 小于 0.05 时,不具有显著差异的假设被拒绝,进而得到统计学中的两种方法具有显著差异这一结论。Friedman 检验用于计算各方法的 Friedman 排名,平均排名越小,说明方法在性能指标上表现越好。

9.5.1 参数设置

本节的参数设置涉及针对交叠区的样本扩充、模型训练和模型测试三个部分。其中,在模型训练过程中,需要利用 VAE 以及额外的判别器进行相似度预测,本节也会对 VAE 以及判别器的相关参数及模型结构进行说明。

目标-近邻样本对的构造有利于模型学习到目标样本与其近邻间的隐藏信息,为样本数目的倍增提供了可能。其涉及的主要参数包括基础扩充倍数 expansion、忽略系数 lr、近邻样本池大小 M 和近邻采样个数 K。扩充倍数 expansion 直接决定了通过采样所生成的样本上限,扩充倍数越大,其包含的信息就越丰富,在训练过程中模型所能学习到的特征也就越多,所需要的学习时间也随之增加。扩充倍数 expansion 的上限由 M 和 K 共同决定,且 N 越逼近上限,其包含的重复信息也就越多,模型的无效学习时间可能会增加。忽略系数 lr 是针对非交叠区易于学习样本的忽略程度。对于非交叠区样本而言,其周围大多是同类近邻,样本相似度判断难度较低,样本间重复信息较多,如果模型过多注意此类样本,会导致对于交叠区难分类样本的忽略,因此,设置忽略系数 lr 对此类样本的扩充进行约束。近邻样本池大小 M 决定了目标样本可以选择到的近邻范围,其取值越大,近邻样本距离目标样本的距离越远,相似度的判别难度也随之增大。因此,在同等条件下增大 M,一方面可以得到更多差异较大的对照样本便于模型更全面地学习样本邻域间的隐藏信息,另一方面会引入个别难以学习相似度的对照样本点。同理,在相同条件下,过小的采样个数 K 会导致近邻信息过少,对照样本组所能提供的消息不足;过大的 K 则会导致样本重复信息过多,可扩充的随机样本数量过少,影响整体扩充的效果。因此,在参数选取的过程中,需要综合考虑各参数之间的关系进行选择。在本章中,通过实验确定,设置扩充倍数 N 为 300,近邻样本池大小 M 为 15,近邻采样个数 K 为 7,忽略系数 lr 为 0.6。

为了将原本的分类预测任务转化为样本相似度之间的对比任务,同时使针对数据分布的样本扩充成为可能,本章提出了一种目标-近邻样本对的构建方法,根据不同样本的分布特征实现自适应扩充。同时,为保证对比任务的可靠性,本章在利用 VAE 隐编码层进行相似度预测的基础上引入了生成对抗网络中的判别器,约束 VAE 在训练过程中对单个样本特征保持关注。因此,本章的模型结构涉及编码器、解码器、隐编码层和判别器四个部分。具体的分类模型结构如表 9-2 所示。

表 9-2 所提方法模型结构

编码器结构	解码器结构	隐编码层结构	判别器结构
Reshape(((K+1),−1,1))	Dense((K+1)·10)	Dense(128)	Dense(x_dim·16)
Conv2D(16, 3, padding = 'same')	Reshape(((K+1),−1,1))	LeakyReLU(0.2)	LeakyReLU(0.2)
LeakyReLU(0.2)	LeakyReLU(0.2)	Dropout(0.5)	Dropout(0.5)
Dropout(0.5)	Dropout(0.5)	Dense(K, activation = 'sigmoid')	Dense(128)
Flatten()	Conv2D(16, 3, padding = 'same')		LeakyReLU(0.2)
Dense(enc_dim, activation = 'tanh')	LeakyReLU(0.2)		Dropout(0.5)
	Dropout(0.5)		Dense(1, activation = 'sigmoid')
	Flatten()		
	Dense(256)		
	LeakyReLU(0.2)		
	Dropout(0.5)		
	Dense(x_dim, activation = 'sigmoid')		

考虑到不同数据集本身的数据量和特征维度各不相同,为了使模型对不同数据集具有更好的适应性,对模型训练的 batch size 进行了自适应调整。在训练开始前,先判断训练集大小,大小不超过 2 048 的数据集,将 batch size 设置为其大小的二分之一;大小超过 2 048 的数据集则将 batch size 直接定为 2 048。在训练过程中,采用 L2 正则化约束,惩罚因子设置为 0.1,优化器为 Adam,训练周期为 40。

9.5.2 公开数据集的结果与分析

1. 与数据层面方法对比

所提方法将传统分类方法转化为对比目标样本及其近邻相似度的对比方法。通过目标-近邻样本对的构造,实现了对样本与其近邻之间隐藏信息的关注。同时,也能够根据数据分布计算扩充系数,进而通过构建近邻池进行采样的方式,实现有针对性的数据集扩充。为了验证所提方法的有效性,本章选取了目前该领域中典型的采样类方法和生成类方法与其展开对比。具体对比方法为:10 种采样类方法(SMOTE[10]、Distance-SMOTE[31]、Borderline-SMOTE[11]、Safe-Level-SMOTE[34]、SMOTE-OUT[33]、G-SMOTE[32]、SOMO[79]、K-means SMOTE[35]、SMOTE-NaN-DE[15]、MPP-SMOTE[90])和 3 种生成类方法(CWGAN-GP[16]、ADA-INCVAE[17]、和 RVGAN-TL[91])。选取了 RF、GDBT、SVM、和 LR 四种特点不同的分类器进行分类效果对比。上述 10 种采样类方法中除 SMOTE-NaN-DE、MPP-SMOTE 两种新型采样类方法外其余均是直接通过不平衡学习库进行实现的。SMOTE-NaN-DE、MPP-SMOTE、CWGAN-GP、ADA-INCVAE 和 RVGAN-TL 五种数据层面方法严格按照原文中的各项参数进行设置。四种分类器的实现均是基于 Python 中 Scikit-Learn 的默认参数。

F1-measure 和 G-mean 的对比结果分别如表 9-3 和表 9-4 所示。Wilcoxon 符号秩检验结果如表 9-5。其中,加粗数据为最佳实验结果。分析实验结果可知,所提方法在 F1-measure 指标上有 30 个数据集排名第一,在 G-mean 指标上有 28 个数据集排名第一。

表 9-3 所提方法与数据层面方法在 F1-measure 指标上的对比结果

数据集	SDCM-ICC	LR	GBDT	SVM	RF
ecoli-0_vs_1	**1.000 0**	0.962 1	0.980 6	0.987 1	0.987 1
wisconsin	**0.974 6**	0.967 6	0.956 5	0.965 7	0.965 2
pima	**0.745 9**	0.674 6	0.674 5	0.675 2	0.673 3
vehicle2	**0.988 5**	0.838 7	0.964 6	0.959 5	0.975 6
vehicle1	**0.741 7**	0.594 4	0.658 2	0.692 5	0.638 3
vehicle3	**0.733 6**	0.585 9	0.648 2	0.652 5	0.594 4
vehicle0	**0.983 8**	0.902 4	0.926 5	0.944 9	0.944 4
ecoli1	0.789 4	0.778 2	0.815 9	**0.828 8**	0.812 8
TUANDROMD	**1.000 0**	0.973 6	0.984 4	0.980 1	0.986 7

续 表

数据集	SDCM-ICC	LR	GBDT	SVM	RF
spambase	**0.9847**	0.7961	0.8984	0.8601	0.9231
new-thyroid2	0.9808	**1.0000**	0.9559	0.9733	0.9559
new-thyroid1	0.9867	0.9533	0.9412	0.9667	**1.0000**
ecoli2	**0.8937**	0.7317	0.8443	0.8911	0.8570
arrhythmia	**1.0000**	0.7143	0.6780	0.6467	0.6530
segment0	**0.9939**	0.9846	0.9908	**0.9939**	0.9930
yeast3	**0.8209**	0.7202	0.8159	0.7757	0.8043
ecoli3	**0.7302**	0.5920	0.6919	0.6863	0.6667
page-blocks0	0.8405	0.6380	0.8779	0.7844	**0.8893**
yeast-2_vs_4	**0.9088**	0.7281	0.7514	0.7793	0.8008
ecoli-0-6-7_vs_3-5	**0.9066**	0.7187	0.7868	0.8484	0.8159
yeast-0-2-5-7-9_vs_3-6-8	0.8208	0.8106	0.8065	0.8444	**0.8667**
yeast-0-2-5-6_vs_3-7-8-9	**0.7105**	0.5794	0.6316	0.6254	0.6733
glass-0-4_vs_5	0.9800	0.7410	0.9800	0.7667	**1.0000**
mnist	**1.0000**	0.9502	0.9588	0.9481	0.9049
ecoli-0-1-4-7_vs_5-6	**0.8812**	0.7418	0.8432	0.8611	0.8556
glass4	0.8205	0.5133	0.8548	0.7814	**0.8548**
ecoli4	**0.8959**	0.7714	0.7635	0.8857	0.8206
page-blocks-1-3_vs_4	0.8864	0.5544	0.9513	0.9418	**1.0000**
abalone9-18	**0.7422**	0.3706	0.4140	0.3960	0.3815
yeast-2_vs_8	**0.8921**	0.6610	0.5970	0.6610	0.6457
MUSK	**1.0000**	0.5462	0.7225	0.8145	0.7452
yeast-1-2-8-9_vs_7	**0.5039**	0.1588	0.3279	0.1652	0.2353
abalone-3_vs_11	0.9714	**1.0000**	**1.0000**	**1.0000**	**1.0000**
ecoli-0-1-3-7_vs_2-6	**0.9333**	0.7467	0.6667	0.8667	0.7387
yeast6	**0.5819**	0.3631	0.5290	0.5272	0.5692
mammography	**0.7555**	0.6364	0.6862	0.6674	0.6791
Mice Protein	**1.0000**	**1.0000**	**1.0000**	**1.0000**	0.8667
poker-8-9_vs_6	**1.0000**	0.0802	0.9778	**1.0000**	0.8476
poker-8_vs_6	**1.0000**	0.0429	0.9314	**1.0000**	0.7914
Average	**0.8815**	0.6955	0.8073	0.8114	0.8055
Average rank(Friedman)	**1.5897**	4.3205	3.2436	2.8333	3.0128

表 9-4 所提方法与数据层面方法在 G-mean 指标上的对比结果

数据集	SDCM-ICC	LR	GBDT	SVM	RF
ecoli-0_vs_1	**1.000 0**	0.973 1	0.983 7	0.987 3	0.987 3
wisconsin	**0.985 8**	0.980 9	0.967 5	0.979 7	0.977 0
pima	**0.805 5**	0.748 0	0.748 6	0.747 2	0.745 2
vehicle2	**0.992 2**	0.910 0	0.983 4	0.976 6	0.984 3
vehicle1	**0.860 8**	0.740 2	0.775 5	0.815 4	0.766 7
vehicle3	**0.855 5**	0.739 3	0.769 9	0.797 2	0.723 2
vehicle0	**0.991 5**	0.960 2	0.964 8	0.978 7	0.973 6
ecoli1	**0.908 1**	0.901 3	0.885 2	0.895 9	0.897 3
TUANDROMD	**1.000 0**	0.990 6	0.990 9	0.990 4	0.992 0
spambase	**0.991 9**	0.904 7	0.939 5	0.923 6	0.942 3
new-thyroid2	0.995 8	**1.000 0**	0.967 5	0.994 4	0.967 5
new-thyroid1	0.997 2	0.985 6	0.985 6	0.985 6	**1.000 0**
ecoli2	**0.954 0**	0.902 6	0.896 7	0.942 4	0.910 2
arrhythmia	**1.000 0**	0.785 8	0.764 2	0.756 2	0.765 8
segment0	0.993 9	**0.997 5**	0.996 0	0.995 2	0.996 7
yeast3	0.914 2	0.911 9	**0.914 9**	0.906 5	0.902 0
ecoli3	**0.932 1**	0.879 8	0.876 6	0.887 0	0.843 1
page-blocks0	0.940 9	0.864 8	**0.957 1**	0.930 3	0.949 2
yeast-2_vs_4	**0.961 7**	0.889 5	0.875 1	0.886 5	0.882 8
ecoli-0-6-7_vs_3-5	**0.958 1**	0.860 1	0.844 9	0.892 6	0.871 6
yeast-0-2-5-7-9_vs_3-6-8	0.909 2	0.910 8	0.898 3	**0.911 1**	0.889 6
yeast-0-2-5-6_vs_3-7-8-9	**0.821 1**	0.791 6	0.819 4	0.797 0	0.783 5
glass-0-4_vs_5	0.997 0	0.956 7	0.997 0	0.824 9	**1.000 0**
mnist	**1.000 0**	0.976 0	0.962 7	0.974 0	0.951 1
ecoli-0-1-4-7_vs_5-6	**0.960 4**	0.927 5	0.926 2	0.906 7	0.908 1
glass4	0.968 1	0.889 8	**0.974 8**	0.929 5	0.933 8
ecoli4	0.967 7	**0.969 4**	0.901 7	0.929 1	0.908 3
page-blocks-1-3_vs_4	0.991 5	0.942 8	0.994 4	0.974 6	**1.000 0**
abalone9-18	**0.815 1**	0.805 3	0.698 3	0.798 1	0.629 1
yeast-2_vs_8	**0.918 5**	0.811 5	0.707 0	0.719 1	0.713 5
MUSK	**1.000 0**	0.884 9	0.830 9	0.926 5	0.802 7
yeast-1-2-8-9_vs_7	0.615 8	**0.731 4**	0.502 3	0.630 6	0.420 4
abalone-3_vs_11	0.999 0	**1.000 0**	**1.000 0**	**1.000 0**	**1.000 0**

续 表

数据集	SDCM-ICC	LR	GBDT	SVM	RF
ecoli-0-1-3-7_vs_2-6	**0.941 4**	0.878 4	0.874 7	0.882 8	0.839 8
yeast6	0.819 9	**0.883 4**	0.791 8	0.865 5	0.760 9
mammography	**0.898 7**	0.896 8	0.889 1	0.894 6	0.889 3
Mice Protein	1.000 0	1.000 0	1.000 0	1.000 0	0.882 8
poker-8-9_vs_6	1.000 0	0.604 0	0.978 9	1.000 0	0.863 1
poker-8_vs_6	1.000 0	0.492 3	0.936 5	1.000 0	0.815 3
Average	0.940 1	0.878 9	0.891 6	0.903 4	0.873 6
Average rank(Friedman)	**1.692 3**	3.128 2	3.461 5	3.025 6	3.692 3

表 9-5 Wilcoxon 符号秩检验对所提方法与数据层面方法的差异性检验结果(对比方法取最优)

分类器	F1-measure				G-mean			
	R+	R−	P	Assuming	R+	R−	P	Assuming
LR	1 136	40	9.80×10^{-9}	rejected	653	523	1.75×10^{-1}	not rejected
GDBT	933	243	4.82×10^{-5}	rejected	890	286	2.86×10^{-4}	rejected
SVM	895	281	2.35×10^{-4}	rejected	599	577	2.63×10^{-1}	not rejected
RF	822	354	1.07×10^{-5}	rejected	882	294	3.90×10^{-4}	rejected

此外,Wilcoxon 符号秩检验结果表明,对于所有对比方法,假设均被拒绝。综合表 9-1 中各数据集的特点,对实验结果进行分析可知,本章所提方法在高不平衡比、高特征维度且具有较大分类难度的数据集上效果提升明显;对于不平衡比相对较小的数据集,因为其本身分类难度不高,能够提升的上限较小,故从实验结果来看没有大幅度的效果提升,但相比于其他对比方法仍具有一定程度上的优势。

2. 与算法层面方法对比

所提方法属于数据层面与算法层面相结合的方法,因此为验证方法的有效性,与经验敏感学习、单分类学习、集成学习、对比学习等多种算法层面方法进行比较是必要的。基于以上考虑,本章既选用了 iForest[80]、SVDD[81]、RF、GBDT、CS-CLA 这几种典型的算法层面方法,也选用了 CSSVM-SMOTE[77]、DPHS-MDS[73]、BRAF[82]、DTE-SBD[68]、SWSEL[92] 这五种先进的数据-算法层面相结合的方法进行比较。同时,考虑到所提方法引入了对比学习的思想,因此也与 MLCC-IBC 进行了比较。其中,CS-CLA 采用了上节中的四种典型分类器,将其与经验敏感学习结合,并选择在各数据集上的最优结果。上述各方法在实现过程中,其参数设置严格遵循 Scikit-Learn 包中的默认值或与相关文献保持严格一致。其中,SWSEL 算法选取了综合结果最好的 RF 分类器作为其分类器。通过网格搜索的方式确定了经验敏感学习相关参数。表 9-6、表 9-7 分别为各方法与所提方法在 F1-measure 指标和 G-mean 指标上的对比结果,其中加粗数据为最佳实验结果。Wilcoxon 符号秩检验结果如表 9-8 所示。

表 9-6 所提方法与其他方法在 F1-measure 上的对比结果

Dataset	SDCM-ICC	iForest	SVDD	RF	GBDT	CS-CLA	CSSVM-SMOTE	DPHS-MDS	BRAF	DTE-SBD	SWSEL	MLCC-IBC
ecoli-0_vs_1	**1.000 0**	0.858 1	0.933 1	0.987 1	0.968 5	0.971 9	0.981 0	0.983 9	0.987 1	0.967 5	0.981 0	**1.000 0**
wisconsin	**0.974 6**	0.919 3	0.928 8	0.956 3	0.951 8	0.957 1	0.959 5	0.960 3	0.955 3	0.942 3	0.933 5	0.959 9
pima	**0.745 9**	0.466 3	0.260 1	0.628 6	0.647 8	0.658 9	0.679 5	0.659 5	0.636 7	0.650 1	0.667 9	0.699 4
vehicle2	**0.988 5**	0.303 4	0.408 2	0.969 4	0.955 8	0.924 8	0.953 1	0.970 6	0.974 7	0.931 6	0.856 3	0.852 6
vehicle1	**0.741 7**	0.209 8	0.219 9	0.525 9	0.570 5	0.611 6	0.673 6	0.613 8	0.553 8	0.635 3	0.569 4	0.732 2
vehicle3	**0.733 6**	0.256 3	0.284 8	0.501 2	0.566 1	0.579 0	0.646 5	0.570 6	0.508 2	0.586 8	0.542 9	0.688 0
vehicle0	**0.983 8**	0.387 7	0.417 7	0.945 1	0.905 9	0.914 5	0.934 2	0.938 8	0.946 0	0.893 3	0.814 3	0.966 4
ecoli1	0.789 4	0.523 2	0.453 5	0.770 7	0.762 6	0.778 1	0.781 4	0.767 3	0.786 8	0.788 8	0.780 6	**0.791 2**
TUANDROMD	**1.000 0**	0.705 9	0.427 1	0.984 5	0.962 8	0.983 4	0.970 2	0.984 1	0.982 3	0.976 7	0.978 6	0.961 2
spambase	**0.984 7**	0.113 3	0.095 0	0.894 1	0.886 0	0.891 7	0.816 4	0.896 4	0.901 2	0.869 3	0.787 7	0.951 4
new-thyroid2	**0.980 8**	0.678 9	0.886 1	0.969 2	0.872 6	0.917 4	0.973 3	0.940 5	0.975 8	0.957 0	0.938 0	0.965 7
new-thyroid1	**0.986 7**	0.679 6	0.893 1	0.951 3	0.873 8	0.917 5	0.944 8	0.932 5	0.949 8	0.924 8	0.931 3	0.984 6
ecoli2	**0.893 7**	0.268 3	0.141 5	0.809 7	0.820 2	0.807 9	0.877 5	0.825 8	0.831 2	0.796 4	0.679 0	0.889 0
arrhythmia	**1.000 0**	0.214 8	0.304 7	0.658 8	0.593 1	0.642 5	0.589 4	0.645 2	0.666 7	0.632 3	0.618 4	0.998 6
segment0	**0.993 9**	0.022 6	0.043 6	0.986 1	0.983 2	0.983 7	0.990 8	0.987 9	0.981 8	0.976 6	0.977 6	0.986 9
yeast3	**0.820 9**	0.063 3	0.048 4	0.753 9	0.764 0	0.780 4	0.741 9	0.780 8	0.764 9	0.800 7	0.686 9	0.802 5
ecoli3	0.730 2	0.165 7	0.073 3	0.571 9	0.592 9	0.569 4	0.639 1	0.576 4	0.579 4	0.542 1	0.618 3	**0.730 9**
page-blocks0	**0.840 5**	0.556 4	0.340 1	0.885 5	0.878 7	0.809 9	0.742 9	0.878 1	**0.887 0**	0.855 1	0.695 1	0.823 9
yeast-2_vs_4	**0.908 8**	0.505 5	0.559 2	0.772 3	0.710 8	0.722 0	0.665 8	0.732 6	0.766 3	0.696 2	0.721 2	0.864 5
ecoli-0-6-7_vs_3-5	**0.906 6**	0.430 1	0.584 5	0.762 5	0.734 0	0.728 1	0.792 5	0.741 6	0.751 4	0.696 1	0.654 8	0.834 9
yeast-0-2-5-7-9_vs_3-6-8	0.820 8	0.459 0	0.459 6	0.793 1	0.796 3	0.798 8	0.808 8	0.797 2	0.786 7	0.750 4	0.627 1	**0.826 2**

第9章 基于多近邻相似性差异比较的不平衡分类方法

续表

Dataset	SDCM-ICC	iForest	SVDD	RF	GBDT	CS-CLA	CSSVM-SMOTE	DPHS-MDS	BRAF	DTE-SBD	SWSEL	MLCC-IBC
yeast-0-2-5-6_vs_3-7-8-9	**0.710 5**	0.386 4	0.332 1	0.624 2	0.624 4	0.617 8	0.609 8	0.644 3	0.636 3	0.585 5	0.339 5	0.635 7
glass-0-4_vs_5	**0.980 0**	0.360 4	0.343 3	0.960 0	0.960 0	0.741 7	0.700 0	0.960 0	0.953 3	0.960 0	0.866 7	0.960 0
mnist	**1.000 0**	0.388 8	0.290 0	0.906 0	0.914 7	0.950 2	0.935 6	0.925 4	0.922 6	0.887 4	0.864 4	0.957 6
ecoli-0-1-4-7_vs_5-6	**0.881 2**	0.351 5	0.442 9	0.781 1	0.714 4	0.784 0	0.802 4	0.783 8	0.827 7	0.812 0	0.508 7	0.854 9
glass4	**0.820 5**	0.366 0	0.208 9	0.566 7	0.604 8	0.534 3	0.781 4	0.687 6	0.665 3	0.580 4	0.648 6	0.682 4
ecoli4	**0.895 9**	0.419 4	0.565 6	0.759 5	0.741 4	0.755 6	0.769 2	0.763 6	0.764 3	0.714 5	0.771 1	0.870 9
page-blocks-1-3_vs_4	0.886 4	0.415 8	0.426 6	0.948 5	0.873 8	0.825 5	0.889 5	0.941 5	**0.977 2**	0.930 1	0.669 4	0.966 7
abalone9-18	**0.742 2**	0.182 1	0.249 1	0.295 8	0.300 8	0.253 7	0.353 9	0.288 8	0.329	0.307	0.135 6	0.693 9
yeast-2_vs_8	**0.892 1**	0.323 9	0.506 1	0.584 8	0.483 8	0.549 5	0.440 6	0.584	0.581 0	0.536 6	0.284 5	0.807 1
MUSK	**1.000 0**	0.008 3	0.023 1	0.576 7	0.576 3	0.748 5	0.699 5	0.628 4	0.658 8	0.642 1	0.206 9	0.990 3
yeast-1-2-8-9_vs_7	**0.503 9**	0.057 5	0.030 8	0.201 6	0.222 2	0.214 6	0.136 3	0.180 6	0.232 7	0.258 0	0.105 3	0.397 8
abalone-3_vs_11	0.971 4	0.192 5	0.443 7	**1.000 0**	**1.000 0**	0.980 0	0.942 9	**1.000 0**	**1.000 0**	**1.000 0**	0.771 4	**1.000 0**
ecoli-0-1-3-7_vs_2-6	0.933 3	0.138 1	0.253 3	0.666 7	0.613 3	0.736 7	0.513 3	0.746 7	0.678 7	0.550 0	0.348 9	0.900 0
yeast6	0.581 9	0.087 4	0.000 0	0.502 9	0.529 0	0.444 2	0.414 9	0.497 7	0.512 3	0.439 5	0.321 2	0.563 0
mammography	**0.755 5**	0.187 9	0.079 7	0.663 0	0.652 9	0.688 1	0.306 9	0.695 4	0.677 7	0.587 7	0.108 9	0.687 7
Mice Protein	**1.000 0**	0.046 9	0.030 3	0.293 3	0.626 7	0.933 3	0.933 3	0.233 3	0.494 7	0.789 3	0.611 9	**1.000 0**
poker-8-9_vs_6	**1.000 0**	0.030 2	0.066 2	0.000 0	0.066 7	0.230 4	0.850 0	0.111 4	0.287 4	0.609 1	0.067 9	**1.000 0**
poker-8_vs_6	**1.000 0**	0.018 8	0.042 6	0.000 0	0.000 0	0.125 0	0.826 7	0.000 0	0.016 0	0.555 0	0.023 2	**1.000 0**
Average	0.881 5	0.326 9	0.335 8	0.702 8	0.700 1	0.719 5	0.745 4	0.714 3	0.727 9	0.733 7	0.608 1	0.853 3
Average rank(Friedman)	**1.576 9**	11.359 0	11.102 6	6.269 2	7.243 6	6.397 4	5.653 8	5.294 9	4.987 2	6.602 6	8.692 3	2.820 5

表 9-7 所提方法与其他方法在 G-mean 上的对比结果

Dataset	SDCM-ICC	iForest	SVDD	RF	GBDT	CS-CLA	CSSVM-SMOTE	DPHS-MDS	BRAF	DTE-SBD	SWSEL	MLCC-IBC
ecoli-0_vs_1	**1.0000**	0.9039	0.9521	0.9873	0.9767	0.9785	0.9839	0.9855	0.9873	0.9765	0.9839	**1.0000**
wisconsin	**0.9858**	0.9509	0.9489	0.9675	0.9623	0.9694	0.9705	0.9723	0.9675	0.9561	0.9600	0.9717
pima	**0.8055**	0.5730	0.3920	0.7044	0.7234	0.7278	0.7524	0.7350	0.7134	0.7277	0.7419	0.7553
vehicle2	**0.9922**	0.4622	0.5442	0.9743	0.9680	0.9571	0.9743	0.9789	0.9828	0.9563	0.9358	0.8711
vehicle1	**0.8608**	0.3762	0.3781	0.6427	0.6743	0.7445	0.8095	0.7358	0.6693	0.7607	0.7216	0.8452
vehicle3	**0.8555**	0.4224	0.4406	0.6154	0.6686	0.7179	0.7921	0.7002	0.6231	0.7228	0.7014	0.8205
vehicle0	**0.9915**	0.5462	0.5591	0.9636	0.9404	0.9597	0.9764	0.9663	0.9689	0.9425	0.9202	0.9807
ecoli1	**0.9081**	0.6600	0.5702	0.8452	0.8337	0.8688	0.8920	0.8554	0.8639	0.8788	0.8621	0.9059
TUANDROMD	**1.0000**	0.8239	0.5510	0.9915	0.9722	0.9906	0.9906	0.9908	0.9914	0.9845	0.9920	0.9663
spambase	**0.9919**	0.2427	0.2458	0.9204	0.9185	0.9366	0.9151	0.9364	0.9317	0.9277	0.9213	0.9741
new-thyroid2	**0.9958**	0.8875	0.9628	0.9703	0.9123	0.9311	0.9944	0.9493	0.9787	0.9757	0.9859	0.9796
new-thyroid1	**0.9972**	0.8749	0.9541	0.9542	0.9019	0.9323	0.9770	0.9391	0.9606	0.9488	0.9740	0.9852
ecoli2	**0.9540**	0.4658	0.2847	0.8373	0.8580	0.8721	0.9424	0.8629	0.8850	0.8859	0.8593	0.9284
arrhythmia	**1.0000**	0.3057	0.4790	0.7217	0.7023	0.7473	0.7273	0.7250	0.7671	0.7801	0.8313	0.9995
segment0	**0.9939**	0.1017	0.1587	0.9887	0.9883	0.9912	0.9921	0.9885	0.9931	0.9892	0.9911	0.9883
yeast3	0.9142	0.1972	0.1528	0.8273	0.8566	0.8718	0.8892	0.8670	0.8482	**0.9168**	0.9104	0.9016
ecoli3	**0.9321**	0.3524	0.1474	0.6717	0.7027	0.7386	0.8741	0.6863	0.6906	0.7441	0.8916	0.9311
page-blocks0	0.9409	0.8346	0.4565	0.9323	0.9257	0.8945	0.9287	**0.9435**	0.9353	0.9430	0.9395	0.9246
yeast-2_vs_4	**0.9617**	0.7054	0.7144	0.8182	0.8208	0.8034	0.8332	0.8071	0.8362	0.8659	0.9245	0.9157
ecoli-0-6-7_vs_3-5	**0.9581**	0.8027	0.8384	0.8051	0.7783	0.8019	0.8713	0.7874	0.8038	0.8358	0.8314	0.8646

续表

Dataset	SDCM-ICC	iForest	SVDD	RF	GBDT	CS-CLA	CSSVM-SMOTE	DPHS-MDS	BRAF	DTE-SBD	SWSEL	MLCC-IBC
yeast-0-2-5-7-9_vs_3-6-8	**0.909 2**	0.649 5	0.597 3	0.842 3	0.868 3	0.869 1	0.889 3	0.857 8	0.863 6	0.866 8	0.892 4	0.891 2
yeast-0-2-5-6_vs_3-7-8-9	**0.821 1**	0.586 8	0.482 2	0.703 6	0.722 5	0.741 0	0.786 8	0.733 0	0.721 4	0.759 9	0.729 7	0.772 3
glass-0-4_vs_5	**0.997 0**	0.558 4	0.571 6	0.993 6	0.993 6	0.802 5	0.761 5	0.993 6	0.987 8	0.993 6	0.981 5	0.994 0
mnist	**1.000 0**	0.785 9	0.660 4	0.916 5	0.933 2	0.974 1	0.957 8	0.942 5	0.938 9	0.941 8	0.976 6	0.973 2
ecoli-0-1-4-7_vs_5-6	**0.960 4**	0.781 7	0.731 8	0.839 8	0.814 3	0.836 7	0.903 8	0.827 7	0.865 7	0.903 9	0.858 4	0.928 4
glass4	**0.968 1**	0.734 0	0.421 2	0.618 1	0.674 2	0.604 5	0.929 5	0.747 7	0.711 4	0.715 4	0.964 4	0.762 8
ecoli4	**0.967 7**	0.742 2	0.839 5	0.801 1	0.853 3	0.820 5	0.884 3	0.789 6	0.835 7	0.862 0	0.928 0	0.941 2
page-blocks-1-3_vs_4	**0.991 5**	0.788 9	0.663 5	0.964 1	0.921 7	0.863 4	0.959 9	0.944 9	0.982 2	0.961 3	0.966 7	0.981 5
abalone9-18	**0.815 1**	0.572 6	0.526 0	0.383 1	0.432 2	0.366 8	0.709 4	0.396 9	0.418 3	0.624 4	0.512 3	0.795 9
yeast-2_vs_8	**0.918 5**	0.627 3	0.783 1	0.655 5	0.581 8	0.626 8	0.714 0	0.655 5	0.652 3	0.736 2	0.810 0	0.846 5
MUSK	**1.000 0**	0.043 9	0.199 2	0.640 0	0.649 7	0.791 8	0.924 7	0.687 5	0.719 5	0.797 5	0.794 0	0.996 5
yeast-1-2-8-9_vs_7	**0.615 8**	0.196 0	0.080 3	0.278 3	0.311 2	0.281 3	0.575 3	0.275 7	0.318 0	0.491 4	0.597 3	0.521 6
abalone-3_vs_11	0.999 2	0.856 1	0.950 2	**1.000 0**	**1.000 0**	0.981 6	0.997 9	**1.000 0**	**1.000 0**	**1.000 0**	0.990 7	**1.000 0**
ecoli-0-1-3-7_vs_2-6	**0.941 4**	0.774 7	0.830 9	0.682 8	0.874 7	0.830 4	0.866 1	0.878 4	0.760 3	0.870 7	0.719 8	0.912 1
yeast6	0.819 9	0.315 1	0.000 0	0.625 5	0.669 0	0.588 7	0.735 5	0.611 7	0.637 7	0.741 2	**0.854 9**	0.796 6
mammography	**0.898 7**	0.795 2	0.451 5	0.730 8	0.746 3	0.817 6	0.860 9	0.788 1	0.749 0	0.862 6	0.769 1	0.846 5
Mice Protein	**1.000 0**	0.137 4	0.345 8	0.304 7	0.646 1	0.941 4	0.941 4	0.256 9	0.514 8	0.881 0	0.895 3	**1.000 0**
poker-8-9_vs_6	**1.000 0**	0.238 4	0.636 1	0.000 0	0.089 4	0.263 9	0.864 8	0.146 8	0.351 4	0.688 8	0.664 3	**1.000 0**
poker-8_vs_6	**1.000 0**	0.220 1	0.614 8	0.000 0	0.000 0	0.135 5	0.846 1	0.000 0	0.020 0	0.599 7	0.429 7	**1.000 0**
Average	0.940 1	0.561 4	0.541 7	0.746 6	0.765 8	0.783 9	0.876 8	0.767 9	0.780 7	0.846 6	0.851 7	0.909 5
Average rank(Friedman)	**1.294 9**	10.692 3	10.230 8	8.410 3	8.410 3	7.243 6	4.371 8	7.153 8	6.628 2	5.102 6	5.179 5	3.282 1

表 9-8　Wilcoxon 符号秩检验对所提方法与算法层面方法的差异性检验结果

方法	F1-measure				G-mean			
	R+	R−	P	Assuming	R+	R−	P	Assuming
iForest	528	0	4.17×10^{-7}	rejected	528	0	4.17×10^{-7}	rejected
SVDD	528	0	4.17×10^{-7}	rejected	528	0	4.17×10^{-7}	rejected
RF	497	31	6.88×10^{-6}	rejected	527	1	4.59×10^{-7}	rejected
GDBT	512	16	1.85×10^{-6}	rejected	527	1	4.59×10^{-7}	rejected
CS-CLA	527	1	4.59×10^{-7}	rejected	528	0	4.17×10^{-7}	rejected
CSSVM-SMOTE	526	2	5.05×10^{-7}	rejected	528	0	4.17×10^{-7}	rejected
DPHS-MDS	500	28	5.32×10^{-6}	rejected	525	3	5.55×10^{-7}	rejected
BRAF	493	35	9.66×10^{-6}	rejected	526	2	5.05×10^{-7}	rejected
DTE-SBD	510	18	2.21×10^{-6}	rejected	522	6	7.36×10^{-7}	rejected
SWSEL	458	70	1.48×10^{-4}	rejected	456	72	1.71×10^{-4}	rejected
MLCC-IBC	413	115	1.07×10^{-4}	rejected	463	65	1.12×10^{-6}	rejected

分析实验结果可得,所提方法相较于各比较方法在 F1-measure 指标和 G-mean 指标上均有明显提升,且在 F1-measure 指标上提升更为明显。在 39 个数据集上,所提方法有 33 个数据集在 F1-measure 指标上排名第一,有 35 个数据集在 G-mean 指标上排名第一。在选定模型超参数时,仅考虑少数类样本的召回率,导致模型会更偏向于提升 F1-measure 这一指标,从而使得 F1-measure 指标相较于 G-mean 指标提升更为明显。若针对具体的数据集,对模型的超参数进行适当的网格搜索以获得最优参数,预估所提方法能够得到更好的分类效果。同时,相较于同样引入对比学习思想的 MLCC-IBC[93],所提方法在所有数据集上都有提升。这是因为所提方法保留了原样本标签,通过预测相似度的方式对未分类样本类别进行判断,既有效利用了交叠区样本的丰富信息,避免了因误判而带来的信息损失,也省去了在样本测试阶段对分类阈值的选择过程,进而得到了更加良好的效果。

如何处理交叠区是不平衡分类任务中的核心问题。在交叠区中,多数类与少数类样本相互杂糅,分类边界难以被清晰划分,而交叠区样本往往比非交叠区样本保有更多的特征信息,对这些信息的准确学习将极大限度地提高模型的整体性能。因此,对于交叠区样本的关注与学习是不平衡分类领域的重要难点。高不平衡比意味着数据集中多数类样本的数量远远大于少数类样本的数量。对所对比的各类数据级方法而言,极端不平衡的数据会导致其所提取的特征具有更严重的偏向性,所生成的新样本真实性难以得到保证。极高的不平衡比可能会隐含少数类样本绝对数量过少的问题,这种本身信息的不充分将进一步加大模型对交叠区特征学习的难度,不充足信息生成的少数类样本可能会带来额外噪声,进一步影响后续分类器对决策边界的学习。当数据集特征维度较高时,不同特征之间的相关性更加复杂,充分挖掘交叠区的数据特征变得更加困难。所提方法通过相似度比较的方式进行类别判断使得原先深处多数类样本群体中的少数类样本不再难以区分,间接预测目标样本与近邻相似度的方式较之直接预测样本类别也能够更好利用样本邻域间的隐藏信息,充分挖掘类别差异。构造目标-近邻样本对使得对原数据集的成倍扩充成为可能,既不会引入额外噪声,也有效缓解了少数类样本绝对数量少时信息有限的问题。针对每个独立的目标样本针对其近邻分布赋予其独立的生成系数,实现了对交叠区样本的额外关注,使模型在训练的过程中可以更好地挖掘交叠区样本所蕴含的丰富信息。在高不平衡比或高特征维度的情况下,分类结果的显著改进表明所提方法在极大程度上缓解了样本不平衡所带来的影响,且通过相似度比较与针对近邻分布特点的数据扩充手段获取了更加丰富、有效的信息,便于模型更好地挖掘样本特征。分析表中实验结果,可以看出在多数分类结果上均有显著提升。这可以说明目标-近邻对的构造方法和比较机制可以有效挖掘数据交叠区间的类别差异。

此外,在少数类样本绝对数量较少的情况下,所提方法仍能保证稳定的分类效果。一方面,因为针对数据分布的样本扩充方法在一定程度上弥补了原先少数类样本过少的信息;另一方面,相似度比较的判别方式更加关注样本及其近邻之间的特征而非样本本身的特征。即使在少数类样本绝对数量较少的情况下,少数类样本周围的近邻仍可以提供较为充分的信息来帮助模型识别目标样本,进而得到稳定的分类结果。

3. Nemenyi 后检验

为了进一步检验所提方法与其他对比方法具有显著差异,采用 Nemenyi 后检验[48]方法进行测试。在测试过程中,分别将所提方法与数据层面方法和算法层面方法进行检验,检验结果分别如图 9-5、图 9-6 所示。分析实验结果可知,与数据层面方法相比,所提方法在 F1-measure 指标和 G-mean 指标上显著优于所有数据层面方法。与算法层面方法相比,除 MLCC-IBC 方法外,所提方法在 F1-measure 指标和 G-mean 指标上显著优于其他算法层面方法。与 MLCC-IBC 相比,在 G-mean 指标上所提方法显著优于 MLCC-IBC,在 F1-measure 指标上虽没有大幅胜过 MLCC-IBC,但仍具有一定优势。MLCC-IBC 预测得到的标签匹配结果是有偏的,需要通过阈值划分的方法来提升对少数类样本的判别准确率,因此其牺牲了一部分多数类样本,进而得到了更高的 F1-measure 指标。实验结果充分说明,所提方法能够有效解决不平衡分类问题,极大地提高原有方法的精度。

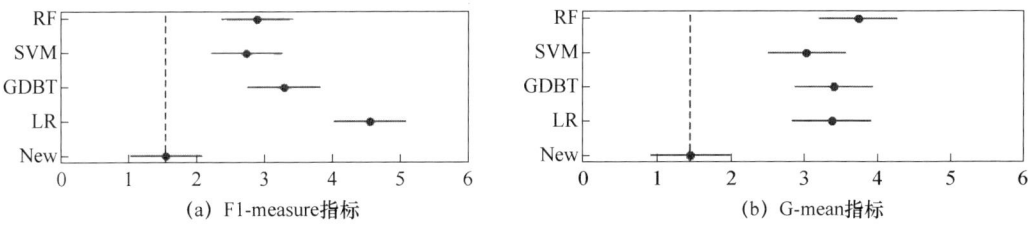

图 9-5 所提方法的分类结果与分类器分别结合各种数据层面方法后的最优分类结果的 Nemenyi 后续检验结果

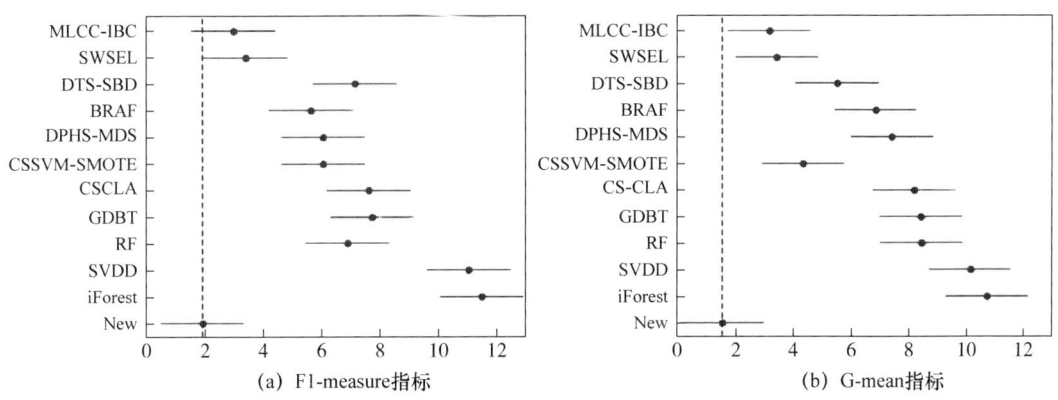

图 9-6 所提方法与算法层面方法的分类效果的 Nemenyi 后检验结果

本 章 小 结

本章引入对比学习思想,将传统分类问题中的标签预测任务定义为样本及其多近邻间相似性差异的对比任务,既有效利用了样本邻域内的隐藏信息,也为数据的针对性扩充提供了可能。通过比较样本及其近邻间的差异,模型可以更好地挖掘智能电表高维特征之间复杂的耦合关系,解决了因样本数量不均所导致的决策边界偏移问题,也避免了额外的噪声。同时,引入生成对抗思想,在原网络结构的基础上添加额外的判别器,约束模型对智能电表单个故障样本特征进行关注,进而保证对比任务的可靠性。在此基础上,构建面向平衡数据的分类器以实现智能电表的准确分类。

第10章
基于元学习和边界增强策略的不平衡分类方法

10.1 引　　言

本章主要研究一种基于元学习和边界增强策略的不平衡分类方法,以解决现有算法层面方法的普适性较低的问题。现有数据层面方法往往难免有信息丢失、噪声引入、加剧样本交叠等问题,这限制了其分类性能的提升。相比之下,算法层面方法从模型结构或误分类的成本出发,更为有效地避免了因消除或错误引入样本而产生的问题。对于不同数据集来说,不同类别样本的分布、不平衡比、样本的交叠程度等特性差异较大,针对这些特性差异较大的数据集无法找到一个合适的代价矩阵或一组合适的超参数,导致算法层面方法无法保持优异的性能表现,算法层面方法的普适性较低。本章引入元学习的思想,根据创建的元任务中多个查询集的分类损失来增强元分类器适应新任务时的分类性能,提升方法的普适性;设计了基于贝叶斯不平衡影响指数的边界增强策略,减轻了元学习器在微调过程中由于类别数据不平衡导致的决策偏移影响。

10.2 预备知识——元学习

在面对具体的任务时,常见的机器学习方法主要通过训练神经网络或特定的模型拟合任务的分布,根据训练集的表现优化模型或者网络结构,尽可能地使模型在训练集有较高性能表现的同时具有较强的泛化能力,使其在测试集中可以拥有较好的性能表现。元学习是一种训练策略,其目标是训练一个模型,使其仅使用少量数据和训练迭代可以快速适应新任务,面对新任务时经过有限次的迭代微调就可以达到较好的性能表现,即模型对任务的改变是非常敏感的,参数的微小调整就可以带来较高的性能提升。

元学习对模型的形式不加以约束,假设该模型可以由参数 θ 表示。对于具体的任务 T,可以从任务 T 中采样得到子任务 T_i,T_i 由支持集和查询集构成,且二者相互独立。在面对子任务 T_i 时,模型使用支持集样本进行训练,根据具体的优化策略进行优化,得到根据子任务优化的模型 $\hat{\theta}_i$,具体过程如下:

$$\hat{\theta}_i = \theta - \alpha \nabla L_i \tag{10-1}$$

其中，α 为模型在子任务的学习率，L_i 为模型在子任务支持集上的损失，∇L_i 为模型在子任务的优化方向。

在经过若干子任务的训练后，可以得到 θ 在每个子任务对应的优化方向 ∇L_i，通过对这些优化方法取均值得到 θ 下一步的优化方向，具体过程如下：

$$\theta \leftarrow \theta - \beta \nabla \frac{1}{n} \sum_{i=1}^{n} L_i \tag{10-2}$$

其中，β 为模型在优化过程中的学习率，L_i 为模型在对应子任务查询集上的损失。

对于元学习来说，模型的优化方向是在多个子任务查询集损失的平均方向，由于模型在训练过程中没有使用查询集的样本，查询集相当于是新的任务，所以模型的优化方向是期望在查询集样本上取得更好的结果，即期望在新的任务上取得较好的结果。因此，在经过一定轮次的训练后，模型对新任务较为敏感，在面对新的任务时，其参数只需要经过微调就可以适应新的任务，从而在新的任务上取得较好的性能表现。模型的优化过程及微调流程如图 10-1 所示，其中 $\hat{\theta}_i$ 表示在面对不同的新任务时微调后的模型。

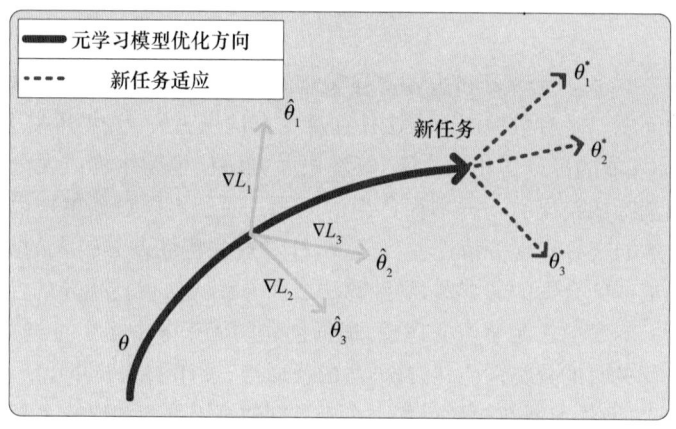

图 10-1 元学习中模型的优化过程和微调流程

10.3 方　　法

在不平衡分类问题中，对于不同的不平衡数据集，其不平衡比、样本的分布、交叠区的比例等特征差异较大，现有的方法往往难以找到一组超参数或者一种规则适用于所有的不平衡分类任务，导致现有的方法往往会过拟合某一类样本，无法在大量数据集上都取得较好的结果，方法的普适性较低。针对上述问题，本章提出一种元学习不平衡分类框架，其使用基于贝叶斯不平衡影响指数的边界增强策略。引入元学习的思想，将元学习器面对新任务的性能表现作为优化目标，仅使用支持集样本训练元学习器，根据在多个查询集的综合表现对元学习器进行优化。同时，设计一种边界增强策略，通过计算样本在平衡数据集前后的后验概率精准识别出分类边界附近的样本，在此基础上对分类边界有针对性的增强，并使用边界增强后的数据集对元学习器进行微调，所提方法的整体流程如图 10-2 所示。在 10.3.1 节将介绍基于元学习的不平衡分类方法；在 10.3.2 节将介绍边界增强策略。

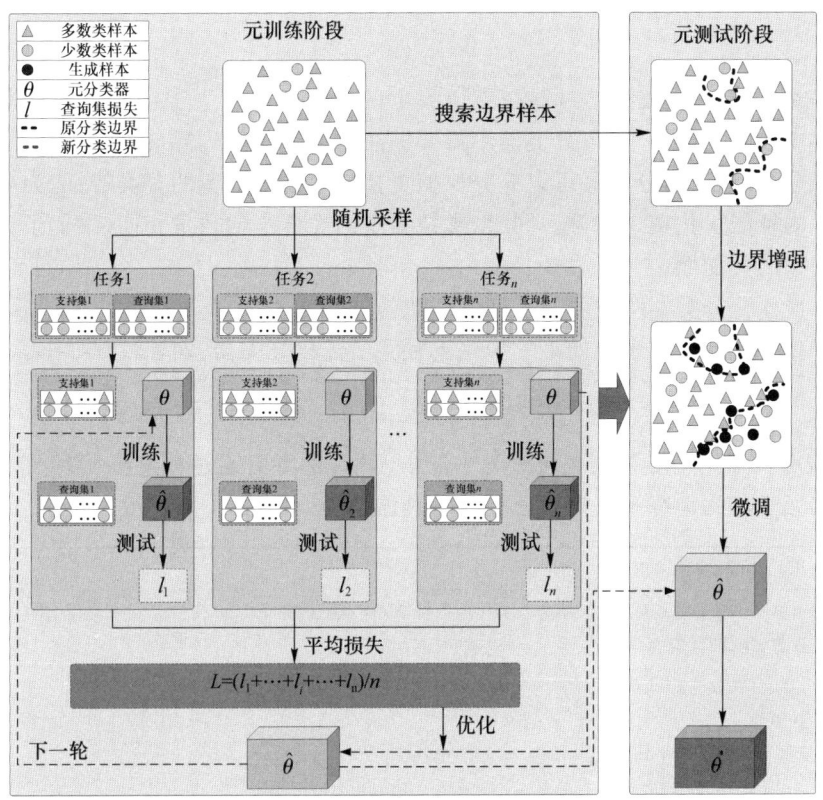

图 10-2 所提方法的整体流程

10.3.1 元学习不平衡分类框架

对于分类任务来说,传统的元学习方法需要准备多个任务进行学习。通过多组 N-ways、K-shot 任务训练分类器,使模型学习到丰富的先验知识,从而获得一组更好的初始化参数。这组初始化参数使模型拥有更好的分类潜力和泛化性能,使模型在面对新任务时经过简单的几轮微调就可以达到较好的性能表现。

使用元学习的思想训练分类器主要分为两个阶段,即元训练阶段和元测试阶段。元训练阶段主要是使用元学习的训练策略训练元分类器。元测试阶段是利用训练集对元分类器进行微调,使用微调后的元分类器进行测试。

在元训练阶段,首先从原始数据集中随机采样构造若干独立同分布的 N-ways、K-shot 子任务,其中每个子任务包含支持集(support set)和查询集(query set),且子任务中多数类样本和少数类样本的数量相同,查询集中的样本数量大于支持集中的样本数量,子任务的划分如下:

$$\text{sub-task} = \{\text{spt}, \text{qry}\} \tag{10-3}$$

其中,spt 代表支持集,qry 代表查询集,支持集和查询集均由原始数据集随机采样获取,且二者相互独立。

对于每一个子任务，分类器只使用支持集中的样本进行训练，训练过程如下：

$$\hat{\theta}_i = \theta - \alpha \nabla L_{\text{spt}_i}(\theta) \tag{10-4}$$

其中，θ 代表分类器，α 代表元学习器在支持集上的学习率。由于子任务中的样本只占原始数据集中样本的一小部分，所以分类器不需要关注整体的分类边界，只注重于将子任务中的若干样本区分开来，使得分类器可以充分挖掘支持集中有限样本的分类特征，为分类器在新分类任务上的性能优化奠定基础。同时，支持集中两类样本的数量相同，降低了分类器发生决策偏移现象的可能性。

设置每次优化分类器所需要的子任务个数为 n，在经过 n 个子任务的训练后，获取分类器在对应子任务查询集样本上的平均损失 l，使用 l 优化分类器，训练过程如下：

$$\theta \leftarrow \theta - \beta \frac{1}{n} \nabla \sum L_{\text{qry}_i}(\hat{\theta}_i) \tag{10-5}$$

其中，β 代表分类器利用查询集优化过程中的学习率，重复上述过程直至所有的子任务训练完成。使用元学习的训练策略训练分类器的具体流程如算法 10-1 所示。

算法 10-1：使用元学习的训练策略训练分类器

输入：不平衡数据集 $D = D_{\text{maj}} \cup D_{\text{min}}$，分类器 θ，子任务数量 N，代理子任务个数 n，支持集和查询集的学习率 α、β

输出：利用元学习策略训练后的分类 θ

1：for $p = 1$ to N/n do
  2：for $i = 1$ to n do
    3：从 D 中随机采样一个子任务 sub-task$_i$ = {spt$_i$, qry$_i$}
    4：$\hat{\theta}_i = \theta - \alpha \nabla L_{\text{spt}_i}(\theta)$
  5：end
  6：$\theta \leftarrow \theta - \beta \frac{1}{n} \nabla \sum L_{\text{qry}_i}(\hat{\theta}_i)$
7：end
8：return θ

在支持集训练分类器的基础上，使用查询集的损失进一步优化分类器，由于仅使用支持集样本进行训练，查询集样本不参与训练，所以支持集样本可以看作是现有的分类任务，查询集可以看作是新的分类任务。所以分类器的更新方向是在原始分类任务拥有较好分类性能的基础上期望在新的分类任务上拥有较好的性能表现，这种特性使分类器在面对新的分类任务时较为敏感，通过简单的微调就可以在新的分类任务上达到较好的性能表现，同时不需要设置新的模型参数，对不同分类任务的普适性较高。

在元训练阶段完成后，使用边界增强后的训练集对分类器进行微调，边界增强的过程如 10.3.2 节所示，从而得到最终的元分类器。

10.3.2　基于贝叶斯不平衡影响指数的边界增强策略

在引入元学习的思想训练得到分类性能和普适性较高的分类器后，需要在原始的训练集上进行微调得到最终的分类器。因为原始训练集存在不平衡现象，所以可能会导致分类器出现决策偏移。针对此问题，提出一种基于贝叶斯不平衡影响指数的边界增强策略，缓解元学习器在微调过程中出现的决策偏移,使其在关注子任务的分类准确率和泛化能力的同时关注整体的分类准确率。

本部分使用 IBI³[1] 值判断样本是否位于分类边界,并使用改进的合成少数类技术增强分类边界,其主要过程如图 10-3 所示。IBI³ 利用贝叶斯定理衡量样本在不平衡数据集和平衡数据集中理论分类概率的差异,可以指示样本在平衡数据集前、后被正确分类的概率变化。

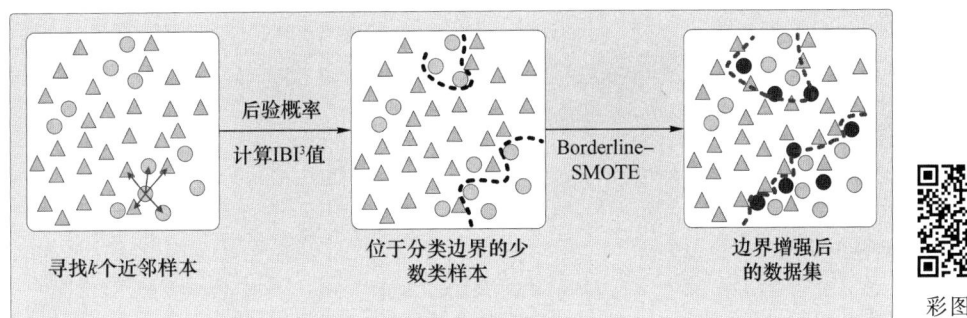

图 10-3　边界增强的主要流程

样本 x 的 IBI³ 值计算如下:

$$\text{IBI}^3(x) = \frac{f'_p(x)}{f'_p(x)+f_n(x)} - \frac{f_p(x)}{f_p(x)+f_n(x)} \tag{10-6}$$

对于每个少数类样本 x,本章使用 K 最近邻(K-Nearest Neighbor,KNN)[2] 计算模型在不平衡数据集中的后验概率 $f_p(x)$ 和 $f_n(x)$。根据欧氏距离计算公式得到 K 个最近邻样本中的少数类样本的数目 m,则该样本被分类为少数类样本的概率为 $f_p(x)=m/k$,被分类为多数类样本的概率为 $f_n(x)=(k-m)/k$。假设数据的不平衡比为 $r=N_n/N_p$,则不受数据不平衡影响的分类模型得到该样本被预测为少数类样本的概率可以表示为 $f'_p(x)=rm/k$。

使用 IBI³ 值作为少数类样本的采样概率,采样得到少数类样本 x_i 后,使用 K 最近邻得到其在训练集中的邻居样本,并随机抽取一个样本 x_i^k,在进行随机特征插值得到新样本 x_{new},其计算过程如下:

$$x_{\text{new}} = x_{i,j} + \beta(x_{i,j}^k - x_{i,j}) \tag{10-7}$$

其中,$x_{i,j}$ 表示样本 x_i 的第 j 维特征的取值,β 为 0 到 1 之间的随机数。

由 IBI³ 值的计算过程可知:样本的 IBI³ 值越大,平衡数据集后该样本更容易被正确分类,其位于分类边界的概率越大。位于分类边界概率越大的样本,采样的概率越大,其使用特征插值生成的样本可以有效地增强分类边界,从而缓解分类器在微调阶段可能发生的决策偏移。由图 10-3 可以看出,在边界增强前,原始数据集的分类边界会更加偏向于多数类样本,在分类过程中会把部分少数类样本误判为多数类样本,降低了对少数类样本的预测精度,导致发生决策偏移。在边界增强后,由于在分类边界附近增加了少数类样本的数量,降低了类别不平衡的影响,分类边界会减少对多数类的偏向,相对于原始分类边界会更加准确。

在元测试阶段使用边界增强后的训练集微调由 10.3.1 节得到的分类器,从而得到最终的分类器。边界增强及分类器微调的具体流程如算法 10-2 所示。

算法 10-2：边界增强以及分类器微调的具体流程

输入：不平衡数据集 $D = D_{\text{maj}} \cup D_{\text{min}}$，K 近邻参数 k，元学习器 θ

输出：微调后的元学习器 θ^*

1：for x_i in D_{min} do
    2：$D_{\text{neighbor}} = \text{KNN}(x_i, D_{\text{min}}, k)$，得到 D_{neighbor} 中少数类样本数目 m
    3：$f_p(x_i) = m/k, f_n(x_i) = (k-m)/k, f'_p(x_i) = rm/k$
    4：$\text{IBI}^3(x_i) = \dfrac{f'_p(x_i)}{f'_p(x_i) + f_n(x_i)} - \dfrac{f_p(x_i)}{f_p(x_i) + f_n(x_i)}$
5：end
6：for $i = 1$ to N_{new} do
    7：以 IBI^3 值大小作为概率采样得到少数类样本 x_i
    8：$D_{\text{neighbor}} = \text{KNN}(x_i, D, k)$
    9：从 D_{neighbor} 随机采样得到 x_i^k
    10：$x_{\text{new}} = x_{i,j} + \beta(x_{i,j}^k - x_{i,j})$
    11：将 x_{new} 存储到 D_{new} 中
12：end
13：$D' = D \cup D_{\text{new}}$
14：使用 D' 微调元学习器 θ 得到 θ^*
15：return θ^*

10.4 实验与评估

本节对所提方法进行了系统的实验验证和对比分析，将其与数据层面方法和算法层面的方法在多个指标上进行对比实验并进行统计学检验，验证所提方法在解决不平衡分类问题的优势。对比方法的相关信息如表 10-1 所示。其中，算法层面方法包括典型的和近年来较为新颖的单分类器、集成学习方法、代价敏感学习方法，同时添加预训练、样本平衡和样本选择等方法作为补充。数据层面方法主要包括采样类方法和生成类方法。10.4.1 节介绍对比实验使用的数据集和评价指标。10.4.2 节介绍所提方法的参数设置。10.4.3 节和 10.4.4 节分别介绍所提方法与算法层面方法和数据层面方法对比实验的结果。10.4.5 节使用 Nemenyi 后检验[48]验证所提方法和对比方法在统计学意义上是否有显著差异。10.4.6 节利用消融实验探究所提方法对算法性能的影响。

10.4.1 数据集和评价指标

为了充分验证所提方法的有效性，本章 CI 和 KEEL 数据集中选取 38 个数据集进行对比实验。数据集的选择标准为：①不平衡比、不同类别样本数量、特征维度等属性具有较大跨度；②各属性在不同范围中均匀分布。表 10-2 对这些数据集的特点进行了总结。

表 10-1　对比方法的相关信息

方法		类型	发表信息
算法层面方法	iForest	One-class learning	IEEE International Conference on Data Mining，2008
	SVDD		Applied Energy，2013
	GBDT	Ensemble learning	Annals of statistics，2001
	RF		Journal of Chemical Information and Computer Sciences，2003
	SWSEL		Engineering Applications of Artificial Intelligence，2023
	RGAN-EL		Information Processing & Management，2023
	BRAF	Pre-training	IEEE Transactions on Neural Networks and Learning Systems，2018
	DTE-SBD	Sample balance	Information Sciences，2018
	DPHS-MDS	Sample selection	Expert Systems with Applications，2020
	CSSVM-SMOTE	Cost-sensitive learning	Neurocomputing，2019
	CS-CLA		PeerJ Computer Science，2021
	AWLICSR		Expert Systems with Applications，2024
数据层面方法	SMOTE	Oversampling	Journal of Artificial Intelligence Research，2002
	Borderline-SMOTE		International Conference on Intelligent Computing，2005
	Safe-Level-SMOTE		Pacific-Asia Conference on Knowledge Discovery and Data Mining，2009
	G-SMOTE		International Conference on Pattern Recognition，2014
	SOMO		Expert systems with Applications，2017
	K-means SMOTE		Information Sciences，2018
	SMOTE-NaN-DE		Knowledge-Based Systems，2021
	MPP-SMOTE		Information Sciences，2023
	DCSHS		Applied Intelligence，2023
	ADA-INCVAE	Deep learning with VAE	Applied Intelligence，2022
	CWGAN-GP		Information Sciences，2020
	RVGAN-TL		Information Sciences，2023

表 10-2　数据集的特点

数据集	样本数量	特征维度	少数类样本数量	多数类样本数量	不平衡比
wisconsin	683	9	239	444	1.86
ecoli-0_vs_1	220	6	77	143	1.86
pima	768	8	268	500	1.87
vehicle2	846	18	218	628	2.88
vehicle1	846	18	217	629	2.90
vehicle3	846	18	212	634	2.99
vehicle0	846	18	199	647	3.25
ecoli1	336	7	77	259	3.36

续 表

数据集	样本数量	特征维度	少数类样本数量	多数类样本数量	不平衡比
TUANDROMD	4 464	199	899	3 565	3.97
spambase	3 419	57	634	2 785	4.39
new-thyroid1	215	5	35	180	5.14
new-thyroid2	215	5	35	180	5.14
ecoli2	336	7	52	284	5.46
arrhythmia	452	274	66	386	5.85
segment0	2 308	19	329	1 979	6.02
yeast3	1 484	8	163	1 321	8.10
ecoli3	336	7	35	301	8.60
page-blocks0	5 472	10	559	4 913	8.79
yeast-2_vs_4	514	8	51	463	9.08
ecoli-0-6-7_vs_3-5	222	7	22	200	9.09
yeast-0-2-5-6_vs_3-7-8-9	1 004	8	99	905	9.14
yeast-0-2-5-7-9_vs_3-6-8	1 004	8	99	905	9.14
glass-0-4_vs_5	92	9	9	83	9.22
ecoli-0-1-4-7_vs_5-6	332	6	25	307	12.28
glass4	214	9	13	201	15.46
ecoli4	336	7	20	316	15.80
page-blocks-1-3_vs_4	472	10	28	444	15.86
abalone9-18	731	10	42	689	16.40
yeast-2_vs_8	482	8	20	462	23.10
MUSK	2 873	166	106	2 767	26.10
yeast-1-2-8-9_vs_7	947	8	30	917	30.57
abalone-3_vs_11	502	10	15	487	32.47
ecoli-0-1-3-7_vs_2-6	281	7	7	274	39.14
yeast6	1 484	8	35	1 449	41.40
mammography	11 183	6	260	10 923	42.01
Mice Protein	519	79	12	507	42.25
poker-8-9_vs_6	1 485	10	25	1460	58.40
poker-8_vs_6	1 477	10	17	1 460	85.88

在不平衡分类问题中，少数类样本的准确判别往往比多数类样本的准确判别更为重要，因此将少数类样本视为正类样本，多数类样本视为负类样本，混淆矩阵如表 10-3 所示，两类样本的准确率和召回率的计算如式(10-8)所示。

表 10-3 混淆矩阵

类别	实际为少数类样本	实际为多数类样本
预测为少数类样本	TP	FP
预测为多数类样本	FN	TN

$$\begin{cases} \text{recall}_{\text{maj}} = \dfrac{\text{TN}}{\text{TN}+\text{FN}} \\ \text{recall}_{\text{min}} = \dfrac{\text{TP}}{\text{TP}+\text{FN}} \\ \text{precision}_{\text{min}} = \dfrac{\text{TP}}{\text{TP}+\text{FP}} \end{cases} \quad (10\text{-}8)$$

在分类问题中,分类器以总体准确率作为优化目标,但对于不平衡分类问题,分类器为了获得较高的总体准确率,分类边界会向多数类样本偏移,将少数类样本误分为多数类样本,所以分类的总体准确率难以准确衡量模型的预测性能。本章选用 F-measure 和 G-mean 作为模型预测性能的评价指标。F-measure 是对少数类的准确率和召回率的综合评价,其中 β 为超参数,控制少数类召回率 $\text{recall}_{\text{min}}$ 相对于准确率 $\text{precision}_{\text{min}}$ 的重要程度,在本章中选取 β 为 1,即两者同样重要,此时为 F1-measure 指标。G-mean 是少数类召回率 $\text{recall}_{\text{min}}$ 和多数类召回率 $\text{recall}_{\text{maj}}$ 的几何平均值,能够综合反映分类器在不同类别上的分类性能。F-measure 和 G-mean 指标既体现了少数类样本精确分类的重要性,又充分考虑了多数类样本的预测精度。它们的计算过程如下:

$$\text{F-measure} = \frac{(1+\beta^2) \cdot \text{recall}_{\text{min}} \cdot \text{precision}_{\text{min}}}{\beta^2 \cdot \text{recall}_{\text{min}} + \text{precision}_{\text{min}}} \quad (10\text{-}9)$$

$$\text{G-mean} = \sqrt{\text{recall}_{\text{min}} \cdot \text{recall}_{\text{maj}}} \quad (10\text{-}10)$$

同时,为了评估所提方法与对比方法是否具有显著差异,本章使用 Friedman 检验[8] 和 Wilcoxon 符号秩检验[47] 对实验结果进行评估。Friedman 检验根据不同方法在多个数据集上结果的平均排名计算 τ_F,其计算过程如下:

$$\tau_F = \frac{(N-1)\tau_{\chi^2}}{N(k-1)-\tau_{\chi^2}} \quad (10\text{-}11)$$

$$\tau_{\chi^2} = \frac{12N}{k(k+1)} \left(\sum_{i=1}^{k} r_i^2 - \frac{k(k+1)^2}{4} \right) \quad (10\text{-}12)$$

其中,N 表示对比实验中数据集的个数,k 表示方法的个数,r 表示每个方法在不同数据集上的 Friedman 排名。如果 τ_F 的值大于 Friedman 检验的临界值,则"所有方法的性能相同"这个假设被拒绝。Wilcoxon 符号秩检验可以评估两个方法之间是否存在显著差异,本章将测试阈值设置为 0.05,即当测试分数小于 0.05 时,认为比较的两种方法存在显著差异。

10.4.2 参数设置

所提方法的参数设置如表 10-4 所示,其中 N 表示元学习中子任务的数量,n 表示代理子任务的数量,即经过多少个子任务之后进一步优化元学习器。α 和 β 分别代表使用支持集和查询集训练和优化时的学习率,k 代表在边界增强时使用 KNN 算法中的近邻数量。同时,本章使用的元学习器 θ 由全连接神经网络构成,其中 x_dim 表示样本的特征维度,网络结构如图 10-4 所示,且模型在初始化时选择随机初始化,不会对初始值产生依赖。为了使模型更加适用于大部分特性差异较大的不平衡数据集,支持集和查询集中样本个数设置较少,分别为 2 和 10。同时,为了减少模型的训练时间,子任务个数设置为 5 000,每个子任务的训练轮数设置为 30。

表 10-4 所提方法的参数设置

参数	值
N	5 000
n	4
Sample num in support set	2
Sample num in query set	10
α	1×10^{-2}
β	1×10^{-3}
Meta-learner training epoch	30
Fine-tunning epoch	10
Iinitialization method of meta-learner	Random initialization
Optimizer	Adam
k	5

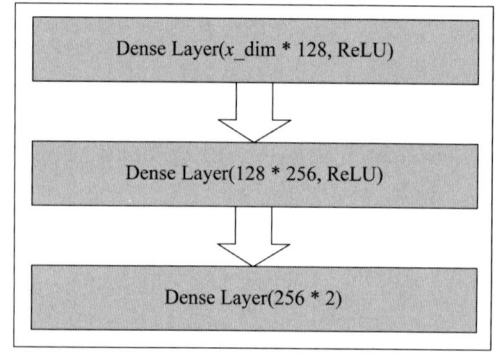

图 10-4 元学习器的基本架构

10.4.3 公开数据集的结果与分析

1. 与算法层面方法对比

所提方法属于算法层面方法。为了验证所提方法的有效性,将其与典型的和近年来较为新颖的算法层面方法进行比较。单分类器包括 iForest[103]、SVDD[104]。集成学习包括 GBDT[72]、RF[21]、SWSEL[92]、RGAN-EL[102]。代价敏感学习及其他算法层面方法包括 BRAF[82]、DTE-SBD[68]、DPHS-MDS[73]、CSSVM-SMOTE[77]、CS-CLA[105]、AWLICSR[106]。上述方法的复现均是基于 Scikit-Learn 库或原始论文中的默认参数,同时引入网格搜索获取代价敏感学习类算法的最优参数。为了减小实验偶然性的影响,每个方法的最终性能表现取 10 次五折交叉验证的均值。对比实验的结果见表 10-5～表 10-6,其中加粗数据为在每个数据集上的最优结果,在所有数据集下性能表现的均值和 Friedman 平均排名在表格底栏列出。Wilcoxon 符号秩检验的结果如表 10-7 所示。

第 10 章 基于元学习和边界增强策略的不平衡分类方法

表 10-5 所提方法和算法层面方法在 F1-measure 指标上的实验结果对比

数据集	iForest	SVDD	GBDT	RF	SWSEL	RGAN-EL	BRAF	DTE-SBD	DPHS-MDS	CSSVM-SMOTE	CS-CLA	AWLICSR	Meta-learning
wisconsin	0.919 3	0.928 8	0.951 8	0.956 3	0.933 6	**0.979 2**	0.955 3	0.942 3	0.960 3	0.959 5	0.957 1	0.518 9	0.961 1
ecoli-0_vs_1	0.858 1	0.933 1	0.968 5	**0.987 1**	0.986 2	0.896 6	**0.987 1**	0.967 5	0.983 9	0.981 0	0.971 9	0.967 7	0.969 7
pima	0.466 3	0.260 1	0.647 8	0.628 6	0.676 0	0.594 6	0.636 7	0.650 1	0.659 5	0.679 5	0.658 9	0.289 8	**0.690 5**
vehicle2	0.303 4	0.408 2	0.955 8	0.969 4	0.860 7	0.881 7	0.974 7	0.931 6	0.970 6	0.953 1	0.924 8	0.964 7	**0.981 9**
vehicle1	0.209 9	0.219 9	0.570 5	0.525 9	0.563 5	0.631 6	0.553 8	0.635 3	0.613 8	0.673 6	0.611 6	0.537 3	**0.718 7**
vehicle3	0.256 3	0.284 8	0.563 1	0.501 2	0.543 2	0.473 1	0.508 2	0.586 8	0.570 6	0.646 5	0.579 0	0.440 6	**0.702 1**
vehicle0	0.387 7	0.417 7	0.905 9	0.945 1	0.816 9	0.938 3	**0.946 0**	0.893 3	0.938 8	0.934 2	0.914 5	0.913 5	0.941 0
ecoli1	0.523 2	0.453 5	0.762 6	0.770 7	0.780 6	**0.810 8**	0.786 8	0.788 8	0.767 3	0.781 4	0.778 1	0.758 6	0.802 5
TUANDROMD	0.705 9	0.427 1	0.962 8	0.984 5	0.974 9	0.973 0	0.982 3	0.976 7	0.984 1	0.970 2	0.983 4	0.335 5	**0.985 1**
spambase	0.113 3	0.095 0	0.886 0	0.894 1	0.787 7	0.849 2	**0.901 2**	0.869 3	0.896 4	0.816 4	0.891 7	0.313 2	0.880 5
new-thyroid1	0.679 6	0.893 1	0.873 8	0.951 3	0.913 3	0.923 1	0.949 8	0.924 8	0.932 5	0.944 8	0.917 5	0.923 0	**0.956 0**
new-thyroid2	0.678 9	0.886 1	0.872 6	0.969 2	0.938 0	0.916 7	0.975 8	0.957 0	0.940 5	0.973 3	0.917 4	**0.999 9**	0.986 7
ecoli2	0.268 3	0.141 5	0.820 2	0.809 7	0.675 4	0.857 1	0.831 2	0.796 4	0.825 8	**0.877 5**	0.807 9	0.666 6	0.874 8
arrhythmia	0.214 8	0.304 7	0.593 1	0.658 8	0.620 2	0.640 0	**0.666 7**	0.632 3	0.645 2	0.589 4	0.642 5	0.304 3	0.620 5
segment0	0.022 6	0.043 6	0.933 2	0.986 1	0.979 1	0.982 5	0.981 8	0.976 6	0.987 9	0.990 8	0.983 7	0.749 9	**0.995 4**
yeast3	0.063 3	0.048 4	0.734 0	0.753 9	0.679 4	0.679 2	0.764 9	**0.800 7**	0.780 8	0.741 9	0.780 4	0.303 0	0.772 1
ecoli3	0.165 7	0.073 3	0.592 9	0.571 9	0.604 7	**0.727 3**	0.579 4	0.542 1	0.576 4	0.639 1	0.569 4	0.250 0	0.709 5
page-blocks0	0.556 4	0.340 1	0.878 7	0.885 5	0.695 9	0.788 8	**0.887 0**	0.855 1	0.878 1	0.742 9	0.809 9	0.770 6	0.809 8
yeast-2_vs_4	0.505 5	0.559 2	0.710 8	0.772 3	0.732 4	0.705 9	0.766 3	0.696 2	0.732 6	0.665 8	0.722 0	0.533 3	**0.789 9**
ecoli-0-6-7_vs_3-5	0.430 1	0.584 5	0.734 0	0.762 5	0.673 3	0.666 7	0.751 4	0.696 1	0.741 6	0.792 5	0.728 1	0.799 9	**0.832 5**

续表

数据集	iForest	SVDD	GBDT	RF	SWSEL	RGAN-EL	BRAF	DTE-SBD	DPHS-MDS	CSSVM-SMOTE	CS-CLA	AWLICSR	Meta-learning
yeast-0-2-5-6_vs_3-7-8-9	0.386 4	0.332 1	0.624 4	0.624 2	0.348 6	**0.679 2**	0.636 3	0.585 5	0.644 3	0.609 8	0.617 8	0.114 2	0.610 1
yeast-0-2-5-7-9_vs_3-6-8	0.459 0	0.459 6	0.796 3	0.793 1	0.622 8	**0.898 0**	0.786 7	0.750 4	0.797 2	0.808 8	0.798 8	0.291 6	0.823 6
glass-0-4_vs_5	0.360 4	0.343 3	0.960 0	0.960 0	0.866 7	**1.000 0**	0.953 3	0.960 0	0.960 0	0.700 0	0.741 7	0.999 9	**1.000 0**
ecoli-0-1-4-7_vs_5-6	0.351 5	0.442 9	0.714 4	0.781 1	0.513 3	**1.000 0**	0.827 7	0.812 0	0.783 8	0.802 4	0.784 0	0.363 6	0.897 8
glass4	0.366 0	0.208 9	0.604 8	0.566 7	0.642 4	0.750 0	0.665 3	0.580 4	0.687 6	0.781 4	0.534 3	0.399 9	**0.811 4**
ecoli4	0.419 4	0.565 6	0.741 4	0.759 5	0.760 9	0.714 3	0.764 3	0.714 5	0.763 6	0.769 2	0.755 6	0.666 6	**0.787 5**
page-blocks-1-3_vs_4	0.415 8	0.426 6	0.873 8	0.948 5	0.675 1	0.933 3	**0.977 2**	0.930 1	0.941 5	0.889 5	0.825 5	0.799 9	0.966 4
abalone9-18	0.182 1	0.249 1	0.300 8	0.295 8	0.135 9	0.210 5	0.329 0	0.307 1	0.288 8	0.353 9	0.253 7	0.200 0	**0.414 7**
yeast-2_vs_8	0.323 9	0.506 1	0.483 8	0.584 8	0.269 9	0.750 0	0.581 0	0.536 6	0.584 8	0.440 6	0.549 5	0.333 3	0.611 9
MUSK	0.008 3	0.023 1	0.576 3	0.576 7	0.207 1	0.511 6	0.658 8	0.642 1	0.628 4	0.699 5	0.748 5	0.079 1	**0.825 6**
yeast-1-2-8-9_vs_7	0.057 5	0.030 8	0.222 2	0.201 6	0.116 0	0.148 1	0.232 7	0.258 0	0.180 6	0.136 3	0.214 6	0.111 1	**0.299 1**
abalone-3_vs_11	0.192 5	0.443 7	**1.000 0**	**1.000 0**	0.771 4	**1.000 0**	**1.000 0**	**1.000 0**	**1.000 0**	0.942 9	0.980 0	0.799 9	**1.000 0**
ecoli-0-1-3-7_vs_2-6	0.138 1	0.253 3	0.613 3	0.666 7	0.402 2	0.000 0	0.678 7	0.550 0	0.746 7	0.513 3	0.736 7	0.181 8	**0.866 7**
yeast6	0.087 4	0.000 0	0.529 0	0.502 9	0.320 7	0.222 2	0.512 3	0.439 5	0.497 7	0.414 9	0.444 2	0.063 9	**0.563 6**
mammography	0.187 9	0.079 7	0.652 9	0.663 0	0.108 9	0.563 6	0.677 7	0.587 7	**0.695 4**	0.306 9	0.688 1	0.045 4	0.456 6
Mice Protein	0.046 9	0.030 3	0.626 7	0.293 3	0.575 2	0.857 1	0.494 7	0.789 3	0.233 3	0.933 3	0.933 3	0.074 1	**0.960 0**
poker-8-9_vs_6	0.030 2	0.066 2	0.066 7	0.000 0	0.063 4	0.250 0	0.287 4	0.609 1	0.111 4	0.850 0	0.230 4	0.039 6	**0.905 6**
poker-8_vs_6	0.018 8	0.042 6	0.000 0	0.000 0	0.023 7	0.222 2	0.016 0	0.555 0	0.000 0	0.826 7	0.125 0	0.038 8	**0.971 4**
Average	0.325 3	0.337 0	0.694 4	0.697 4	0.601 6	0.700 7	0.722 8	0.729 6	0.708 7	0.740 3	0.713 5	0.472 2	**0.809 3**
Average Friedman-rank	12.157 9	11.631 6	6.986 8	5.671 1	8.763 2	6.223 7	4.407 9	6.302 6	4.842 1	5.486 8	6.039 5	10.078 9	2.407 9

第10章 基于元学习和边界增强策略的不平衡分类方法

表10-6 所提方法和算法层面方法在G-mean指标上的实验结果对比

数据集	iForest	SVDD	GBDT	RF	SWSEL	RGAN-EL	BRAF	DTE-SBD	DPHS-MDS	CSSVM-SMOTE	CS-CLA	AWLICSR	Meta-learning
wisconsin	0.950 9	0.948 9	0.962 3	0.967 5	0.960 0	**0.984 0**	0.967 5	0.956 1	0.972 3	0.970 5	0.969 4	0.000 0	0.972 6
ecoli-0_vs_1	0.903 9	0.952 1	0.976 7	**0.987 3**	0.986 4	0.950 4	**0.987 3**	0.976 5	0.985 5	0.983 9	0.978 5	0.968 2	0.982 6
pima	0.573 0	0.392 0	0.723 4	0.704 4	0.748 4	0.694 5	0.713 4	0.722 7	0.735 0	0.752 4	0.727 8	0.419 4	**0.761 0**
vehicle2	0.462 2	0.544 2	0.968 0	0.974 3	0.936 9	0.921 0	0.982 8	0.956 3	0.978 9	0.974 3	0.957 1	0.965 3	**0.990 6**
vehicle1	0.376 2	0.378 1	0.674 2	0.642 7	0.716 4	0.747 4	0.669 3	0.760 7	0.735 8	0.809 5	0.744 5	0.626 8	**0.822 8**
vehicle3	0.422 4	0.440 6	0.668 6	0.615 4	0.702 6	0.658 9	0.623 1	0.722 8	0.700 2	0.792 1	0.717 9	0.543 3	**0.817 7**
vehicle0	0.546 2	0.559 1	0.940 4	0.963 6	0.922 5	0.963 4	0.968 9	0.942 5	0.966 3	**0.976 4**	0.959 7	0.946 9	0.960 3
ecoli1	0.660 0	0.570 2	0.833 7	0.845 4	0.862 1	0.892 1	0.863 9	0.878 8	0.855 4	0.892 0	0.868 8	0.813 1	**0.893 3**
TUANDROMD	0.823 9	0.551 0	0.972 2	0.991 5	0.990 2	0.986 9	0.991 4	0.984 5	0.990 8	0.990 6	0.990 6	0.000 0	**0.992 9**
spambase	0.242 7	0.245 8	0.913 5	0.920 4	0.921 3	0.920 1	0.931 7	0.927 7	0.936 4	0.915 1	**0.936 6**	0.000 0	0.934 2
new-thyroid1	0.874 9	0.954 1	0.901 9	0.954 2	0.957 8	**0.986 4**	0.960 9	0.948 8	0.939 1	0.977 0	0.932 3	0.925 8	0.967 7
new-thyroid2	0.887 5	0.962 8	0.912 3	0.970 3	0.985 9	0.941 9	0.978 7	0.975 7	0.949 3	0.994 4	0.931 1	**1.000 0**	0.997 2
ecoli2	0.465 8	0.284 5	0.858 0	0.837 3	0.852 3	**0.974 2**	0.885 0	0.885 9	0.862 9	0.942 4	0.872 1	0.814 5	0.926 3
arrhythmia	0.305 7	0.479 0	0.702 3	0.721 7	**0.831 2**	0.741 1	0.767 1	0.780 1	0.725 0	0.727 3	0.747 3	0.423 7	0.749 9
segment0	0.101 7	0.158 7	0.988 3	0.988 7	0.991 4	0.990 0	0.993 1	0.989 2	0.988 5	0.992 1	0.991 2	0.876 7	**0.997 9**
yeast3	0.197 2	0.152 8	0.856 6	0.827 8	0.906 1	0.848 4	0.848 2	0.916 8	0.867 0	0.889 2	0.871 8	0.652 2	**0.925 7**
ecoli3	0.352 4	0.147 4	0.702 7	0.671 7	**0.877 5**	0.863 0	0.690 6	0.744 1	0.686 3	0.874 1	0.738 6	0.378 0	0.866 3
page-blocks0	0.834 6	0.456 5	0.925 7	0.932 3	0.939 7	0.880 5	0.935 3	0.943 0	0.943 5	0.928 7	0.894 5	0.856 3	**0.948 6**
yeast-2_vs_4	0.705 4	0.714 4	0.820 8	0.818 2	**0.926 8**	0.815 4	0.836 2	0.865 9	0.807 1	0.833 2	0.803 4	0.603 0	0.910 7
ecoli-0-6-7_vs_3-5	0.802 7	0.838 4	0.778 3	0.805 1	0.833 4	0.764 9	0.803 8	0.835 8	0.787 8	0.871 3	0.801 9	**0.883 2**	0.876 1

续表

数据集	iForest	SVDD	GBDT	RF	SWSEL	RGAN-EL	BRAF	DTE-SBD	DPHS-MDS	CSSVM-SMOTE	CS-CLA	AWLICSR	Meta-learning
yeast-0-2-5-6_vs_3-7-8-9	0.586 8	0.482 2	0.722 5	0.703 6	0.741 6	**0.824 1**	0.721 4	0.759 9	0.733 0	0.786 8	0.741 0	0.304 7	0.794 3
yeast-0-2-5-7-9_vs_3-6-8	0.649 5	0.597 3	0.868 3	0.842 3	0.891 3	**0.932 7**	0.863 6	0.866 8	0.857 8	0.889 3	0.869 1	0.556 2	0.899 7
glass-0-4_vs_5	0.558 4	0.571 6	0.993 6	0.993 6	0.981 5	**1.000 0**	0.987 8	0.993 6	0.993 6	0.761 5	0.802 5	**1.000 0**	**1.000 0**
ecoli-0-1-4-7_vs_5-6	0.781 7	0.731 8	0.814 3	0.839 8	0.860 0	**1.000 0**	0.865 7	0.903 9	0.827 7	0.903 8	0.836 7	0.611 7	0.933 7
glass4	0.734 0	0.421 2	0.674 2	0.618 1	**0.961 8**	0.854 9	0.711 4	0.715 4	0.747 7	0.929 5	0.604 5	0.570 3	0.898 6
ecoli4	0.742 8	0.839 5	0.853 3	0.801 1	0.926 4	0.967 7	0.835 5	0.862 0	0.789 6	0.884 3	0.820 5	**0.968 2**	0.905 7
page-blocks-1-3_vs_4	0.788 9	0.663 5	0.921 7	0.964 1	0.967 8	0.994 3	0.982 2	0.961 3	0.944 9	0.959 9	0.863 4	0.983 0	**0.997 7**
abalone9-18	0.572 6	0.526 0	0.432 2	0.383 1	0.513 7	0.483 5	0.418 3	0.624 4	0.396 9	0.709 4	0.366 8	0.333 3	**0.832 1**
yeast-2_vs_8	0.627 3	0.783 1	0.581 8	0.655 5	0.785 1	**0.861 4**	0.652 3	0.736 2	0.655 5	0.714 0	0.626 8	0.497 3	0.734 9
MUSK	0.043 9	0.199 2	0.649 7	0.640 0	0.794 0	0.817 2	0.719 5	0.797 5	0.687 5	**0.924 7**	0.791 8	0.275 5	0.891 2
yeast-1-2-8-9_vs_7	0.196 0	0.080 3	0.311 2	0.278 3	0.634 0	**0.778 1**	0.318 0	0.491 4	0.275 7	0.575 3	0.281 3	0.395 9	0.665 9
abalone-3_vs_11	0.856 1	0.960 2	**1.000 0**	**1.000 0**	0.990 7	**1.000 0**	**1.000 0**	**1.000 0**	**1.000 0**	0.997 9	0.981 6	0.816 5	**1.000 0**
ecoli-0-1-3-7_vs_2-6	0.774 7	0.830 9	0.874 7	0.682 8	0.722 9	0.000 0	0.760 3	0.870 7	0.878 4	0.866 1	0.830 4	0.820 2	**0.882 8**
yeast6	0.315 1	0.000 0	0.669 0	0.625 5	**0.855 3**	0.692 5	0.637 7	0.741 2	0.611 7	0.735 5	0.588 7	0.541 4	0.846 9
mammography	0.795 2	0.451 5	0.746 3	0.730 8	0.769 9	0.746 6	0.749 0	0.862 6	0.788 1	0.860 9	0.817 6	0.000 0	**0.900 8**
Mice Protein	0.137 4	0.345 8	0.646 1	0.304 7	0.893 8	0.866 0	0.514 8	0.881 0	0.256 9	0.941 4	0.941 4	0.514 5	**0.963 2**
poker-8-9_vs_6	0.238 4	0.636 1	0.089 4	0.000 0	0.643 6	0.445 7	0.351 4	0.688 8	0.146 8	0.864 8	0.263 9	0.520 8	**0.912 7**
poker-8_vs_6	0.220 1	0.614 8	0.000 0	0.000 0	0.431 7	0.444 9	0.020 0	0.599 7	0.000 0	0.846 1	0.135 5	0.577 8	**0.973 2**
Average	0.555 5	0.538 6	0.761 0	0.742 2	0.847 7	0.821 9	0.776 5	0.844 1	0.763 3	0.874 7	0.778 9	0.604 8	**0.903 4**
Average Friedman-rank	11.263 2	10.526 3	8.460 5	8.223 7	5.184 2	5.539 5	6.368 4	5.065 8	7.131 6	4.039 5	7.368 4	9.684 2	**2.144 7**

表 10-7　Wilcoxon 符号秩检验对所提方法和算法层面方法的差异性检验结果(0.05)

方法	F1-measure				G-mean			
	R+	R−	P	Assuming	R+	R−	P	Assuming
iForest	741	0	7.74×10^{-8}	rejected	741	0	7.74×10^{-8}	rejected
SVDD	741	0	7.74×10^{-8}	rejected	734	7	1.35×10^{-7}	rejected
GBDT	684	57	8.87×10^{-6}	rejected	741	0	1.14×10^{-7}	rejected
RF	641	100	1.48×10^{-4}	rejected	736	5	1.72×10^{-7}	rejected
SWSEL	736	5	1.15×10^{-7}	rejected	616	125	3.70×10^{-4}	rejected
RGAN-EL	609	132	1.59×10^{-3}	rejected	590	151	4.25×10^{-3}	rejected
BRAF	616	125	6.33×10^{-4}	rejected	718	23	7.20×10^{-7}	rejected
DTE-SBD	683	58	9.52×10^{-6}	rejected	724	17	4.50×10^{-7}	rejected
DPHS-MDS	637	104	1.89×10^{-4}	rejected	727	14	3.55×10^{-7}	rejected
CSSVM-SMOTE	730	11	1.85×10^{-7}	rejected	631.5	109.5	1.54×10^{-4}	rejected
CS-CLA	675	66	1.01×10^{-5}	rejected	738	3	9.84×10^{-8}	rejected
AWLICSR	738	3	9.84×10^{-8}	rejected	730	11	2.79×10^{-7}	rejected

根据对比实验的结果可知,所提方法相比于算法层面方法有显著优势。在 38 个数据集上,所提方法在 F1-measure 指标上有 21 个排名第一,有 11 个排名第二;在 G-mean 指标上有 18 个排名第一,有 12 个排名第二。相比于其他算法层面方法,所提方法通过引入元学习的思想构建元学习不平衡分类框架,将面对新任务的分类表现作为优化目标,仅使用支持集样本训练元分类器,使得元分类器可以充分挖掘支持集中有限样本的分类信息。根据在多个查询集的综合表现对元分类器进一步优化,使元分类器在面对新的分类任务时只需要经过少量的训练轮次就可以达到良好的分类性能,有效提升了面对不同数据集的普适性,在现有方法分类效果较差的数据集上有较好的性能提升。同时,设计基于贝叶斯不平衡影响指数的边界增强策略,在识别边界样本后对其进行增强,缓解了元分类器在分类阶段由于类别不平衡导致的决策偏移,进一步增强了所提方法的普适性和鲁棒性。特别在"abalone9-18""ecoli-0-1-3-7_vs_2-6"及"poker-8_vs_6"等现有方法性能表现较差的数据集上,所提方法相比于排名第二的方法在 F1-measure 指标上的平均提升幅度大于 15%,在 G-mean 指标上的平均提升幅度大于 10%。同时,在整体的 F1-measure 指标和 G-mean 指标上,所提方法相比于现有性能表现排名第二的方法的平均提升达到 8.96%,进一步反映了所提方法相比于算法层面方法在不平衡分类问题上的优越性。

对比实验的方法个数为 12 个,数据集个数为 38 个,此时 Friedman 检验的临界值为 1.812 2,根据 Friedman 排名计算可得 F1-measure 指标上的 τ_F 值为 44.303 5,G-mean 指标上的 τ_F 值为 31.370 3,均大于 Friedman 检验的临界值,因此拒绝"所有方法的性能相同"这个假设。同时,根据表 10-7 的结果,所提方法与对比方法在不同指标上的 P 均小于 0.05,所以在测试阈值为 0.05 的情况下,所提方法与数据层面方法存在显著差异。

为了进一步验证所提方法相比于现有算法层面方法在面对不同数据集时普适性的差异,计算所提方法与对比方法在 38 个公开数据集结果的 Friedman 平均序值和 Friedman 排名的方差,如图 10-5、图 10-6 所示。在 Friedman 平均排名相同的情况下,Friedman 排名的方差越小,说明该方法在面对不同数据集时的普适性越强。

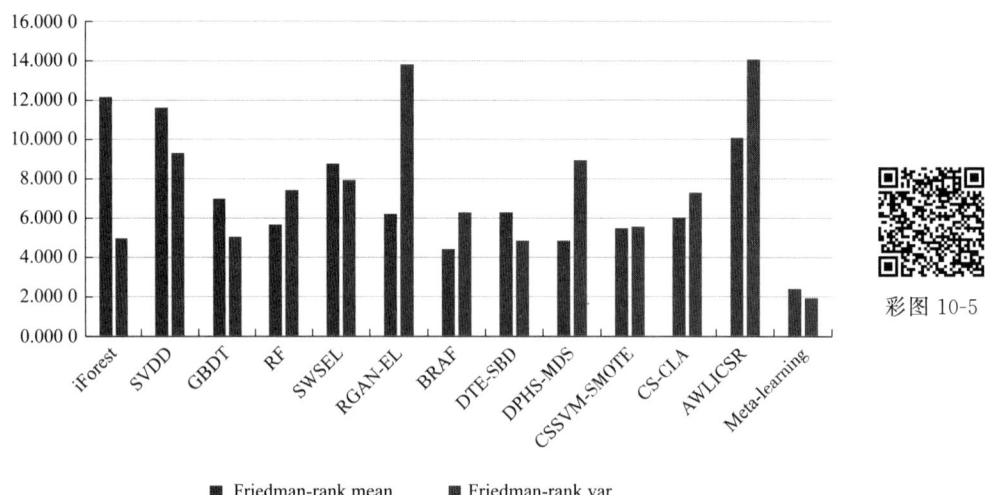

图 10-5　在 38 个数据集上，所提方法与对比方法在 F1-measure 指标上的 Friedman 均值和方差对比

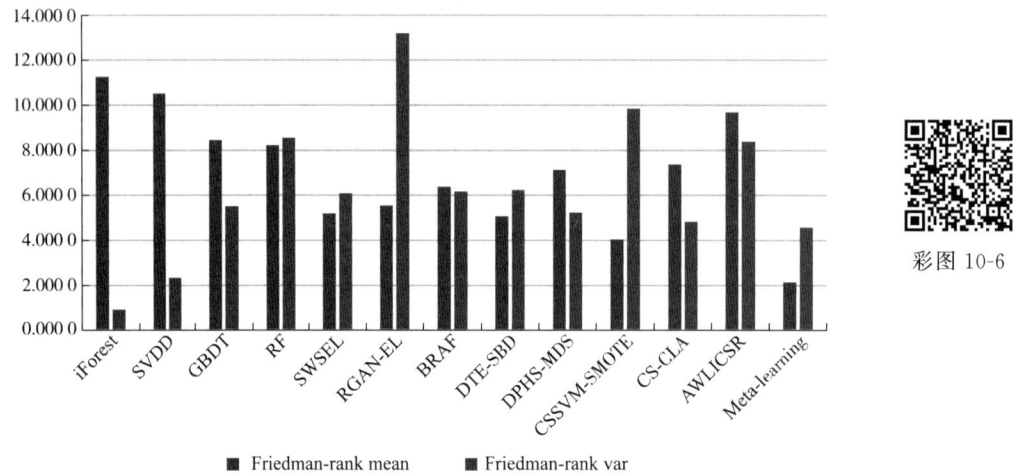

图 10-6　在 38 个数据集上，所提方法与对比方法在 G-mean 指标上的 Friedman 均值和方差对比

从图 10-5 和图 10-6 可以看出，在 F1-measure 指标上，相比于对比方法，所提方法在 38 个数据集上的 Friedman 均值和 Friedman 排名的方差均最小，说明所提方法在 F1-measure 指标上平均性能最好，且对于不同数据集的普适性明显领先于对比方法。在 G-mean 指标上，相比于对比方法，所提方法在 38 个数据集上取得了最小的 Friedman 均值，但是在不同数据集上 Friedman 排名的方差大于 iForest 方法和 SVDD 方法的 Friedman 排名的方差，考虑到以上两种方法的 Friedman 均值最大，说明方法的性能明显低于其他方法，在不同数据集上都无法取得较好的表现，除上述两种方法外，所提方法的 Friedman 方法在其余所有方法中最低，说明所提方法在不同数据集上可以取得较好的性能表现。这是因为所提方法将面对新的分类任务时的表现作为优化目标，根据在多个查询集的综合表现对元分类器进一步优化，使元分类器在面对新的分类任务时只需要经过少量的训练轮次就可以达到良好的分类性能。同时，设计基于贝叶斯不平衡影响指数的边界增强策略，在识别边界样本后对

其进行增强,缓解了元分类器在分类阶段由于类别不平衡导致的决策偏移。上述策略使所提方法相对于现有方法显著提升了面对不同数据集的普适性。

2. 与数据层面方法对比

除了算法层面方法,数据层面方法在不平衡分类领域也有非常重要的地位。为了进一步测试所提方法的综合性能,选取不平衡分类领域典型的以及近年来较为新颖的数据层面方法进行对比实验,其中传统的采样类方法包括 SMOTE[10]、Borderline-SMOTE[11]、Safe-Level-SMOTE[34]、G-SMOTE[32]、SOMO[38]、K-means SMOTE[35]、SMOTE-NaN-DE[15] 和 MPP-SMOTE[90],生成类方法包括 ADA-INCVAE[17]、CWGAN-GP[16] 和 RVGAN-TL[91]。为了更加全面地比较所提方法与数据层面方法的性能差异,选取四种原理不同的典型的分类器,分别是逻辑回归(Logistic Regression,LR)[19]、随机森林(Random Forest,RF)[21]、支持向量机(Support Vector Machine,SVM)[20] 和梯度提升决策树(Gradient Boosting Decision Tree,GBDT)[72]。对比方法的实现均是基于不平衡学习库中的默认参数或者文献中的模型结构和参数,分类器的实现均是基于 Scikit-Learn[18] 库的默认参数。为了减小实验偶然性的影响,每个方法的最终性能表现取 10 次五折交叉验证的均值。对比实验的结果见附录 G 部分的表 G-1～表 G-8,其中加粗数据为在每个数据集上表现的最优结果。每种数据层面方法结合不同分类器在 38 个数据集上的平均结果如表 10-8 所示。Friedman 检验和 Wilcoxon 符号秩检验的结果如表 10-9 和表 10-10 所示。

对比实验的结果表明,所提方法相对于数据层面方法有明显的性能提升,在所有数据集上两个指标的平均结果均排名第一。当分类器为 LR 时,在 38 个数据集上,所提方法在 F1-measure 上有 30 个排名第一,在 G-mean 指标上有 23 个排名第一。当分类器为 RF 时,在 38 个数据集上所提方法在 F1-measure 上有 21 个排名第一,在 G-mean 指标上有 27 个排名第一。当分类器为 SVM 时,在 38 个数据集上所提方法在 F1-measure 上有 23 个排名第一,在 G-mean 指标上有 20 个排名第一。当分类器为 GBDT 时,在 38 个数据集上所提方法在 F1-measure 上有 22 个排名第一,在 G-mean 指标上有 23 个排名第一。在所提方法与不同数据层面方法结合不同分类器对比的情况下,所提方法在各数据集上的 F1-measure 指标和 G-mean 指标的均值和 Friedman 平均序值均排名第一。数据层面方法在平衡数据集时,没有一个合理的机制保证采样生成样本的合理性,不可避免地会引入噪声,甚至可能会加剧不同类别样本的交叠,导致其对分类器分类效果的提升有限。相比之下,算法层面方法从模型结构或误分类的成本出发,有效地避免了因消除或错误引入样本而产生的问题。所提方法从算法层面的角度出发,引入元学习的思想构建元学习不平衡分类框架,利用元学习的训练策略训练不平衡元分类器,使元分类器在面对新的分类任务时只需要经过少量的训练轮次就可以达到良好的分类性能,有效地提升了面对不同数据集的普适性。同时,设计基于贝叶斯不平衡影响指数的边界增强策略,通过计算平衡样本前后贝叶斯后验概率的差距识别边界样本并进行增强,缓解了元分类器在分类阶段由于类别不平衡导致的决策偏移,进一步增强了所提方法的普适性和鲁棒性。在整体的 F1-measure 指标和 G-mean 指标上,所提方法相比于排名第二的方法,提升达到 13.78%,进一步反映了所提方法相比于数据层面方法在不平衡分类问题上的优越性。

表 10-8 在 38 个数据集上，所提方法与数据层面方法的对比实验结果

分类器	指标	iForest	SVDD	GBDT	RF	SWSEL	RGAN-EL	BRAF	DTE-SBD	DPHS-MDS	CSSVM-SMOTE	CS-CLA	AWLICSR	Meta-learning
LR	F1-measure	0.622 0	0.590 3	0.616 3	0.615 7	0.530 5	0.572 9	0.627 7	0.601 9	0.490 6	0.582 1	0.465 9	0.691 9	**0.809 3**
	G-mean	0.836 3	0.798 3	0.835 5	0.833 8	0.621 4	0.665 7	0.836 8	0.841 3	0.657 4	0.739 8	0.655 7	0.859 8	**0.903 4**
RF	F1-measure	0.734 9	0.730 9	0.734 7	0.744 3	0.682 5	0.710 6	0.738 8	0.742 4	0.702 0	0.739 1	0.643 7	0.020 5	**0.809 3**
	G-mean	0.817 2	0.798 6	0.824 8	0.812 3	0.748 3	0.760 1	0.823 6	0.843 8	0.750 4	0.798 2	0.703 3	0.000 0	**0.903 4**
SVM	F1-measure	0.743 7	0.744 4	0.701 7	0.737 4	0.682 8	0.712 2	0.745 8	0.706 3	0.687 7	0.712 6	0.395 0	0.672 5	**0.809 3**
	G-mean	0.872 7	0.849 6	0.862 7	0.867 6	0.737 3	0.769 9	0.871 5	0.872 9	0.744 2	0.798 0	0.423 4	0.861 3	**0.903 4**
GDBT	F1-measure	0.762 6	0.754 9	0.735 6	0.739 8	0.706 3	0.723 3	0.755 6	0.742 0	0.734 8	0.744 4	0.665 5	0.708 3	**0.809 3**
	G-mean	0.862 4	0.847 9	0.863 7	0.836 3	0.774 3	0.797 2	0.859 8	0.865 8	0.806 6	0.806 6	0.769 9	0.849 4	**0.903 4**

表 10-9　所提方法与数据层面方法对比实验的 Friedman 检验结果

分类器	F1-measure	G-mean
LR	14.361 8	28.579 1
RF	4.761 1	21.309 9
SVM	14.115 3	22.196 3
GBDT	9.395 0	24.842 6

表 10-10　Wilcoxon 符号秩检验对所提方法与数据层面方法的差异性检验结果(0.05)

分类器	方法	F1-measure				G-mean			
		R+	R−	P	Assuming	R+	R−	P	Assuming
LR	SMOTE	732	9	1.58×10^{-7}	rejected	625	116	2.23×10^{-4}	rejected
	Borderline-SMOTE	738	3	9.84×10^{-8}	rejected	702	39	1.53×10^{-6}	rejected
	Safe-Level-SMOTE	734	7	1.35×10^{-7}	rejected	625.5	115.5	2.17×10^{-4}	rejected
	G-SMOTE	733	8	1.46×10^{-7}	rejected	619	122	3.14×10^{-4}	rejected
	SOMO	735	6	1.25×10^{-7}	rejected	741	0	7.74×10^{-8}	rejected
	K-means SMOTE	712	29	7.33×10^{-7}	rejected	723	18	3.19×10^{-7}	rejected
	SMOTE-NaN-DE	734	7	1.35×10^{-7}	rejected	610	131	5.14×10^{-4}	rejected
	MPP-SMOTE	741	0	7.74×10^{-8}	rejected	643	98	1.31×10^{-4}	rejected
	ADA-INCVAE	736	5	1.15×10^{-7}	rejected	737	4	1.07×10^{-7}	rejected
	CWGAN-GP	741	0	7.74×10^{-8}	rejected	741	0	7.74×10^{-8}	rejected
	RVGAN-TL	722	19	5.27×10^{-7}	rejected	706.5	34.5	1.73×10^{-6}	rejected
RF	SMOTE	614	127	7.07×10^{-4}	rejected	714	27	9.81×10^{-7}	rejected
	Borderline-SMOTE	630	111	2.85×10^{-4}	rejected	717	24	7.78×10^{-7}	rejected
	Safe-Level-SMOTE	631	110	2.69×10^{-4}	rejected	696	45	3.77×10^{-6}	rejected
	G-SMOTE	585	156	3.18×10^{-3}	rejected	708	33	1.55×10^{-6}	rejected
	SOMO	669	72	2.48×10^{-5}	rejected	737	4	1.58×10^{-7}	rejected
	K-means SMOTE	620	121	8.66×10^{-4}	rejected	734	7	3.03×10^{-7}	rejected
	SMOTE-NaN-DE	629	112	5.17×10^{-4}	rejected	713	28	1.65×10^{-6}	rejected
	MPP-SMOTE	639	102	9.86×10^{-5}	rejected	673	68	1.15×10^{-5}	rejected
	ADA-INCVAE	619	122	5.35×10^{-4}	rejected	738	3	1.46×10^{-7}	rejected
	CWGAN-GP	620	121	2.97×10^{-4}	rejected	738	3	9.84×10^{-8}	rejected
	RVGAN-TL	649	92	9.04×10^{-5}	rejected	721	20	5.70×10^{-7}	rejected
SVM	SMOTE	731	10	3.88×10^{-7}	rejected	659	82	8.03×10^{-5}	rejected
	Borderline-SMOTE	677	64	8.79×10^{-6}	rejected	695	46	2.53×10^{-6}	rejected
	Safe-Level-SMOTE	721	20	5.70×10^{-7}	rejected	636	105	2.00×10^{-4}	rejected
	G-SMOTE	727	14	2.34×10^{-7}	rejected	637.5	103.5	1.08×10^{-4}	rejected
	SOMO	658	83	5.11×10^{-5}	rejected	733	8	2.19×10^{-7}	rejected

续 表

分类器	方法	F1-measure				G-mean			
		R+	R−	P	Assuming	R+	R−	P	Assuming
SVM	K-means SMOTE	642	99	8.24×10^{-5}	rejected	715	26	5.85×10^{-7}	rejected
	SMOTE-NaN-DE	695	46	4.05×10^{-6}	rejected	653	88	7.03×10^{-5}	rejected
	MPP-SMOTE	737	4	1.07×10^{-7}	rejected	670.5	70.5	1.36×10^{-5}	rejected
	ADA-INCVAE	662	79	3.94×10^{-5}	rejected	728	13	3.28×10^{-7}	rejected
	CWGAN-GP	703	38	1.42×10^{-6}	rejected	740	1	8.39×10^{-8}	rejected
	RVGAN-TL	725	16	4.16×10^{-7}	rejected	722	19	5.27×10^{-7}	rejected
GBDT	SMOTE	649	92	9.04×10^{-5}	rejected	685	56	1.35×10^{-5}	rejected
	Borderline-SMOTE	641	100	1.48×10^{-4}	rejected	708	33	1.55×10^{-6}	rejected
	Safe-Level-SMOTE	703	38	2.25×10^{-6}	rejected	675	66	2.73×10^{-5}	rejected
	G-SMOTE	642.5	98.5	1.35×10^{-4}	rejected	697	44	5.62×10^{-6}	rejected
	SOMO	679	62	1.26×10^{-5}	rejected	741	0	1.14×10^{-7}	rejected
	K-means SMOTE	633	108	2.39×10^{-4}	rejected	732	9	2.38×10^{-7}	rejected
	SMOTE-NaN-DE	650	91	8.50×10^{-5}	rejected	685	56	1.35×10^{-5}	rejected
	MPP-SMOTE	692	49	5.03×10^{-6}	rejected	671	70	2.17×10^{-5}	rejected
	ADA-INCVAE	684	57	8.87×10^{-6}	rejected	741	0	1.14×10^{-7}	rejected
	CWGAN-GP	672	69	1.23×10^{-5}	rejected	741	0	1.14×10^{-7}	rejected
	RVGAN-TL	704	37	2.09×10^{-6}	rejected	727	14	3.55×10^{-7}	rejected

对比实验的方法个数为12,数据集个数为38,此时 Friedman 检验的临界值为1.8122,根据表10-9中Friedman检验的结果,τ_F 值均大于临界值,因此拒绝"所有方法的性能相同"这个假设。根据表10-10的结果,所提方法与对比方法的 P 均小于0.05,所以在测试阈值为0.05的情况下,所提方法与数据层面方法存在显著差异。

3. Nemenyi 后检验

Friedman 检验可用于判断多个方法是否存在显著差异。Nemenyi 后检验是在 Friedman 检验的基础上判断任意两个方法是否存在显著差异,再在通过 Wilcoxon 符号秩检验与 Friedman 检验两种前检验的条件下进行评估工作。Nemenyi 后检验通过计算平均序值差别的临界值域 CD,判断两个方法的平均序值之差是否超出临界值域,以确定两个方法是否存在显著差异,临界值域 CD 的计算如下:

$$\text{CD}=q_\alpha\sqrt{\frac{k(k+1)}{6N}}$$

其中,k 表示方法个数,N 表示数据集个数,q_α 表示 Nemenyi 后检验中给定方法个数和显著性水平得到的 Tukey 分布的临界值。若两个方法的平均序值之差超出了临界值域,则以相应的置信度拒绝"两个方法性能相同"这一假设。

为了进一步验证所提方法与对比方法在统计学意义上的性能差异,使用 Nemenyi 后检验的方法对实验结果进行验证,分别将所提方法与数据层面方法和算法层面方法进行对比,验证结果如表10-11和表10-12所示。

第 10 章 基于元学习和边界增强策略的不平衡分类方法

表 10-11 所提方法和算法层面方法对比的 Nemenyi 后检验结果

表 10-12 所提方法和数据层面方法对比的 Nemenyi 后检验结果

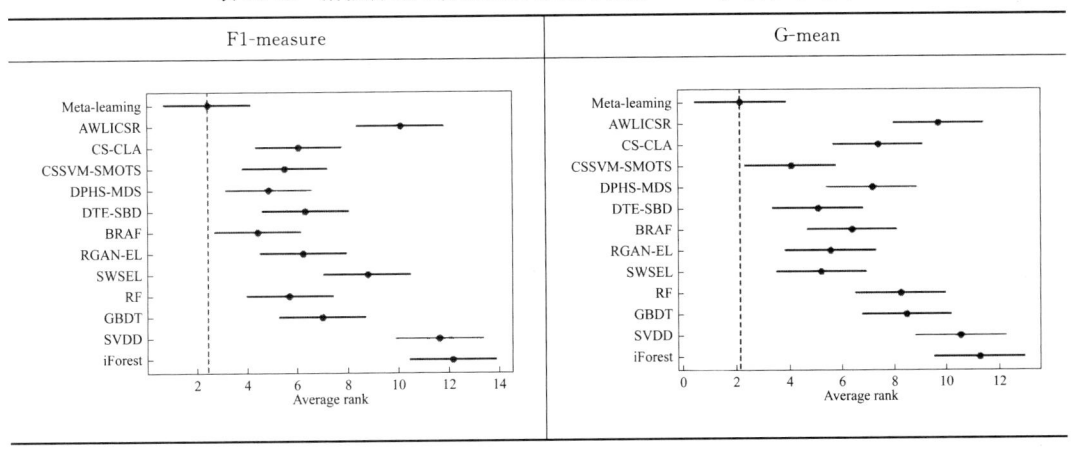

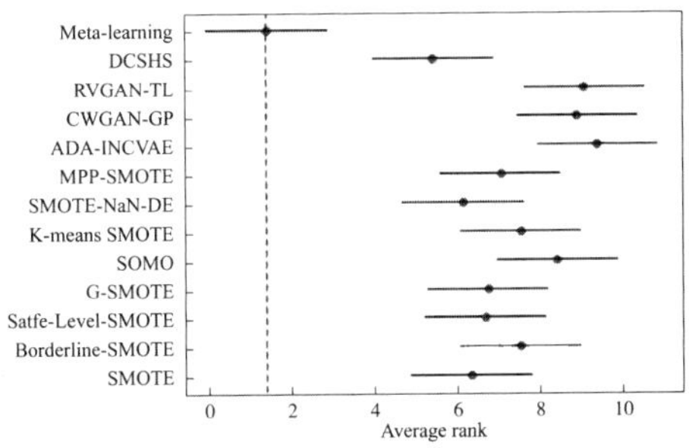

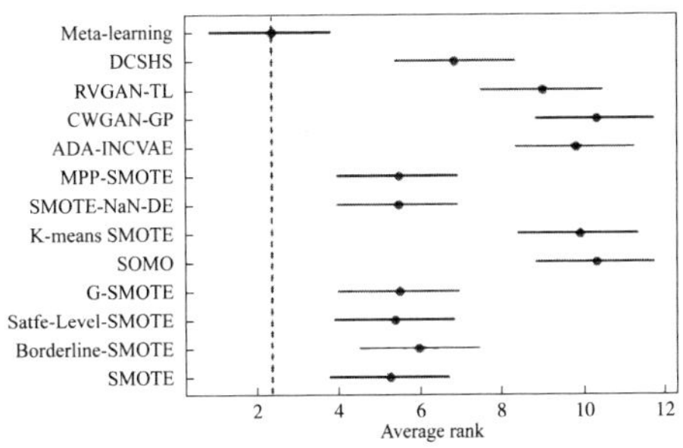

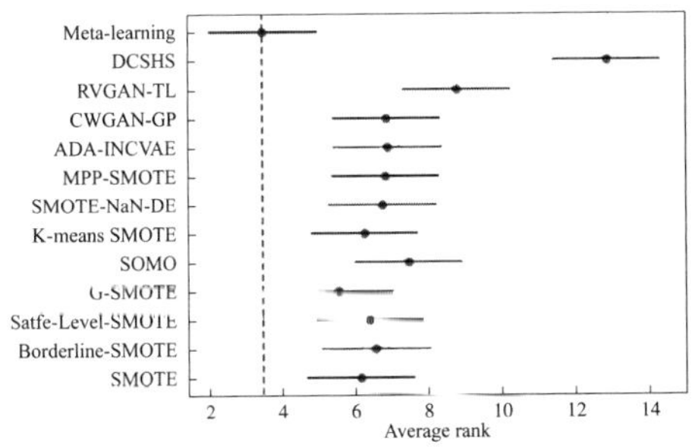

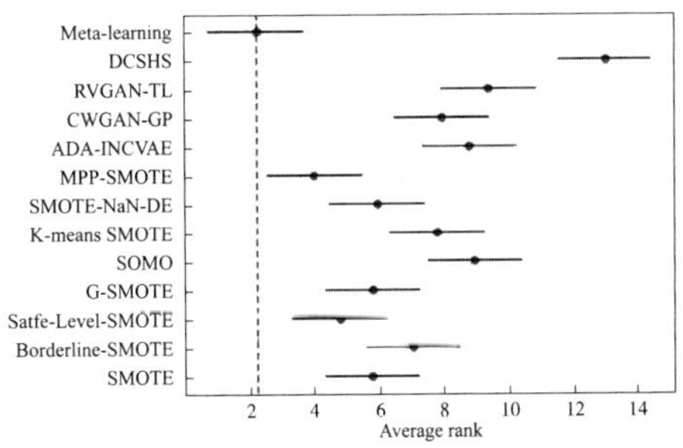

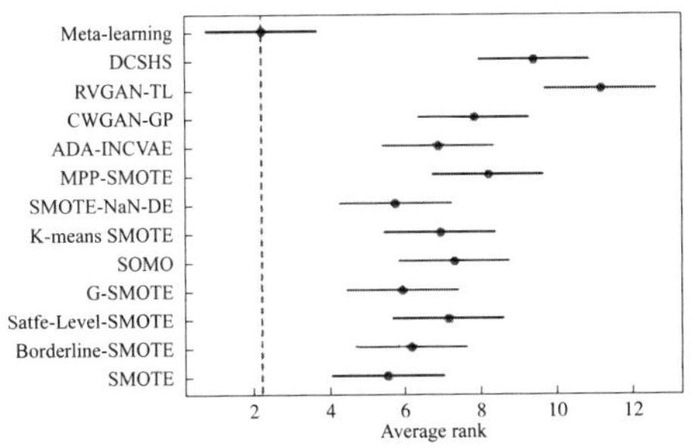

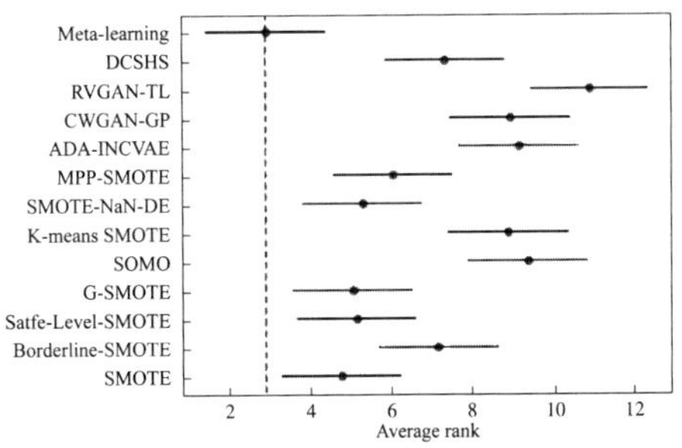

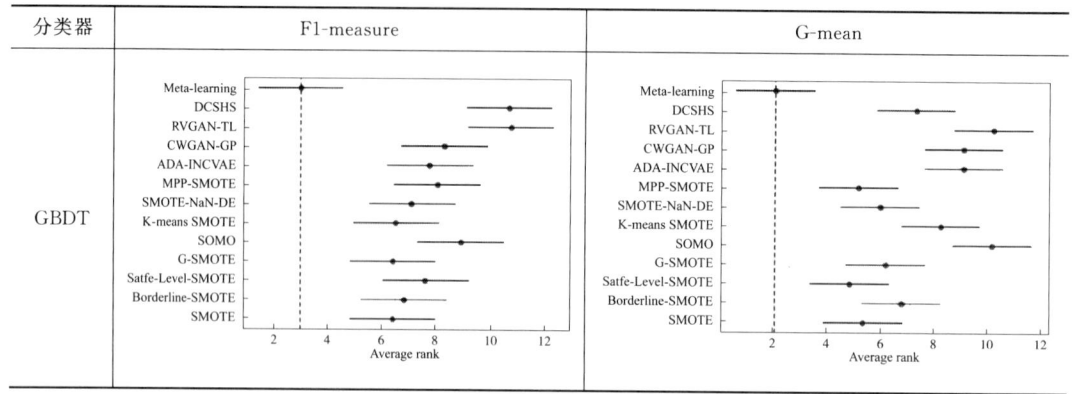

表 10-11 和表 10-12 的结果表明,所提方法与算法层面方法和数据层面方法均有统计学意义上的显著差异,这说明所提方法可以有效提升不平衡数据集的分类精度,显著优于算法层面方法和数据层面方法。相比于数据层面方法,所提方法从模型优化的角度出发,避免了由于消除或增加样本导致的信息损失、噪声引入以及加剧交叠等问题。相比于算法层面方法,所提方法没有使用传统的代价敏感学习策略,而是通过引入元学习的思想构建不平衡分类框架,将面对新任务的分类表现作为优化目标,利用元学习的训练策略训练分类器,使元分类器在面对新的分类任务时只需要经过少量的训练轮次就可以达到良好的分类性能,有效提升了面对不同数据集的普适性。同时,设计基于贝叶斯不平衡影响指数的边界增强策略,在识别边界样本后对其进行增强,缓解了元分类器在分类阶段由于类别不平衡导致的决策偏移,进一步增强了所提方法的普适性和鲁棒性,相比于算法层面方法有显著的性能提升。

4. 消融实验

所提方法主要分为:①利用元学习策略训练元学习器;②利用边界增强后的数据集对训练后的元学习器进行微调。为了验证两个部分对分类性能的影响,设置四组消融实验,实验设置和对应模型的平均表现如表 10-13 所示。其中:Model 1 表示不使用所提方法,仅使用元分类器进行分类;Model 2 表示不使用边界增强策略,仅使用元学习的策略训练元学习器进行分类;Model 3 表示不使用元学习的训练策略,仅使用边界增强策略对原始数据集进行增强,增强后使用元学习器进行分类;Model 4 表示使用所提方法进行分类。消融实验的结果如表 10-14 所示,其中加粗数据为在每个数据集上的最优结果。

表 10-13 消融实验设置

Module	Meta-learning	Boundary enhancement	Average F1-measure	Average G-mean
Model 1			0.297 6	0.519 9
Model 2	✓		0.795 4	0.897 9
Model 3		✓	0.313 1	0.536 5
Model 4	✓	✓	0.809 3	0.903 4

表 10-14 消融实验的结果对比

数据集	Model 1 F1-measure	Model 2 F1-measure	Model 3 F1-measure	Model 4 F1-measure	Model 1 G-mean	Model 2 G-mean	Model 3 G-mean	Model 4 G-mean
wisconsin	0.518 9	**0.961 4**	0.505 5	0.961 1	0.405 9	**0.973 6**	0.497 2	0.972 6
ecoli-0_vs_1	0.500 0	**0.969 7**	0.500 0	0.969 7	0.601 6	**0.982 6**	0.601 6	0.982 6
pima	0.519 2	**0.694 8**	0.519 2	0.690 5	0.274 4	**0.764 3**	0.436 1	0.761 0
vehicle2	0.407 6	0.979 7	0.450 0	**0.981 9**	0.333 1	0.989 8	0.613 8	**0.990 6**
vehicle1	0.411 2	0.717 8	0.405 7	**0.718 7**	0.254 2	**0.827 8**	0.366 3	0.822 8
vehicle3	0.493 3	**0.709 7**	0.449 4	0.702 1	0.623 3	**0.825 8**	0.608 2	0.817 7
vehicle0	0.330 7	0.938 9	0.381 0	**0.941 0**	0.508 4	0.959 5	0.520 9	**0.960 3**
ecoli1	0.476 2	0.798 3	0.535 7	**0.802 5**	0.559 0	0.891 3	0.697 7	**0.893 3**
TUANDROMD	0.348 4	**0.985 1**	0.338 9	0.985 1	0.516 3	**0.992 9**	0.559 7	0.992 9
spambase	0.375 0	0.874 3	0.463 5	**0.880 5**	0.617 7	**0.934 8**	0.705 5	0.934 2
new-thyroid1	0.280 0	**0.956 0**	0.600 0	0.956 0	0.479 7	**0.967 7**	0.654 7	0.967 7
new-thyroid2	0.600 0	0.916 7	0.307 7	**0.986 7**	0.654 7	0.941 9	0.504 0	**0.997 2**
ecoli2	0.560 0	0.866 1	0.298 5	**0.874 8**	0.775 7	0.924 5	0.400 9	**0.926 3**
arrhythmia	0.296 3	**0.620 5**	0.328 4	0.620 5	0.517 4	**0.749 9**	0.602 2	0.749 9
segment0	0.272 5	**0.995 4**	0.352 6	0.995 4	0.352 6	**0.997 9**	0.656 8	0.997 9
yeast3	0.200 6	0.758 5	0.315 2	**0.772 1**	0.409 1	**0.915 2**	0.695 7	0.925 7
ecoli3	0.191 8	0.694 3	0.189 2	**0.709 5**	0.129 1	0.863 0	0.000 0	**0.866 3**
page-blocks0	0.185 6	0.786 3	0.056 6	**0.809 8**	0.241 1	**0.949 9**	0.231 1	0.948 6
yeast-2_vs_4	0.225 4	0.780 0	0.200 0	**0.789 9**	0.582 3	**0.918 8**	0.541 5	0.910 7
ecoli-0-6-7_vs_3-5	0.421 1	**0.832 5**	0.500 0	0.832 5	0.851 5	**0.876 1**	0.812 4	0.876 1
yeast-0-2-5-6_vs_3-7-8-9	0.181 0	0.565 9	0.321 4	**0.610 1**	0.409 8	**0.800 1**	0.618 8	0.794 5
yeast-0-2-5-7-9_vs_3-6-8	0.181 0	0.798 1	0.182 6	**0.823 6**	0.219 2	**0.900 5**	0.197 4	0.899 7
glass-0-4_vs_5	0.666 7	**1.000 0**	0.666 7	1.000 0	0.707 1	**1.000 0**	0.707 1	1.000 0
ecoli-0-1-4-7_vs_5-6	0.147 1	**0.897 8**	0.140 8	0.897 8	0.439 9	**0.933 7**	0.000 0	0.933 7
glass4	0.250 0	**0.811 4**	0.666 7	0.811 4	0.661 4	**0.898 6**	0.707 1	0.898 6
ecoli4	0.112 7	0.787 5	**0.857 1**	0.787 5	0.353 6	**0.905 7**	0.866 0	0.905 7
page-blocks-1-3_vs_4	0.285 7	**0.966 4**	0.258 1	0.966 4	0.408 2	**0.997 7**	0.713 7	0.997 7
abalone9-18	0.235 3	**0.419 4**	0.110 1	0.414 7	0.487 2	0.819 9	0.461 0	**0.832 1**
yeast-2_vs_8	0.600 0	0.607 6	0.095 2	**0.611 9**	**0.851 8**	0.759 7	0.427 5	0.734 9
MUSK	0.098 5	0.748 5	0.056 9	**0.825 6**	0.604 2	0.791 8	0.381 5	**0.891 2**
yeast-1-2-8-9_vs_7	0.090 1	0.250 1	0.102 0	**0.299 1**	0.616 8	0.657 1	0.662 8	**0.665 9**
abalone-3_vs_11	0.333 3	**1.000 0**	0.285 7	1.000 0	0.936 8	**1.000 0**	0.777 7	1.000 0
ecoli-0-1-3-7_vs_2-6	0.117 6	**0.866 7**	0.070 2	0.866 7	0.849 8	**0.882 8**	0.713 5	0.882 8
yeast6	0.046 5	0.551 6	0.122 4	**0.563 6**	0.502 2	0.846 0	0.625 3	**0.846 9**
mammography	0.045 5	0.365 3	0.045 5	**0.456 6**	0.191 4	0.900 4	0.131 5	**0.900 8**
Mice Protein	0.107 1	0.933 3	0.064 5	**0.960 0**	0.714 0	0.941 4	0.601 2	**0.963 2**
poker-8-9_vs_6	0.166 7	0.850 0	0.125 0	**0.905 6**	0.584 0	0.864 8	0.542 7	**0.912 7**
poker-8_vs_6	0.029 9	**0.971 4**	0.028 4	0.971 4	0.529 9	**0.973 2**	0.545 8	0.973 2
Average	0.297 6	0.795 4	0.313 1	**0.809 3**	0.519 9	0.897 9	0.536 5	**0.903 4**

从表 10-14 的结果可以看出，Model 2 相对于 Model 1 与 Model 4 相对于 Model 3 均有较大的性能提升，Model 3 相对于 Model 1 与 Model 4 相对于 Model 2 性能的提升幅度较小。因此所提方法中最关键的部分是基于元学习的训练策略训练元学习器。利用元学习的策略训练元分类器，将元分类器面对新的分类任务时的性能表现作为优化目标，根据多个学习片段的经验来改进学习方法本身，使其在面对测试数据集更加适应测试任务，从而取得较好的性能表现，且子任务的分割有助于元分类器更加充分挖掘有限样本中的分类信息，从而大幅提高分类网络的不平衡分类性能。从表 10-14 中的 Model 2 和 Model 4 的对比以及 Model 1 和 Model 3 的对比可以看出，在使用边界增强策略的情况下，F1-measure 值和 G-mean 值均有小幅提升，说明边界增强策略可以缓解微调过程中分类器更加关注多数类的情况，从而进一步提升少数类样本的分类精度，提升方法的鲁棒性。

10.4.4　智能电表故障数据集的结果与分析

本章所采用的实际故障数据集以省份为单位，共收集了 25 个省份、11 种故障类别的智能电表数据。

为了使原先的二分类方法可以处理智能电表故障多分类问题，将所提方法与所选用的对比方法与"一对多"框架进行结合，将复杂的不平衡多分类问题转化为多个简单的不平衡二分类问题进行处理，通过增加模型复杂度来降低问题的求解难度。具体为：遍历数据集，对每一类故障类别，将其作为少数类，其余样本作为多数类训练多个二分类器；对于任一待测样本，所获得的每个二分类器均会对其输出对应类别的概率，取最大概率的类别为预测类别。

为了验证所提方法的有效性，将所提方法与 4 种主流的算法层面方法和 4 种主流的数据层面方法进行对比，其中算法层面方法包括 iForest、CSSVM-SMOTE、BRAF、DPHS-MDS，数据层面方法包括 SMOTE、LDAS、VAE-GAN、CTGAN。在智能电表各故障类别数据集上，所提方法与对比方法在 F1-measure 及 macro-F1 指标上的实验结果如表 10-15 所示。在智能电表各故障类别数据集上，所提方法与对比方法在召回率及 G-mean 指标上的实验结果如表 10-16 所示。

表 10-15　在智能电表各故障类别数据集上，所提方法与对比方法在 F1-measure 及 macro-F1 指标上的实验结果

故障类别	iForest	CSSVM SMOTE	BRAF	DPHS-MDS	SMOTE	LDAS	VAE-GAN	CTGAN	Meta-learning
类别 1	0.183 5	0.270 7	0.553 3	0.562 1	0.564 9	0.577 9	0.295 8	0.578 5	**0.581 6**
类别 2	0.029 1	0.093 0	0.485 3	0.420 6	0.501 6	0.506 6	0.494 8	0.274 3	**0.506 7**
类别 3	0.183 9	0.427 3	0.191 4	0.342 0	0.441 9	0.445 3	0.457 1	0.458 4	**0.488 7**
类别 4	0.019 0	0.000 0	0.418 3	0.361 8	0.401 2	0.025 0	0.407 3	0.415 0	**0.433 9**
类别 5	0.068 0	0.168 7	**0.437 9**	0.051 9	0.307 2	0.321 8	0.382 9	0.357 3	0.363 2
类别 6	0.044 4	0.000 0	0.085 5	0.255 0	0.159 0	0.171 2	0.159 0	0.128 2	**0.295 7**
类别 7	0.031 0	0.150 3	0.246 7	0.000 0	0.326 7	0.280 0	0.326 7	0.346 7	**0.380 0**
macro-F1	0.079 8	0.158 6	0.345 5	0.284 8	0.386 1	0.332 5	0.360 5	0.365 5	**0.435 7**

表 10-16 在智能电表各故障类别数据集上,所提方法与对比方法在召回率及 G-mean 指标上的实验结果

故障类别	iForest	CSSVM SMOTE	BRAF	DPHS-MDS	SMOTE	LDAS	VAE-GAN	CTGAN	Meta-learning
类别 1	0.138 0	0.262 2	0.598 4	0.241 7	0.568 9	0.603 4	0.627 9	0.624 3	**0.640 2**
类别 2	0.016 3	0.060 8	0.507 9	0.437 4	0.511 6	0.533 2	0.523 5	0.239 4	**0.536 2**
类别 3	0.213 0	**0.493 3**	0.453 7	0.313 9	0.440 8	0.461 7	0.413 5	0.424 1	0.493 3
类别 4	0.014 3	0.000 0	0.402 5	0.312 6	0.028 6	0.424 2	0.445 3	0.445 3	**0.455 2**
类别 5	0.201 1	0.292 8	0.330 6	0.072 2	0.332 8	0.273 9	0.332 8	0.310 6	**0.372 8**
类别 6	0.062 2	0.000 0	0.129 4	**0.247 2**	0.129 4	0.182 2	0.107 2	0.082 2	0.222 2
类别 7	0.130 0	0.000 0	0.190 0	0.390 0	0.390 0	0.190 0	0.390 0	0.390 0	**0.496 7**
G-mean	0.073 1	0.000 0	0.332 7	0.256 1	0.250 3	0.346 3	0.363 7	0.310 9	**0.439 6**

与算法层面方法和数据层面方法的对比结果表明,所提方法以面对新的分类任务时的表现作为优化目标,仅使用支持集样本训练元分类器,使得元分类器可以充分挖掘支持集中有限样本的分类信息。根据在多个查询集的综合表现对元分类器进一步优化,使元分类器在面对新的分类任务时只需要经过少量的训练轮次就可以达到良好的分类性能,有效地提升了面对不同数据集的普适性,在现有方法分类效果较差的数据集上有较好的性能提升,能有效提升故障电表分类的准确率与召回率。同时,基于贝叶斯不平衡影响指数的边界增强策略进一步增强了所提方法的普适性和鲁棒性,相比于算法层面方法有显著的性能提升。

本章小结

本章提出一种元学习不平衡分类框架使用基于贝叶斯不平衡影响指数的边界增强策略,引入元学习的思想构建元学习不平衡分类框架,使用随机采样创建元学习阶段的综合训练任务,任务中的支持集和查询集分别代表原始分类任务和新分类任务,将元分类器面对新任务的性能表现作为优化目标,使用支持集样本训练元分类器,并根据在多个查询集的综合表现对元分类器进行优化,使得元分类器可以充分挖掘支持集中有限样本的分类信息,同时在面对新的分类任务时只需要经过少量的训练轮次就可以达到良好的分类性能,避免了现有算法层面方法在面对不同分类任务时需要设置不同超参数的问题,提升了方法的普适性。同时,设计一种基于贝叶斯不平衡影响指数的边界增强策略,通过计算样本在平衡数据集前后的后验概率精准识别出分类边界附近的样本,在此基础上对分类边界有针对性的增强,有效缓解了元分类器在微调过程中由于数据不平衡导致的决策偏移,进一步提升了所提方法在面对不同数据集时的普适性和鲁棒性。在 38 个公开数据集上,对所提方法与 24 种典型方法包括(算法层面方法和数据层面方法)进行比较,结果表明所提方法具有显著的优越性,在面对不同的不平衡分类任务时的普适性较强。综上所述,所提方法可以有效提高不平衡分类问题的精度和准确率。未来,可以根据数据集的不同特征精细化子任务的构造策略以及边界增强策略,进一步提高分类性能。

第 11 章
基于一对多框架的不平衡分类方法

11.1 引　　言

现有智能电表故障数据集所包含的类型较多且各故障类型对应样本数目分布不平衡,利用机器学习方法建立故障多分类模型,实质上是解决一个多类不平衡分类问题。目前,多分类方法可分为两大类:一是调整典型方法使其能适应多分类问题;二是将原始多分类问题转化为多个二分类子问题。在同一问题中建立两个决策边界比多个决策边界更容易,所以第二类方法是个不错的选择。在第二类方法中,包含一对多与一对一两种分解策略。考虑到电表数据集包含的故障类型较多,相比于一对一分解策略,使用一对多分解策略所用二分类器更少,而且该方法不会带来无效分类判别问题,所以一对多分解策略更适用于现有智能电表故障数据集。因此,基于一对多框架,本章提出一种差分分区采样集成方法用以解决样本不平衡的多分类问题。不仅以现有电表故障数据集为研究对象,而且还选取 15 组公开多类不平衡数据集进行了实验验证,实验结果充分证明了所提方法的有效性。

11.2 基于一对多框架的差分分区采样集成方法

一对多方法将具有 m 个类别的原始数据集转化为 m 个二类数据集 D_i,每个数据集中的正类对应目标类,即其中一个类别 i,负类由其余所有类别组成。由于负类中包含的类别个数远远大于正类中包含的类别个数,即使不考虑各个类别间样本数目不平衡情况,也可能出现正、负样本数目不平衡情况。另外,当类别间存在不平衡现象时,会导致每个二类数据集的不平衡程度不一定相同。但针对每个子问题来解决正负样本不平衡问题实质上是解决一个二类不平衡问题,且每个分类器对应的原始训练样本总数相同。考虑到集成学习与采样技术处理二类不平衡数据的有效性,将该方法运用到每个二类数据集中以解决数据不平衡问题。欠采样与过采样单独使用时可能存在缺陷,因为单一的欠采样或者过采样并不是对所有的不平衡数据集均有效。有效结合两者既可以减少对多数类样本的删除,也可减少对少数类样本的合成。因此,所提方法主要包含两个关键部分,即采样数目的设定(子模型的构建)和混合方法平衡正、负样本数目。

由于每个二类数据集的不平衡比不相同,而且多样化的训练集有利于提高分类模型的分类效果,所以,对于每个二类数据集利用差分思想[68]设定采样数目以生成多个样本数目递增的训练集,如图 11-1 所示。这样做既可以不用考虑每个二类数据集不平衡比不同的问题,还可保证模型的多样性。计算方式如下。

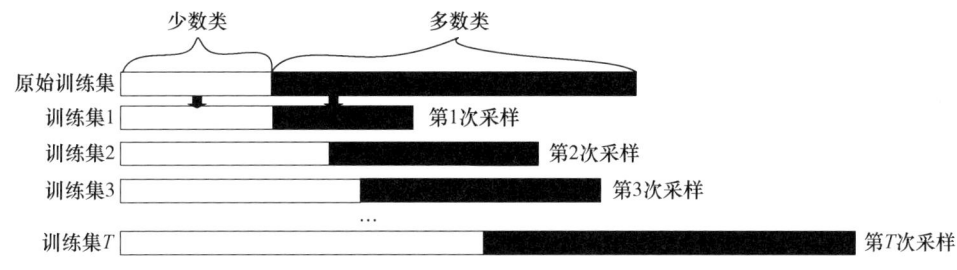

图 11-1 训练集生成过程

(1) 确定样本数目区间[count($less_i$), count($more_i$)],其中,count 为统计样本数目函数,count($less_i$)为第 i 个二类数据集中少数类样本总数,count($more_i$)为第 i 个二类训练数据集中多数类样本总数;

(2) 根据式(11-1)计算采样数目集合 $num_i = \{num_{i1}, num_{i2}, \cdots, num_{it}, \cdots, num_{iT}\}$,$T$ 为分类器总数,num_{it} 为第 i 个二类数据集对应的第 t 个分类器采样数目,若 num_{it} 为小数,则只考虑整数部分。

$$num_{it} = \frac{(count(more_i) - count(less_i))}{T-1} \cdot (t-1) + count(less_i) \qquad (11-1)$$

由于位于不同区域样本的重要性程度不同,相比于边界点,安全点更容易识别,而异常点会影响分类器的决策[96]。在采样前,分析邻域样本类别从而确定训练样本所属类型,共包括安全点、边界点、稀有点与异常点四种类型(图 11-2),然后删除全部异常点。根据 HVDM 距离计算在训练集中离该样本最近的 k 个样本,并作为邻域样本进行分析。在本章中选取 $k=5$,因为该值常用于分析不平衡数据的邻域。给定实例 x,其实际类别为 y。如果 5 个最近邻居中至少有 4 个样本的类别全部为 y,则将该实例标记为安全点;如果 5 个最近邻居中的 2 个或 3 个样本的类别为 y,则将该实例标记为边界点;如果 5 个最近邻居中只有 1 个样本类别为 y 且其邻域样本至多包含一个同类样本,则将该实例标记为边界点;如果 5 个最近邻居点全部为其他类别样本,则将该实例标记为异常点[98]。设定采样数目集合后,根据采样数目对每个二类数据集进行样本平衡,对多数类样本欠采样,对少数类样本过采样。在欠采样过程中,提出 Safe-Random Undersampling(SRU)方法对多数类样本进行删减。该方法考虑到安全点分布较密集,所以保留全部多数类边界点 maj_{ib} 与稀有点 maj_{ir},只针对数目较多的多数类安全点 maj_{is} 进行随机欠采样,根据式(11-2)可计算其采样后数目 count(maj'_{is}),count(maj'_{is})若安全点数目少于其他类型样本的数目或者其他类型数目大于采样数目,则对全部多数类样本进行随机欠采样,具体细节如伪代码 11-1 所示。在过采样中,提出 BR-SMOTE 方法用以合成新的少数类样本。该方法保留全部安全区样 min_{is},只针对边界区样本 min_{ib} 与稀有区样本 min_{ir} 进行 SMOTE 过采样,因为它们往往对分类结果有决定性作用[35],根据式(11-3)可计算其采样后数目 count($min'_{ir} + min'_{ib}$),若不存在边界点与稀有点,则利用 SMOTE 对全部少数类样本进行过采样,具体细节如伪代码 11-2 所示。

$$\text{count}(\text{maj}'_{is}) = \text{num}_{it} - \text{count}(\text{maj}'_{ib}) - \text{count}(\text{maj}_{ir}) \tag{11-2}$$

$$\text{count}(\text{min}'_{ir} + \text{min}'_{ib}) = \text{num}_{it} - \text{count}(\text{min}_{is}) \tag{11-3}$$

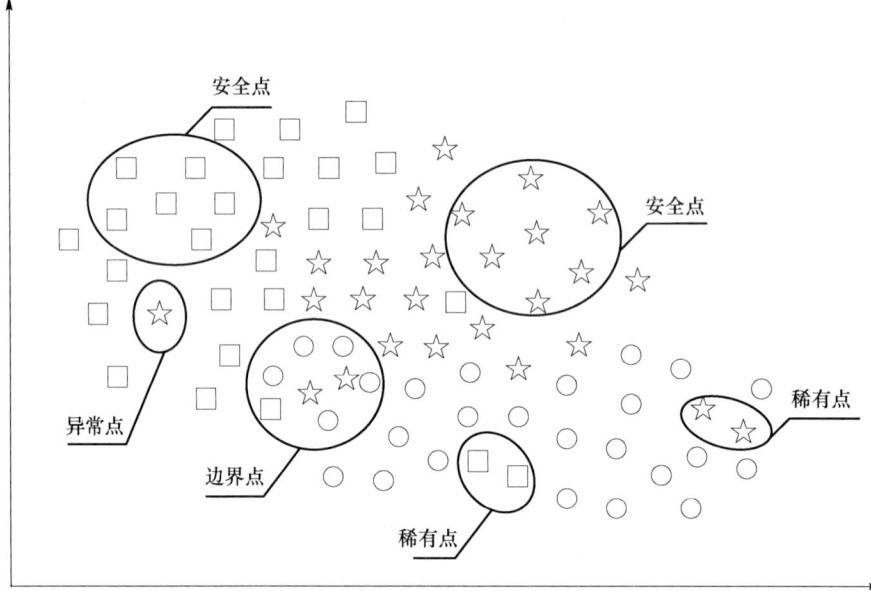

图 11-2　样本类型分布

算法 11-1：SRU 采样

输入：标记为 1、2、3 的多数类样本 D_{maj},1 代表安全点,2 代表边界点,3 代表稀有点,采样数目 num

输出：采样后的 D'_{maj}

1：统计在 D_{maj} 中类型为 1 的样本数目 count(Safe),以及其他类型的样本总数 count(!Safe)

2：if count(!Safe)＞count(Safe) or count(!Safe)＞num：

3：　　从 D_{maj} 中随机不放回地挑选部分样本,得到一个子集 D'_{maj},满足其所含样本数目等于 num

4：elif count(!Safe)＜count(Safe) and count(!Safe)＜num：

5：　　保留类型为 2 与 3 的样本,从类型为 1 的样本中随机不放回地挑选部分样本,得到一个子集 D'_{majs},满足其所含样本数目等于 num-count(!Safe),令 $D'_{\text{maj}} = D'_{\text{majs}} + D_{\text{majb}} + D_{\text{majr}}$

算法 11-2：BR-SMOTE 采样

输入：标记为 1、2、3 的少数类样本 D_{min},1 代表安全点,2 代表边界点,3 代表稀有点,采样数目 num

输出：采样后的 D'_{min}

1：统计在 D_{min} 中类型为 1 的样本数目 count(Safe),以及其他类型的样本总数 count(!Safe)

2：if count(!Safe)==0：

3：　　利用 SMOTE 对 D_{min} 过采样,得到一个 D'_{min},满足其所含样本数目等于 num

4：elif count(!Safe)＞0：

5：　　保留类型为 1 的样本,利用 SMOTE 对类型为 2 与 3 的样本过采样,得到 D'_{minbr},满足其所含样本数目等于 num-count(Safe),令 $D'_{\text{min}} = D_{\text{mins}} + D'_{\text{minbr}}$

因此,提出一种差分分区采样集成方法解决一对多框架下数据的不平衡问题,算法 11-3 中伪代码描述详细过程。①根据邻域样本类别信息将所有训练样本划分成安全点、边界点、

稀有点和异常点，并删除全部异常点；②将具有 m 个类别的原始数据集 D 划分为 m 个二类数据集 D_i，根据式(11-1)计算每个二类数据集在 [count(less$_i$),count(more$_i$)] 范围内的采样数目集合 num$_i$={num$_{i1}$,num$_{i2}$,…,num$_{it}$,…,num$_{iT}$}；③基于 Bagging 思想，根据采样数目集合对每个二类数据集 D_i 中的多数类样本进行多次欠采样，同时对少数类样本多次过采样，其中，过采样环节使用 BR-SMOTE，欠采样环节使用 SRU，组成多份数目平衡的子集进行训练得到二分类模型；④根据简单平均法对这些子分类模型进行集成，若二类训练子集中不存在正负样本数目不平衡现象，则直接采用原始训练集训练一个二分类模型。

算法描述如下：

算法 11-3：基于一对多框架的差分分区采样集成方法

输入：具有 m 个类别的原始数据集 D，迭代次数 T
输出：m 个二分类模型 $h_i(x)$
1：将所有训练样本划分成安全点、边界点、稀有点与异常点，删除所有异常点
2：根据原始数据集 D 建立 m 个二类数据集 D_i，其中目标类为正类 p，其余所有类为负类 n
3：for i from 1 to m do：
4：   if count(p in D_i)!=count(n in D_i)：
5：   if count(p in D_i)<count(n in D_i)：
6：   more=n in D_i；less=p in D_i
7：   elif count(p in D_i)>count(n in D_i)：
8：   more=p in D_i；less=n in D_i
9：   基于差分思想，以 [count(less),count(more)] 为区间计算采样数目集合，即 num={num$_1$,num$_2$,…,num$_T$}
10：   for t from 1 to T do：
11：   sample=num$_i$[t]
12：   从 less 中通过 BR-SMOTE 采样得到一个子集 less′，即 less′=BR-SMOTE(less,more)，满足 count(less′)=sample
13：   利用 SRU 采样从 more′ 挑选部分样本，得到一个子集 more′，满足 count(more′)=sample
14： D_i'=more′∪less′，使用 D_i' 训练分类器 $h_{it}(x)$
15：   end for
16：   elif count(p in D_i)==count(n in D_i)：
17： D_i'=more∪less，使用 D_i' 训练分类器 $h_{it}(x)$，$t=1$
18：   得到最终二类分类模型 $h_i(x)=\sum_{t=1}^{T}h_{it}(x)$
19：end for

所有二类模型的聚合阶段使用最大概率输出策略[99]，每个二分类器 $h_i(x)$ 对未知实例进行预测，可得到输出向量 $r=\{r_1,r_2,…,r_i,…,r_m\}$，$r_i$ 为第 i 个二分类模型输出的正类置信度。计算 r 中元素的最大值，其对应正类的实际类别则为预测类别。

11.3 实验与评估

11.3.1 公开数据集的结果与分析

使用来自 KEEL 数据库中 15 组不同的多类数据集进行实验分析。数据集的主要特征

如表 11-1 所示，每个数据集的介绍包括样本总数、特征总数、类别总数以及不平衡比。为保证结果的准确性，所有实验均使用五折交叉验证方法得到平均值，即训练集包含 80% 的数据，测试集包含 20% 的数据，重复实验 20 次取平均结果。

表 11-1　实验所用数据集的详情信息

数据集	样本总数	特征总数	类别总数	不平衡比
balance scale	625	4	3	5.8
car	1 728	6	4	18.62
dermatology	358	34	6	5.55
ecoli	336	7	8	71.5
flare	1 066	6	6	7.7
glass	214	9	6	8.44
page-blocks	5 472	10	5	175.46
penbased	10 992	16	10	1.08
satimage	6 435	36	7	2.45
shuttle	58 000	9	7	4 559
segment	2 310	19	7	1
vehicle	846	19	4	1.1
vowel	990	13	11	1
wine	178	13	3	1.48
yeast	1 484	8	4	92.6

因为多类不平衡问题中每个类别的重要性相同，所以在实验中以平均每类准确率（macro_accuracy）作为评价指标。其中，每类准确率 accuracy 是指每类正确分类数目占该类总数的比例，具体定义如下：

$$\text{accuracy} = \frac{\text{TP} + \text{TN}}{\text{TP} + \text{TN} + \text{FP} + \text{FN}} \tag{11-4}$$

$$\text{macro\_accuracy} = \frac{1}{m}\sum_{c=1}^{m}\text{accuracy}_c \tag{11-5}$$

其中，TP 是指将正类样本正确分类为正类样本的数量，TN 是指将负类样本正确分类为负类样本的数量，FP 是指将负类样本错误分类为正类样本的数量，FN 是指将正类样本错误分类为负类样本的数量，m 为类别总数，accuracy_c 为其中某一类别的准确率。

实验中以 CART、RF 与 SVM 作为分类器。CART 是一种以基尼指数进行特征选择的决策树，该算法主要由两个部分构成：①决策树的生成，即根据训练数据集对每个特征进行递归分割，划分输入（特征）空间得到有限个单元构成决策树；②决策树的剪枝，即满足损失函数为最小的条件下对已生成的树剪枝并保留最优的子树[100]。RF 是集成学习中的典型算法之一，该方法不仅使用 Bagging 对多棵决策树进行集成，还在建立决策树的过程中随机挑选部分特征，然后对所选特征进行选择以进一步提高子学习器的差异，从而提高整体模型的泛化能力。SVM 在特征空间中寻找一个可以将输出空间分为两部分的分离超平面，其中一部分为正类样本，另一部分则为负类样本。表 11-2 为实验所用分类器的参数设置。

表 11-2　实验所用分类器的参数设置

分类器	参数
CART	min_samples_split=2 min_samples_leaf=1
RF	n_estimators=100 criterion="gini"
SVM	$C=1$ kernel="rbf"

为验证所提方法(differential partition sampling ensemble,DPSE)的有效性,首先,将该方法在一对多框架下分别与 K-means SMOTE、Bagging-RB 以及未使用采样方法的原始 OVA 进行对比。其中,所有迭代次数均为 30,K-means SMOTE 过采样方法中聚类簇数为 5,近邻点个数均设为 5。结果见表 11-3～表 11-5。使用 Wilcoxon 符号秩检验分析不同方法间的差异性,表 11-6 对应三种分类器下不同采样类方法与所提方法实验结果的 Wilcoxon 符号秩检验,R^+ 代表所提方法的秩值总和,R^- 代表其他对比方法的秩值总和,满足置信度为 95%,即 $\alpha=0.05$。

表 11-3　以 CART 为分类器,各方法的平均分类准确率

数据集	OVA	K-means SMOTE	Bagging-RB	DPSE
balance scale	55.64	56.82	57.61	58.72
car	94.81	87.66	95.31	98.21
dermatology	91.82	93.33	94.28	94.2
ecoli	50.95	57.1	61.38	59.49
flare	59.96	60.51	58.44	62.47
glass	64.35	60.03	62.72	68.9
page-blocks	80.29	80.86	89.37	88.92
penbased	96.8	96.88	98.22	98.69
satimage	85.93	85.38	85.39	88.97
shuttle	93.8	93.9	96.84	95.88
segment	96.71	97.1	97.06	97.68
vehicle	71.02	69.75	73.58	75.13
vowel	86.16	86.46	81.41	89.75
wine	90.09	89.5	95.72	95.2
yeast	52.49	50.64	53.87	55.19
平均	78.05	77.73	80.08	81.83

表 11-4　以 RF 为分类器,各方法的平均分类准确率

数据集	OVA	K-means SMOTE	Bagging-RB	DPSE
balance scale	62.5	61.35	59.83	60.42
car	94.44	93.19	95.3	96.4
dermatology	97.5	97.5	95.07	97.5
ecoli	71.69	67.79	63.51	71.9
flare	60.08	60.44	56.42	61.1
glass	69.9	60.03	68.35	76.81
page-blocks	84.27	87.23	91.28	91.86
penbased	99.1	99.09	98.43	99.1
satimage	89.08	89.72	88.41	89.85
shuttle	93.42	93.9	93.51	94.93
segment	97.58	97.79	97.71	98.03
vehicle	75.95	76.69	73.01	77.11
vowel	95.56	95.76	95.66	96.36
wine	98.63	98.63	97.17	99.03
yeast	55.95	55.17	55.02	55.25
平均	83.04	82.29	81.91	84.38

表 11-5　以 SVM 为分类器,各方法的平均分类准确率

数据集	OVA	K-means SMOTE	Bagging-RB	DPSE
balance scale	70.33	80.92	74.84	82.53
car	91.83	92.99	94.26	94.59
dermatology	96.85	95.88	96.8	97.15
ecoli	70.56	71.34	70.39	71.87
flare	58.92	59.73	60.59	62.65
glass	59.86	63.58	61.54	64.16
page-blocks	71.93	85.3	81.47	86.93
penbased	99.41	99.31	96.88	99.37
satimage	87.49	87.89	85.38	87.1
shuttle	77.89	93.68	82.65	89.41
segment	93.42	93.53	97.1	93.8
vehicle	78.07	76.51	77.38	78.2
vowel	92.12	92.93	92.54	93.94
wine	97.52	97.52	94.9	97.52
yeast	54.9	52.99	55.31	57.21
平均	80.07	82.94	81.47	83.76

表 11-6 在一对多框架下,Wilcoxon 符号秩检验对所提方法与采样类方法的差异性检验结果($\alpha=0.05$)

比较	R^+	R^-	P
DPSE vs. OVA(CART)	120	0	0.001
DPSE vs. K-means SMOTE(CART)	120	0	0.001
DPSE vs. Bagging-RB(CART)	97	23	0.036
DPSE vs. OVA(RF)	76	15	0.033
DPSE vs. K-means SMOTE(RF)	96	9	0.006
DPSE vs. Bagging-RB(RF)	120	0	0.001
DPSE vs. OVA(SVM)	118	2	0.001
DPSE vs. K-means SMOTE(SVM)	86	19	0.035
DPSE vs. Bagging-RB(SVM)	108	12	0.006

观察表 11-3、表 11-4 和表 11-5 中的结果,可明显地看出相比于比其他不平衡学习方法,所提方法在大多数数据集上表现较好。无论是以 CART、RF 为分类器还是以 SVM 为分类器,所提方法在所有数据集上均获得最佳平均结果。当以 CART 作为分类器时,与三者中的最佳方法相比,所提方法的平均结果增加 1.75%。从三个表中可以得出结论,在 OVA 框架下的单一过采样技术不稳定,并且平衡后各类样本数量的选择对于集成学习方法尤为重要。另外,表 11-6 中的统计检验结果表明,在满足置信度为 95% 的条件下,R^+ 均远远大于 R^-。因此,可以得出结论:与 OVA 框架下的其他不平衡学习方法相比,DPSE 在解决多类不平衡问题上更有效。

将所提方法与最先进的多类不平衡学习方法比较以证明其有效性。在现有文献中已经提出了一些用于解决多类不平衡数据分类问题的方法,并已经通过公开数据集验证了其有效性。因此,从相关文献中选取三种具有代表性、时效性与先进性较强的方法作为对比方法,即直接处理多类不平衡问题的 DES-MI、在一对一分解策略下结合集成学习与数据级采样方法的 OVO-EASY[101] 和 OVO-SMB[101]。实验参数采用相关文献中的默认设置。实验结果如表 11-7~表 11-9 所示,表 11-10 为对应的统计检验结果。

表 11-7 以 CART 为分类器,各方法的平均分类准确率

数据集	DES-MI	OVO-SMB	OVO-EASY	DPSE
balance scale	54.81	57.39	58.27	58.72
car	96.66	97.16	97.88	98.21
dermatology	96.07	93.55	92.94	94.2
ecoli	56.48	57.54	52.01	59.49
flare	60	59.76	60.36	62.47
glass	67.88	69.13	69.97	68.9
page-blocks	85.77	85.69	94.44	88.92
penbased	98.09	84.21	90.75	98.69
satimage	88.33	84	86.97	88.97
shuttle	93.28	93.29	95.9	95.88

续 表

数据集	DES-MI	OVO-SMB	OVO-EASY	DPSE
segment	97.31	96.32	97.53	97.68
vehicle	74.2	69.18	71.74	75.13
vowel	88.58	88.79	88.78	89.75
wine	95.33	93.21	93.71	95.2
yeast	53.98	50.91	54.67	55.19
平均	80.45	78.68	80.39	81.83

表 11-8 以 RF 为分类器，各方法的平均分类准确率

数据集	DES-MI	OVO-SMB	OVO-EASY	DPSE
balance scale	57.14	59.7	58.27	60.42
car	96.29	95.36	97.88	96.4
dermatology	96.92	97.46	92.94	97.5
ecoli	71.67	64.09	52.01	71.9
flare	60.63	58.13	60.36	61.1
glass	77.13	74.56	69.97	76.81
page-blocks	89.42	89.6	94.44	91.86
penbased	99.09	97.53	90.75	99.1
satimage	89.86	89.66	86.98	89.85
shuttle	93.1	94.9	95.9	94.93
segment	97.9	97.36	97.53	98.03
vehicle	76.06	74.56	71.74	77.11
vowel	97.27	90.1	90.1	96.36
wine	98.34	98.66	93.71	99.03
yeast	58.56	54.8	54.67	55.25
平均	83.97	82.43	80.48	84.38

表 11-9 以 SVM 为分类器，各方法的平均分类准确率

数据集	DES-MI	OVO-SMB	OVO-EASY	DPSE
balance scale	80.53	85.44	87.12	82.53
car	96.5	90.02	93.65	94.59
dermatology	96.39	96.85	96.7	97.15
ecoli	64.6	69.95	56.49	71.87
flare	62.02	60.11	60.26	62.65
glass	65.39	60.7	62.53	64.16
page-blocks	92.87	71.6	82.39	86.93
penbased	99.36	85.91	98.86	99.37
satimage	88.52	81.84	85.38	87.1
shuttle	92.41	95.67	63.64	89.41

续表

数据集	DES-MI	OVO-SMB	OVO-EASY	DPSE
segment	93.54	94.07	94.07	93.8
vehicle	74.29	68.79	73.71	78.2
vowel	94.22	95.66	94.04	93.94
wine	98.25	94.67	97.4	97.52
yeast	56.04	54.8	54.04	57.21
平均	83.66	80.41	80.02	83.76

表 11-10 Wilcoxon 符号秩检验对所提方法与对比方法的差异性检验结果 ($\alpha=0.05$)

比较	R^+	R^-	P
DPSE vs. DES-MI(CART)	109	11	0.005
DPSE vs. OVO-SMB(CART)	119	1	0.001
DPSE vs. OVO-EASY(CART)	99	21	0.027
DPSE vs. DES-MI(RF)	86.5	33.5	0.132
DPSE vs. OVO-SMB(RF)	120	0	0.001
DPSE vs. OVO-EASY(RF)	104	16	0.012
DPSE vs. DES-MI(SVM)	59	61	0.955
DPSE vs. OVO-SMB(SVM)	96	25	0.041
DPSE vs. OVO-EASY(SVM)	103	17	0.015

从表 11-7、表 11-8 和表 11-9 的实验结果可以看出,就所有数据集的平均结果而言,DPSE 高于 DES-MI、OVO-EASY 和 OVO-SMB。具体而言,当以 CART 作为分类器时,在 15 个数据集上,DPSE 有 10 个获得最佳结果,其中在 ecoli 数据集上最好结果,最高提升 1.95%。当以 RF 作为分类器时,在 15 个数据集上,DPSE 有 8 个表现最佳,其中在 vehicle 数据集上表现最佳,最高提升 1.05%。当以 SVM 作为分类器时,在 15 个数据集上,DPSE 有 6 个表现最佳,其中在 vehicle 数据集上具有最佳性能,平均每类准确率提升 3.91%。从表 11-10 可以看出,虽然当以 SVM 和 RF 作为分类器时,DPSE 与 DES-MI 没有太大差别,但所提方法在平均结果上具有更好的性能。在其他情况下,当置信水平为 95% 时,所提方法与 DES-MI、OVO-EASY 和 OVO-SMB 存在显著差异。

所提方法不仅考虑样本的分布特征,并且还提高了每个二分类器的多样性。在考虑减少多数类样本的同时,增加少数类样本,以实现正类样本和负类样本数量的平衡,从而提高分类准确性。在公开数据集上的实验结果表明,所提方法不仅在 OVA 框架下相比于其他典型不平衡学习方法具有更好的性能,而且与 OVO-EASY、OVO-SMB 和 DES-MI 相比具有优势。

11.3.2 智能电表故障数据集的结果与分析

以处理后的智能电表故障数据集作为研究对象进行实验分析,该数据集中共 11 种类型的故障。在实验过程中,以 CART 作为分类器,以平均分类准确率作为评价指标,使用

DPSE 对电表数据进行训练学习。为验证所构建故障模型的有效性,与现有先进的多类不平衡学习方法进行了实验对比,实验结果如表 11-11 所示。

表 11-11 故障电表数据的实验结果(macro_accuracy)

数据集	DES-MI	OVO-SMB	OVO-EASY	DPSE
电表	55.1	54.3	52.5	57.2

从表 11-11 的实验结果可以看出,与现有先进方法相比,DPSE 在平均每类准确率上最高可提升 4.7%。

本 章 小 结

现有电表故障数据集包含的故障类型较多,且各故障类型样本数目分布不均,其故障分类问题可视为多类不平衡数据的分类问题。目前,大多数解决类不平衡问题的相关研究主要集中在二类不平衡数据集的学习上,关于多类不平衡研究相对较少,但是将多分类问题转化为二分类问题是常用的手段。在本章中,提出一种针对一对多框架的差分分区采样集成不平衡学习方法,以减少数据不平衡对一对多框架分类性能的影响。该方法事先根据差分思想确定每个样本集的采样数目集合,基于集成学习思想,根据采样数目对样本进行多次欠采样和过采样用以生成多个平衡训练集学习多个模型,提高二分类子模型的多样性,在考虑减少多数类样本的同时也增加少数类样本达到正负样本数目平衡,进而提高分类准确率。

为了验证所提方法的有效性,以平均每类准确率为性能评价指标,不仅以电表故障数据作为实验对象,还从 KEEL 数据集中选择 15 组不平衡数据集,并使用三种不同的分类器 CART、随机森林与 SVM 进行详细的对比实验研究。除了在一对多框架下将差分分区采样集成方法与典型的不平衡学习方法进行对比,并将所提方法与一些专门用于解决多分类问题的典型方法进行了比较,还通过使用 Wilcoxon 符号秩检验来验证所提方法在统计学上与其他方法的差异性。实验研究表明,所提方法不仅在一对多框架下与其他不平衡学习方法相比具有更好的性能,而且与一对一框架下的不平衡学习方法 OVO-EASY、OVO-SMB 和直接进行多分类学习的集成方法 DES-MI 相比同样具有优势。

参考文献

[1] LU Y, CHEUNG Y M, TANG Y Y. Bayes imbalance impact index: a measure of class imbalanced data set for classification problem[J]. IEEE Transactions on Neural Networks and Learning Systems, 2020, 31(9): 3525-3539.

[2] COVER T, HART P. Nearest neighbor pattern classification[J]. IEEETransactions on Information Theory, 1967, 13(1): 21-27.

[3] STORN R, PRICE K. Differential Evolution – A Simple and Efficient Heuristic for global Optimization over Continuous Spaces[J]. Journal of Global Optimization, 1997, 11(4): 341-359.

[4] DEB K, PRATAP A, AGARWAL S, et al. A fast and elitist multiobjective genetic algorithm: NSGA-II[J]. IEEE Transactions on Evolutionary Computation, 2002, 6(2): 182-197.

[5] KORKMAZ S, ŞAHMAN M A, CINAR A C, et al. Boosting the oversampling methods based on differential evolution strategies for imbalanced learning[J]. Applied Soft Computing, 2021, 112: 107787.

[6] BARELLA V H, GARCIA L P F, DE SOUTO M C P, et al. Assessing the data complexity of imbalanced datasets[J]. Information Sciences, 2021, 553: 83-109.

[7] TAO X M, ZHENG Y J, CHEN W, et al. SVDD-based weighted oversampling technique for imbalanced and overlapped dataset learning[J]. Information Sciences, 2022, 588: 13-51.

[8] GARCÍA S, FERNÁNDEZ A, LUENGO J, et al. Advanced nonparametric tests for multiple comparisons in the design of experiments in computational intelligence and data mining: Experimental analysis of power[J]. Information Sciences, 2010, 180(10): 2044-2064.

[9] DEMSAR J. Statistical comparisons of classifiers over multiple data sets[J]. Journal of Machine Learning Research, 2006, 7: 1-30.

[10] CHAWLA N V, BOWYER K W, HALL L O, et al. SMOTE: synthetic minority over-sampling technique[J]. Journal of Artificial Intelligence Research, 2002, 16: 321-357.

[11] HAN H, WANG W Y, MAO B H. Borderline-SMOTE: a new over-sampling method in imbalanced data sets learning[C]//Advances in Intelligent Computing. Berlin, Heidelberg: Springer Berlin Heidelberg, 2005: 878-887.

[12] SOLTANZADEH P, HASHEMZADEH M. RCSMOTE: Range-Controlled synthetic minority over-sampling technique for handling the class imbalance problem[J]. Information Sciences, 2021, 542: 92-111.

[13] YAN Y T, JIANG Y F, ZHENG Z, et al. LDAS: Local density-based adaptive

sampling for imbalanced data classification[J]. Expert Systems with Applications, 2022, 191: 116213.

[14] KAYA E, KORKMAZ S, SAHMAN M A, et al. DEBOHID: A differential evolution based oversampling approach for highly imbalanced datasets[J]. Expert Systems with Applications, 2021, 169: 114482.

[15] LI J N, ZHU Q S, WU Q W, et al. SMOTE-NaN-DE: Addressing the noisy and borderline examples problem in imbalanced classification by natural neighbors and differential evolution[J]. Knowledge-Based Systems, 2021, 223: 107056.

[16] ZHENG M, LI T, ZHU R, et al. Conditional Wasserstein generative adversarial network-gradient penalty-based approach to alleviating imbalanced data classification[J]. Information Sciences, 2020, 512: 1009-1023.

[17] HUANG K, WANG X G. ADA-INCVAE: Improved data generation using variational autoencoder for imbalanced classification [J]. Applied Intelligence, 2022, 52(3): 2838-2853.

[18] PEDREGOSA F, VAROQUAUX G, GRAMFORT A, et al. Scikit-learn: Machine Learning in Python[J]. Journal of Machine Learning Research, 2011, 12: 2825-2830.

[19] HOSMER D W Jr, LEMESHOW S, STURDIVANT R X. Applied Logistic Regression[M]. New York: John Wiley & Sons, 2013.

[20] JANIK P, LOBOS T. Automated classification of power-quality disturbances using SVM and RBF networks[J]. IEEE Transactions on Power Delivery, 2006, 21(3): 1663-1669.

[21] SVETNIK V, LIAW A, TONG C, et al. Random forest: a classification and regression tool for compound classification and QSAR modeling[J]. Journal of Chemical Information and Computer Sciences, 2003, 43(6): 1947-1958.

[22] BOND-TAYLOR S, LEACH A, LONG Y, et al. Deep Generative Modelling: A Comparative Review of VAEs, GANs, Normalizing Flows, Energy-Based and Autoregressive Models[J]. IEEE Transactions on Pattern Analysis and Machine Intelligence, 2022, 44(11): 7327-7347.

[23] GEORGE P, ERIC N, JIMENEZ R D, et al. Normalizing Flows for Probabilistic Modeling and Inference[J]. Journal of Machine Learning Research, 2021, 22(57): 1-64.

[24] LAURENT D, DAVID K, YOSHUA B. NICE: Non-linear Independent Components Estimation[C]//3rd International Conference on Learning Representations. Appleton: ICLR, 2015:1-14.

[25] KINGMA D P, DHARIWAL P. Glow: Generative Flow with Invertible 1x1 Convolutions[C]//Advances in Neural Information Processing Systems. Montreal: Neural information processing systems foundation, 2018: 10236-10245.

[26] LAURENT D, JASCHA S D, YOSHUA B. Density estimation using Real NVP [C]//5th International Conference on Learning Representations. Appleton: ICLR,

2017: 1-14.

[27] LANGFORD E. Quartiles in Elementary Statistics[J]. Journal of Statistics Education, 2006, 14(3): 1-27.

[28] PERNKOPF F, BOUCHAFFRA D. Genetic-based EM algorithm for learning Gaussian mixture models[J]. IEEE Transactions on Pattern Analysis and Machine Intelligence, 2005, 27(8): 1344-1348.

[29] SUYKENS J A K, VANDEWALLE J. Least squares support vector machine classifiers[J]. Neural Processing Letters, 1999, 9(3): 293-300.

[30] VAN DER MAATEN L, HINTON G L. Visualizing Data using t-SNE[J]. Journal of Machine Learning Research, 2008, 9(11).

[31] DE LA CALLEJA J, FUENTES O. A Distance-Based Over-Sampling Method for Learning from Imbalanced Data Sets[C]//Proceedings of the Twentieth International Florida Artificial Intelligence Research Society Conference. Menlo Park: AAAI, 2007: 634-635.

[32] SANDHAN T, CHOI J Y. Handling Imbalanced Datasets by Partially Guided Hybrid Sampling for Pattern Recognition[C]//2014 22nd International Conference on Pattern Recognition. August 24-28, 2014, Stockholm, Sweden. IEEE, 2014: 1449-1453.

[33] KOTO F. SMOTE-Out, SMOTE-Cosine, and Selected-SMOTE: An enhancement strategy to handle imbalance in data level[C]//2014 International Conference on Advanced Computer Science and Information System. October 18-19, 2014, Jakarta, Indonesia. IEEE, 2014: 280-284.

[34] BUNKHUMPORNPAT C, SINAPIROMSARAN K, LURSINSAP C. Safe-Level-SMOTE: Safe-Level-Synthetic Minority Over-Sampling TEchnique for Handling the Class Imbalanced Problem[C]//Advances in Knowledge Discovery and Data Mining. Berlin, Heidelberg: Springer Berlin Heidelberg, 2009: 475-482.

[35] DOUZAS G, BACAO F, LAST F. Improving imbalanced learning through a heuristic oversampling method based on k-means and SMOTE[J]. Information Sciences, 2018, 465: 1-20.

[36] KOVÁCS G. An empirical comparison and evaluation of minority oversampling techniques on a large number of imbalanced datasets[J]. Applied Soft Computing, 2019, 83: 105662.

[37] KRAWCZYK B, KOZIARSKI M, WOZNIAK M. Radial-based oversampling for multiclass imbalanced data classification[J]. IEEE Transactions on Neural Networks and Learning Systems, 2020, 31(8): 2818-2831.

[38] DOUZAS G, BACAO F. Self-Organizing Map Oversampling (SOMO) for imbalanced data set learning[J]. Expert Systems with Applications, 2017, 82: 40-52.

[39] DABLAIN D, KRAWCZYK B, CHAWLA N V. DeepSMOTE: fusing deep learning and SMOTE for imbalanced data[J]. IEEE Transactions on Neural

Networks and Learning Systems, 2023, 34(9): 6390-6404.

[40] HUANG C, LI Y N, LOY C C, et al. Learning deep representation for imbalanced classification [C]//2016 IEEE Conference on Computer Vision and Pattern Recognition (CVPR). June 27-30, 2016, Las Vegas, NV, USA. IEEE, 2016: 5375-5384.

[41] YE X C, LI H M, IMAKURA A, et al. An oversampling framework for imbalanced classification based on Laplacian eigenmaps [J]. Neurocomputing, 2020, 399: 107-116.

[42] BEJ S, SRIVASTAVA P, WOLFIEN M, et al. Combining uniform manifold approximation with localized affine shadowsampling improves classification of imbalanced datasets[C]//2021 International Joint Conference on Neural Networks (IJCNN). July 18-22, 2021. Shenzhen, China. IEEE, 2021: 1-8.

[43] FARAJIAN N, ADIBI P. Minority manifold regularization by stacked auto-encoder for imbalanced learning[J]. Expert Systems with Applications, 2021, 169: 114317.

[44] LARSEN A B L, SONDERBY S K, LAROCHELLE H, et al. Autoencoding beyond pixels using a learned similarity metric[C]//33rd International Conference on Machine Learning. Madison: International Machine Learning Society, 2016: 1558-1566.

[45] DENG X L, DAI Z G, SUN M D, et al. Variational Autoencoder Based Enhanced Behavior Characteristics Classification for Social Robot Detection[C]//Security and Privacy in Digital Economy. Singapore: Springer Singapore, 2020: 232-248.

[46] ESTER M, KRIEGEL H P, SANDER J, et al. A density-based algorithm for discovering clusters in large spatial databases with noise[C]//Proceedings of the Second International Conference on Knowledge Discovery and Data Mining. Menlo Park: AAAI, 1996: 226-231.

[47] TAHERI S M, HESAMIAN G. A generalization of the Wilcoxon signed-rank test and its applications[J]. Statistical Papers, 2013, 54(2): 457-470.

[48] PEREIRA D G, AFONSO A, MEDEIROS F M. Overview of Friedman's test and post-hoc analysis[J]. Communications in Statistics - Simulation and Computation, 2015, 44(10): 2636-2653.

[49] REIVICH M, KUHL D, WOLF A, et al. The [18F] fluorodeoxyglucose method for the measurement of local cerebral glucose utilization in man[J]. Circulation Research, 1979, 44(1): 127-137.

[50] LEMAÎTRE G, NOGUEIRA F, ARIDAS C K. Imbalanced-learn: A Python Toolbox to Tackle the Curse of Imbalanced Datasets in Machine Learning[J]. The Journal of Machine Learning Research, 2017, 18(1): 559-563.

[51] KINGMA D P, WELLING M. Auto-encoding variational Bayes[EB/OL]. 2013: 1312.6114. https://arxiv.org/abs/1312.6114v11.

[52] GULRAJANI I, AHMED F, ARJOVSKY M, et al. Improved training of Wasserstein

GANs[EB/OL]. 2017: 1704.00028. https://arxiv.org/abs/1704.00028v3.

[53] CHEN X, DUAN Y, HOUTHOOFT R, et al. InfoGAN: Interpretable Representation Learning by Information Maximizing Generative Adversarial Nets[J]. Advances in Neural Information Processing Systems, 2016, 29.

[54] BLUMER A, EHRENFEUCHT A, HAUSSLER D, et al. Occam's razor[J]. Information Processing Letters, 1987, 24(6): 377-380.

[55] WOOLSON R F. Wilcoxon Signed-Rank Test[J]. Wiley encyclopedia of clinical trials, 2007: 1-3.

[56] RAGHUWANSHI B S, SHUKLA S. Class imbalance learning using UnderBagging based kernelized extreme learning machine[J]. Neurocomputing, 2019, 329: 172-187.

[57] ARSHAD A, RIAZ S, JIAO L C. Semi-supervised deep fuzzy C-mean clustering for imbalanced multi-class classification[J]. IEEE Access, 2019, 7: 28100-28112.

[58] BADER-EL-DEN M, TEITEI E, PERRY T. Biased random forest for dealing with the class imbalance problem[J]. IEEE Transactions on Neural Networks and Learning Systems, 2019, 30(7): 2163-2172.

[59] BUNKHUMPORNPAT C, SINAPIROMSARAN K. Safe-level-synthetic minority Over-sampling TEchnique for handling the class imbalanced problem[J]. Advances in Knowledge Discovery and Data Mining. Springer, 2003: 475-482.

[60] TORRES F R, CARRASCO-OCHOA J A, MARTÍNEZ-TRINIDAD J F. SMOTE-D a deterministic version of SMOTE[C]//Pattern Recognition. Cham: Springer International Publishing, 2016: 177-188.

[61] DOUZAS G, BACAO F. Self-Organizing Map Oversampling (SOMO) for imbalanced data set learning[J]. Expert Systems with Applications, 2017, 82: 40-52.

[62] LI J Y, FONG S, WONG R K, et al. Adaptive multi-objective swarm fusion for imbalanced data classification[J]. Information Fusion, 2018, 39: 1-24.

[63] WOLPERT D H. Stacked generalization[J]. Neural Networks, 1992, 5(2): 241-259.

[64] SEIFFERT C, KHOSHGOFTAAR T M, VAN HULSE J, et al. RUSBoost: Improving classification performance when training data is skewed[C]//2008 19th International Conference on Pattern Recognition. December 8-11, 2008, Tampa, FL, USA. IEEE, 2008: 1-4.

[65] CHAWLA N V, LAZAREVIC A, HALL L O, et al. SMOTEBoost: improving prediction of the minority class in boosting[C]// Knowledge Discovery in Databases: PKDD 2003. Berlin, Heidelberg: Springer Berlin Heidelberg, 2003: 107-119.

[66] LIU X Y, WU J X, ZHOU Z H. Exploratory undersampling for class-imbalance learning[J]. IEEE Transactions on Systems, Man, and Cybernetics Part B, Cybernetics, 2009, 39(2): 539-550.

[67] LANGO M, STEFANOWSKI J. Multi-class and feature selection extensions of

Roughly Balanced Bagging for imbalanced data[J]. Journal of Intelligent Information Systems, 2018, 50(1): 97-127.

[68] SUN J, LANG J, FUJITA H, et al. Imbalanced enterprise credit evaluation with DTE-SBD: decision tree ensemble based on SMOTE and bagging with differentiated sampling rates[J]. Information Sciences, 2018, 425: 76-91.

[69] 李新鹏, 高欣, 阎博, 等. 基于孤立森林算法的电力调度流数据异常检测方法[J]. 电网技术, 2019, 43(4): 1447-1456.

[70] VELIČKOVIĆ P, CUCURULL G, CASANOVA A, et al. Graph Attention Networks[J]. arXiv preprint arXiv:1710.10903, 2017.

[71] FEY M, LENSSEN J E. Fast graph representation learning with PyTorch geometric[EB/OL]. 2019: 1903.02428. https://arxiv.org/abs/1903.02428v3.

[72] FRIEDMAN J H. Greedy function approximation: a gradient boosting machine[J]. The Annals of Statistics, 2001, 29(5): 1189-1232.

[73] GAO X, REN B, ZHANG H, et al. An ensemble imbalanced classification method based on model dynamic selection driven by data partition hybrid sampling[J]. Expert Systems with Applications, 2020, 160: 113660.

[74] NG W W Y, XU S C, ZHANG J J, et al. Hashing-based undersampling ensemble for imbalanced pattern classification problems[J]. IEEE Transactions on Cybernetics, 2022, 52(2): 1269-1279.

[75] GOU J P, SUN L Y, DU L, et al. A representation coefficient-based k-nearest centroid neighbor classifier[J]. Expert Systems with Applications, 2022, 194: 116529.

[76] WANG G S, WANG J, HE K J. Majority-to-minority resampling for boosting-based classification under imbalanced data[J]. Applied Intelligence, 2023, 53(4): 4541-4562.

[77] IRANMEHR A, MASNADI-SHIRAZI H, VASCONCELOS N. Cost-sensitive support vector machines[J]. Neurocomputing, 2019, 343: 50-64.

[78] LIU F T, TING K M, ZHOU Z H. Isolation-based anomaly detection[J]. ACM Transactions on Knowledge Discovery from Data, 2012, 6(1): 1-39.

[79] DOUZAS G, BACAO F. Self-Organizing Map Oversampling (SOMO) for imbalanced data set learning[J]. Expert Systems with Applications, 2017, 82: 40-52.

[80] ZHAO X, WU Y H, LEE D L, et al. iForest: interpreting random forests via visual analytics[J]. IEEE Transactions on Visualization and Computer Graphics, 2019, 25(1): 407-416.

[81] TAO H, YUN L, KE W, et al. A new weighted SVDD algorithm for outlier detection[C]//2016 Chinese Control and Decision Conference (CCDC). May 28-30, 2016, Yinchuan, China. IEEE, 2016: 5456-5461.

[82] DEVLIN J, CHANG M W, LEE K, et al. BERT: pre-training of deep bidirectional transformers for language understanding[EB/OL]. 2018: 1810.04805. https://arxiv.

org/abs/1810.04805v2.

[83] AGGARWAL C C, SATHE S. Theoretical foundations and algorithms for outlier ensembles[J]. ACM SIGKDD Explorations Newsletter, 2015, 17(1): 24-47.

[84] VUTTIPITTAYAMONGKOL P, ELYAN E, PETROVSKI A. On the class overlap problem in imbalanced data classification[J]. Knowledge-Based Systems, 2021, 212: 106631.

[85] CRESWELL A, WHITE T, DUMOULIN V, et al. Generative Adversarial Networks: An Overview[J]. IEEE Signal Processing Magazine, 2018, 35(1): 53-65.

[86] DEVARRIYA D, GULATI C, MANSHARAMANI V, et al. Unbalanced breast cancer data classification using novel fitness functions in genetic programming[J]. Expert Systems with Applications, 2020, 140: 112866.

[87] IBRAHIM B I, NICOLAE D C, KHAN A, et al. VAE-GAN based zero-shot outlier detection[C]//Proceedings of the 2020 4th International Symposium on Computer Science and Intelligent Control. Newcastle upon Tyne United Kingdom. ACM, 2020: 1-5.

[88] STANDO A, CAVUS M, BIECEK P. The effect of balancing methods on model behavior in imbalanced classification problems[C]//Fifth International Workshop on Learning with Imbalanced Domains: Theory and Applications. New York: PMLR, 2024: 16-30.

[89] GAUDREAULT J G, BRANCO P. Empirical analysis of performance assessment for imbalanced classification[J]. Machine Learning, 2024, 113(8): 5533-5575.

[90] WEI Z, ZHANG L, ZHAO L. Minority-prediction-probability-based oversampling technique for imbalanced learning[J]. Information Sciences, 2023, 622: 1273-1295.

[91] DING H W, SUN Y, HUANG N N, et al. RVGAN-TL: A generative adversarial networks and transfer learning-based hybrid approach for imbalanced data classification[J]. Information Sciences, 2023, 629: 184-203.

[92] DAI Q, LIU J W, YANG J P. SWSEL: Sliding Window-based Selective Ensemble Learning for class-imbalance problems[J]. Engineering Applications of Artificial Intelligence, 2023, 121: 105959.

[93] GAO X, MENG Z H, JIA X, et al. An imbalanced binary classification method based on contrastive learning using multi-label confidence comparisons within sample-neighbors pair[J]. Neurocomputing, 2023, 517: 148-164.

[94] HINTON G E, SRIVASTAVA N, KRIZHEVSKY A, et al. Improving neural networks by preventing co-adaptation of feature detectors[J]. arXiv preprint arXiv: 1207.0580, 2012.

[95] Kingma D P. Adam: A method for stochastic optimization[J]. arXiv preprint arXiv:1412.6980, 2014.

[96] GARCÍA S, ZHANG Z L, ALTALHI A, et al. Dynamic ensemble selection for multi-class imbalanced datasets[J]. Information Sciences, 2018, 445: 22-37.

[97] SEN A, ISLAM M M, MURASE K, et al. Binarization with boosting and oversampling for multiclass classification[J]. IEEE Transactions on Cybernetics, 2016, 46(5): 1078-1091.

[98] SÁEZ J A, KRAWCZYK B, WOŽNIAK M. Analyzing the oversampling of different classes and types of examples in multi-class imbalanced datasets[J]. Pattern Recognition, 2016, 57: 164-178.

[99] ZHANG H, WANG D H, LIU C L, et al. Keyword spotting from online Chinese handwritten documents using one-versus-all character classification model[J]. International Journal of Pattern Recognition and Artificial Intelligence, 2013, 27(03): 1353001.

[100] 李航. 统计学习方法[M]. 北京: 清华大学出版社, 2012.

[101] ZHANG Z L, KRAWCZYK B, GARCÌA S, et al. Empowering one-vs-one decomposition with ensemble learning for multi-class imbalanced data[J]. Knowledge-Based Systems, 2016, 106: 251-263.

[102] DING H W, SUN Y, WANG Z Y, et al. RGAN-EL: a GAN and ensemble learning-based hybrid approach for imbalanced data classification[J]. Information Processing & Management, 2023, 60(2): 103235.

[103] LIU F T, TING K M, ZHOU Z H. Isolation forest[C]//2008 Eighth IEEE International Conference on Data Mining. December 15-19, 2008, Pisa, Italy. IEEE, 2008: 413-422.

[104] ZHAO Y, WANG S W, XIAO F. Pattern recognition-based chillers fault detection method using Support Vector Data Description (SVDD)[J]. Applied Energy, 2013, 112: 1041-1048.

[105] PES B, LAI G. Cost-sensitive learning strategies for high-dimensional and imbalanced data: a comparative study[J]. PeerJ Computer Science, 2021, 7: e832.

[106] LI Y T, WANG S, JIN J W, et al. Imbalanced complemented subspace representation with adaptive weight learning[J]. Expert Systems with Applications, 2024, 249: 123555.

附 录